高等学校人工智能专业精品教材 · 高级人工智能人才培养丛书

人工智能数学基础

丛书主编：刘　鹏
主　　编：陈　华
副 主 编：谢　进

电子工业出版社
Publishing House of Electronics Industry
北京•BEIJING

内 容 简 介

本书是面向高级人工智能人才培养的高等学校人工智能专业精品教材中的一本，通过梳理人工智能涉及的相关数学理论，并通过 Python 实现相关案例，使抽象的理论具体化，从而加深读者对数学的感性认识，提高读者对数学理论的理解能力。本书首先介绍了人工智能所需的基础数学理论，然后根据数学内容的逻辑顺序，以微积分、线性代数、概率论、数理统计为基础，对函数逼近、最优化理论、信息论、图论进行了深入介绍，同时给出了它们在人工智能算法中的实验案例。另外，本书将免费提供配套 PPT、实验及应用案例等基本教学资料（可登录 https://www.hxedu.com.cn/获取）。

本书可作为高等学校理工、经管等专业本科生学习人工智能知识的基础教材，也可供科技工作者参考。

图书在版编目（CIP）数据

人工智能数学基础 / 陈华主编. —北京：电子工业出版社，2021.5
（高级人工智能人才培养丛书 / 刘鹏主编）
ISBN 978-7-121-40909-7

Ⅰ. ①人… Ⅱ. ①陈… Ⅲ. ①人工智能－应用数学 Ⅳ. ①TP18②O29

中国版本图书馆 CIP 数据核字（2021）第 058919 号

责任编辑：米俊萍
印　　刷：北京虎彩文化传播有限公司
装　　订：北京虎彩文化传播有限公司
出版发行：电子工业出版社
　　　　　北京市海淀区万寿路 173 信箱　　邮编：100036
开　　本：787×1 092　1/16　印张：19.5　　字数：440 千字
版　　次：2021 年 5 月第 1 版
印　　次：2024 年12月第 12 次印刷
定　　价：88.00 元

凡所购买电子工业出版社图书有缺损问题，请向购买书店调换。若书店售缺，请与本社发行部联系，联系及邮购电话：（010）88254888，88258888。

质量投诉请发邮件至 zlts@phei.com.cn，盗版侵权举报请发邮件至 dbqq@phei.com.cn。

本书咨询联系方式：mijp@phei.com.cn，（010）88254759。

编 写 组

丛书主编：刘　鹏

主　　编：陈　华

副 主 编：谢　进

编　　委：巫光福　王学军　周洪萍

杨和稳　林　晨　高中强

前言

各行各业不断涌现人工智能应用，资本大量涌入人工智能领域，互联网企业争抢人工智能人才……人工智能正迎来发展“黄金期”。放眼全球，人工智能人才储备告急，仅我国，人工智能的人才缺口即超过 500 万人，而国内人工智能人才供求比例仅为 1:10。为此，加强人才培养、填补人才空缺成了当务之急。

2017 年，国务院发布《新一代人工智能发展规划》，明确将举全国之力在 2030 年抢占人工智能全球制高点，要加快培养聚集人工智能高端人才，完善人工智能领域学科布局，设立人工智能专业。2018 年，教育部印发《高等学校人工智能创新行动计划》，要求“对照国家和区域产业需求布点人工智能相关专业……加大人工智能领域人才培养力度”。2019 年，国家主席习近平在致 2019 中国国际智能产业博览会的贺信中指出，当前，以互联网、大数据、人工智能等为代表的现代信息技术日新月异，中国高度重视智能产业发展，加快数字产业化、产业数字化，推动数字经济和实体经济深度融合。

在国家政策支持及人工智能发展新环境下，全国各大高校纷纷发力，设立人工智能专业，成立人工智能学院。根据教育部发布的《教育部关于公布 2020 年度普通高等学校本科专业备案和审批结果的通知》，2020 年，全国共有 130 所高校新增“人工智能”专业，84 所高校新增“智能制造工程”专业，53 所高校新增“机器人工程”专业；在 2021 年普通高等学校本科新增设的 37 个专业中，电子信息类和人工智能类专业共 11 个，约占本科新增专业的 1/3，其中包括智能交互设计、智能测控工程、智能工程与创意设计、智能采矿工程、智慧交通、智能飞行器技术、智能影像工程等，人工智能成为主流方向的趋势已经不可逆转！

然而，在人工智能人才培养和人工智能课程建设方面，大部分院校仍处于起步阶段，需要探索的问题还有很多。例如，人工智能作为新专业，尚未形成系统的人工智能人才培养课程体系及配套资源；同时，人工智能教材大多内容老旧、晦涩难懂，大幅度提高了人工智能专业的学习门槛；再者，过多强调理论学习，以及实践应用的缺失，使人工智能人才培养面临新困境。

由此可见，人工智能作为注重实践性的综合型学科，对相应人才培养提出了易学性、实战性和系统性的要求。高级人工智能人才培养丛书以此为出发点，尤其强调人工智能内容的易学性及对读者动手能力的培养，并配套丰富的课程资源，解决易学性、实战性和系统性难题。

易学性：能看得懂的书才是好书，本丛书在内容、描述、讲解等方面始终从读者的角度出发，紧贴读者关心的热点问题及行业发展前沿，注重知识体系的完整性及内容的易学性，赋予人工智能名词与术语生命力，让学习人工智能不再举步维艰。

实战性：与单纯的理论讲解不同，本丛书由国内一线师资和具备丰富人工智能实战经验的团队携手倾力完成，不仅内容贴近实际应用需求，保有高度的行业敏感性，同时几乎每章都有配套实战实验，使读者能够在理论学习的基础上，通过实验进一步巩固提高。“云创大数据”使用本丛书介绍的一些技术，已经在模糊人脸识别、超大规模人脸比对、模糊车牌识别、智能医疗、城市整体交通智能优化、空气污染智能预测等应用场景下取得了突破性进展。特别是在 2020 年年初，我受邀率“云创大数据”同事加入了钟南山院士的团队，我们使用大数据和人工智能技术对新冠肺炎疫情发展趋势做出了不同于国际预测的准确预测，为国家的正确决策起到了支持作用，并发表了高水平论文。

系统性：本丛书配套免费教学 PPT，无论是教师、学生，还是其他读者，都能通过教学 PPT 更为清晰、直观地了解和展示图书内容。与此同时，“云创大数据”研发了配套的人工智能实验平台，以及基于人工智能的专业教学平台，实验内容和教学内容与本丛书完全对应。

本丛书非常适合作为“人工智能”和“智能科学与技术”专业的系列教材，也适合“智能制造工程”“机器人工程”“智能建造”“智能医学工程”专业部分选用作为教材。

在此，特别感谢我的硕士生导师谢希仁教授和博士生导师李三立院士。谢希仁教授所著的《计算机网络》已经更新到第 7 版，与时俱进且日臻完善，时时提醒学生要以这样的标准来写书。李三立院士为我国计算机事业做出了杰出贡献，曾任国家攀登计划项目首席科学家。他严谨治学，带出了一大批杰出的学生。

本丛书是集体智慧的结晶，在此谨向付出辛勤劳动的各位作者致敬！书中难免会有不当之处，请读者不吝赐教。邮箱：gloud@126.com，微信公众号：刘鹏看未来（lpoutlook）。

刘　鹏

2021 年 3 月

目 录

第 1 章　人工智能与数学

当今时代，人工智能可以说是最流行的前沿科技之一，在各领域显得越来越重要。人工智能被很多人看作未来社会发展的一个趋势。数学知识是理解人工智能技术不可缺少的要素，今天的人工智能技术归根结底都是建立在数学模型之上的。

从发展历程[1]来看，人工智能先后经历了推理机、专家系统及机器学习三个阶段。当前的人工智能系统多为学习型，其常见的处理流程如图 1-1 所示。为了减小误差，其用数据去训练假设模型，也就是进行所谓的学习，当误差降到最小时，就把这个假设模型用于其他现实问题。可以看到，数学在整个处理流程中几乎无处不在，无论是描述问题、建立模型，还是减小误差，数学都在其中发挥了作用。

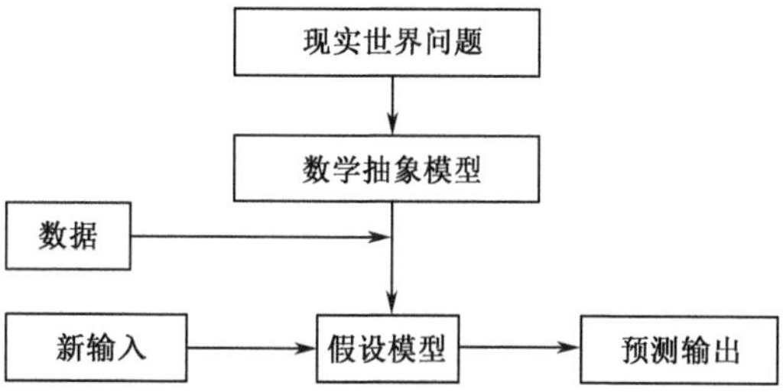

图 1-1　人工智能系统常见的处理流程

人工智能实际上是一个将数学、算法理论和工程实践紧密结合的领域。人工智能从本质上来看就是算法，是概率论、统计学等各种数学理论的体现。数学作为表达与刻画人工智能模型的工具，是深入理解人工智能算法原理必备的基础知识。人工智能与数学高度相关，可以说人工智能的核心是数学，计算机只是实现人工智能模型的工具。

本章将对人工智能与数学各分支的关联性做简要的概述，主要涉及的数学分支有微积分、线性代数、概率论、数理统计、最优化理论等。

1.1　微积分

微积分的诞生具有划时代的意义，是数学史上的分水岭和转折点：古希腊传承下来的数学是常量的数学，是静态的数学；解析几何和微积分则开启了变量数学的时代，使数学开始用于描述变化和运动，从而改变了整个数学世界的面貌。

有了微积分，人类就能把握运动的过程。微积分成了人们描述世界、寻求问题答案的有力工具。微积分促进了工业大革命，带来了大工业生产，许多现代化交通工具的产生都与微积分相关。

微积分知识在人工智能算法中可以说无处不在[2]。

求导是微积分的基本概念之一，也是很多理工科领域的基础运算。导数是变化率的极限，是用来找到“线性近似”的数学工具，是一种线性变换，体现了无穷、极限、分割的数学思想，主要用来解决极值问题。人工智能算法的最终目标是得到最优化模型，其最后都可转化为求极大值或极小值的问题。

比如，梯度下降法和牛顿法是人工智能的基础算法[3]，现在主流的求解代价函数最优解的方法都是基于这两种算法改造的，如随机梯度法和拟牛顿法，其底层运算就是基础的导数运算。

级数也是微积分中非常重要的概念，常见的级数有泰勒级数[4]、傅里叶级数等，它们在人工智能算法中也有非常重要的地位。

泰勒级数的形式为

$$f(x)=f(x_0)+\frac{f'(x_0)}{1!}(x-x_0)+\frac{f''(x_0)}{2!}(x-x_0)^2+\cdots+\frac{f^{(n)}(x_0)}{n!}(x-x_0)^n+R_n(x) \quad (1\text{-}1)$$

泰勒级数体现了用多项式近似和逼近函数的思想。泰勒级数在人工智能算法的底层起到了非常重要的作用，泰勒级数对理解很多基础算法的原理很有帮助。例如，梯度下降法的数学原理涉及代价函数的一阶泰勒近似，而牛顿法的推导过程应用了目标函数的二阶泰勒近似。

傅里叶级数[5]的形式如下：

$$f(t)=a_0+\sum_{n=1}^{\infty}[a_n\cos(nw_0t)+b_n\sin(nw_0t)] \quad (1\text{-}2)$$

其与泰勒级数类似，只是用来逼近和近似函数的基本元素从多项式变成了三角函数。它可以反映函数的频率特性，每阶的三角函数系数可以看成该阶频率的成分量。傅里叶级数和傅里叶变换是紧密联系的，它们在人工智能、模式识别中起到了很重要的作用，尤其是在计算机视觉方面，当处理图像、视频时，经常要分析其频率特性，如进行平滑滤波、锐化滤波、边缘特征提取和谱分析[6]等，这些都会涉及傅里叶级数和傅里叶变换。

凸函数也是微积分中的重要概念，人工智能算法中涉及的优化问题要求函数模型必须是凸函数，否则优化问题没有最优解。

除了以上提到的概念，微积分中还有许多概念，如方向导数、梯度、伽马函数等，它们都在人工智能中有广泛的应用，读者可以在后面的章节中详细了解相关内容。

1.2 线性代数

线性代数不仅是人工智能的基础，而且是现代数学和以现代数学为主要分析方法的众多学科的基础。无论是图像处理还是量子力学，都离不开向量和矩阵的使用[7]。线性代数中的向量和矩阵为人工智能提供了一种特征描述的组合方式，将具体事物抽象为数学对象，描述事物发展的静态和动态规律。线性代数的核心意义在于提供了一种看待世界的抽象视角：万事万物都可以被抽象成某些特征的组合，在预置规则定义的框架下，世界被以静态和动态的方式加以观察。

1.2.1 向量和矩阵

人工智能很多场景中的数据结构都采用了向量和矩阵。

向量和矩阵不只是理论上的分析工具，也是计算机工作的基础条件。人类能够感知连续变化的大千世界，可计算机只能处理离散取值的二进制信息，因此，来自模拟世界的信号必须在定义域和值域上同时进行数字化，才能被计算机存储和处理。从这个角度来看，线性代数是用虚拟数字世界表示真实物理世界的工具[8]。

向量是人工智能中的一个关键数据结构。在计算机存储中，标量占据的是零维数组；向量占据的是 n 维数组。人工智能领域主要将向量理解为 n 维空间上的点。例如，三维空间中的一个向量可以表达为 $\boldsymbol{a}=(x,y,z)$。一个数据集也可以很方便地表示为一个 n 维向量。

矩阵占据的是二维数组。矩阵可以看作向量的组合。在计算机视觉领域，矩阵可用来表示图像。图像的基本单位是像素，一幅图像是由固定行列数的像素组成的，如果每个像素都用数字表示，那么一幅图像就是一个矩阵。对于灰度图像来说，每个像素对应一个数字。

张量占据的是三维乃至更高维度的数组，如 RGB 图像和视频可用表示三原色的三个数字表示。

1.2.2 范数和内积

范数和内积是描述作为数学对象的向量时用到的特定的数学语言。范数是对单个向量大小的度量，描述的是向量自身的性质，其作用是将向量映射为一个非负的数值。通用的 L_p 范数定义如下：

$$\|\boldsymbol{x}\|_p=\left(\sum_i |x_i|^p\right)^{\frac{1}{p}} \tag{1-3}$$

范数计算的是单个向量的尺度，而内积计算的是两个向量之间的关系。两个相同维数的向量内积的表达式为 $\langle\boldsymbol{x},\boldsymbol{y}\rangle=\sum_i x_i y_i$，即对应元素相乘后求和。内积能够表示两个向量之间的相对位置，即表示向量之间的夹角。一种特殊的情况是内积为 0，在二维空间中，这意味着两个向量的夹角为 90°，即相互垂直。而在高维空间中，这种关系被称为正交（Orthogonality）。如果两个向量正交，则说明它们线性无关，相互独立，互不影响。

在实际问题中，向量不仅表示某些数字的组合，更可能表示某些对象或某些行为的特征。范数和内积能够处理这些表示特征的数学模型，进而提取原始对象或原始行为中的隐含关系。

如果有一个集合，它的元素都是具有相同维数的向量（可以是有限个或无限个），并且定义了加法和数乘等结构化的运算，那么，这样的集合称为线性空间，而定义了内积运算的线性空间称为内积空间。在线性空间中，任意一个向量代表的都是 n 维空间中的一个点；反过来，空间中的任意点也可以唯一地用一个向量表示，两者相互等效。

在线性空间上的点和向量相互映射时，一个关键问题是参考系的选取。在现实生活中，只要给定经度、纬度和海拔高度，就可以唯一地确定地球上的一个位置，因此，经度值、纬度值、高度值构成的三维向量(x, y, z)就对应了三维物理空间中的一个点。但是，在高维空间中，坐标系的定义就没有这么直观了。要知道，人工神经网络处理的通常是数以万计的特征，对应的同样是数以万计的复杂空间，要描述这样的高维空间，就需要用到正交基的概念。

在内积空间中，一组两两正交的向量构成了这个空间的正交基。假如正交基中基向量的L_2范数都是单位长度 1，则这组正交基就是标准正交基。正交基的作用是给内积空间定义经纬度。一旦描述内积空间的正交基确定了，向量和点之间的对应关系也就随之确定了。值得注意的是，描述内积空间的正交基并不唯一。对于二维空间来说，平面直角坐标系和极坐标系就对应了两组不同的正交基，也代表了两种实用的描述方式。

1.2.3 线性变换

线性空间的一个重要特征是能够承载变化。当作为参考系的标准正交基确定后，空间中的点就可以用向量表示。当这个点从一个位置移动到另一个位置时，描述它的向量自然也会改变。点的变化对应着向量的线性变换，而描述对象变化或向量线性变换的数学语言正是矩阵。

在线性空间中，变化的实现有两种方式：一是点本身的变化，二是参考系的变化。在第一种方式中，使某个点发生变化的方法是用代表变化的矩阵乘以代表点的向量。如果保持点不变，而换一种观察的角度，那么也能得到不同的结果。在这种情况下，矩阵的作用就是对正交基进行变换。因此，对矩阵和向量的乘积就存在不同的解读：$\boldsymbol{Ax} = \boldsymbol{y}$这个表达式既可以理解为向量$\boldsymbol{x}$经过矩阵$\boldsymbol{A}$所描述的变换变成了向量$\boldsymbol{y}$；也可以理解为一个对象在坐标系$\boldsymbol{A}$的度量下得到的结果为向量$\boldsymbol{x}$，在标准坐标系$\boldsymbol{I}$的度量下得到的结果为向量$\boldsymbol{y}$。这表示矩阵不仅能够描述变化，也可以描述参考系本身。

线性回归是描述变量关系常见的处理方法[9]，是人工智能的基础算法。描述和解决线性回归问题的方法有很多，其旨在找到一组系数，使得输出的变量预测为最佳。

使用线性代数方法很容易得到最小二乘意义上的解。对于输入向量矩阵$\boldsymbol{A}$和输出向量$\boldsymbol{y}$，如果要找到一组最优的系数$\boldsymbol{x}$，使得预测误差最小，那么这个问题可以表示为求解如下线性方程组：

$$\boldsymbol{Ax} = \boldsymbol{y} \tag{1-4}$$

通常在线性回归问题中，矩阵$\boldsymbol{A}$是不可逆的，此时就需要用伪逆来求方程组在最小二乘意义下的最优解。将方程两边同时左乘$\boldsymbol{A}^{\mathrm{T}}$，就可以解出参数$\boldsymbol{x}$：

$$\boldsymbol{x} = (\boldsymbol{A}^{\mathrm{T}}\boldsymbol{A})^{-1}\boldsymbol{A}^{\mathrm{T}}\boldsymbol{y} \tag{1-5}$$

式（1-5）称为正则方程，其可以在很多人工智能应用场景中用于快速求得最优解。

1.2.4 特征值和特征向量

描述矩阵的一对重要参数是特征值（Eigenvalue）和特征向量（Eigenvector）。对于给定的矩阵$\boldsymbol{A}$，假设其特征值为λ，特征向量为$\boldsymbol{x}$，则它们的关系如下：

$$Ax = \lambda x \tag{1-6}$$

正如前文所述，矩阵代表了向量的变换，其效果通常是对原始向量同时施加方向变化和尺度变化。可对于一些特殊的向量，矩阵只能改变尺度而无法改变方向，也就是只有伸缩的效果而没有旋转的效果。对于给定的矩阵，这类特殊的向量即矩阵的特征向量，特征向量的尺度变化系数就是特征值。

矩阵特征值和特征向量的动态意义在于表示了变化的速度和方向。如果把矩阵所代表的变化看作奔跑的人，那么矩阵的特征值就代表了这个人奔跑的速度，特征向量就代表了这个人奔跑的方向。但是，矩阵可不是普通人，它是有多个分身的人，其不同分身以不同速度（特征值）在不同方向（特征向量）上奔跑，所有分身的运动叠加在一起才是矩阵的效果。求解给定矩阵的特征值和特征向量的过程叫作特征值分解，但能够进行特征值分解的矩阵必须是 n 维方阵。将特征值分解算法推广到所有矩阵，则可以得到更加通用的矩阵分解方法——奇异值分解。

1.2.5　奇异值分解（SVD）

奇异值分解是线性代数中的一种矩阵分解方法[10]，在人工智能领域应用非常广泛，如用于特征选择、降噪、数据压缩、主成分分析（PCA）等方面。其表达式如下：

$$A = Q\Sigma Q^{-1} \tag{1-7}$$

矩阵经过奇异值分解后会得到一系列系数，抛弃其中某些较小的系数，对原矩阵重建，则重建后误差很小。可以认为较小的系数代表了原信号的粗略信息或低频信息，忽略这部分并不影响原信号的表达，而大的系数代表了原信号的重要信息或高频信息。这样，就可以根据这一特性进行特征选择、主成分提取和数据压缩等操作。

如图 1-2 所示，其中，图（a）是原始图像，图（b）～图（d）是用 SVD 重构的图像，图（b）取了前 10 个特征，图（c）取了前 20 个特征，图（d）取了前 40 个特征。可以看到，图（b）反映了原始图像的基本信息，且随着特征数的提高，图像细节变得更清晰。

（a）　（b）　（c）　（d）

图 1-2　利用奇异值分解进行图像重构

线性代数的基本原理在人工智能算法中处于核心地位，在人工智能的语义分析、推荐系统、卷积神经网络等方面有大量应用，是目前最前沿的深度学习算法原理的基础。

1.3 概率论

概率论是学习人工智能必备的数学知识。概率论已经替代了逻辑主义的功能，被广泛应用于人工智能算法研究。概率论代表了一种看待世界的方式，其关注的焦点是无处不在的可能性，对随机事件发生的可能性进行规范的数学描述是概率论的公理化过程。因此，机器学习算法中经常使用概率统计工具来处理不确定量或随机量。

现阶段人工智能研究需要处理的行业信息、数据、资料等都呈爆发式增长，这使概率统计成了机器学习的关键内容之一。通常人们认为数据分布是固定不变的，参数要经过计算才能得知，而贝叶斯认为数据分布具有随机性，要进行概率最大化后再计算参数。

概率论中存在两个学派，即“频率学派”和“贝叶斯学派”。两种学派的核心区别在于对先验分布的认识。频率学派认为，假设是客观存在且不会改变的，即存在固定的先验分布，只是作为观察者的我们无从知晓，因而在计算具体事件的概率时，要先确定概率分布的类型和参数，然后以此为基础进行概率推演。相比之下，贝叶斯学派则认为，固定的先验分布是不存在的，参数本身是随机数。换言之，假设本身取决于观察结果，是不确定且可以修正的。数据的作用是对假设做出不断的修正，使观察者对概率的主观认识更加接近客观实际。

目前，很多机器学习算法是以概率统计的理论为基础支撑推导出来的，比如代价函数的最小二乘形式、逻辑回归算法都基于对模型的最大似然估计。

概率论中的高斯函数及中心极限定理被广泛用于人工智能算法。独立同分布的不同随机变量之和会随变量数的增加而趋于高斯分布，因此，很多模型假设都采用高斯函数进行建模。

1.4 数理统计

在人工智能技术中，数理统计知识占据重要的地位。数理统计理论有助于对机器学习算法和数据挖掘的结果做出解释，只有做出合理的解读，数据的价值才能够体现。数理统计根据观察或实验得到的数据来研究随机现象，并对研究对象的客观规律做出合理的估计和判断。

基础性的数理统计可以协助我们对机器学习算法及数据挖掘的结果进行统计、分析。只有经过科学、严谨的分析和处理，数据结果才能用于实际情况。这种数理统计可以通过观察和研究，对数据、结果、信息做进一步纵向和横向的对比，同时进行科学的审查和预估，得出客观的结果。

尽管数理统计将概率作为理论来源，但两者有本质区别。概率论作用的前提是随机变量的分布已知，其根据已知的分布来分析随机变量的特征与规律；数理统计的研究对象则是分布未知的随机变量，其研究方法是对随机变量进行独立重复的观察，根据得到的观察结果对原始分布做出推断，数理统计可以看作逆向的概率论。

若检验是通过随机抽取的样本来对一个总体的判断结果进行认可或否定，则可以将其用于估计机器学习模型的泛化能力。

1.5　最优化理论

人工智能的目标就是最优化，就是在复杂环境与多体交互中做出最优决策。几乎所有的人工智能问题最后都会归结为一个优化问题的求解，因此，最优化理论同样是学习、研究人工智能必备的基础知识。

最优化理论研究的问题是判定给定目标函数是否存在最大值或最小值，并找到令目标函数取最大值或最小值的数值。如果把给定的目标函数看成连绵的山脉，最优化的过程就是找到顶峰（谷底）且到达顶峰（谷底）的过程。

最优化理论的研究内容主要包括线性规划、（不）精确搜索、梯度下降法、牛顿法、共轭梯度法、拟牛顿法、（非）线性最小二乘法、约束优化最优性条件、二次规划、罚函数法和信赖域法等。

1.5.1　目标函数

要实现最小化或最大化的函数称为目标函数，大多数最优化问题都可以通过使目标函数 $f(x)$ 最小化解决，最大化问题也可以通过最小化 $f(x)$ 来解决。最优化方法找到的可能是目标函数的全局最小值，也可能是局部极小值，两者的区别在于全局最小值比定义域内所有其他点的函数值都小，而局部极小值只比所有邻近点的函数值小。

当目标函数的输入参数较多、解空间较大时，大多数实用的最优化方法都不能满足全局搜索对计算复杂度的要求，因而只能求出局部极小值。但是，在人工智能和深度学习的应用场景中，只要目标函数的取值足够小，就可以把这个值当作全局最小值使用，以此作为对性能和复杂度的折中。

1.5.2　线性规划

根据约束条件的不同，最优化问题可以被分为无约束优化和约束优化两类。无约束优化对自变量 x 的取值没有限制，约束优化则把 x 的取值限制在特定的集合内，也就是其要满足一定的约束条件。

典型的约束优化方法是线性规划，其解决的问题通常是在有限的成本约束下取得最大的收益。约束优化问题通常比无约束优化问题更加复杂，但通过引入拉格朗日乘子，可以将含有 n 个变量和 k 个约束条件的约束优化问题转化成含有 $n+k$ 个变量的无约束优化问题。

1.5.3　梯度下降法

无约束优化问题最常用的方法是梯度下降法。梯度下降法是求解无约束优化问题最常用的方法，它是一种迭代方法。直观地说，梯度下降法就是沿着目标函数值下降最快的方向寻找最小值。当函数的输入为向量时，目标函数的图像就变成高维空间上的曲面，此时的梯度就是垂直于曲面等高线并指向高度增加方向的向量，其携带了高维空间中关于方向的信息。而要让目标函数以最快的速度下降，就需要让自变量在负梯度的方向移动，用数学语言表示就是“多元函数沿其负梯度方向下降最快”。

梯度下降法实现简单，一般情况下，其解不保证是全局最优解，但当目标函数是凸函数时，用梯度下降法求得的解是全局最优解。由于梯度下降法只用到目标函数的一阶导数，因此其下降的速度未必是最快的。

人工智能是 21 世纪三大尖端技术之一，数学作为其关键的理论基础，使其成为一门规范的学科。数学作为一门严谨的学科，可以为人工智能提供严格的、缜密的逻辑思维，以便我们对客观问题进行建模，同时运用模糊数学、最优化理论或线性代数等求解人工智能问题，因此，数学已经成为人工智能发展的基础支撑学科。未来，可以将粗糙集、混沌与分形等更多的理论引入人工智能，从而提高人工智能执行的准确度、精确度。

习题

1. 简述人工智能与数学的关系。

2. 微积分的主要思想是什么？微积分中有哪些主要概念与人工智能相关？

3. 如何理解线性代数的核心意义在于提供了一种看待世界的抽象视角？线性代数中的哪些内容能在人工智能中直接应用？

4. 请查阅有关资料，理解“频率学派”和“贝叶斯学派”的本质不同点。

5. 请查阅资料，讨论在机器学习中，数理统计方法与概率论方法在对待离散数据时有何不同。

6. 人工智能的目标是最优化，请简单描述有哪些常见的最优化方法。

参考文献

[1] 刘毅. 人工智能的历史与未来[J]. 科技管理研究, 2004, 24(6):121-124.

[2] 李敏. 人工智能数学理论基础综述[J]. 物联网技术, 2017, 7(7):105-108.

[3] 袁亚湘, 孙文瑜. 最优化理论与方法[M]. 北京：科学出版社, 1997.

[4] 嘉当, 余家荣. 解析函数论初步[M]. 北京：高等教育出版社, 2008.

[5] 格拉法科斯. 傅里叶分析[M]. 北京：机械工业出版社, 2006.

[6] 刘直芳, 王运琼, 朱敏. 数字图像处理与分析[M]. 北京：清华大学出版社, 2006.

[7] 余德浩, 汤华中. 微分方程数值解法[M]. 北京：科学出版社, 2003.

[8] 谢树艺. 工程数学：矢量分析与场论[M]. 2 版. 北京：高等教育出版社, 1984.

[9] 塞伯. 线性回归分析[M]. 北京：科学出版社, 1987.

[10] 郭文彬, 魏木生. 奇异值分解及其在广义逆理论中的应用[M]. 北京：科学出版社, 2008.

[11] 蒋良孝, 李超群. 贝叶斯网络分类器[M]. 武汉：中国地质大学出版社, 2015.

第2章　初等数学

近年来，人工智能技术的应用不断取得新进展，而初等数学在其中起到了非常重要的、基础性的作用。人工智能中的数学问题求解、算法实现，以及自然语言处理等都需要用到初等数学的思想、方法、技术等[1,2]。本章重点介绍函数、数列、排列、组合、二项式、集合等方面的基础性知识，从而为读者掌握人工智能技术奠定基础[3-5]。

2.1　函数

2.1.1　函数的概念

函数作为微积分的研究对象，在人工智能中扮演着重要的角色。在 18—19 世纪，欧拉、柯西等很多数学家都对函数给出了自己的定义，但由于认识的局限性，这些定义都存在一些问题。康托创立的集合论在数学中占有非常重要的地位，而函数的现代定义也是通过集合给出的。通过中学阶段的学习可知，函数是一种特殊的映射运算，它反映了从一个集合到另一个集合的一种对应关系[1]。

1．函数的定义

在给出函数定义之前，需要先了解以下几个基本概念。

定义 2-1　变量和常量　在某个变化过程中，那些可以发生变化的量，也就是可以取不同数值的量称为变量（数学中常记为x,y 等）；在某个变化过程中，数值不变的量，称为常量。

定义 2-2　区间　对于连续变化的变量，其变化的范围称为区间（区间本质为集合）。如果变化范围有限（两端边界为实数），则该区间称为有限区间；否则，称为无限区间。

例 2-1　对于有限闭区间，可用$[a,b]$形式来表示；对于有限开区间，可用(a,b)形式来表示；对于无限开区间，可用$(a,+\infty)$形式来表示。

定义 2-3　邻域　设x_0与δ是两个实数，且$\delta>0$，将满足不等式$|x-x_0|<\delta$的实数x的全体，称为点x_0的δ邻域，记为$U(x_0,\delta)$，此时，点x_0称为该邻域的中心，δ称为该邻域的半径，在不需要指明半径δ时，邻域一般可记为$U(x_0)$。

说明：在邻域定义中，不等式$|x-x_0|<\delta$可用不等式$-\delta<x-x_0<\delta$来代替（$x_0-\delta<x<x_0+\delta$），从而得出满足不等式$|x-x_0|<\delta$的实数x的全体就是开区间$(x_0-\delta,x_0+\delta)$，所以，点x_0的δ邻域是以点x_0为中心、长度为2δ的开区间。

下面给出函数的定义。

定义 2-4　设$X\in\mathbf{R}$是一个非空数集，f是一个确定的法则，如果$\forall x\in X$，通过法

则 f，存在唯一的 $y(y\in\mathbf{R})$ 与 x 相对应，则称由 f 确定了一个定义在 X 上、取值为 R 的函数，记作 $y=f(x)$，$x\in X$，其中，x 称为自变量，y 称为因变量，f 称为函数关系。

定义 2-5 在函数建立的两个变量 x 和 y 的关系中，x 是自变量，X 称为函数的定义域，定义域表示自变量的变化范围；y 是因变量，它随 x 的变化及对应关系 f 而变化。当自变量遍历定义域中的所有值时，对应函数值的全体称为函数的值域，通常用集合 $Y=\{y|y=f(x),x\in X\}$ 表示。

为了叙述方便，常把"函数 $y=f(x)$，$x\in X$"简称为"函数 $f(x)$"或"函数 f"。

如果自变量取某一个数值 x_0 时，函数有确定的值 y_0 与它对应，那么就称函数在 x_0 处有定义，y_0 称为函数 f 在 x_0 处的函数值，即 $y_0=f(x_0)$。

函数的定义用二元关系描述如下。

定义 2-6 如果 X 到 Y 的二元关系为 $f:X\times Y$，对于每个 $x\in X$ 都有唯一的 $y\in Y$，使得 $<x,y>\in f$，则称 f 为 X 到 Y 的函数，记作 $f:X\to Y$。

当 $X=X_1\times\cdots\times X_n$ 时，称 f 为 n 元函数。

2. 函数的表示

函数的表示方法主要有三种：解析法（公式法）、图像法和表格法。

在微积分中讨论的函数几乎都是用解析法表示的。

说明：有时一个函数的解析式需要用几个式子来表示，即在定义域内，当自变量在不同的范围取值时，对应法则用不同的解析式来表示，这样的函数通常叫作分段函数。分段函数是一个函数，而不是几个函数；分段函数的定义域是各段函数定义域的并集，值域也是各段函数值域的并集。

例 2-2 针对学校的管理而言，可将其划分为管理职能和管理对象，通过构造集合 S 和 T，使得集合 S={教学，管理，后勤}，T={教师，学生，工人}，从而构建一个学校管理活动和人员之间的关系。设 f 为从 S 到 T 的关系，且 f={<教学，教师>，<教学，学生>，<管理，学生>，<后勤，工人>}，则 f 称为从 S 到 T 的函数关系。

函数可以看作特殊映射构成的集合，因此，两个函数之间的关系也可转换成集合和关系之间的运算，函数的一些概念和运算，也可用集合的概念来描述。

针对例 2-2，利用 Python 程序实现函数的定义[4]，代码如下：

```
def  f():
    position=set{'教学', '管理','后勤' }
    person=set{'教师','学生','工人'}
    relation={('教学', '教师'), ('教学','学生'), ('管理','学生'), ('后勤','工人')}
    return  relation
```

2.1.2 函数的性质

1. 函数的有界性

定义 2-7 设函数 $y=f(x)$ 在 X 上有定义。

（1）若存在实数 A 使 $f(x)\leqslant A$（$\geqslant A$），$x\in X$，则称函数 $y=f(x)$ 在集合 X 上有上（下）界，A 称为函数 $y=f(x)$ 在 X 上的一个上（下）界。

（2）若存在实数 $M\geqslant 0$ 使 $|f(x)|\leqslant M$，$x\in X$，则称函数 $f(x)$ 在集合 X 上有界，M 称为函数 $y=f(x)$ 在 X 上的一个界；否则，称函数 $f(x)$ 在 X 上无界。

2. 函数的单调性

定义 2-8 设函数 $y=f(x)$ 在 X 有上定义，区间 $I\subseteq X$。

（1）若 $\forall x_1,x_2\in I$，满足 $x_1<x_2\Rightarrow f(x_1)\leqslant f(x_2)$，则称 $f(x)$ 在 I 上是单调递增函数。

（2）若 $\forall x_1,x_2\in I$，满足 $x_1<x_2\Rightarrow f(x_1)<f(x_2)$，则称 $f(x)$ 在 I 上是严格单调递增函数；

（3）若 $\forall x_1,x_2\in I$，满足 $x_1<x_2\Rightarrow f(x_1)\geqslant f(x_2)$，则称 $f(x)$ 在 I 上是单调递减函数。

（4）若 $\forall x_1,x_2\in I$，满足 $x_1<x_2\Rightarrow f(x_1)>f(x_2)$，则称 $f(x)$ 在 I 上是严格单调递减函数。

3. 函数的奇偶性

定义 2-9 设函数 $y=f(x)$，$x\in X$，若函数的定义域关于坐标原点 O 对称，且对于定义域内的任意 x 都满足

$$f(x)=f(-x)$$

则称 $f(x)$ 为偶函数。

如果对于定义域内的任意 x 都满足

$$f(x)=-f(-x)$$

则称 $f(x)$ 为奇函数。

4. 函数的周期性

定义 2-10 对于函数 $y=f(x)$，$x\in X$，如果存在一个不为 0 的常数 T，使得 $x+T\in X$，并且对于定义域的任何值，恒满足

$$f(x+T)=f(x)$$

则称函数 $f(x)$ 为周期函数，T 为 $f(x)$ 的周期。

显然，若 $f(x)$ 以 T 为周期，且 $x+nT\in X(n=\pm1,\pm2,\cdots)$，$f(x+nT)=f(x)$，则 nT 也是 $f(x)$ 的周期 $(n=\pm1,\pm2,\cdots)$。本书中周期函数的周期指最小正周期。

2.1.3 特殊函数

1. 相等函数

定义 2-11 设 f 和 g 是定义域到值域的两个函数，称函数 f 和 g 相等，当且仅当 f 和 g 互为子集，记作 $f=g$。

根据相等函数的定义，可得出如下结论：

（1）函数相等首先是两个函数的定义域相等；

（2）对应元素的对应关系相等，即对于所有 $x\in S$ 和 $x\in T$，有 $f(x)=g(x)$。

2. 满射函数

定义 2-12 设有定义域集合 S 和值域集合 T，假如 f 是从 S 到 T 的一个函数，即 $f:S\to T$，若函数值域 T 中的每个元素通过函数 f 在集合 S 中都与至少一个元素构成对应关系，则称 f 为从 S 到 T 的满射函数，简称满射。

上面的定义若用表达式表示，则为 $f:S\to T$ 是满射函数，当且仅当对于任意的 $t\in T$，必存在 $s\in S$ 使 $f(s)=t$ 成立。

3. 单（入）射函数

定义 2-13 设有定义域集合 S 和值域集合 T，假如 f 是从 S 到 T 的函数，即 $f:S\to T$，若对于定义域集合 S 中的任意两个元素 s_1 和 s_2，当 $s_1\neq s_2$ 时，都有 $f(s_1)\neq f(s_2)$，则称 f 为从 S 到 T 的单（入）射函数，简称单（入）射。

4. 双射函数

定义 2-14 设有定义域集合 S 和值域集合 T，假如 f 是从 S 到 T 的函数，即 $f:S\to T$，若 f 既是满射函数又是单射函数，则称这个函数为双射函数，简称双射。

5. 初等函数

常用的基本初等函数有五种，分别是指数函数、对数函数、幂函数、三角函数及反三角函数，如表 2-1 所示。

表 2-1 基本初等函数

函数名称	函数的记号	函数的性质
指数函数	$y=a^x(a>0,a\neq 1)$； $y=e^x(a=e)$	（1）不论 x 为何值，y 总为正数。 （2）当 $x=0$ 时，$y=1$。 （3）当 $a>1$ 时，函数单调递增；当 $0<a<1$ 时，函数单调递减
对数函数	$y=\log_a x(a>0,a\neq 1)$； $y=\ln x(a=e)$	（1）函数图像总位于 y 轴右侧，并过点（1,0）。 （2）当 $a>1$ 时，函数在区间（0,1）的值为负，在区间（1,+∞）的值为正，在定义域内单调递增。 （3）当 $0<a<1$ 时，函数在区间（0,1）的值为正，在区间（1,+∞）的值为负，在定义域内单调递减
幂函数	$y=x^a$，a 为任意实数	令 $a=m/n$，则： （1）当 m 为偶数、n 为奇数时，y 是偶函数； （2）当 m,n 都是奇数时，y 是奇函数； （3）当 m 为奇数、n 为偶数时，y 在（$-\infty$,0）无意义
三角函数	$y=\sin x$（这里仅以该正弦函数为例）	（1）正弦函数是以 2π 为周期的周期函数。 （2）正弦函数是奇函数且 $\lvert\sin x\rvert\leqslant 1$
反三角函数	$y=\arcsin x$（这里仅以该反正弦函数为例）	反正弦函数为多值函数，因此函数值限制在$[-\pi/2,\pi/2]$，称其为反正弦函数的主值

Python 中的 math 包和 SymPy 包中常用的数学函数如表 2-2 所示。

表 2-2　Python 中常用的数学函数

函数	返回值（描述）
abs(x)	返回数字的绝对值，如 abs(−10) 返回 10
cmp(x, y)	如果 $x<y$，返回 −1；如果 $x==y$，返回 0；如果 $x>y$，返回 1
fabs(x)	返回数字的绝对值，如 math.fabs(−10) 返回 10.0
ceil(x)	返回数字的上入整数，如 math.ceil(4.1) 返回 5
floor(x)	返回数字的下舍整数，如 math.floor(4.9)返回 4
round(x [,n])	返回浮点数 x 的四舍五入值，如果给出 n 值，那么它代表舍入到小数点后的位数
max($x_1, x_2,\cdots$)	返回给定参数的最大值，参数可以为序列
min($x_1, x_2,\cdots$)	返回给定参数的最小值，参数可以为序列
modf(x)	返回 x 的整数部分与小数部分，两部分的数值符号与 x 相同，整数部分以浮点型表示
pow(x, y)	返回 x 的 y 次方值
exp(x)	返回 e 的 x 次幂(e^x)值，如 math.exp(1) 返回 2.718281828459045
log(x)	返回以 e 为底数的 x 的对数，如 math.log(math.e)返回 1.0
log10(x)	返回以 10 为底数的 x 的对数，如 math.log10(100)返回 2.0
sqrt(x)	返回数字 x 的平方根
sin(x)	返回 x 的弧度的正弦值
cos(x)	返回 x 的弧度的余弦值
tan(x)	返回 x 的正切弧度值
asin(x)	返回 x 反正弦的弧度值
acos(x)	返回 x 反余弦的弧度值
atan(x)	返回 x 反正切的弧度值
atan2(y, x)	返回给定的 x 及 y 坐标值的反正切值
hypot(x, y)	返回欧几里得范数
degrees(x)	将弧度转换为角度，如 degrees(math.pi/2)返回 90.0
radians(x)	将角度转换为弧度
pi	数学常量（圆周率，一般用 π 表示）
E	数学常量 e，即自然常数

2.1.4　复合函数和逆函数

1. 复合函数

定义 2-15　设函数 $y=f(u)$ 的定义域为 X_u，值域为 Z_u，函数 $u=g(x)$ 的定义域为 X_x，值域为 Z_x，如果 $Z_x \cap X_u \neq \varnothing$，那么，$Z_x \cap X_u$ 内的任意一个 x 经过 u 有唯一确定的 y 值与之对应，变量 x 与 y 通过变量 u 形成了一种函数关系，这种函数称为复合函数，记为 $y=f(g(x))$。其中，x 为自变量，u 为中间变量，y 为因变量（函数）。

如 $y=\sin x^3$、$y=e^{2x+1}$、$y=\log(|x|+1)$ 等都是复合函数，而 $y=\log(\cos x-3)$ 不是复合函数，因为任何 x 都不能使 y 有意义。由此可见，不是任何两个函数放在一起都能构成复合函数。

例 2-3　设 $f(x)=e^x$，$g(x)=2x+1$，利用 Python 程序求 $y=f(g(x))$ 复合运算的结果。

解：利用 Python SymPy 包中的函数 Symbol 定义符号变量，并自定义函数 $f(x)$ 和

$g(x)$。具体程序如下：

```
import sympy
from sympy import *
#定义符号表达式
x = Symbol('x')
def f(x):
    return exp(x)
def g(x):
    return 2*x+1
def h(x):
    return f(g(x))

print('f(g(x))=:', h(x))
```

输出结果如下：

```
f(g(x))=: exp(2*x + 1)
```

2. 逆函数

定义 2-16 设函数 $y=f(x)$ 的定义域是 X，值域是 $f(x)$，如果对于值域 $f(x)$ 中的每个 y，在 X 中有且只有一个 x 使 $g(y)=x$，那么按此对应法则得到了一个定义在 $f(x)$ 上的函数，把该函数称为函数 $y=f(x)$ 的反函数，记为 $x=f^{-1}(y)$，$y\in f(X)$。

反函数具有以下性质：

（1）函数 $f(x)$ 与它的反函数 $f^{-1}(x)$ 的图像关于直线 $y=x$ 对称；

（2）函数存在反函数的充要条件：函数的定义域与值域之间构成一一映射关系；

（3）一个函数与它的反函数在相应区间上单调性一致；

（4）一段连续函数的单调性在对应区间内具有一致性；

（5）严格递增（减）的函数一定有严格递增（减）的反函数；

（6）反函数是相互的，且具有唯一性。

2.1.5 综合案例及应用

1. 案例目标

针对人工智能中常见的函数，利用 Python 语言实现函数功能。

2. 案例涉及的相关知识

阶跃函数为

$$y=\operatorname{sgn}x=\begin{cases}1, & x\geqslant 0\\ 0, & x<0\end{cases}$$

多项式函数为

$$y=a_nx^n+a_{n-1}x^{n-1}+\cdots+a_1x+a_0$$

说明：在 Python 程序的 NumPy 包中，多项式函数的系数可以用一维数组表示，如 $y=x^3-2x+1$ 可以用数组[1,0,−2,1]表示。

sigmoid 函数为

$$y=\frac{1}{1+\mathrm{e}^{-x}}$$

tanh 函数为

$$y=\frac{\mathrm{e}^{x}-\mathrm{e}^{-x}}{\mathrm{e}^{x}+\mathrm{e}^{-x}}$$

高斯函数为

$$y=a\mathrm{e}^{-\frac{(x-b)^2}{2c^2}}$$

3. 案例程序实现

例 2-4　绘制多项式函数、sigmoid 函数、tanh 函数和高斯（gauss）函数[4]。

解：可利用 Python 中自定义的函数形式定义这 4 种函数，并用 plot 函数绘图。具体实现程序如下：

```
import numpy as np
import matplotlib.pyplot as plt

def poly(x):
    y = x**3-2*x+1
    return y
def sigmoid(x):
    y = 1.0 / (1.0 + np.exp(-x))
    return y
def tanh(x):
    y = (1.0 - np.exp(-2 * x)) / (1.0 + np.exp(-2 * x))
    return y
def gauss(x,a,b,c):
    y = a*np.exp(-(x-b)**2/2*c*c)
    return y
x = np.linspace(start=-10, stop=10, num=100)
y_poly = poly(x)
y_sigmoid = sigmoid(x)
y_tanh = tanh(x)
y_gauss = gauss(x,1,0,1)

plt.subplot(221)
plt.title('poly')
plt.plot(x, y_poly)
plt.grid(True)

plt.subplot(222)
plt.title('sigmoid')
plt.plot(x, y_sigmoid)
```

```
plt.grid(True)

plt.subplot(223)
plt.title('tanh')
plt.plot(x, y_tanh)
plt.grid(True)

plt.subplot(224)
plt.title('gauss')
plt.plot(x, y_gauss)
plt.grid(True)
#调整子图间距
plt.subplots_adjust(top=0.92,bottom=0.08, left=0.10, right=0.95, hspace=0.5,wspace=0.35)
plt.show()
```

4. 运行结果

执行上述程序后，输出结果如图 2-1 所示。

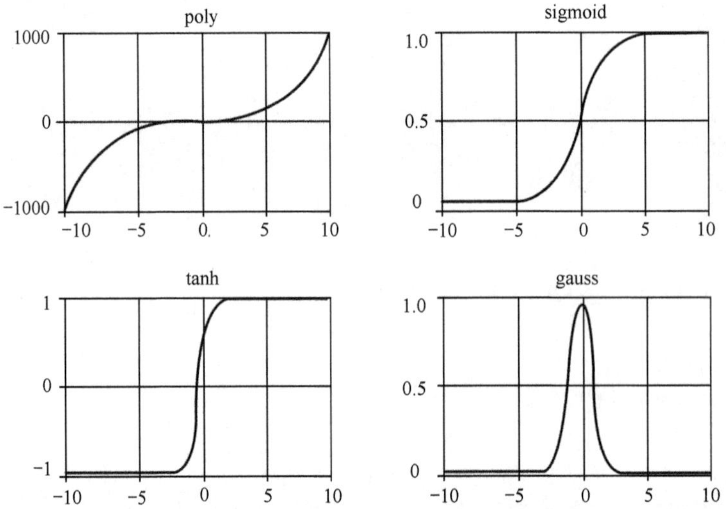

图 2-1　程序输出结果

2.2　数列

数列是按照某种顺序排列的一组数，其在计算机科学中的应用非常广泛，如在程序设计[4]、数据结构[5]的学习、使用过程中，经常遇到线性结构中的数组、列表、字符串等结构，它们都可以理解成数列。

2.2.1 数列的概念

1. 数列

定义 2-17 按照一定顺序排列的一组数称为数列。

按照函数定义的方式，数列也可以理解成以正整数集合（或它的有限子集）为定义域的函数。

数列一般表示为 $a_1,a_2,\cdots,a_n,\cdots$，记作 $\{a_n\}$。如 $\{1,2,3,4,\cdots,n,\cdots\}$ $\{2,4,6,8,\cdots,2n\}$ $\{2,4,6,8,10,12,14,16,18,20\}$ 都是数列。

可以利用 Python 中的列表表示数列，假设需要表示由不超过自然数 20 的偶数构成的数列，可以通过如下定义完成：

```
a_list=[2,4,6,8,10,12,14,16,18,20]
```

或者

```
a_list =list(2,4,6,8,10,12,14,16,18,20)
```

2. 数列的相关概念

定义 2-18 数列中的每个元素称为该数列的项。数列的第一个项称为首项。对于数列 $\{a_n\}$，a_1 为首项，a_n 为第 n 项。

数列的通项公式：如果数列 $\{a_n\}$ 的第 n 项 a_n 与正整数 n 的关系能用一个公式来表示，那么将这个公式称为数列的通项公式。

例 2-5 数列 $\{2,4,6,8,\cdots,2n\}$ 的通项公式为 $a_n=2n$，利用 Python 实现该数列的表示方法，假设 n=10，则程序如下：

```
def  a(n):
    return  2*n
a_list = map(a,[1,2,3,4,5,6,7,8,9,10])
print(list(a_list))
```

输出结果如下：

```
[2,4,6,8,10,12,14,16,18,20]
```

2.2.2 数列的分类

数列可以按照不同的方式进行划分。

1. 按照数列的项数划分

（1）有穷数列：数列中的项是有限的，如 $\{1,2,3,4,5,6,7,8,9,10\}$ $\{2,4,6,8,\cdots,2n\}$ 都是有穷数列。

（2）无穷数列：数列中的项是无限的，如 $\{1,2,3,4,\cdots,n,\cdots\}$ 是无穷数列。

2. 按照数列项之间的大小关系划分

（1）递增数列：从数列的第二项起，每项都大于其相邻的前一项，这样的数列称为递增数列，如 $\{1,5,10,11,15,26,37,48,59,100\}$ $\{2,4,6,8,\cdots,2n\}$(n 为正整数，$n\geqslant5$)都是递增数列。

（2）递减数列：从数列的第二项起，每项都小于其相邻的前一项，这样的数列称为递减数列，如{100,59,48,37,26,15,11,10,5,1}{2n,2n−2,2n−4,…,8,6,4,2}(n 为正整数，n≥5)都是递减数列。

（3）常数数列：数列的每项都是一个相同的数值，这样的数列称为常数数列，简称常数列。

3. 按照数列项之间的变化规律划分

（1）等差数列：从数列的第二项起，每项与其相邻的前一项的差等于同一个常数，这样的数列称为等差数列。其中，后一项与前一项的差称为公差（用 d 来表示），如{1,4,7,10,13,…,3n+1,…}(n=0,1,2,3,…)，{2,4,6,8,…,2n}(n 为正整数，n≥5)都是等差数列。

等差数列的通项公式：$a_n = a_1 + (n-1)d$，其中，n 为项数，d 为公差。

等差数列的前 n 项和公式：$S_n = [(a_1 + a_n)n]/2$，其中，n 为项数。

（2）等比数列：从数列的第二项起，每项与其相邻的前一项的比等于同一个常数，这样的数列称为等比数列。其中，后一项与前一项的比值称为公比（用 q 来表示）。如{1,3,9,27,…3^n,…}(n=0,1,2,3,…)是等比数列。

等比数列的通项公式：$a_n = a_1 q^{n-1}$，其中，$n\geqslant 2$，$a_1 \neq 0$，$q \neq 0$，q 为公比。

等比数列的前 n 项和公式：$S_n = a_1(1-q^n)/(1-q)$，其中，$q \neq 1$。

2.2.3 综合案例及应用

例 2-6 利用 Python 程序实现对一个数列中的元素进行升序排序。

利用冒泡排序法对数列中的元素进行升序排序，对该算法的分析如下。

（1）通过 Python 创建一个列表，用来表示数列。

（2）利用循环嵌套进行升序排序，此过程主要是比较相邻元素，若前者比后者大，则两者调换位置。

（3）持续这个过程，直到最后一个元素为止。

（4）输出结果。

对上述算法步骤的程序实现如下：

```
a_list = [1,8,2,6,3,9,4,12,0,56,45]                    #通过定义列表的方式来表示数列
for i in range(len(a_list)):
    for j in  range(i+1):
        if a_list[i] < a_list[j]:
            a_list[i],a_list[j] = a_list[j],a_list[i]       #实现两个变量的互换
print(a_list)
```

输出结果如下：

```
[0, 1, 2, 3, 4, 6, 8, 9, 12, 45, 56]
```

2.3 排列组合和二项式定理

排列组合问题是组合数学中的重要问题，是研究数字之间关系的重要方法，对数论、函数、图论、集合论、数理逻辑等内容起着重要的支撑作用。

2.3.1　排列

1. 排列的定义

定义 2-19　从 n 个不同元素中，任意取 $m(m\leqslant n;\ m,n\in\mathbf{N})$ 个元素，将取得的元素按照一定的顺序排成一列，该过程称为从 n 个不同元素中取出 m 个元素的一个排列。从 n 个不同元素中选取 $m(m\leqslant n;\ m,n\in\mathbf{N})$ 个元素的所有排列的个数，称为排列数，用符号 A_n^m 来表示。

说明：（1）排列的过程是从不同的元素中选取具有规定顺序的元素的过程；

（2）要从 n 个不同元素中取 $m(m\leqslant n;\ m,n\in\mathbf{N})$ 个元素进行排列，可能不只有一种方式，其抽取的方法数的总和称为排列数。

2. 排列的计算公式

排列的计算公式如下：

$$\begin{aligned}\mathrm{A}_n^m &= n(n-1)(n-2)\cdots(n-m+1)\\ &=\frac{n!}{(n-m)!}\end{aligned}$$

3. 排列实例

例 2-7　一个创新小组有 10 名学生，他们要参加学校举办的计算机创新创业大赛，每个团队由 3 名学生组成，并且规定 1 号选手、2 号选手、3 号选手每个人只能参加一个团队，则该创新小组共有多少种参赛方式？

解： 从 10 名不同学生组成的团队中抽选学生参加比赛，且每名学生只能参加一个团队，该问题属于排列问题；首先从 10 名学生中选取一名学生作为 1 号选手，共有 10 中选法，然后选取另一名学生作为 2 号选手，由于已经有一名学生被选为 1 号选手了，2 号选手只能从剩余的 9 名学生中选取，而 3 号选手只能从剩余的 8 名学生中选取。

计算方法一：$\mathrm{A}_{10}^3=10\times9\times8=720$。

计算方法二：$\mathrm{A}_{10}^3=\dfrac{10!}{7!}=\dfrac{10\times9\times\cdots\times2\times1}{7\times6\times\cdots\times2\times1}=10\times9\times8=720$。

2.3.2　组合

1. 组合的定义

定义 2-20　从 n 个不同元素中，任意取 $m(m\leqslant n;\ m,n\in\mathbf{N})$ 个元素，将取得的元素构成一组，该过程称为从 n 个不同元素中取出 m 个元素的一个组合。从 n 个不同元素中选取 $m(m\leqslant n;\ m,n\in\mathbf{N})$ 个元素的所有组合的个数，称为组合数，用符号 C_n^m 来表示。

说明：组合和排列最主要的区别是，构成排列的元素有位置差别，而构成组合的元素没有位置差别。

2. 组合的计算公式

组合的计算公式如下：

$$C_n^m = \frac{A_n^m}{m!} = \frac{n!}{m!(n-m)!}$$

3. 组合举例

例 2-8 一个创新小组有 10 名学生，他们要参加学校举办的计算机创新创业大赛，每个团队由 3 名学生组成，每名学生在比赛团队中的作用是一样的，且每名学生只能参加一个团队，则这个创新小组共有多少种参赛方式？

解：由于团队成员没有位置选择，也就是说，三名选手在团队中的身份是一样的，因此该问题属于组合问题，可以从 10 名学生中任选 3 名选手。

计算方法：$C_{10}^3 = \frac{A_{10}^3}{3!} = \frac{10!}{3!7!} = \frac{10 \times 9 \times 8}{3 \times 2 \times 1} = 120$。

2.3.3 二项式定理

1. 基本计数原理

（1）加法原理：若做一项工作有多类方法（这里设为 n），而在每类方法中，又有多种方法可以完成该工作，用 $m_1, m_2, m_3, \cdots, m_n$ 来表示每类的方法数，则完成该工作的全部方法数 N 可以表示为 $N = m_1 + m_2 + m_3 + \cdots + m_n$；这和集合的并集操作是一致的。

（2）乘法原理：若一项工作可分解为多个步骤（这里设为 n），而在每个步骤中，又有多种方法可以完成该步骤，用 $m_1, m_2, m_3, \cdots, m_n$ 来表示每个步骤的方法数，则完成该工作的全部方法数 N 可以表示为 $N = m_1 \times m_2 \times m_3 \times \cdots \times m_n$。

2. 二项式定理

二项式定理又称为牛顿二项式定理，它可将两个数之和的整数次幂展开为相应项之和。

根据该定理，可以将 $(x+y)$ 的任意整数次幂展开成一系列项之和的形式：

$$(x+y)^n = \binom{n}{0}x^n y^0 + \binom{n}{1}x^{n-1}y^1 + \cdots + \binom{n}{n}x^0 y^n$$

$$= \sum\nolimits_{m=0}^{n}\binom{n}{m}x^{n-m}y^m = \sum\nolimits_{m=0}^{n}\binom{n}{m}x^m y^{n-m}$$

其中，$\binom{n}{m} = \frac{n!}{m!(n-m)!}$ 称为二项式系数。该公式称为二项式公式。

根据二项式公式和组合计算公式，二项式公式还可以写成如下形式：

$$(x+y)^n = C_n^0 x^n y^0 + C_n^1 x^{n-1} y^1 + \cdots + C_n^n x^0 y^n$$

$$= \sum\nolimits_{m=0}^{n} C_n^m x^{n-m} y^m = \sum\nolimits_{m=0}^{n} C_n^m x^m y^{n-m}$$

2.3.4　综合案例及应用

例 2-9　通过 Python 实现如图 2-2 所示的杨辉三角的输出。

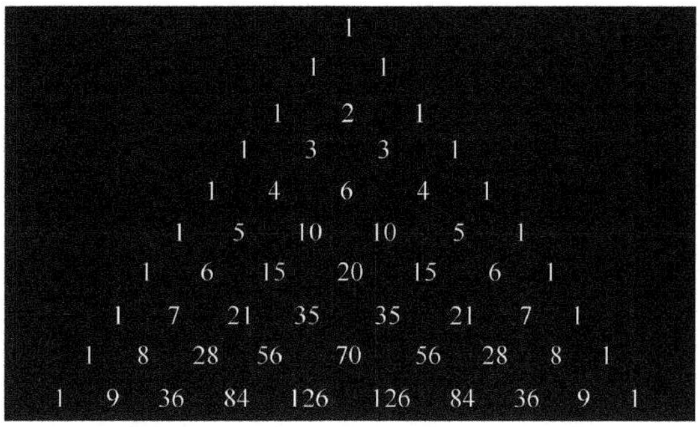

图 2-2　杨辉三角示意

对该问题的分析如下：

（1）数字分析：通过杨辉三角图形可以看出，每行起点与结尾的数都为 1；每个数等于它上方两数之和；每行数字左右对称，从两头由 1 开始逐渐变大。

（2）图形分析：在杨辉三角图形中，第 n 行的数字有 n 项；第 n 行数字和为 $2n-1$；第 n 行的 m 个数可表示为 C_{n-1}^{m-1}，是从 $n-1$ 个不同元素中取 $m-1$ 个元素的组合数；每个数字等于上一行的左右两个数字之和，即第 $n+1$ 行的第 i 个数等于第 n 行的第 $i-1$ 个数和第 i 个数之和，其公式形成为 $C_{n+1}^{i}=C_{n}^{i}+C_{n}^{i-1}$。

利用 Python 实现杨辉三角输出的程序如下[6]：

```
for line in range(11):
        if line==1:
              YangHui_List=[1]
        if line==2:
              YangHui_List[0]=[1]
              YangHui_List[1]=[1,1]
        line=line-2
        YangHui_List = [[1],[1,1]]
        while line>0:
              new_List = [1]
              for i in range(len(YangHui_List[-1])-1):
                   new_List.append(YangHui_List[-1][i]+YangHui_List[-1][i+1])
              new_List.append(1)
              YangHui_List.append(new_List)
              line -= 1

for i in range(10):
    for  k in   range(10-i):
        print("",end="   " )
```

```
    for j in range(len(YangHui_List[i])):
        print(YangHui_List[i][j],end="  ")
    print('\n')
```

输出结果如下：

```
                    1
                  1   1
                1   2   1
              1   3   3   1
            1   4   6   4   1
          1   5   10  10  5   1
        1   6   15  20  15  6   1
      1   7   21  35  35  21  7   1
    1   8   28  56  70  56  28  8   1
  1   9   36  84  126 126 84  36  9   1
```

2.4 集合[1]

2.4.1 集合的相关概念

1. 集合的定义

虽然集合是数学及相关学科不可缺少的表示数据的工具，但目前我们还很难给出集合的精确定义，一般都采用描述的方式对集合进行定义。

定义 2-21 具有相同性质的一组事物所构成的整体就可描述成一个集合。构成集合的单个事物称为该集合的元素。

例如：某学校的全体学生构成了一个集合，而该学校的每个学生都是该集合中的一个元素。

2. 集合的表示

集合的表示：通常用大写的英文字母 $A, B, C, \cdots$ 表示集合。

元素的表示：通常用小写的英文字母 $a, b, c, \cdots$表示集合中的元素。

3. 集合和元素之间的关系

定义 2-22 若 x 是集合 X 中的一个元素，则称 x 属于 X，并记作 $x \in X$；若 x 不是集合 X 中的元素，则称 x 不属于 X，并记作 $x \notin X$。

4. 集合的特点

（1）无序性：构成集合的元素在集合中无位置和顺序的区分，如 $A=\{1,2,3,4\}$ 和 $B=\{3,2,4,1\}$ 可看作同一集合。

（2）互异性：在一个已经定义的集合中，不允许存在多个相同的元素。

（3）确定性：集合和元素之间是隶属关系，即元素属于集合。对于某个元素来说，它在集合中是否存在是确定的。

5．集合的描述

集合的描述可用如下方法。

（1）穷举法。穷举法有时也称为列举法，即将构成某集合的元素全部列举出来。

如 $X=\{a,b,c,d,e,f,g\}$、$Y=\{$学生，教师，校长$\}$等表示集合，显然，$a\in X$，$h\notin X$；学生$\in Y$，工人$\notin Y$。

Python 中可用如下的方式定义集合：

```
X={'a', 'b', 'c', 'd', 'e', 'f', 'g'}
>>>X
```

输出结果如下：

```
{'g', 'c', 'e', 'a', 'b', 'd', 'f'}
Y=set(['学生', '教师', '校长'])
>>>Y
```

输出结果如下：

```
{'学生', '教师','校长'}
```

从输出结果来看，集合中的元素具有无序性。

（2）谓词法。谓词法也称为描述法，就是将某集合中元素所具有的共同属性描述出来，形式如下：

$$T=\{x\mid x \text{ 具有性质 } s\}$$

如 $T=\{y\mid y$ 是大于 1 小于 10 的所有整数$\}$表示该集合 T 由元素 2, 3, 4, 5, 6, 7, 8, 9 构成。

6．常用集合的表示

一些常用的集合表示如下：

N$=\{x\mid x$ 为自然数$\}$，表示自然数集合；

Z$=\{x\mid x$ 为整数$\}$，表示整数集合；

Z$^+=\{x\mid x$ 为整数且 $x>0\}$，表示正整数集合；

Q$=\{x\mid x$ 为有理数$\}$，表示有理数集合；

R$=\{x\mid x$ 为实数$\}$，表示实数集合；

C$=\{x\mid x$ 为复数$\}$，表示复数集合。

2.4.2 集合关系

1．子集

定义 2-23 若集合 P 中的每个元素都在集合 Q 中出现，则称 P 是 Q 的子集，记作 $P\subseteq Q$。

$$P\subseteq Q\Leftrightarrow \forall x(x\in P\rightarrow x\in Q)$$

如集合 $P=\{1,2,3\}$，$Q=\{2,4,1,5,3\}$，则可知 $P\subseteq Q$。

如果$P \subseteq Q$，那么也称集合P包含于Q。

同理：对于$P \subseteq Q$，也记作$Q \supseteq P$，此时可称Q包含P。

特别地，若$P \subseteq Q$，即集合P是集合Q的子集，同时，集合Q中至少存在一个元素不属于P，则称P是Q的真子集，记作$P \subset Q$或$Q \supset P$。

$$P \subset Q \Leftrightarrow \forall x(x \in P \to x \in Q) \wedge \exists x(x \in Q \to x \notin P)$$

如集合$P = \{1,3\}$，$Q = \{2,4,1,3\}$，则可知$P \subset Q$。

2．相等集合

定义 2-24 若两个集合P和Q互为子集，则称两个集合相等，记作$P = Q$。

如$P = \{2,8,6,4,10\}$，$Q = \{6,4,10,2,8\}$，则$P = Q$。

两个相等的集合包含的元素个数一定相等，对应元素也一定一样。

3．全集

定义 2-25 若就某个讨论范围而言，集合M是讨论范围内所有元素构成的集合，则称M是完全集，简称全集。

一般情况下，全集是对某个范围而言的，是一个相对概念。

如设$P = \{x \mid x$是全体自然数$\}$，则称P为自然数范围的全集，但在比自然数大的范围（如整数集合），P就不再是一个全集。

4．空集

定义 2-26 不包括任何元素的集合称为空集，记作$\varnothing$。

空集是任何集合的子集。

5．幂集

定义 2-27 对于有限个元素构成的集合P（简称有限集），由该集合的所有子集构成的集合称为该集合P的幂集，记作$\rho(P)$，即$\rho(P) = \{X \mid X \subseteq P\}$。

如$P = \{1,3\}$，则$\rho(P) = \{\varnothing, \{1\}, \{3\}, \{1,3\}\}$。

在集合P的所有子集中，P和$\varnothing$又称为平凡子集。

假设P是n个元素构成的有限集，则P的幂集$\rho(P)$包含的元素个数为2^n个。

2.4.3 基数

集合中元素的个数对于集合运算来说意义非常大，集合的基数和集合的元素有很重要的联系。

1．集合等势

定义 2-28 设M、N为两个集合，若存在从M到N的双射函数，则称M与N是等势的，记作$M \approx N$。

根据集合等势的概念，凡是等势的集合，必定能够构成一一对应关系，即能够把两个集合的元素按照一对一的关系进行对应，这样的方法既可以用于有限集，又可以用于无限集。

2. 集合的基数

（1）有限集的基数。

定义 2-29　对于有限集 M，根据等势关系，将与 M 等势的唯一的自然数称为 M 的基数，记作 $|M|$（或 card$M$）。空集的基数记作 0。

根据集合基数的定义，有限集的基数就是集合中所包含元素的个数。同理，按照等势集合的定义，凡是具有相同元素的有限集都具有相同的基数，也就是说当 M 与 N 按照等势关系属于同一类时，M 与 N 就有相同的基数，即 $|M|=|N|$。

结论：单个元素构成的集合的基数为 1，两个元素构成的集合的基数为 2，以此类推，一个有限集的基数与自然数构成一一对应的关系。

（2）无限集的基数。

对于无限集，虽然没有具体的数值，但按照等势集合的定义，无限集也有基数。下面规定：

自然数集合 **N** 的基数称为阿列夫零 X_0；

实数集合的基数称为阿列夫。

3. 可数集和不可数集

对于有限元素构成的集合，其元素个数为集合的基数。

对于无限集，一般无法数出集合元素的个数，这时可以通过等势关系所建立的“映射”来确定集合的基数。

定义 2-30　将能够与自然数集合等势的任何集合称为可数集合，简称可数集。将既不是有限集，又不是可数集的集合称为不可数集。

可数集的基数记作 X_0。如 $\{1,2,3,4,\cdots,n,\cdots\}\{3,6,9,12,\cdots,3n,\cdots\}\{1,3,5,7,\cdots,2n-1,\cdots\}$ 都是可数集。

从上述定义和实例可以看出，可数集就是集合中的元素可以与自然数集合 **N** 的每个元素建立对应关系的集合，即可数集中的元素可以按照自然数的顺序排成类似于 $\{a_1,a_2,\cdots,a_n,\cdots\}$ 的序列。

2.4.4　集合运算

1. 集合的交集运算

定义 2-31　对任意两个集合 A、B，将由这两个集合的共同元素组成的集合 M 称为 A 和 B 的交集，记作 $M=A\cap B$，如图 2-3 所示。

$$M=A\cap B=\{x|x\in A\wedge x\in B\}$$

例 2-10　A 和 B 是由学校计算机系专业课程构成的集合，且 $A=$ {‘高等数学’，‘英语’，‘数据结构’，‘Python 编程’}，$B=$ {‘C 语言程序设计’，‘Java 程序设计’，‘英语’，‘编译原理’，‘数据结构’}，则 $A\cap B=$ {‘英语’，‘数据结构’}。

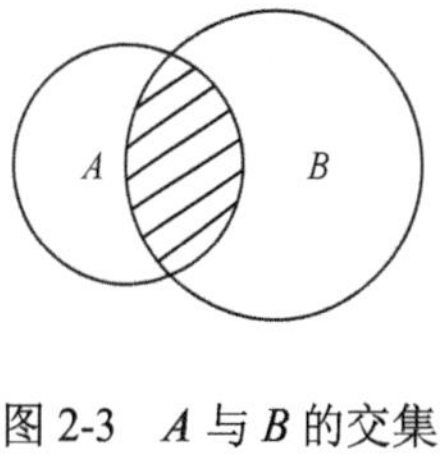

图 2-3　A 与 B 的交集

在 Python 中，$A\&B$、A.intersection(B)都表示 A 和 B 的交集。

2. 集合的并集运算

定义 2-32 对于任意两个集合 A、B，将由所有属于 A 和属于 B 的元素组成的集合 M 称为 A 和 B 的并集，记作 $M = A \cup B$，如图 2-4 所示。

$$M = A \cup B = \{x | x \in A \vee x \in B\}$$

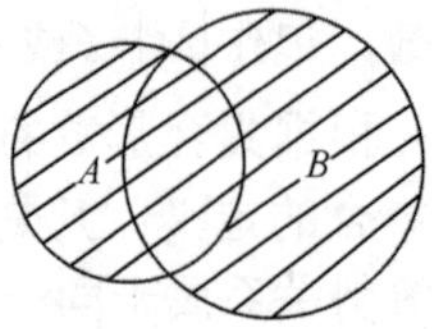

图 2-4　A 与 B 的并集

例 2-11　A = {'高等数学'，'英语'，'数据结构'，'Python 编程'}，B = {'C 语言程序设计'，'Java 程序设计'，'英语'，'编译原理'，'数据结构'}，则 $A \cup B$ = {'高等数学'，'英语'，'数据结构'，'Python 编程'，'C 语言程序设计'，'Java 程序设计'，'编译原理'}。

在 Python 中，$A|B$、A.union(B)都表示 A 和 B 的并集。

3. 集合的补（差）集运算

定义 2-33 设 A、B 为任意两个集合，将由所有属于 A 但不属于 B 的元素组成的集合 M 称为 B 关于 A 的相对补集，或称集合的差，记作 $M = A - B$，如图 2-5 所示。

$$M = A - B = \{x | x \in A \wedge x \notin B\}$$

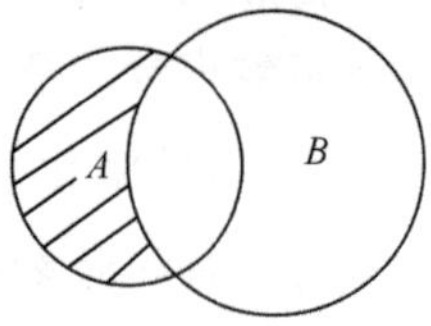

图 2-5　B 关于 A 的补集

若给定全集 U，有 $A \subseteq U$，则 U 中不属于 A 的所有元素组成的集合称为 A 的绝对补集，或简称补集，记作 $\complement_U A$。

例 2-12　A = {'高等数学'，'英语'，'数据结构'，'Python 编程'}，B = {'C 语言程序设计'，'Java 程序设计'，'英语'，'编译原理'，'数据结构'}，则 $A - B$ = {'高等数学'，'Python 编程'}。

在 Python 中，$A - B$、A.difference(B)都表示 A 和 B 的差集。

4. 集合的对称差运算

定义 2-34 对于任意两个集合 A、B，将或属于 A 或属于 B 但不同时属于 A 和 B 的元素构成的集合 M 称为对称差，记作 $M = A \oplus B$，如图 2-6 所示。

$$M = A \oplus B = \{(A \cup B) - (A \cap B)\}$$

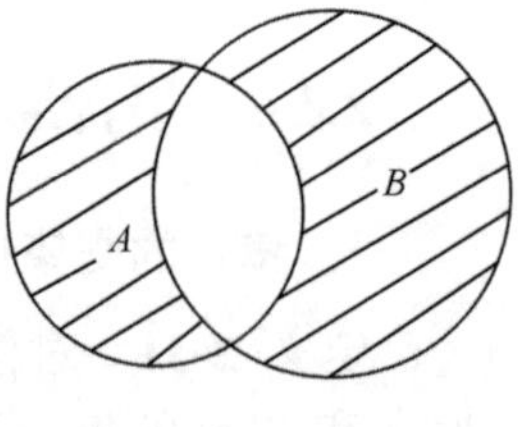

图 2-6　A 与 B 的对称差

例 2-13　A = {'高等数学'，'英语'，'数据结构'，'Python 编程'}，B = {'C 语言程序设计'，'Java 程序设计'，'英语'，'编译原理'，'数据结构'}，则 $A \oplus B$ = {'高等数学'，'Python 编程'，'C 语言程序设计'，'Java 程序设计'，'编译原理'}。

在 Python 中，$A \hat{} B$、A.symmetric_difference(B)都表示 A 和 B 的对称差。

2.4.5　综合案例及应用

集合的运算可用于有限个元素的计数问题。

设 $A_1, A_2, \cdots, A_n$ 是 n 个有限集，集合的基数（集合包含元素的个数）分别用 $|A_1|, |A_2|, \cdots, |A_n|$ 来表示，则对于 n 个有限集 $A_1, A_2, \cdots, A_n$ 来说，有如下结论：

$$|A_1 \cup A_2 \cup \cdots \cup A_n| = \sum_{i=1}^{n}|A_i| - \sum_{1\leqslant i<j\leqslant n}|A_i \cap A_j| + \sum_{1\leqslant i<j<k\leqslant n}|A_i \cap A_j \cap A_k| + \cdots + (-1)^{n-1}|A_1 \cap A_2 \cap \cdots \cap A_n|$$

这个结论称为包含排斥原理。

例 2-14 某学校计算机系的“双创”团队有 20 名学生，现要统计他们在某年度参加大赛的情况，大赛项目包括“网络大赛”“创新创业大赛”“云计算大赛”三大类；经过统计，在 20 名学生中，参加过“网络大赛”的有 7 名，参加过“创新创业大赛”的有 8 名，参加过“云计算大赛”的有 5 名，有 3 名学生同时参加过上述三类大赛，试求至少有多少名学生没参加过上述任何一项比赛，并计算参加大赛的学生所占的比例。

解：设 $S=\{x|x$ 参加过“网络大赛”$\}$，$T=\{x|x$ 参加过“创新创业大赛”$\}$，$M=\{x|x$ 参加过“云计算大赛”$\}$。

由题意可知：$|S|=7$，$|T|=8$，$|M|=5$，$|S\cap T\cap M|=3$。

$$\begin{aligned}|S\cup T\cup M| &= |S|+|T|+|M|-|S\cap T|-|S\cap M|-|M\cap T|+|S\cap T\cap M| \\ &= 7+8+5-|S\cap T|-|S\cap M|-|M\cap T|+3 \\ &= 23-|S\cap T|-|S\cap M|-|M\cap T|\end{aligned}$$

因为 $|S\cap T|\geqslant|S\cap T\cap M|$，$|S\cap M|\geqslant|S\cap T\cap M|$，$|M\cap T|\geqslant|S\cap T\cap M|$，所以 $|S\cup T\cup M|\leqslant 23-3-3-3=14$，即最多有 14 名学生参加过比赛，因此，至少有 6 名学生没参加过任何一项比赛。

利用 Python 程序实现上述实例的代码如下：

```
def  f2(A,B):
     C=A&B
     return  C
def  f3(A,B,C):
     D=A&B
     E=D&C
     return  E
A=set(['a','b','c','d','e','f','g'])
B=set(['m','b','a','p','q','d','g','k'])
C=set(['a', 'm','e','d','g'])

D1=f2(A,B)
E1=f2(A,C)
F1=f2(B,C)

G2=f3(A,B,C)

cansai=len(A)+len(B)+len(C)-len(D1)-len(E1)-len(F1)+len(G2)
weicansai=20-cansai
print("未参赛学生数：",weicansai)
```

输出结果如下：

```
未参赛学生数：9
```

2.5 实验：基于函数递归过程的功能实现

2.5.1 实验目的

（1）了解 Python 函数的定义过程。
（2）了解 Python 函数的调用过程。
（3）了解 Python 函数的递归过程。

2.5.2 实验要求

（1）熟练使用 Python 环境编写函数。
（2）掌握 Python 中调用函数的过程及参数传递。
（3）了解函数递归过程的设计、执行过程。
（4）理解函数递归在实际中的应用。

2.5.3 实验原理

以 4！为例，函数具体的递归调用过程如图 2-7 所示。

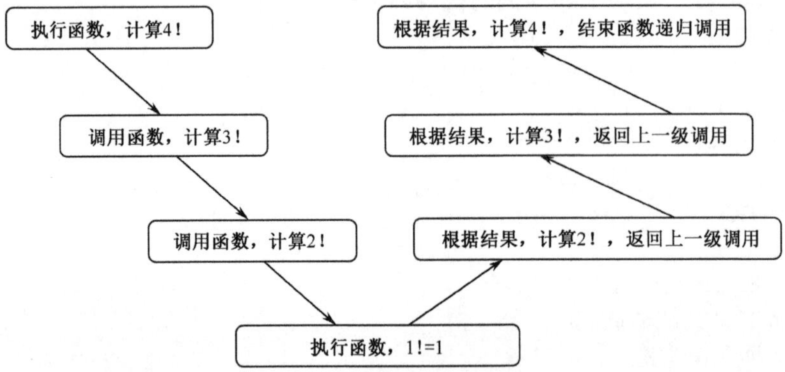

图 2-7　函数递归调用过程示意

2.5.4 实验步骤

本实验的实验环境为 Python3.6 及以上版本的编程环境，后续实验的实验环境同此，不再赘述。计算 4！具体的程序代码如下：

```
def  jiecheng(a):
     if   a == 0:
          print("0 的阶乘")
          return 1
```

```
    fac = 1
    for  i  in  range(1, a + 1):
        fac *= i
    return fac

def sum(n):
    sum1=0
    for  i  in  range(1,n+1):
        sum1+=jiecheng(i)
        if(i<n):
            print("%d!+"%i,end="")
        else:
            print("%d!="%i,end="")
    return sum1

m=int(input("请输入需要求阶乘的上限值："))
print(sum(m))
```

2.5.5 实验结果

输出结果如下：

```
请输入需要求阶乘的上限值：4
1!+2!+3!+4!=33
```

习题

1. 设集合 **Z** 表示整数集合，f 是 $\mathbf{Z}\times\mathbf{Z}\to\mathbf{Z}$ 上的关系，且对于任意的 x,y，有 $f(<n,k>)=(n+1)k$，完成下面的题目：

（1）判断 f 是否是一个函数；

（2）若 f 是函数，求其定义域和值域。

2. 设有集合 A 和 B，其基数分别为 $|A|=3$，$|B|=4$，解释 A^B，并求出其数值。

3. 设集合 $A=\{m,n,p,q\}$，$T=\{2,4,6,8\}$，R 为从 A 到 B 的函数，且 $R=\{<m,2>, <n,8>,<p,4>,<q,4>\}$，判断 R 是否是单射、满射和双射，并各举一个满足单射、满射和双射的例子。

4. 设 **R** 为实数集合，f 和 g 都是从 **R** 到 **R** 的函数，且 $f(x)=x^2-x-9$，$g(x)=2x-5$，求：

（1）$f\cdot g$ 和 $g\cdot f$；

（2）判断 f 和 g 是否有逆函数，若有，给出其逆函数。

5. 判断下列集合之间的关系是否正确。

（1）$\varnothing\subseteq\varnothing$。

（2）$2\subseteq\{1,3,4,5,\{2\}\}$。

（3）$\{2\} \subseteq \{1,3,4,5,\{2\}\}$。

（4）$\varnothing \subseteq \varnothing$。

6. 已知集合 $U=\{a,b,c,d,e,f\}$，$A=\{a,d\}$，$B=\{a,b,e\}$，$C=\{b,d\}$，利用 Python 语言编写程序，求下列集合运算的结果。

（1）$A-B$。　　（2）$A \cap (B \cup \complement_U C)$。

（3）$U-(A \cap B)$。　　（4）$\rho(A)-\rho(B)$。

（5）$\rho(A) \cap \rho(B)$。　　（6）$(A-B) \oplus (A-C)$。

7. 在小于 100 的自然数中，求：

（1）能被 6 整除的数有多少个？

（2）能被 3 和 5 整除的数有多少个？

利用 Python 语言编程求解上述问题。

参考文献

[1] 王学军. 计算机应用数学基础[M]. 北京：机械工业出版社，2006.

[2] 同济大学数学系. 高等数学[M]. 7 版. 北京：高等教育出版社，2014.

[3] 贾振华. 离散数学[M]. 北京：中国水利水电出版社，2004.

[4] 张健，张良均. Python 编程基础[M]. 北京：人民邮电出版社，2018.

[5] 王学军. 数据结构（Java 语言版）[M]. 北京：人民邮电出版社，2008.

第 3 章 微积分初步

微积分（Calculus）是高等数学中研究函数的微分（Differentiation）、积分（Integration）及有关概念和应用的数学分支。它是数学的一个基础学科，内容主要包括极限、微分学、积分学及其应用。微分学包括求导数的运算，是一套关于变化率的理论，它使人们对函数、速度、加速度和曲线的斜率等均可用一套通用的符号进行讨论。积分学包括求积分的运算，为定义和计算面积、体积等提供了一套通用的方法。微积分在人工智能中常用于寻找最优解的优化训练过程，即找到误差函数的最低点的过程[1-4]。本章将从人工智能学科数学基础的角度出发，重点介绍极限、一元微积分学、多元微积分学等相关内容。本章例题中的 Python 程序包主要使用 SymPy、SciPy 和 NumPy 等，具体使用方法见文献[5-7]。

3.1 极限与连续性

极限是微积分的基本概念，函数的连续性、导数及定积分等很多概念都是用极限来定义的。在解决求瞬时速度、曲线弧长、曲边形面积、曲面体体积等问题时，正是由于采用了极限的“无限逼近”的思想方法，才能够得到精确的计算结果。连续函数是微积分研究的主要对象，人工智能学科中的函数，只要不是特别说明，一般都指连续函数。

3.1.1 极限

根据函数自变量的变化方式的不同，函数极限可分为自变量趋近无穷值和自变量趋近有限值两类，共计如下六种表现形式：

$$\lim_{x\to\infty} f(x)=A，\lim_{x\to+\infty} f(x)=A，\lim_{x\to-\infty} f(x)=A$$

$$\lim_{x\to x_0} f(x)=A，\lim_{x\to x_0^+} f(x)=A，\lim_{x\to x_0^-} f(x)=A$$

这些极限虽然形式不同，但思想是一样的，都是讨论随变量 x 的变化，变量 y 的变化趋势的问题。其中，自变量 x 的六种变化方式的含义如下：

$x\to\infty$：x 的绝对值 $|x|$ 无限增大；

$x\to-\infty$：x 从某个时刻后，始终小于零且 $|x|$ 无限增大；

$x\to+\infty$：x 从某个时刻后，始终大于零且 x 无限增大；

$x\to x_0$：$x\neq x_0$，且 x 与 x_0 的距离 $|x-x_0|\to 0$；

$x\to x_0^+$：$x>x_0$ 且 x 与 x_0 的距离 $|x-x_0|\to 0$；

$x\to x_0^-$：$x<x_0$ 且 x 与 x_0 的距离 $|x-x_0|\to 0$。

下面只给出 $x\to x_0$：$x\neq x_0$ 和 $x\to\infty$ 时函数极限的定义，左极限和右极限的定义可类似给出。

1. $x \to x_0$：$x \neq x_0$ 时函数极限的定义

设 $f(x)$ 在 x_0 的某个去心邻域内有定义，A 是一个常数，对于任意给定的 $\varepsilon > 0$（ε 无论多小），存在正数 $\delta > 0$，使得当 $0 < |x - x_0| < \delta$ 时，$|f(x) - A| < \varepsilon$ 成立，则称当 $x \to x_0$ 时，函数 $f(x)$ 的极限为 A。记为 $\lim\limits_{x \to x_0} f(x) = A$ 或 $f(x) \to A$（$x \to x_0$）。

其几何意义：对于任意给定的正数 ε，存在 x_0 点的某个去心 δ 邻域，当 x 落在此去心邻域内时，曲线上的点 $(x, f(x))$ 都位于 $y = A + \varepsilon$ 与 $y = A - \varepsilon$ 之间的区域，即保持局部范围的有界性，如图 3-1 所示。

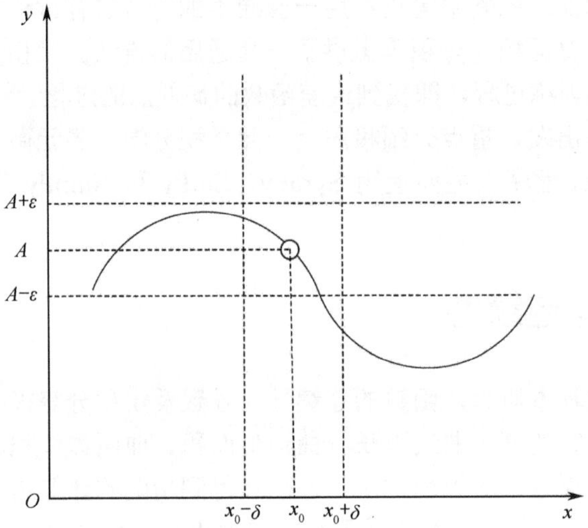

图 3-1　自变量趋近有限值时函数极限的几何意义

从图 3-1 可以看出，其包含两侧的趋势，有如下定理：

$\lim\limits_{x \to x_0} f(x) = A$ 的充分必要条件是 $\lim\limits_{x \to x_0^+} f(x) = A$，且 $\lim\limits_{x \to x_0^-} f(x) = A$。

2. $x \to \infty$ 时函数极限的定义

对于任意给定的 $\varepsilon > 0$，$\exists X > 0$，使当 $|x| > X$ 时，有 $|f(x) - A| < \varepsilon$，则称当 $x \to \infty$ 时函数 $f(x)$ 的极限为 A，记为 $\lim\limits_{x \to \infty} f(x) = A$。

其几何意义：对于给定的 $\varepsilon > 0$，必定存在 $\exists X > 0$，当 $|x| > X$ 时，曲线上的点 $(x, f(x))$ 都位于 $y = A - \varepsilon$ 与 $y = A + \varepsilon$ 之间区域，如图 3-2 所示。

从图 3-2 可以看出，其包含两侧的趋势，有如下定理：

$\lim\limits_{x \to \infty} f(x) = A$ 的充分必要条件是 $\lim\limits_{x \to +\infty} f(x) = A$，且 $\lim\limits_{x \to -\infty} f(x) = A$。

例 3-1　求 $\lim\limits_{x \to 0} \dfrac{\sin x}{x}$ 和 $\lim\limits_{x \to \infty} \dfrac{\sin x}{x}$，并绘制函数曲线。

解：可利用 Python 包 SymPy 中的 limit 函数来求函数极限，并利用 plot 函数绘制函数曲线。具体程序如下：

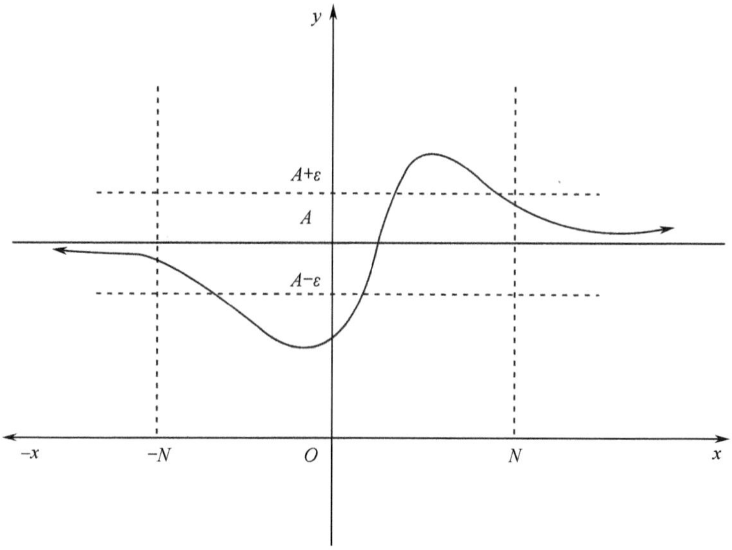

图 3-2　自变量趋近无穷时函数极限的几何意义

```
import sympy
from sympy import *

#定义符号表达式
x = Symbol('x')
f = sin(x) / x

result = limit(f,x,0)
print('x-->0,limit:',result)

result = limit(f,x,oo)
print('x-->OO,limit:',result)

plot(f, (x, -100, 100))
```

输出计算结果如下：

```
x-->0,limit: 1
x-->OO,limit: 0
```

输出函数 sin(x)/x 的图形如图 3-3 所示。

3.1.2　连续性

设函数 $y=f(x)$ 在点 x_0 及其附近有定义，给 x_0 一改变量 Δx，函数 y 的改变量 $\Delta y=f(x_0+\Delta x)-f(x_0)$。若 $\lim\limits_{\Delta x\to 0}\Delta y=0$ 或 $\lim\limits_{\Delta x\to 0}[f(x_0+\Delta x)-f(x_0)]=0$，则称 $y=f(x)$ 在点 x_0 处连续。

上述定义也可以用 $\lim\limits_{x\to x_0}f(x)=f(x_0)$ 来定义。

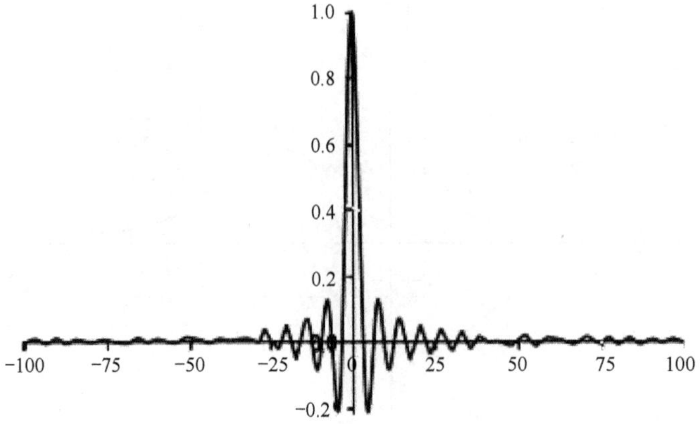

图 3-3　函数 sin(x)/x 的图形

考虑到左右侧的连续性，同极限一样，函数在某点左右侧连续与在该点连续间存在关系，即函数 $y=f(x)$ 在点 x_0 处连续的充分必要条件是函数 $y=f(x)$ 在点 x_0 处既左连续又右连续。

函数 $y=f(x)$ 在 (a,b) 内连续是指 $y=f(x)$ 在 (a,b) 内任一点处都连续； $y=f(x)$ 在 $[a,b]$ 上连续是指函数在开区间 (a,b) 内连续，且在 $x=a$ 处右连续和在 $x=b$ 处左连续。

基本初等函数在其定义区间（定义区间指包含在定义域内的区间）内是连续的，而连续函数进行初等运算后所得的函数仍然保持连续性，所以初等函数在其定义区间内是连续的。

3.2　导数与微分

导数又名微商，是微积分中重要的基本概念。一个函数在某一点的导数描述了这个函数在这一点附近的变化率。导数被用在许多人工智能算法中，特别是在基于导数的参数优化方法中，其应用更广泛。

3.2.1　导数

1. 导数的定义

设函数 $y=f(x)$ 在点 x_0 的某个邻域内有定义，给 x_0 一改变量 Δx，函数的改变量 $\Delta y=f(x_0+\Delta x)-f(x_0)$，若极限 $\lim\limits_{\Delta x\to 0}\dfrac{\Delta y}{\Delta x}$ 存在，则称函数 $y=f(x)$ 在点 x_0 处可导，并称此极限值为函数 $y=f(x)$ 在点 x_0 处的导数，记为 $y'\big|_{x=x_0}$，即

$$y'\big|_{x=x_0}=\lim_{\Delta x\to 0}\frac{\Delta y}{\Delta x}=\lim_{\Delta x\to 0}\frac{f(x_0+\Delta x)-f(x_0)}{\Delta x} \tag{3-1}$$

也常记为 $f'(x_0)$、$\dfrac{\mathrm{d}y}{\mathrm{d}x}\Big|_{x=x_0}$ 或 $\dfrac{\mathrm{d}f}{\mathrm{d}x}\Big|_{x=x_0}$ 等。

在式（3-1）中，若令 $x = x_0 + \Delta x$，则式（3-1）可改写为

$$y'\big|_{x=x_0} = \lim_{x\to x_0}\frac{f(x)-f(x_0)}{x-x_0} \tag{3-2}$$

式（3-2）也可以作为导数的定义公式。

若函数 $y = f(x)$ 在 (a,b) 内的每点都可导，则称 $f(x)$ 在区间 (a,b) 内可导。显然，对于 (a,b) 内的每个确定的 x 值，函数 $y = f(x)$ 都对应一个确定的导数，这就构成了一个新的函数，这个函数叫作原来函数 $y = f(x)$ 的导函数，记为 y'、$f'(x)$、$\frac{\mathrm{d}y}{\mathrm{d}x}$ 或 $\frac{\mathrm{d}f(x)}{\mathrm{d}x}$。

如果函数 $y = f(x)$ 在包含点 x_0 的某个区间内可导，函数 $y = f(x)$ 在点 x_0 处的导数就是导函数 $f'(x)$ 在 $x = x_0$ 处的函数值，即 $f'(x_0) = f'(x)\big|_{x=x_0}$。在不会发生混淆的情况下，导函数也简称导数。

根据左右侧导数情况，$f(x)$ 在点 x_0 处可导的充分必要条件是左导数 $f'_-(x_0)$ 和右导数 $f'_+(x_0)$ 都存在且相等。

2. 可导与连续的关系

若函数 $f(x)$ 在点 x_0 处可导，则 $f(x)$ 在点 x_0 处一定连续；反之，则不然。

例如：$f(x) = |x|$ 在 $x = 0$ 处不可导，但由于 $\lim_{x\to 0} f(x) = \lim_{x\to 0}|x| = 0 = f(0)$，所以 $f(x) = |x|$ 在 $x = 0$ 处连续。

3. 复合函数求导

对于复合函数 $y = f(g(x))$，其导数的计算要遵从链式法则，即令 $u = g(x)$，则

$$\frac{\mathrm{d}f}{\mathrm{d}x} = \frac{\mathrm{d}f}{\mathrm{d}u}\cdot\frac{\mathrm{d}u}{\mathrm{d}x} \tag{3-3}$$

4. 隐函数求导

设 $F(x,y)$ 是某个定义域上的函数，若存在定义域上的子集 X，使得对每个 x 属于 X，存在相应的 y 满足方程 $F(x,y) = 0$，则称方程确定了一个隐函数，记为 $y = y(x)$。

在隐函数已经确定存在且可导的情况下，可以用复合函数求导的链式法则来对其求导。方程左右两边都对 x 求导，由于 y 其实是 x 的一个函数，所以可以直接得到一个带有 y' 的方程，化简后可得到 y' 的表达式。

例 3-2　求函数 $y = \mathrm{e}^{2x}\sin x$ 的导函数和在 $x = 1$ 处的导数。

解： 可利用 Python 包 SymPy 中的函数 diff 求函数的导函数，也可以求具体点的导数值。具体程序如下：

```
import sympy
from sympy import *
x=symbols('x')
f = exp(2*x)*sin(x)

print(f.diff())
print(f.diff().evalf(subs={x:1}))
```

输出结果如下：

```
2*exp(2*x)*sin(x) + exp(2*x)*cos(x)
16.4276766731772
```

令 $u=\mathrm{e}^{2x}, v=\sin x$，根据函数乘积的求导公式 $(uv)'=u'v+uv'$，也可以手动计算得出上面的结果，其中 $u=\mathrm{e}^{2x}$ 的导数用复合函数的链式法则来求。

例 3-3 已知 $\ln\sqrt{x^2+y^2}=\arctan\dfrac{y}{x}$，求 $\dfrac{\mathrm{d}y}{\mathrm{d}x}$。

解：方程两边对 x 求导，解得 y'，然后利用 Python 包 SymPy 中的函数 idiff 求隐函数的导数。具体程序如下：

```
import sympy
from sympy import *
#sympy.geometry.util.idiff(F, y, x, n=1)
#Return dy/dx assuming that F == 0.
x,y=symbols('x y')
F = log(sqrt(x*x+y*y))-atan(y/x)
dydx=idiff(F, y, x)
print(dydx)
```

输出结果如下：

```
(x + y)/(x - y)
```

5. 级数

设数列 $\{u_n\}$：$u_1,u_2,u_3,\cdots,u_n,\cdots$，把表达式 $u_1+u_2+u_3+\cdots+u_n+\cdots$ 简记为 $\sum\limits_{n=1}^{\infty}u_n$，称其为常数项无穷级数，简称数项级数，在不引起混淆的情况下，也可以直接称为级数。其中，u_n 叫作数项级数的通项或一般项。若令

$$s_1=u_1, s_2=u_1+u_2, s_3=u_1+u_2+u_3,\cdots, s_n=u_1+u_2+u_3+\cdots+u_n,\cdots$$

则称其为数项级数 $\sum\limits_{n=1}^{\infty}u_n$ 的部分和数列。若级数 $\sum\limits_{n=1}^{\infty}u_n$ 的部分和数列 $\{s_n\}$ 的极限存在，并设 $\lim\limits_{n\to\infty}s_n=s$，则称级数 $\sum\limits_{n=1}^{\infty}u_n$ 收敛于 s，s 称为此级数的和，记作 $\sum\limits_{n=1}^{\infty}u_n=s$。若 $\{s_n\}$ 的极限不存在（包括极限为 ∞），则称级数 $\sum\limits_{n=1}^{\infty}u_n$ 发散。

例 3-4 计算级数 $\sum\limits_{n=1}^{\infty}\dfrac{1}{n^2}$。

解：可利用 Python 包 SymPy 中的函数 Sum 求级数和。具体程序如下：

```
import sympy
from sympy import *
n = Symbol('n', integer=True)
expr = 1 /(n*n)
S=Sum(expr, (n, 1, oo))
S.doit()
```

输出结果如下：

```
pi**2/6
```

6. 幂级数

给定区间 I 上的函数列 $\{u_n(x)\}$，称式子

$$u_1(x)+u_2(x)+\cdots+u_n(x)+\cdots$$

为函数项无穷级数，简称函数项级数，简写为 $\sum\limits_{n=1}^{\infty}u_n(x)$，$I$ 称为它的定义域。

对于 $x_0\in I$，若级数 $\sum\limits_{n=1}^{\infty}u_n(x_0)$ 收敛，则称 x_0 为级数 $\sum\limits_{n=1}^{\infty}u_n(x)$ 的一个收敛点，收敛点的全体叫作收敛域。若级数 $\sum\limits_{n=1}^{\infty}u_n(x_0)$ 发散，则称 x_0 为级数 $\sum\limits_{n=1}^{\infty}u_n(x)$ 的一个发散点，发散点的全体称为发散域。称

$$s_n(x)=u_1(x)+u_2(x)+\cdots+u_n(x)$$

为级数 $\sum\limits_{n=1}^{\infty}u_n(x)$ 的前 n 项和或部分和。

在收敛域内，若 $\lim\limits_{n\to\infty}s_n(x)=s(x)$，则称 $s(x)$ 为级数 $\sum\limits_{n=1}^{\infty}u_n(x)$ 的和函数。记为

$$\sum_{n=1}^{\infty}u_n(x)=u_1(x)+u_2(x)+\cdots+u_n(x)+\cdots=s(x)$$

在级数的收敛域内，和函数一定存在。

形如

$$\sum_{n=0}^{\infty}a_nx^n=a_0+a_1x+a_2x^2+\cdots+a_nx^n+\cdots$$

或

$$\sum_{n=0}^{\infty}a_n(x-x_0)^n=a_0+a_1(x-x_0)+a_2(x-x_0)^2+\cdots+a_n(x-x_0)^n+\cdots$$

的函数项级数称为幂级数。其中，常数 $a_0,a_1,a_2,\cdots$ 叫作幂级数的系数。

下面给出幂级数的收敛半径的计算方法。

定理 3-1 对于幂级数 $\sum\limits_{n=0}^{\infty}a_nx^n$，设 $\lim\limits_{n\to\infty}\left|\dfrac{a_{n+1}}{a_n}\right|=\rho$（或 $\lim\limits_{n\to\infty}\sqrt[n]{|a_n|}=\rho$），$0\leqslant\rho\leqslant+\infty$，则：

（1）若 ρ 为常数且 $\rho\neq0$，则 $R=\dfrac{1}{\rho}$；

（2）若 $\rho=0$，则 $R=+\infty$；

（3）若 $\rho=+\infty$，则 $R=0$。

例 3-5 求幂级数 $\sum\limits_{n=1}^{\infty}\dfrac{x^n}{n}$ 的收敛域。

解：根据上面的定理，利用 Python 包 SymPy 中的函数 limit 计算收敛半径，并用函数 Sum 判定在两端点是否收敛。具体程序如下：

```
import sympy
from sympy import *
n = Symbol('n', integer=True)
x = Symbol('x')
expr = x ** n / n
an = 1 / n
#计算收敛半径 r
r=limit(expr.subs(n, n + 1) / expr, n, oo)
print('r=',r)
#判定两端点是否收敛
con1=Sum(expr.subs(x,r), (n, 1, oo)).is_convergent()
con2=Sum(expr.subs(x,-r), (n, 1, oo)).is_convergent()
print('x=r:',con1)
print('x=-r:',con2)
```

计算结果如下：

```
r= 1
x=r: False
x=-r: True
```

所以幂级数 $\sum_{n=1}^{\infty}\frac{x^n}{n}$ 的收敛域为 $[-1,1)$ 。

7. 泰勒级数

泰勒级数是特殊的幂级数。如果函数 $f(x)$ 在 $x=x_0$ 处具有 n 阶导数，那么可利用关于 $x-x_0$ 的 n 次多项式来构建幂级数的部分和，从而逼近原函数。

若函数 $f(x)$ 在包含 x_0 的某个闭区间 $[a,b]$ 上具有 n 阶导数，且在开区间 (a,b) 上具有 n+1 阶导数，则对闭区间 $[a,b]$ 上的任意一点 x，得

$$f(x)=f(x_0)+f'(x_0)(x-x_0)+\frac{f''(x_0)}{2!}(x-x_0)^2+\cdots+\frac{f^{(n)}(x_0)}{n!}(x-x_0)^n+o((x-x_0)^n)$$

其中，$f^{(n)}(x)$ 表示 $f(x)$ 的 n 阶导数，等号后的多项式称为函数 $f(x)$ 在 x_0 处的泰勒展开式，$o((x-x_0)^n)$ 是泰勒级数的余项，表示为 $(x-x_0)^n$ 的高阶无穷小。

例 3-6 求函数 $f(x)=(1+x)^{\frac{1}{5}}$ 在 $x=1$ 处的 3 阶泰勒级数。

解：可利用 Python 包 SymPy 中的函数 series 进行泰勒级数展开。具体程序如下：

```
import sympy
from sympy import *
x = Symbol('x')
f = (1 + x) ** (1 / 5)
print(series(f, x, 1, 4))
```

输出结果如下：

```
1.03382851949733 - 0.0229739670999407*(x - 1)**2 + 0.00689219012998221*(x - 1)**3 +
0.114869835499704*x + O((x - 1)**4, (x, 1))
```

3.2.2　偏导数

对于多元函数求导，可仿照一元函数导数的定义方式进行定义。但是，多元函数具有多个自变量，且各自独立变化，定义时，可先让其他自变量保持不变，仅让其中一个自变量变化，研究相应的因变量关于这个自变量的变化率问题，这样就可以归结为一元函数的求导问题。若进一步研究多个自变量同时变化时的求导问题，则产生了偏导数及全微分的概念。

设函数 $z=f(x,y)$ 在 $U(P_0)$ 内有定义，若固定 $y=y_0$，则函数变为关于 x 的一元函数 $z=f(x,y_0)$，此时给自变量 x 在 x_0 点一个改变量 Δx，则函数相应地有改变量

$$\Delta_x z = f(x_0+\Delta x, y_0) - f(x_0, y_0)$$

称其为函数 $z=f(x,y)$ 在点 $P_0(x_0,y_0)$ 处关于 x 的偏改变量。类似地，函数 $z=f(x,y)$ 在点 $P_0(x_0,y_0)$ 处关于 y 的偏改变量为

$$\Delta_y z = f(x_0, y_0+\Delta y) - f(x_0, y_0)$$

1. 偏导数

设二元函数 $z=f(x,y)$ 在 $U(P_0)$ 内有定义，若极限

$$\lim_{\Delta x\to 0}\frac{\Delta_x z}{\Delta x} = \lim_{\Delta x\to 0}\frac{f(x_0+\Delta x, y_0)-f(x_0,y_0)}{\Delta x}$$

存在，则称函数 $z=f(x,y)$ 在 $P_0(x_0,y_0)$ 点关于 x 可偏导，并且称该极限值为函数 $z=f(x,y)$ 在 $P_0(x_0,y_0)$ 处对 x 的偏导数，通常采用下列记号来表示：

$$\left.\frac{\partial z}{\partial x}\right|_{(x_0,y_0)}、\left.\frac{\partial f}{\partial x}\right|_{(x_0,y_0)}、z'_x(x_0,y_0)、f'_x(x_0,y_0)、z_x(x_0,y_0)、f_x(x_0,y_0)$$

如可以写 $\left.\frac{\partial z}{\partial x}\right|_{(x_0,y_0)} = \lim\limits_{\Delta x\to 0}\frac{f(x_0+\Delta x,y_0)-f(x_0,y_0)}{\Delta x}$。

同样地，可以定义函数 $z=f(x,y)$ 在 $P_0(x_0,y_0)$ 处对 y 的偏导数，通常采用下列记号来表示：

$$\left.\frac{\partial z}{\partial y}\right|_{(x_0,y_0)}、\left.\frac{\partial f}{\partial y}\right|_{(x_0,y_0)}、z'_y(x_0,y_0)、f'_y(x_0,y_0)、z_y(x_0,y_0)、f_y(x_0,y_0)$$

若函数 $z=f(x,y)$ 在某区域 X 内的每点处都有偏导数，则偏导数 $f_x(x,y)$、$f_y(x,y)$ 也是二元函数，叫作函数 $z=f(x,y)$ 的偏导函数。通常采用下列记号来表示：

$$\frac{\partial z}{\partial x}、\frac{\partial f}{\partial x}、z'_x(x,y)、f'_x(x,y)、z_x(x,y)、f_x(x,y)$$

及

$$\frac{\partial z}{\partial y}、\frac{\partial f}{\partial y}、z'_y(x,y)、f'_y(x,y)、z_y(x,y)、f_y(x,y)$$

偏导数的计算方法同一元函数导数的计算方法。

2. 全微分

如果函数 $z=f(x,y)$ 在 $P_0(x_0,y_0)$ 处的全增量

$$\Delta z=f(x_0+\Delta x,y_0+\Delta y)-f(x_0,y_0)$$

可表示为 $\Delta z=A\Delta x+B\Delta y+o(\rho)$，其中，$A,B$ 是只与 x,y 有关而与 $\Delta x,\Delta y$ 无关的量，$\rho=\sqrt{(\Delta x)^2+(\Delta y)^2}$，则称函数 $z=f(x,y)$ 在点 $P_0(x_0,y_0)$ 处可微分，而 $A\Delta x+B\Delta y$ 称为函数 $z=f(x,y)$ 在点 $P_0(x_0,y_0)$ 处的全微分，记作

$$\mathrm{d}z\Big|_{(x_0,y_0)}=A\Delta x+B\Delta y$$

其中，偏导数 $A=f_x(x_0,y_0)$，$B=f_y(x_0,y_0)$，如记 $\Delta x=\mathrm{d}x$，$\Delta y=\mathrm{d}y$，则全微分的形式为

$$\mathrm{d}z\Big|_{(x_0,y_0)}=f_x(x_0,y_0)\mathrm{d}x+f_y(x_0,y_0)\mathrm{d}y \tag{3-4}$$

若函数 $z=f(x,y)$ 在区域 X 内各点处都可微，则称函数 $z=f(x,y)$ 在 X 内可微。函数 $z=f(x,y)$ 在区域 X 内的全微分记为

$$\mathrm{d}z=f_x(x,y)\mathrm{d}x+f_y(x,y)\mathrm{d}y \text{ 或 } \mathrm{d}z=\frac{\partial z}{\partial x}\mathrm{d}x+\frac{\partial z}{\partial y}\mathrm{d}y$$

例 3-7 求函数 $f(x,y)=\mathrm{e}^{(xy)}\sin(x+y)$ 的偏导数。

解：可利用 Python 包 SymPy 中的函数 diff 求偏导数。具体程序如下：

```
import sympy
from sympy import *
u,v=symbols('u v')
x,y,z=symbols('x y z')
u = x * y
v = x + y
z = E ** u * sin(v)
print(z.diff(x))
print(z.diff(x))
```

输出结果如下：

```
y*exp(x*y)*sin(x + y) + exp(x*y)*cos(x + y)
y*exp(x*y)*sin(x + y) + exp(x*y)*cos(x + y)
```

3.2.3 梯度和方向导数

1. 梯度

设函数 $z=f(x,y)$ 在平面区域 X 内具有一阶连续偏导数，则对于每点 $P(x,y)\in X$，都可确定一个向量：

$$\frac{\partial f}{\partial x}\boldsymbol{i}+\frac{\partial f}{\partial y}\boldsymbol{j}$$

该向量称为函数 $z=f(x,y)$ 在点 $P(x,y)$ 处的梯度，记作 $\mathbf{grad}\,f(x,y)$，即

$$\mathbf{grad}\,f(x,y)=\frac{\partial f}{\partial x}\boldsymbol{i}+\frac{\partial f}{\partial y}\boldsymbol{j}$$

梯度的几何意义：梯度为等高线上点 $P(x,y)$ 处的法向量，且从数值较低的等高线指向数值较高的等高线。

2. 方向导数

设函数 $z=f(x,y)$ 在点 $P(x,y)$ 的某一邻域 $U(P)$ 内有定义，自点 P 引射线 l，设 x 轴正向到射线 l 的转角为 φ（逆时针方向：$\varphi>0$；顺时针方向：$\varphi<0$），并设 $P'(x+\Delta x,y+\Delta y)$ 为 l 上的另一点且 $P'\in U(P)$，考虑函数的增量 $f(x+\Delta x,y+\Delta y)-f(x,y)$ 与 P、P' 两点间的距离 $\rho=\sqrt{(\Delta x)^2+(\Delta y)^2}$ 的比值。当 P' 沿着 l 趋于 P 时，若这个比的极限存在，则称该极限为函数 $f(x,y)$ 在点 P 处沿方向 l 的方向导数，记作 $\dfrac{\partial f}{\partial l}$，即

$$\frac{\partial f}{\partial l}=\lim_{\rho\to\infty}\frac{f(x+\Delta x,y+\Delta y)-f(x,y)}{\rho}$$

若函数 $z=f(x,y)$ 在点 $P(x,y)$ 处是可微分的，则函数在该点沿任一方向的方向导数都存在，且有

$$\frac{\partial f}{\partial l}=\frac{\partial f}{\partial x}\cos\varphi+\frac{\partial f}{\partial y}\sin\varphi=\left\{\frac{\partial f}{\partial x},\frac{\partial f}{\partial y}\right\}\cdot\{\cos\varphi,\sin\varphi\} \tag{3-5}$$

可以看出，函数在某点的梯度是这样一个向量：它的方向与函数取得最大方向导数的方向一致，而它的模为方向导数的最大值。

例 3-8 计算函数 $f(x,y)=x^2y-xy$ 的梯度。

解： 首先使用 Python 中的函数 CoordSys3D 构造笛卡儿坐标系，然后利用函数 gradient 求梯度。具体程序如下：

```
#笛卡儿坐标系
C = CoordSys3D('C')

# 标量场 f= x**2*y-xy
f= C.x**2*C.y - C.x*C.y

res = gradient(f)
print(res)
```

输出结果如下：

```
(2*C.x*C.y - C.y)*C.i + (C.x**2 - C.x)*C.j
```

3.3 导数在函数性质中的应用

导数的应用比较广泛，凡是反映变化率的问题，均可以用导数加以解决。在人工智能算法中，导数常用于函数单调性、凹凸性、极值的求解和基于梯度的寻优算法等方面。本节主要用导数研究函数的单调性、凹凸性和极值等性质。

3.3.1 单调性

函数的单调性也叫作函数的增减性。若当函数 $y=f(x)$ 的自变量 x 在其定义区间内增大（或减小）时，函数值 $f(x)$ 也随着增大（或减小），则称该函数在该区间上具有单调性。

判断函数单调性的方法主要有图像观察法、定义法和导数法。其中，利用导数法求解函数单调性，思路清晰，步骤明确，既快捷又易于掌握，其涉及的定理如下。

设函数 $y=f(x)$ 在 $[a,b]$ 上连续，在 (a,b) 内可导，则：

（1）如果在 (a,b) 内 $f'(x)>0$，那么函数 $y=f(x)$ 在 $[a,b]$ 上单调增加；

（2）如果在 (a,b) 内 $f'(x)<0$，那么函数 $y=f(x)$ 在 $[a,b]$ 上单调减小。

例 3-9 判断函数 $y=x^4-6x^3+9x-2(x\in[-2,2])$ 的单调性。

解：使用 Python 包 Pylab 和 Matplotlib 绘制函数及其导函数图，观察导数为 0 的大致位置，然后利用 Python 包 SciPy 中的函数 fsolve 求解导函数方程，得到使导数变号的点，该点可用于划分单调区间。具体程序如下：

```
from scipy import optimize
import numpy as np
import pylab as pl
import matplotlib.pyplot as plt

def f(x):
    return x**4-6*x**3+9*x-2     # 函数
def dfdx(x):
    return 4*x**3 -18*x**2 + 9

n = np.linspace(-2,2,num = 100)
plt.plot(n,f(n),label=u"f(x)")
plt.plot(n,dfdx(n),label=u"dfdx",linestyle = '-.')

plt.axvline(0,color = 'gray',linestyle = '--',alpha=0.8)
plt.axhline(0,color = 'gray',linestyle = '--',alpha=0.8)

pl.legend()
pl.show()

root=optimize.fsolve(dfdx,[-0.6,0.6])

print('导数为 0 的 x 值为',root[0],root[1])
```

运行结果如图 3-4 所示，导数为 0 的大致位置在−0.6 和 0.6 附近，给定初值，计算导函数为 0 时的方程精确解为−0.66 和 0.78。区间[−2，−0.66]为单调递减区间，区间(−0.66,0.78]为单调递增区间，区间 (0.78,2]为单调递减区间。

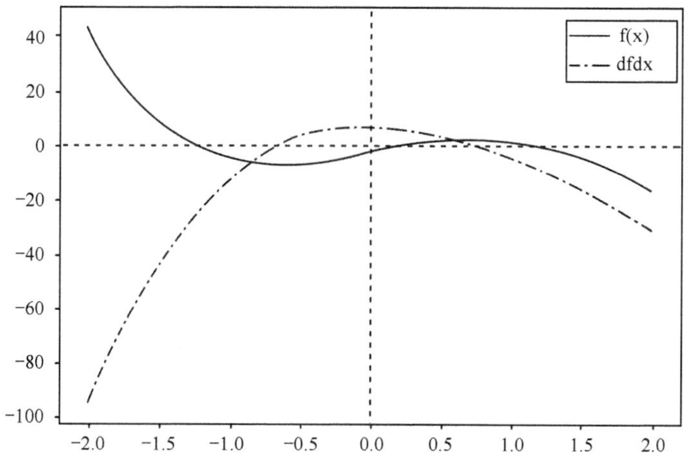

图 3-4　运行程序得到的函数及其导函数图形

3.3.2　凹凸性

通过函数的单调性，可知道函数变化的增减性，从几何直观角度来看，可判断函数图形的升降。但是，要准确地描绘函数的图形，还必须研究函数曲线的弯曲方向及弯曲方向的转折点。

对于如图 3-5 所示的曲线 $y=f(x)$ $(a\leqslant x\leqslant b)$，我们称之为凹曲线，其特征是曲线上任意两个不同点 $A(x_1,f(x_1))$ 、$B(x_2,f(x_2))$ 连接的弦始终在曲线弧的上方。

同样地，对于如图 3-6 所示的曲线 $y=f(x)$ $(a\leqslant x\leqslant b)$，我们称之为凸曲线，其特征是曲线上任意两个不同点 $A(x_1,f(x_1))$ 、$B(x_2,f(x_2))$ 连接的弦始终在曲线弧的下方。

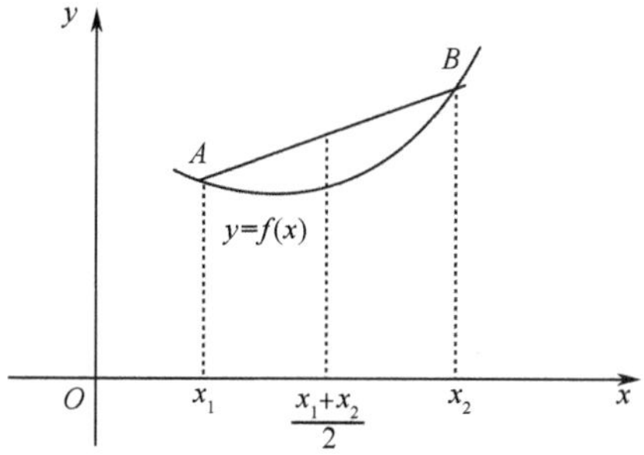

图 3-5　凹曲线

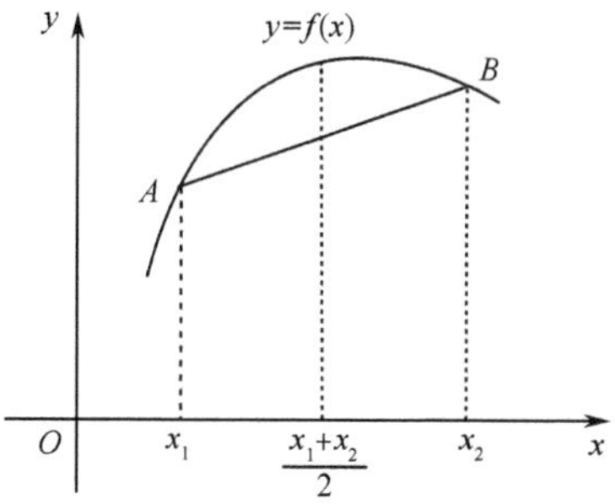

图 3-6　凸曲线

为此，对于曲线的凹凸性定义如下。

设 $y=f(x)$ 定义在 $[a,b]$ 上且连续，若对 $[a,b]$ 中任意不同的两点 x_1,x_2，总有

$$\frac{f(x_1)+f(x_2)}{2}<f\left(\frac{x_1+x_2}{2}\right)$$

则称曲线 $y=f(x)$ 在 (a,b) 上是凸的；若对 $[a,b]$ 中任意不同的两点 x_1,x_2，总有

$$\frac{f(x_1)+f(x_2)}{2} > f\left(\frac{x_1+x_2}{2}\right)$$

则称曲线 $y=f(x)$ 在 (a,b) 上是凹的。

曲线的凹凸分界点称为曲线的拐点。可以用二阶导数 $f''(x)$ 的符号判定函数的凹凸性，现有如下定理。

设函数 $y=f(x)$ 在 $[a,b]$ 上连续，在 (a,b) 内具有二阶导数，则：

（1）如果在 (a,b) 内 $f''(x)>0$，那么曲线 $y=f(x)$ 在 (a,b) 内是凹的；

（2）如果在 (a,b) 内 $f''(x)<0$，那么曲线 $y=f(x)$ 在 (a,b) 内是凸的。

例 3-10 判断函数 $y=x^4-6x^3+9x-2(x\in[-2,2])$ 的凹凸性。

解：使用 Python 包 Pylab 和 Matplotlib 绘制函数及其二阶导函数图，观察二阶导数为 0 的大致位置，利用 Python 包 SciPy 中的函数 fsolve 求解导函数方程，得到使二阶导数变号的点，该点可用于划分凹凸区间。具体程序如下：

```
from scipy import optimize
import numpy as np
import pylab as pl
import matplotlib.pyplot as plt

def f(x):
    return x**4-6*x**3+9*x-2     # 函数
def df2dx2(x):
    return 12*x**2 -36*x          #df2/dx2

n = np.linspace(-2,2,num = 100)
plt.plot(n,f(n),label=u"f(x)")
plt.plot(n,df2dx2(n),label=u"df2dx2",linestyle = '-.')

plt.axvline(0,color = 'gray',linestyle = '--',alpha=0.8)
plt.axhline(0,color = 'gray',linestyle = '--',alpha=0.8)

pl.legend()
pl.show()

root=optimize.fsolve(df2dx2,0.1)

print('导数为 0 的 x 值为',root[0])
```

运行结果如图 3-7 所示，二阶导数为 0 的大致位置在 0 附近，给定初值 0.1，计算得到二阶导函数为 0 时的方程精确解为 0.0。区间[−2,0]为凹区间，区间(0,2]为凸区间。

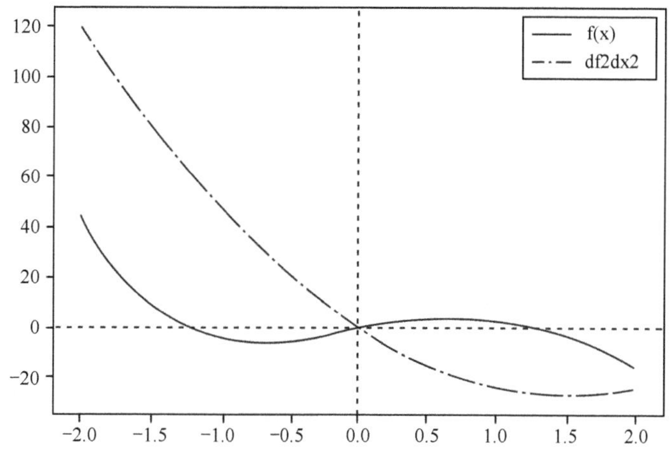

图 3-7　函数及其二阶导函数图形

3.3.3　极值

设函数 $f(x)$ 在 (a,b) 内有定义，x_0 是 (a,b) 内的一个点，若存在 x_0 的某去心邻域使对在该邻域内的任何 $x \neq x_0$，都有 $f(x) < f(x_0)$ $[f(x) > f(x_0)]$，则称 $f(x_0)$ 为 $f(x)$ 的一个极大值（极小值），称 x_0 为 $f(x)$ 的一个极大值点（极小值点）。极大值与极小值统称为极值，极大值点与极小值点统称为极值点。

从定义可以看出，函数的极大值和极小值是局部概念，而最大值和最小值是针对区间的全局概念，它们可能相等，也可能不相等。若函数在某点存在极值，且有导数，则函数取极值的必要条件如下。

设函数 $f(x)$ 在点 x_0 处具有导数，且在 x_0 处有极值，那么函数在点 x_0 处的导数 $f'(x) = 0$。

在实际计算中，需要计算导数不存在的点和 $f'(x) = 0$ 的点[称为 $f(x)$ 的驻点]，再进一步判断这些点是极大值点还是极小值点。函数取极值的充分条件如下。

函数取极值的第一种充分条件　设 $f(x)$ 在 x_0 的某去心邻域内可导，在 x_0 点连续，x_0 是驻点或 $f'(x_0)$ 不存在，则：

（1）如果当 x 取 x_0 左侧邻近的值时，$f'(x) > 0$，且当 x 取 x_0 右侧邻近的值时，$f'(x) < 0$，那么函数 $f(x)$ 在 x_0 处取极大值；

（2）如果当 x 取 x_0 左侧邻近的值时，$f'(x) < 0$，且当 x 取 x_0 右侧邻近的值时，$f'(x) > 0$，那么函数 $f(x)$ 在 x_0 处取极小值；

（3）如果当 x 在 x_0 的左右两侧邻近取值时，$f'(x)$ 的符号不改变，则 $f(x)$ 在 x_0 处不取极值。

函数取极值的第二种充分条件　设 $x = x_0$ 为函数 $f(x)$ 的一个驻点，且该点处函数的二阶导数存在，那么：

（1）若 $f''(x_0) > 0$，则 $f(x_0)$ 为极小值；

（2）若 $f''(x_0)<0$，则 $f(x_0)$ 为极大值；

（3）若 $f''(x_0)=0$，则 $f(x_0)$ 可能是也可能不是极值。

例 3-11 求函数 $y=x^4-6x^3+9x-2(x\in[-2,2])$ 的极值点和最值点。

解：使用 Python 包 SciPy 中的优化函数 minimize 求解，求得驻点后，可以根据函数的一阶导数和二阶导数判定极值点和最值点[7]。具体程序如下：

```
from scipy import optimize

fun1 = lambda x: x**4-6*x**3+9*x-2
fun2 = lambda x: -(x**4-6*x**3+9*x-2)

xmin=optimize.minimize(fun1,0)
xmax=optimize.minimize(fun2,0)

print('极小值点和极小值为',xmin.x[0],xmin.fun)
print('极大值点和极大值为',xmax.x[0],xmax.fun)

print('最小值为',min(fun1(-2),xmin.x[0],xmax.x[0],fun1(2)))
print('最大值为',max(fun1(-2),xmin.x[0],xmax.x[0],fun1(2)))
```

输出结果如下：

```
极小值点和极小值为 -0.6603178502937909    -6.0252781047597
极大值点和极大值为 0.7774470335892028    -2.542906179113218
最小值为-16
最大值为 44
```

3.4 一元积分学

前面介绍了如何根据已知函数求导数，但在实际问题中，有时是已知导数，需要求其原函数。例如，已知速度，求物体的运动规律；已知边界曲线，求其所围区域面积，这些问题需要用积分来解决。本节将介绍不定积分、微分方程和定积分的相关内容。

3.4.1 不定积分

原函数 在区间 I 上，如果 $F'(x)=f(x)$，则称 $f(x)$ 为 $F(x)$ 的导函数，称 $F(x)$ 为 $f(x)$ 的原函数，原函数与导函数是一种互逆关系。

连续函数一定存在原函数，且原函数不是唯一的，它们之间相差一个常数。

不定积分 如果 $F(x)$ 为 $f(x)$ 的一个原函数，则 $F(x)+C$ 为 $f(x)$ 的全体原函数（C 为任意常数），记为 $\int f(x)\,\mathrm{d}x$，即 $\int f(x)\,\mathrm{d}x=F(x)+C$，称 $\int f(x)\,\mathrm{d}x$ 为不定积分，其中，$\int$ 为积分号，$f(x)$ 为被积函数，x 为积分变量。

例 3-12 求 $\int \frac{1}{\sin x}\mathrm{d}x$。

解：使用 Python 包 SymPy 中的 integrate 函数求解不定积分。具体程序如下：

```
import sympy
from sympy import *

x=symbols('x')
fx=1/sin(x)
Fx=integrate(fx ,x)
Fx=simplify(Fx)
print(Fx)
```

输出结果如下：

```
log(cos(x) - 1)/2 - log(cos(x) + 1)/2
```

注意，结果中没有任意常数，请自行添加。

3.4.2 微分方程

不定积分很重要的一个应用就是求解微分方程。微分方程是指含有未知函数及其导数的关系式，解微分方程就是求出未知函数。形如 $f(x,y,y',\cdots,y^{(n)})=0$ 的方程称为微分方程，其中，x 为自变量，y 为因变量。

例 3-13　求解微分方程 $y^{(4)}-2y'''+5y''=\sin x$ 。

解：使用 Python 包 SymPy 中的 dsolve 函数求解微分方程的解析解。具体程序如下：

```
import sympy
from sympy import *

x=symbols('x',real = True)    # real 保证全是实数，自变量
y=symbols('y',function = True)   # 全部为函数变量
eq=Eq(y(x).diff(x,4)-2*y(x).diff(x,3)+5*y(x).diff(x,2),sin(x))   #定义微分方程
result=dsolve(eq,y(x))
print(result)
```

输出结果如下：

```
Eq(y(x), C1 + C2*x + (C3*sin(2*x) + C4*cos(2*x))*exp(x) - sin(x)/5 - cos(x)/10)
```

3.4.3 定积分

定积分　设函数 $f(x)$ 在 $[a,b]$ 上有定义，且有界，在 $[a,b]$ 中任意加入 $n-1$ 个分点，$a=x_0<x_1<x_2<\cdots<x_{n-1}<x_n=b$ ，将 $[a,b]$ 分成 n 个子区间 $[x_0,x_1],[x_1,x_2],\cdots,[x_{n-1},x_n]$ ，记每个子区间的长度分别为 $\Delta x_1,\Delta x_2,\cdots,\Delta x_n$ ；任取 $\xi_i\in[x_{i-1},x_i]$ ，作乘积 $f(\xi_i)\Delta x_i\,(i=1,2,\cdots,n)$ 的和式 $\sum\limits_{i=1}^{n}f(\xi_i)\Delta x_i$ ；令 $\lambda=\max\{\Delta x_1,\Delta x_2,\cdots,\Delta x_n\}$ ，若无论对区间 $[a,b]$ 采取何种分法，以及 ξ_i 采取何种取法，极限 $\lim\limits_{\lambda\to 0}\sum\limits_{i=1}^{n}f(\xi_i)\Delta x_i$ 总存在，则称函数 $f(x)$ 在 $[a,b]$ 上可积，并称此极限为函数 $f(x)$ 在 $[a,b]$ 上的定积分，记为 $\int_a^b f(x)\mathrm{d}x$ ，即

$$\int_a^b f(x)\mathrm{d}x=\lim_{\lambda\to 0}\sum_{i=1}^{n}f(\xi_i)\Delta x_i \tag{3-6}$$

其中，x 称为积分变量，$f(x)$ 称为被积函数，$f(x)\mathrm{d}x$ 称为被积表达式，$[a,b]$ 称为积分区间，a 称为积分下限，b 称为积分上限，$\int$ 称为积分号。

函数满足什么条件就可在 $[a,b]$ 上一定可积呢？下面只给出一个必要条件和两个充分条件。

（1）如果函数 $f(x)$ 在 $[a,b]$ 上可积，那么 $f(x)$ 在 $[a,b]$ 上有界。

（2）如果函数 $f(x)$ 在 $[a,b]$ 上连续，那么 $f(x)$ 在 $[a,b]$ 上可积。

（3）如果函数 $f(x)$ 在 $[a,b]$ 上有界，且 $f(x)$ 只有有限个第一类间断点，那么 $f(x)$ 在 $[a,b]$ 上可积。

例 3-14 求积分 $\int_0^2 \mathrm{e}^x \cos x\mathrm{d}x$ 。

解：使用 Python 包 SymPy 中的 integrate 函数求解定积分。具体程序如下：

```
import sympy
from sympy import *

x=symbols('x')
fx=E**x*cos(x)
Fx=integrate(fx ,(x, 1,2))

print(Fx)   #输出精确解
print(N(Fx))   #输出数值解
```

输出结果如下：

```
exp(2)*cos(2)/2 - E*sin(1)/2 - E*cos(1)/2 + exp(2)*sin(2)/2
-0.0560659251529182
```

在 Python 中，也可以用 integrate 函数求解广义积分。

例 3-15 求积分 $\int_0^{+\infty} \frac{\sin x}{x}\mathrm{d}x$ 。

解：使用 Python 包 SymPy 中的 integrate 函数求解广义定积分。具体程序如下：

```
import sympy
from sympy import *

x=symbols('x')
fx=sin(x)/x
Fx=integrate(fx ,(x, 0,oo))

print(Fx)
```

输出结果如下：

```
pi/2
```

3.5 多元积分学

多元函数有多重积分的概念，这里只介绍二重积分。定积分可用来求曲边梯形的面积，与此类似，二重积分可用来求曲顶柱体的体积。本节主要介绍二重积分的概念、计算方法等内容。

3.5.1　二重积分的概念

设函数 $f(x,y)$ 在闭区域 D 上有界，把闭区域 D 任意划分成 n 个可求面积的小闭区域 $\Delta\sigma_1,\Delta\sigma_2,\cdots,\Delta\sigma_n$，其中，$\Delta\sigma_i$ 表示第 i 个小闭区域，也表示它的面积。在每个 $\Delta\sigma_i$ 上任取一点 (ξ_i,η_i)，作乘积 $f(\xi_i,\eta_i)\cdot\Delta\sigma_i$，（$i=1,2,\cdots,n$），并作和 $\sum\limits_{i=1}^{n}f(\xi_i,\eta_i)\cdot\Delta\sigma_i$。令 λ 表示各小闭区域直径的最大值，若极限

$$\lim_{\lambda\to 0}\sum_{i=1}^{n}f(\xi_i,\eta_i)\cdot\Delta\sigma_i$$

存在，则称函数 $f(x,y)$ 在区域 D 上可积，并把极限值称为函数 $f(x,y)$ 在闭区域 D 上的二重积分，记为 $\iint\limits_D f(x,y)\mathrm{d}\sigma$，即

$$\iint\limits_D f(x,y)\mathrm{d}\sigma=\int_a^b\mathrm{d}x\int_{y_1(x)}^{y_2(x)}f(x,y)\mathrm{d}y \tag{3-7}$$

其中，$f(x,y)$ 称为被积函数；$f(x,y)\mathrm{d}\sigma$ 称为被积表达式；$\mathrm{d}\sigma$ 称为面积元素；x 和 y 称为积分变量；D 称为积分区域。

3.5.2　二重积分的计算

在 Python 中，没有直接求解二重积分的函数命令，需要先将二重积分化为二次积分：

$$\iint\limits_D f(x,y)\mathrm{d}\sigma=\int_a^b\mathrm{d}x\int_{y_1(x)}^{y_2(x)}f(x,y)\mathrm{d}y \tag{3-8}$$

或者

$$\iint\limits_D f(x,y)\mathrm{d}\sigma=\int_c^d\mathrm{d}y\int_{x_1(y)}^{x_2(y)}f(x,y)\mathrm{d}x \tag{3-9}$$

然后用程序求解。

例 3-16　计算 $\iint\limits_D xy^2\mathrm{d}x\mathrm{d}y$，其中，$D$ 为由 $x+y=2$、$x=\sqrt{y}$、$y=2$ 所围成的有界区域。

解：（1）绘制积分区域。

使用 Python 包 SymPy 中的 solve 函数求解方程组 $x+y=2$、$x=\sqrt{y}$（x 为非负数）。具体程序如下：

```
import sympy
from sympy import *

x,y = symbols('x y')

sol=solve([x+y-2, x-sqrt(y)],[x, y])

print(sol)
```

输出结果如下：

```
[(1, 1)]
```

从结果可知，两条线的交点为（1,1），而 $y=2$ 与这两条线的交点为（0,2）和（1.414,2），使用 Python 包 Matplotlib 中的 plot 和 fill_betweenx 函数绘制积分区域。具体程序如下：

```
import numpy as np
import matplotlib.pyplot as plt

x = np.linspace(-1, 2, 100)

y1 = 2-x
y2 = x**2
y3 = 0*x+2

#绘制曲线
plt.plot(x, y1, c="g")
plt.plot(x, y2, c='r')
plt.plot(x, y3, c='b')

y = np.linspace(1, 2, 100)
x1=2-y
x2=np.sqrt(y)
#将两函数间区域填充成浅灰色
plt.fill_betweenx(y,x1,x2,x1<=x2, facecolor="lightgray")
plt.show()
```

输出的积分区域如图 3-8 所示。

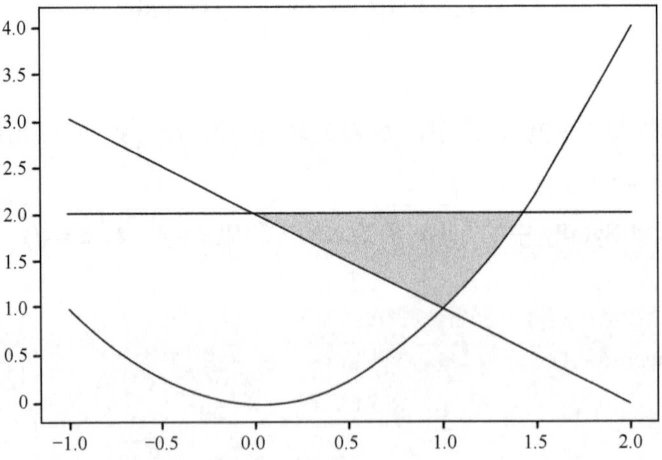

图 3-8　输出的积分区域

（2）计算。

从图 3-8 可以看出，可将积分化为先对 x 积分再对 y 积分，可使用 Python 包 SymPy 中的 integrate 函数求解定积分。具体程序如下：

```
import sympy
from sympy import *

x,y=symbols('x y')
z=x*y**2
Fx=integrate(z ,(x, 2-y,sqrt(y)),(y,1,2))

print(Fx)
```

输出结果如下：

```
193/120
```

例 3-17　计算 $\iint\limits_D e^{-(x^2+y^2)}dxdy$，其中，$D$ 为 $x^2+y^2\leqslant 1$ 表示的区域。

解：该二重积分在直角坐标系下没有解析解，但通过极坐标变换可以求解。具体程序如下：

```
import sympy
from sympy import *

r,theta=symbols('r theta')
x=r*cos(theta)
y=r*sin(theta)
f=simplify(x*x+y*y)

print(f)
```

输出结果如下：

```
r**2
```

因此，将原二重积分转化为

$$\iint\limits_{x^2+y^2\leqslant 1} e^{-(x^2+y^2)}dxdy=\int_0^{2\pi}d\theta\int_0^1 e^{-r^2}rdr$$

再使用 Python 包 SymPy 中的 integrate 函数求解定积分。完整程序如下：

```
import sympy
from sympy import *

r,theta=symbols('r theta')
x=r*cos(theta)
y=r*sin(theta)
f=simplify(x*x+y*y)

print(f)
```

```
fr=E**(-f)*r
Fr=integrate(fr ,(r, 0,1),(theta,0,2*pi))

print(Fr)
```

输出结果如下：

```
2*pi*(-exp(-1)/2 + 1/2)
```

3.6 实验：梯度下降法[8-9]

3.6.1 实验目的

（1）掌握 Pandas、SciPy、Matplotlib、Sklearn 等模块的使用。
（2）掌握 Python 自定义函数。
（3）掌握梯度下降法，为理解神经网络打基础。
（4）运行程序，看到结果。

3.6.2 实验要求

（1）了解 Python 常用程序包的使用。
（2）了解 Python 数组的使用。
（3）理解迭代计算相关的源码。
（4）用代码实现梯度下降法。

3.6.3 实验原理

多元线性回归是利用线性回归方程的最小平方函数对多个自变量和因变量之间的关系进行建模的一种回归分析。线性回归方程中因变量和自变量之间是线性关系。

已知数据集$\{x^{(i)}, y^{(i)}\}$，$i=0,1,\cdots,n$，而$x^{(i)}$有$x_1,\cdots,x_m$共m个自变量，设线性回归方程为

$$h(\boldsymbol{x})=\theta_0+\theta_1 x_1+\cdots+\theta_m x_m=\boldsymbol{\theta}^{\mathrm{T}}\boldsymbol{x}$$

其中，$\boldsymbol{\theta}=[\theta_0,\theta_1,\cdots,\theta_m]^{\mathrm{T}}$，$\boldsymbol{x}=[x_0,x_1,\cdots,x_m]^{\mathrm{T}}$，$x_0=1$，后面出现的$x^{(i)}$也包含$x_0$。为了得到目标线性方程，只需要确定方程中的系数$\boldsymbol{\theta}$。同时，为了评估所选定的系数$\boldsymbol{\theta}$的效果，通常情况下，使用一个损失函数来评估$h(\boldsymbol{x})$函数的好坏，本实验采用均方误差来表示：

$$J(\boldsymbol{\theta})=\frac{1}{2}\sum_{i=0}^{n}(h(x^{(i)})-y^{(i)})^2 \tag{3-10}$$

求式（3-10）的极小值的方法主要有两种：最小二乘法和梯度下降法。其中，梯度下降法是一种迭代方法，其利用梯度调整$\boldsymbol{\theta}$，使得$J(\boldsymbol{\theta})$取的值越来越小。其更新公式为

$$\boldsymbol{\theta}_j=\boldsymbol{\theta}_j-\alpha\frac{\delta J}{\delta\boldsymbol{\theta}}=\boldsymbol{\theta}_j-\alpha\sum_{i=0}^{n}(h(x^{(i)})-y^{(i)})x_j \tag{3-11}$$

其中，α 为学习率。

下面将构造数据，采用梯度下降法迭代计算，并进行预测。

3.6.4　实验步骤

1. 构造数据

令 $h(\boldsymbol{x})=5x_1+7x_2$，$x_1$ 在 0～9 均匀采样，x_2 在 4～13 均匀采样，并生成相应的 y 值。具体程序如下：

```
import numpy as np
import matplotlib.pyplot as plt
from mpl_toolkits.mplot3d import axes3d
from matplotlib import style


#构造数据
def get_data(sample_num=100):
    """
    拟合函数为
    y = 5*x1 + 7*x2
    :return:
    """
    x1 = np.linspace(0, 9, sample_num)
    x2 = np.linspace(4, 13, sample_num)
    x = np.concatenate(([x1], [x2]), axis=0).T
    y = np.dot(x, np.array([5, 7]).T)
    return x, y
```

2. 梯度下降法

使用梯度下降法迭代计算的程序如下：

```
def GD(samples, y, step_size=0.01, max_iter_count=500):
    """
    :param samples: 样本
    :param y: 结果
    :param step_size: 迭代步长
    :param max_iter_count: 最大的迭代次数

    """
    #确定样本数量及变量的个数，初始化 theta 值
    n, var = samples.shape
    theta = np.zeros(var)
    y = y.flatten()
    #进入循环
    #print(samples)
```

```
    loss = 1
    iter_count = 0
    iter_list=[]
    loss_list=[]

    #学习率设置
    mu=step_size*(1/n)

    #当损失精度大于 0.01 且迭代次数小于最大迭代次数时进行
    while loss > 0.01 and iter_count < max_iter_count:
        loss = 0
        #梯度计算
        for i in range(n):
            h = np.dot(theta,samples[i].T)
            #更新 theta 的值，需要的参量有：步长，梯度
            for j in range(len(theta)):
                theta[j] = theta[j] - mu*(h - y[i])*samples[i,j]

        #计算总体的损失精度，等于各样本损失精度之和
        for i in range(n):
            h = np.dot(theta.T, samples[i])
            #每组样本点的损失精度
            every_loss = 0.5*np.power((h - y[i]), 2)
            loss = loss + every_loss

        #print("iter_count: ", iter_count, "the loss:", loss)

        iter_list.append(iter_count)
        loss_list.append(loss)

        iter_count += 1
        #while 循环结束
    #绘图
    plt.plot(iter_list,loss_list)
    plt.xlabel("iter")
    plt.ylabel("loss")
    plt.show()

    return theta
```

3. 预测

```
#预测
def predict(x, theta):
    y = np.dot(theta, x.T)
    return y
```

4. 主函数

```
#主函数
if __name__ == '__main__':
    samples, y = get_data()
    theta = GD(samples, y)
    print(theta)
    predict_y = predict(theta, [7,8])
    print(predict_y)
```

3.6.5 实验结果

程序运行结果如下：

```
[4.98860259 7.00693759]
90.97571883435707
```

迭代次数与损失精度的关系如图 3-9 所示。

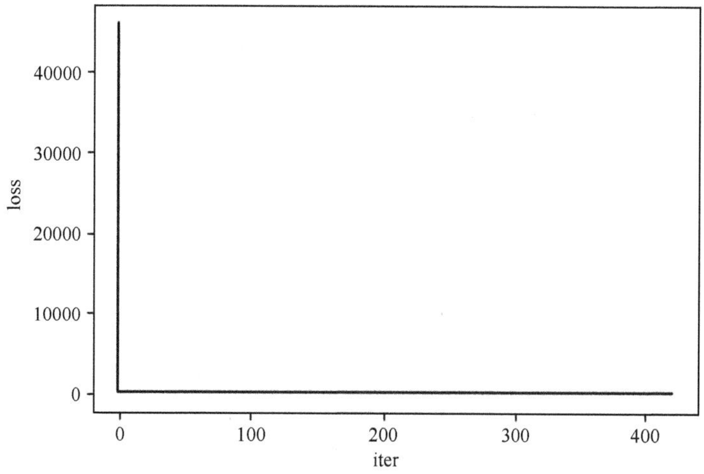

图 3-9　迭代次数与损失精度的关系

习题

1．设 $f(x)=\begin{cases}x-1, & -2\leqslant x<0\\ x+1, & 0\leqslant x\leqslant 1\end{cases}$，求 $f(x)$ 的定义域，计算 $f(-1)$、$f(1)$、$f(x^2)$，并绘制函数 $y=f(x)$ 的图形。

2．计算极限 $\lim\limits_{x\to 0}\dfrac{\tan x-\sin x}{x^3}$，并绘制函数 $f(x)=\dfrac{\tan x-\sin x}{x^3}$ 的图形。

3．利用图形讨论函数 $f(x)=\begin{cases}-1-2x, & x<-1\\ \sin x+1, & -1\leqslant x\leqslant 1\\ e^{x-1}, & x>1\end{cases}$ 的连续性。

4．求函数 $y=\ln\left[\tan\left(\frac{x}{2}+2\right)\right]$ 的导数。

5．设 $y=y(x)$ 由 $y\sin x-\cos(y+2x)=1$ 确定，求 y'。

6．绘制函数 $y=\frac{x^2-x+4}{x-1}$ 及其导函数的图形，并求函数的单调区间和极值。

7．当 $x<1$ 且 $x\neq 0$ 时，证明不等式 $e^x<\frac{1}{1-x}$。

8．绘制函数 $y=x^4+2x^3-3x^2+4x-5$ 及其二阶导函数的图形，并求函数的凹凸区间和拐点。

9．求方程 $x^4+2x^3-3x^2+4x-5=0$ 的近似根。

10．求 $\sum_{n=0}^{\infty}\frac{4^{2n}(x-3)^n}{n+1}$ 的收敛域。

11．求函数 $f(x)=e^{-(x^2-1)^2}$ 在 $x=1$ 处的 4 阶泰勒展开式，并通过绘图比较函数和它的近似多项式。

12．设 $z=e^{\frac{y}{x}}$，求 $\frac{\partial z}{\partial x}$，$\frac{\partial z}{\partial y}$，$\frac{\partial^2 z}{\partial x\partial y}$。

13．计算不定积分 $\int\frac{1}{\sin^2 x}dx$。

14．求解微分方程 $y'-\frac{2}{x+2}y=(x+1)^{\frac{5}{2}}$ 的解。

15．计算定积分 $\int_0^{\pi}e^{-x^2}\cos(x^3)dx$。

16．计算 $\iint\limits_D ye^{xy}dxdy$，其中 D 由 $xy=1$、$x=2$、$y=1$ 围成。

17．在梯度下降法中，学习率 α 对算法的收敛会产生影响。请查阅文献，设置不同形式的学习率 α，研究其对算法产生的影响。

参考文献

[1] 费祥历，亓健. 高等数学[M]. 北京：高等教育出版社，2015.

[2] 吕炜，费祥历，亓健. 微积分[M]. 北京：中国人民大学出版社，2017.

[3] 同济大学数学系. 高等数学[M]. 7 版. 北京：高等教育出版社，2014.

[4] ADRIAN B. 普林斯顿微积分读本（修订本）[M]. 杨爽，赵晓婷，高璞. 译. 北京：人民邮电出版社，2016.

[5] SymPy Development Team. Welcome to SymPy's documentation[EB/OL]. 2019-03-25. https://docs. sympy.org/latest/index.html.

[6] 张若愚. Python 科学计算[M]. 2 版. 北京：清华大学出版社，2016.

[7] The SciPy community. Optimization (scipy.optimize)[EB/OL]. 2019-01-01. https://docs.scipy.org/doc/scipy/reference/tutorial/optimize.html.
[8] 陈雯柏. 人工神经网络原理与实践[M]. 西安：西安电子科技大学出版社，2016.
[9] Cludy_Sky. 用 python+numpy+matplotalib 实现梯度下降法[EB/OL]. 2017-07-30. https://blog.csdn. net /m2284089331/article/details/76397658.

第4章　线 性 代 数

线性代数是数学的主要分支之一，主要研究矩阵理论、向量空间、线性变换和有限维线性方程组等内容，其核心内容是研究有限维线性空间的结构和线性空间的线性变换。线性代数对于人工智能的学习与研究极为重要。人工智能的基础就是数据，没有大量的数据就没有人工智能。数据中蕴含了丰富的信息，这些信息可以通过多维视角来理解，可以说，数据就是多个维度的信息的综合体。存储和运用数据需要用到线性代数中的知识，包括向量、矩阵、行列式、线性方程组等相关概念及运算[1-4]。

4.1　行列式

行列式是由行、列个数相等的数表所构成的算式。在求解线性方程组、判定矩阵可逆性等过程中都要用到行列式，它是线性代数的基础。

4.1.1　行列式定义

1．二阶行列式

规定记号$\begin{vmatrix} a & b \\ c & d \end{vmatrix} = ad - bc$，并称之为二阶行列式。其中，$a, b, c, d$ 称为二阶行列式的元素；横排称为行，竖排称为列；从左上角到右下角的对角线称为行列式的主对角线，从左下角到右上角的对角线称为行列式的次对角线。

2．三阶行列式

$D = \begin{vmatrix} a_{11} & a_{12} & a_{13} \\ a_{21} & a_{22} & a_{23} \\ a_{31} & a_{32} & a_{33} \end{vmatrix}$称为三阶行列式。三阶行列式可按下列方法求值：

$$
\begin{aligned}
D = \begin{vmatrix} a_{11} & a_{12} & a_{13} \\ a_{21} & a_{22} & a_{23} \\ a_{31} & a_{32} & a_{33} \end{vmatrix} &= (-1)^{1+1} a_{11} \begin{vmatrix} a_{22} & a_{23} \\ a_{32} & a_{33} \end{vmatrix} + (-1)^{1+2} a_{12} \begin{vmatrix} a_{21} & a_{23} \\ a_{31} & a_{33} \end{vmatrix} + (-1)^{1+3} a_{13} \begin{vmatrix} a_{21} & a_{22} \\ a_{31} & a_{32} \end{vmatrix} \\
&= a_{11}(a_{22}a_{33} - a_{23}a_{32}) - a_{12}(a_{21}a_{33} - a_{23}a_{31}) + a_{13}(a_{21}a_{32} - a_{22}a_{31}) \\
&= a_{11}a_{22}a_{33} - a_{11}a_{23}a_{32} - a_{12}a_{21}a_{33} + a_{12}a_{23}a_{31} + a_{13}a_{21}a_{32} - a_{13}a_{22}a_{31}
\end{aligned}
$$

其中，$\begin{vmatrix} a_{22} & a_{23} \\ a_{32} & a_{33} \end{vmatrix}$是原行列式 D 中划去元素 a_{11} 所在的第一行、第一列后剩下的元素按原

来顺序组成的二阶行列式，称它为元素 a_{11} 的余子式，记作 M_{11}，即 $M_{11}=\begin{vmatrix} a_{22} & a_{23} \\ a_{32} & a_{33} \end{vmatrix}$。

类似地，记

$$M_{12}=\begin{vmatrix} a_{21} & a_{23} \\ a_{31} & a_{33} \end{vmatrix}, \quad M_{13}=\begin{vmatrix} a_{21} & a_{22} \\ a_{31} & a_{32} \end{vmatrix}$$

并且令 $A_{ij}=(-1)^{i+j}M_{ij}$（$i, j=1,2,3$），其称为元素 a_{ij} 的代数余子式。

因此，三阶行列式也可以表示为

$$D=\begin{vmatrix} a_{11} & a_{12} & a_{13} \\ a_{21} & a_{22} & a_{23} \\ a_{31} & a_{32} & a_{33} \end{vmatrix}=a_{11}A_{11}+a_{12}A_{12}+a_{13}A_{13}=\sum_{j=1}^{3}a_{1j}A_{1j}$$

而且可以将其转化为二阶行列式来计算它的值。

3．n 阶行列式

由 n^2 个元素组成的算式 D 为

$$D=\begin{vmatrix} a_{11} & a_{12} & \cdots & a_{1n} \\ a_{21} & a_{22} & \cdots & a_{2n} \\ \vdots & \vdots & & \vdots \\ a_{n1} & a_{n2} & \cdots & a_{nn} \end{vmatrix}$$

称其为 n 阶行列式，简称行列式。其中，a_{ij} 称为 D 的第 i 行、第 j 列的元素（$i, j=1, 2, \cdots, n$）。

当 $n=1$ 时，规定 $D=|a_{11}|=a_{11}$。

当 $n-1$ 阶行列式已定义时，n 阶行列式为

$$D=a_{11}A_{11}+a_{12}A_{12}+\cdots+a_{1n}A_{1n}=\sum_{j=1}^{n}a_{1j}A_{1j}$$

其中，A_{1j} 为元素 a_{1j} 的代数余子式。

4．几种特殊的行列式

（1）上三角形行列式。主对角线下方元素全为零的行列式称为上三角形行列式，即

$$\begin{vmatrix} a_{11} & a_{12} & \cdots & a_{1n} \\ 0 & a_{22} & \cdots & a_{2n} \\ \vdots & \vdots & & \vdots \\ 0 & 0 & \cdots & a_{nn} \end{vmatrix}=a_{11}a_{22}\cdots a_{nn}$$

（2）下三角形行列式。主对角线上方元素全为零的行列式称为下三角形行列式，即

$$\begin{vmatrix} a_{11} & 0 & \cdots & 0 \\ a_{21} & a_{22} & \cdots & 0 \\ \vdots & \vdots & & \vdots \\ a_{n1} & a_{n2} & \cdots & a_{nn} \end{vmatrix}=a_{11}a_{22}\cdots a_{nn}$$

（3）对角形行列式。主对角线上方、下方的元素全为零的行列式称为对角形行列式，即

$$\begin{vmatrix} a_{11} & 0 & \cdots & 0 \\ 0 & a_{22} & \cdots & 0 \\ \vdots & \vdots & & \vdots \\ 0 & 0 & \cdots & a_{nn} \end{vmatrix} = a_{11}a_{22}\cdots a_{nn}$$

（4）转置行列式。如果把 n 阶行列式

$$D = \begin{vmatrix} a_{11} & a_{12} & \cdots & a_{1n} \\ a_{21} & a_{22} & \cdots & a_{2n} \\ \vdots & \vdots & & \vdots \\ a_{n1} & a_{n2} & \cdots & a_{nn} \end{vmatrix}$$

中的行与列按原来的顺序互换，得到新的行列式

$$D^{\mathrm{T}} = \begin{vmatrix} a_{11} & a_{21} & \cdots & a_{n1} \\ a_{12} & a_{22} & \cdots & a_{n2} \\ \vdots & \vdots & & \vdots \\ a_{1n} & a_{2n} & \cdots & a_{nn} \end{vmatrix}$$

那么，称行列式 D^{T} 为 D 的转置行列式。显然，D 也是 D^{T} 的转置行列式。

4.1.2 行列式的性质

性质 4-1 行列式 D 与它的转置行列式 D^{T} 相等，即 $D = D^{\mathrm{T}}$。

行列式中行与列所处的地位是一样的，所以，凡是对行成立的性质，对列也同样成立。

性质 4-2 如果将行列式的任意两行（或列）互换，那么行列式的值改变符号，即

$$\begin{vmatrix} a_{11} & a_{12} & \cdots & a_{1n} \\ \vdots & \vdots & & \vdots \\ a_{i1} & a_{i2} & \cdots & a_{in} \\ \vdots & \vdots & & \vdots \\ a_{j1} & a_{j2} & \cdots & a_{jn} \\ \vdots & \vdots & & \vdots \\ a_{n1} & a_{n2} & \cdots & a_{nn} \end{vmatrix} = -\begin{vmatrix} a_{11} & a_{12} & \cdots & a_{1n} \\ \vdots & \vdots & & \vdots \\ a_{j1} & a_{j2} & \cdots & a_{jn} \\ \vdots & \vdots & & \vdots \\ a_{i1} & a_{i2} & \cdots & a_{in} \\ \vdots & \vdots & & \vdots \\ a_{n1} & a_{n2} & \cdots & a_{nn} \end{vmatrix}$$

性质 4-3 行列式一行（或列）的公因子可以提到行列式记号的外面，即

$$\begin{vmatrix} a_{11} & a_{12} & \cdots & a_{1n} \\ \vdots & \vdots & & \vdots \\ ka_{i1} & ka_{i2} & \cdots & ka_{in} \\ \vdots & \vdots & & \vdots \\ a_{n1} & a_{n2} & \cdots & a_{nn} \end{vmatrix} = k\begin{vmatrix} a_{11} & a_{12} & \cdots & a_{1n} \\ \vdots & \vdots & & \vdots \\ a_{i1} & a_{i2} & \cdots & a_{in} \\ \vdots & \vdots & & \vdots \\ a_{n1} & a_{n2} & \cdots & a_{nn} \end{vmatrix}$$

推论 4-1　如果行列式中有一行（或列）的元素全部为零，那么这个行列式的值为零。

性质 4-4　如果行列式中两行（或列）对应元素全部相同，那么行列式的值为零，即

$$\begin{array}{r} \\ \\ i\text{行} \\ \\ j\text{行} \\ \\ \\ \end{array}\begin{vmatrix} a_{11} & a_{12} & \cdots & a_{1n} \\ \vdots & \vdots & & \vdots \\ a_{i1} & a_{i2} & \cdots & a_{in} \\ \vdots & \vdots & & \vdots \\ a_{i1} & a_{i2} & \cdots & a_{in} \\ \vdots & \vdots & & \vdots \\ a_{n1} & a_{n2} & \cdots & a_{nn} \end{vmatrix} = 0$$

推论 4-2　如果行列式中两行（或列）对应元素成比例，那么行列式的值为零。

性质 4-5　如果行列式中一行（或列）的每个元素都可以写成两数之和，即

$$a_{ij} = b_{ij} + c_{ij} \quad (j = 1, 2, \cdots, n)$$

那么，此行列式等于两个行列式之和，这两个行列式的第 i 行的元素分别是 $b_{i1}, b_{i2}, \cdots, b_{in}$ 和 $c_{i1}, c_{i2}, \cdots, c_{in}$，其他各行（或列）的元素与原行列式相应各行（或列）的元素相同，即

$$\begin{vmatrix} a_{11} & a_{12} & \cdots & a_{1n} \\ \vdots & \vdots & & \vdots \\ b_{i1}+c_{i1} & b_{i2}+c_{i2} & \cdots & b_{in}+c_{in} \\ \vdots & \vdots & & \vdots \\ a_{n1} & a_{n2} & \cdots & a_{nn} \end{vmatrix} = \begin{vmatrix} a_{11} & a_{12} & \cdots & a_{1n} \\ \vdots & \vdots & & \vdots \\ b_{i1} & b_{i2} & \cdots & b_{in} \\ \vdots & \vdots & & \vdots \\ a_{n1} & a_{n2} & \cdots & a_{nn} \end{vmatrix} + \begin{vmatrix} a_{11} & a_{12} & \cdots & a_{1n} \\ \vdots & \vdots & & \vdots \\ c_{i1} & c_{i2} & \cdots & c_{in} \\ \vdots & \vdots & & \vdots \\ a_{n1} & a_{n2} & \cdots & a_{nn} \end{vmatrix}$$

性质 4-6　在行列式中，把某一行（或列）的倍数加到另一行（或列）对应的元素上，行列式的值不变，即

$$\begin{vmatrix} a_{11} & a_{12} & \cdots & a_{1n} \\ \vdots & \vdots & & \vdots \\ a_{i1} & a_{i2} & \cdots & a_{in} \\ \vdots & \vdots & & \vdots \\ a_{j1}+ka_{i1} & a_{j2}+ka_{i2} & \cdots & a_{jn}+ka_{in} \\ \vdots & \vdots & & \vdots \\ a_{n1} & a_{n2} & \cdots & a_{nn} \end{vmatrix} = \begin{vmatrix} a_{11} & a_{12} & \cdots & a_{1n} \\ \vdots & \vdots & & \vdots \\ a_{i1} & a_{i2} & \cdots & a_{in} \\ \vdots & \vdots & & \vdots \\ a_{j1} & a_{j2} & \cdots & a_{jn} \\ \vdots & \vdots & & \vdots \\ a_{n1} & a_{n2} & \cdots & a_{nn} \end{vmatrix}$$

性质 4-7　行列式 D 等于它的任意一行或列中所有元素与它们各自的代数余子式乘积之和，即

$$D = \sum_{k=1}^{n} a_{ik} A_{ik} \quad \text{或} \quad D = \sum_{k=1}^{n} a_{kj} A_{kj}$$

其中，$i, j = 1, 2, \cdots, n$，换言之，行列式可以按任意一行或列展开。

例 4-1 证明：

$$\begin{vmatrix} a^2 & (a+1)^2 & (a+2)^2 & (a+3)^2 \\ b^2 & (b+1)^2 & (b+2)^2 & (b+3)^2 \\ c^2 & (c+1)^2 & (c+2)^2 & (c+3)^2 \\ d^2 & (d+1)^2 & (d+2)^2 & (d+3)^2 \end{vmatrix} = 0$$

证明：设此行列式为D，把D化简，得

$$D = \begin{vmatrix} a^2 & 2a+1 & 4a+4 & 6a+9 \\ b^2 & 2b+1 & 4b+4 & 6b+9 \\ c^2 & 2c+1 & 4c+4 & 6c+9 \\ d^2 & 2d+1 & 4d+4 & 6d+9 \end{vmatrix}$$

$$= \begin{vmatrix} a^2 & 2a+1 & 2 & 6 \\ b^2 & 2b+1 & 2 & 6 \\ c^2 & 2c+1 & 2 & 6 \\ d^2 & 2d+1 & 2 & 6 \end{vmatrix} = 0$$

4.1.3 行列式的计算

常用的行列式基本计算方法有两种：降阶法和化三角形法。

降阶法通常选择零元素最多的行（或列），将行列式按这一行（或列）展开；或利用行列式的性质把某一行（或列）的元素化为仅有一个非零元素，然后将行列式按这一行（或列）展开。

例 4-2 计算：

$$D = \begin{vmatrix} 2 & 0 & 1 & -1 \\ -5 & 1 & 3 & -4 \\ 1 & -5 & 3 & -3 \\ 3 & 1 & -1 & 2 \end{vmatrix}$$

解：

$$D = -\begin{vmatrix} 1 & 0 & 2 & -1 \\ 3 & 1 & -5 & -4 \\ 3 & -5 & 1 & -3 \\ -1 & 1 & 3 & 2 \end{vmatrix} = -\begin{vmatrix} 1 & 0 & 2 & -1 \\ 0 & 1 & -11 & -1 \\ 0 & -5 & -5 & 0 \\ 0 & 1 & 5 & 1 \end{vmatrix}$$

$$= 5\begin{vmatrix} 1 & 0 & 2 & -1 \\ 0 & 1 & -11 & -1 \\ 0 & 1 & 1 & 0 \\ 0 & 1 & 5 & 1 \end{vmatrix} = 5\begin{vmatrix} 1 & 0 & 2 & -1 \\ 0 & 1 & -11 & -1 \\ 0 & 0 & 12 & 1 \\ 0 & 0 & 16 & 2 \end{vmatrix}$$

$$=5\begin{vmatrix}1 & 0 & 2 & -1\\0 & 1 & -11 & -1\\0 & 0 & 12 & 1\\0 & 0 & 0 & \frac{2}{3}\end{vmatrix}=5\times 8=40$$

化三角形法是根据行列式的特点，利用行列式的性质，把行列式逐步转化为等值的上（或下）三角形行列式，这时行列式的值就等于主对角线上元素的乘积。

把行列式化为上三角形行列式的一般步骤如下。

（1）若 $a_{11}\neq 0$，则第一行元素分别乘以 $-\frac{a_{21}}{a_{11}},-\frac{a_{31}}{a_{11}},\cdots,-\frac{a_{n1}}{a_{11}}$ 后加到第 $2,3,\cdots,n$ 行对应的元素上，把第一列 a_{11} 以下的元素全部化为零，但应注意尽量避免将元素化为分数，否则会给后面的计算增加困难；若 $a_{11}=0$，则通过行（或列）变换使 $a_{11}\neq 0$。

（2）同理，把主对角线 $a_{22},a_{33},\cdots,a_{(n-1)(n-1)}$ 以下的元素全部化为零，即可得上三角形行列式。

下面利用 Python 计算方阵的行列式，主要用到的是 NumPy 包中的 linalg.det 方法。具体程序如下：

```
import numpy as np
D=np.array([[2,0,1,-1],[-5,1,3,-4],[1,-5,3,-3],[3,1,-1,2]])
print(D)
print(np.linalg.det(D))
```

输出结果如下：

```
[[ 2  0  1 -1]
 [-5  1  3 -4]
 [ 1 -5  3 -3]
 [ 3  1 -1  2]]
40.00000000000036
```

4.2 矩阵

4.2.1 矩阵的概念

矩阵是二维数组，是数据的一种组织形式，在人工智能中有广泛的应用。

定义 4-1 由 $m\times n$ 个元素 $a_{ij}\ (i=1,2,\cdots,m;\ j=1,2,\cdots,n)$ 排列成一个 m 行 n 列的有序矩形数表，并加圆括号或方括号标记：

$$\begin{pmatrix}a_{11} & a_{12} & \cdots & a_{1n}\\a_{21} & a_{22} & \cdots & a_{2n}\\\vdots & \vdots & & \vdots\\a_{m1} & a_{m2} & \cdots & a_{mn}\end{pmatrix} \text{ 或 } \begin{bmatrix}a_{11} & a_{12} & \cdots & a_{1n}\\a_{21} & a_{22} & \cdots & a_{2n}\\\vdots & \vdots & & \vdots\\a_{m1} & a_{m2} & \cdots & a_{mn}\end{bmatrix}$$

称其为m行n列矩阵，简称$m\times n$矩阵。矩阵通常用大写字母$\boldsymbol{A},\boldsymbol{B},\boldsymbol{C},\cdots$表示，如上述矩阵可以记为$\boldsymbol{A}$或$\boldsymbol{A}_{m\times n}$，也可记为

$$\boldsymbol{A}=\left(a_{ij}\right)_{m\times n}$$

特别地，当$m=n$时，称$\boldsymbol{A}$为n阶矩阵，或n阶方阵。在n阶方阵中，从左上角到右下角的对角线称为主对角线，从右上角到左下角的对角线称为次对角线。

当$m=1$或$n=1$时，矩阵只有一行或只有一列，即

$$\boldsymbol{A}=(a_{11}\ a_{12}\cdots a_{1n})\text{ 或 }\boldsymbol{A}=\begin{pmatrix}a_{11}\\a_{21}\\\vdots\\a_{m1}\end{pmatrix}$$

分别称为行矩阵或列矩阵，亦称为行向量或列向量。

例 4-3（**线性变换矩阵**）设n个变量$x_1,x_2,\cdots,x_n$与m个变量$y_1,y_2,\cdots,y_m$之间的关系式

$$\begin{cases}y_1=a_{11}x_1+a_{12}x_2+\cdots+a_{1n}x_n\\y_2=a_{21}x_1+a_{22}x_2+\cdots+a_{2n}x_n\\\qquad\vdots\\y_m=a_{m1}x_1+a_{m2}x_2+\cdots+a_{mn}x_n\end{cases}$$

表示一个从变量$x_1,x_2,\cdots,x_n$到变量$y_1,y_2,\cdots,y_m$的线性变换，其中，a_{ij}是常数，则线性变换与系数矩阵

$$\boldsymbol{A}=\begin{pmatrix}a_{11}&a_{12}&\cdots&a_{1n}\\a_{21}&a_{22}&\cdots&a_{2n}\\\vdots&\vdots&&\vdots\\a_{m1}&a_{m2}&\cdots&a_{mn}\end{pmatrix}$$

之间存在一一对应关系。

例 4-4（**运输矩阵**）设某商品有m个产地$P_1,P_2,\cdots,P_m$和n个销地$M_1,M_2,\cdots,M_n$，则其调运方案可由矩阵

$$\boldsymbol{T}=\begin{pmatrix}a_{11}&a_{12}&\cdots&a_{1n}\\a_{21}&a_{22}&\cdots&a_{2n}\\\vdots&\vdots&&\vdots\\a_{m1}&a_{m2}&\cdots&a_{mn}\end{pmatrix}$$

确定，其中，a_{ij}表示从产地P_i运到销地M_j的商品数量。

例 4-5（**可达性矩阵**）某航空公司在C_1,C_2,C_3,C_4四个城市间开辟了若干航线，图 4-1 表示四城市间的航班图。若令

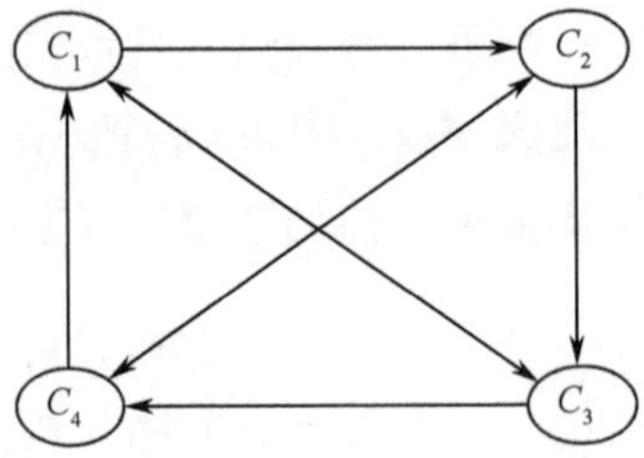

图 4-1　航班图

$$a_{ij}=\begin{cases}1, & 从i市到j市有航班\\ 0, & 从i市到j市没有航班\end{cases}$$

则图 4-1 的可达性矩阵为

$$\boldsymbol{P}=\begin{pmatrix}0&1&1&0\\0&0&1&1\\1&0&0&1\\1&1&0&0\end{pmatrix}$$

例 4-6　大脑通过神经元之间的协作完成各种功能。受人类大脑神经系统的启发，人工神经网络的基本模型为

$$\begin{pmatrix}w_{11}^{(l)} & \cdots & w_{1s_{l-1}}^{(l)}\\ & \vdots & \\ w_{s_l1}^{(l)} & \cdots & w_{s_ls_{l-1}}^{(l)}\end{pmatrix}\begin{pmatrix}x_1^{(l-1)}\\ \vdots\\ x_{s_{l-1}}^{(l-1)}\end{pmatrix}+\begin{pmatrix}b_1^{(l)}\\ \vdots\\ b_{s_l}^{(l)}\end{pmatrix}\to\begin{pmatrix}u_1^{(l)}\\ \vdots\\ u_{s_l}^{(l)}\end{pmatrix}\xrightarrow{f}\begin{pmatrix}x_1^{(l)}\\ \vdots\\ x_{s_l}^{(l)}\end{pmatrix}$$

用矩阵形式表示为

$$\boldsymbol{u}^{(l)}=\boldsymbol{w}^{(l)}\boldsymbol{x}^{(l-1)}+\boldsymbol{b}^{(l)}$$
$$\boldsymbol{x}^{(l)}=f(\boldsymbol{u}^{(l)})$$

4.2.2　矩阵的运算

1. 矩阵的和、差

设 $\boldsymbol{A}=(a_{ij})$，$\boldsymbol{B}=(b_{ij})$ 是两个 $m\times n$ 矩阵，规定：

$$\boldsymbol{A}+\boldsymbol{B}=(a_{ij}+b_{ij})_{m\times n}=\begin{pmatrix}a_{11}+b_{11} & a_{12}+b_{12} & \cdots & a_{1n}+b_{1n}\\ a_{21}+b_{21} & a_{22}+b_{22} & \cdots & a_{2n}+b_{2n}\\ \vdots & \vdots & & \vdots\\ a_{m1}+b_{m1} & a_{m2}+b_{m2} & \cdots & a_{mn}+b_{mn}\end{pmatrix}$$

称矩阵 $\boldsymbol{A}+\boldsymbol{B}$ 为 $\boldsymbol{A}$ 与 $\boldsymbol{B}$ 的和。

设 $\boldsymbol{A}=(a_{ij})$，$\boldsymbol{B}=(b_{ij})$ 是两个 $m\times n$ 矩阵，规定：

$$\boldsymbol{A}-\boldsymbol{B}=\boldsymbol{A}+(-\boldsymbol{B})=(a_{ij})+(-b_{ij})=(a_{ij}-b_{ij})$$

称 $\boldsymbol{A}-\boldsymbol{B}$ 为 $\boldsymbol{A}$ 与 $\boldsymbol{B}$ 的差。

2. 矩阵的数乘

设 λ 是任意一个实数，$\boldsymbol{A}=(a_{ij})$ 是一个 $m\times n$ 矩阵，规定：

$$\lambda\boldsymbol{A}=(\lambda a_{ij})_{m\times n}=\begin{pmatrix}\lambda a_{11} & \lambda a_{12} & \cdots & \lambda a_{1n}\\ \lambda a_{21} & \lambda a_{22} & \cdots & \lambda a_{2n}\\ \vdots & \vdots & & \vdots\\ \lambda a_{m1} & \lambda a_{m2} & \cdots & \lambda a_{mn}\end{pmatrix}$$

称矩阵 $\lambda\boldsymbol{A}$ 为数 λ 与矩阵 $\boldsymbol{A}$ 的数量乘积，或简称为矩阵的数乘。

3. 矩阵的乘积

设 $\boldsymbol{A}$ 是一个 $m\times s$ 矩阵，$\boldsymbol{B}$ 是一个 $s\times n$ 矩阵，$\boldsymbol{C}$ 是一个 $m\times n$ 矩阵，如下：

$$\boldsymbol{A}=\begin{pmatrix} a_{11} & a_{12} & \cdots & a_{1s} \\ a_{21} & a_{22} & \cdots & a_{2s} \\ \vdots & \vdots & & \vdots \\ a_{m1} & a_{m2} & \cdots & a_{ms} \end{pmatrix},\quad \boldsymbol{B}=\begin{pmatrix} b_{11} & b_{12} & \cdots & b_{1n} \\ b_{21} & b_{22} & \cdots & b_{2n} \\ \vdots & \vdots & & \vdots \\ b_{s1} & b_{s2} & \cdots & b_{sn} \end{pmatrix},\quad \boldsymbol{C}=\begin{pmatrix} c_{11} & c_{12} & \cdots & c_{1n} \\ c_{21} & c_{22} & \cdots & c_{2n} \\ \vdots & \vdots & & \vdots \\ c_{m1} & c_{m2} & \cdots & c_{mn} \end{pmatrix}$$

其中，$c_{ij}=a_{i1}b_{1j}+a_{i2}b_{2j}+\cdots+a_{is}b_{sj}=\sum\limits_{k=1}^{s}a_{ik}b_{kj}\ (i=1,2,\cdots,m;\ j=1,2,\cdots,n)$，则矩阵 $\boldsymbol{C}$ 称为矩阵 $\boldsymbol{A}$ 与 $\boldsymbol{B}$ 的乘积，记为 $\boldsymbol{C}=\boldsymbol{AB}$。

在矩阵乘法的定义中，要求左矩阵的列数与右矩阵的行数相等，否则不能做乘法运算。乘积矩阵 $\boldsymbol{C}=\boldsymbol{AB}$ 中的第 i 行第 j 列的元素等于 $\boldsymbol{A}$ 的第 i 行元素与 $\boldsymbol{B}$ 的第 j 列对应元素的乘积之和，简称行乘列法则。

例 4-7 已知 $\boldsymbol{A}=\begin{pmatrix} 1 & 0 & 3 & -1 \\ 2 & 1 & 0 & 2 \end{pmatrix}$，$\boldsymbol{B}=\begin{pmatrix} 4 & 1 & 0 \\ -1 & 1 & 3 \\ 2 & 0 & 1 \\ 1 & 3 & 4 \end{pmatrix}$，求 $\boldsymbol{AB}$。

解： $c_{11}=1\times4+0\times(-1)+3\times2+(-1)\times1=9$；

$c_{12}=1\times1+0\times1+3\times0+(-1)\times3=-2$；

$c_{13}=1\times0+0\times3+3\times1+(-1)\times4=-1$；

$c_{21}=2\times4+1\times(-1)+0\times2+2\times1=9$；

$c_{22}=2\times1+1\times1+0\times0+2\times3=9$；

$c_{23}=2\times0+1\times3+0\times1+2\times4=11$。

$$\boldsymbol{AB}=\boldsymbol{C}=\begin{pmatrix} 9 & -2 & -1 \\ 9 & 9 & 11 \end{pmatrix}$$

用 Python 实现的程序如下：

```
from numpy import *
    import numpy as np
    A=mat([[1,0,3,-1],[2,1,0,2]])
    B=mat([[4,1,0],[-1,1,3],[2,0,1],[1,3,4]])
    C=a1*a2
    print(C)
```

输出结果如下：

```
    [[9  -2  -1]
    [9   9  11]]
```

下面引入矩阵乘幂的概念。

若 $\boldsymbol{A}$ 是 n 阶方阵，则 $\boldsymbol{A}^m$ 是 $\boldsymbol{A}$ 的 m 次幂，即表示 m 个 $\boldsymbol{A}$ 相乘，其中 m 是正整数。当 $m=0$ 时，规定 $\boldsymbol{A}^0=\boldsymbol{E}$。对矩阵的乘幂，有

$$\boldsymbol{A}^p\boldsymbol{A}^q=\boldsymbol{A}^{p+q},\quad (\boldsymbol{A}^p)^q=\boldsymbol{A}^{pq}$$

其中，p,q 是任意自然数。由于矩阵乘法不满足交换律，因此，一般地有

$$(\boldsymbol{AB})^m \neq \boldsymbol{A}^m\boldsymbol{B}^m$$

4. 矩阵的转置

将矩阵 $\boldsymbol{A}$ 的行与列按顺序互换所得到的矩阵，称为矩阵 $\boldsymbol{A}$ 的转置矩阵，记为 $\boldsymbol{A}^{\mathrm{T}}$，即

$$\boldsymbol{A}=\begin{pmatrix} a_{11} & a_{12} & \cdots & a_{1n} \\ a_{21} & a_{22} & \cdots & a_{2n} \\ \vdots & \vdots & & \vdots \\ a_{m1} & a_{m2} & \cdots & a_{mn} \end{pmatrix},\quad \boldsymbol{A}^{\mathrm{T}}=\begin{pmatrix} a_{11} & a_{21} & \cdots & a_{m1} \\ a_{12} & a_{22} & \cdots & a_{m2} \\ \vdots & \vdots & & \vdots \\ a_{1n} & a_{2n} & \cdots & a_{mn} \end{pmatrix}$$

5. 矩阵的逆

对于矩阵 $\boldsymbol{A}$，若存在矩阵 $\boldsymbol{B}$，满足

$$\boldsymbol{AB}=\boldsymbol{BA}=\boldsymbol{E}$$

则称矩阵 $\boldsymbol{A}$ 为可逆矩阵，简称 $\boldsymbol{A}$ 可逆；称 $\boldsymbol{B}$ 为 $\boldsymbol{A}$ 的逆矩阵，记为 $\boldsymbol{A}^{-1}$，即 $\boldsymbol{A}^{-1}=\boldsymbol{B}$。

由定义可知，$\boldsymbol{A}$ 与 $\boldsymbol{B}$ 一定是同阶的方阵，而且若 $\boldsymbol{A}$ 可逆，则 $\boldsymbol{A}$ 的逆矩阵是唯一的。

4.2.3　矩阵的初等变换

对矩阵进行下列三种变换，这三种变换统称为矩阵的初等行变换。

（1）互换变换：将矩阵的两行互换位置（互换 i,j 两行，记为 $r_i \leftrightarrow r_j$）。

（2）倍乘变换：以非零常数 k 乘矩阵某一行的所有元素（第 i 行乘 k，记为 $r_i \times k$）。

（3）倍加变换：把矩阵某一行的所有元素乘同一非零常数 k 后加到另一行对应的元素上（把第 j 行的 k 倍加到 i 行上，记为 $r_i + kr_j$）。

若将定义中的“行”换成“列”，则称为初等列变换，所用的记号是把“r”换成“c”。

矩阵的初等行变换和初等列变换统称为矩阵的初等变换。

若矩阵 $\boldsymbol{A}$ 经过若干次初等变换变成矩阵 $\boldsymbol{B}$，则称矩阵 $\boldsymbol{A}$ 与 $\boldsymbol{B}$ 是等价矩阵，记为 $\boldsymbol{A} \sim \boldsymbol{B}$。

对单位矩阵 $\boldsymbol{E}$ 施行一次初等变换得到的矩阵称为初等矩阵。

对应于三种初等变换，有以下三种初等矩阵。

（1）初等互换矩阵：$\boldsymbol{E}(i,j)$ 是通过将单位矩阵的第 i 行（列）与第 j 行（列）对换位置得到的。

（2）初等倍乘矩阵：$\boldsymbol{E}(i(k))$ 是通过将单位矩阵的第 i 行（列）乘 k 得到的，其中 $k \neq 0$。

（3）初等倍加矩阵：$\boldsymbol{E}(i,j(k))$ 是通过将单位矩阵的第 j 行（列）乘 k 后加至第 i 行（列）上得到的。

初等矩阵都是可逆的，其逆矩阵仍为初等矩阵，且

$$E^{-1}(i,j)=E(i,j)\text{，}\quad E^{-1}(i(k))=E\left(i\left(\frac{1}{k}\right)\right)\text{，}\quad E^{-1}(i,j(k))=E(i,j(-k))$$

定理 4-1 对 $m\times n$ 矩阵 $\boldsymbol{A}$ 进行初等行变换，相当于将其左乘一个相应的 m 阶初等矩阵；对 $m\times n$ 矩阵 $\boldsymbol{A}$ 进行初等列变换，相当于将其右乘一个相应的 n 阶初等矩阵。

下面介绍求逆矩阵的一种方法——初等行变换法。

对于任意一个 n 阶可逆矩阵 $\boldsymbol{A}$，一定存在一组初等矩阵 $\boldsymbol{P}_1,\boldsymbol{P}_2,\cdots,\boldsymbol{P}_m$，使得

$$\boldsymbol{P}_m\cdots\boldsymbol{P}_2\boldsymbol{P}_1\boldsymbol{A}=\boldsymbol{E}$$

对上式两边右乘 $\boldsymbol{A}^{-1}$，得

$$\boldsymbol{P}_m\cdots\boldsymbol{P}_2\boldsymbol{P}_1\boldsymbol{A}\boldsymbol{A}^{-1}=\boldsymbol{E}\boldsymbol{A}^{-1}=\boldsymbol{A}^{-1}$$

即

$$\boldsymbol{A}^{-1}=\boldsymbol{P}_m\cdots\boldsymbol{P}_2\boldsymbol{P}_1\boldsymbol{E}$$

也就是说，若经过一系列的初等变换可以把可逆矩阵 $\boldsymbol{A}$ 化成单位矩阵 $\boldsymbol{E}$，则将一系列同样的初等变换作用到 $\boldsymbol{E}$ 上，就可以把 $\boldsymbol{E}$ 化成 $\boldsymbol{A}^{-1}$。因此，就得到了用初等行变换求逆矩阵的方法：在矩阵 $\boldsymbol{A}$ 的右边写一个同阶的单位矩阵 $\boldsymbol{E}$，构成一个 $n\times 2n$ 矩阵 $\left(\boldsymbol{A}|\boldsymbol{E}\right)$，用初等行变换将左半部分的 $\boldsymbol{A}$ 化成单位矩阵 $\boldsymbol{E}$，与此同时，右半部分的 $\boldsymbol{E}$ 就被化成了 $\boldsymbol{A}^{-1}$，即

$$\left(\boldsymbol{A}|\boldsymbol{E}\right)\xrightarrow{\text{初等行变换}}\left(\boldsymbol{E}|\boldsymbol{A}^{-1}\right)$$

例 4-8 设 $\boldsymbol{A}=\begin{pmatrix}1&2&-1\\3&4&-2\\5&-4&1\end{pmatrix}$，求 $\boldsymbol{A}^{-1}$。

解：

$$\left(\boldsymbol{A}|\boldsymbol{E}\right)=\left(\begin{array}{ccc:ccc}1&2&-1&1&0&0\\3&4&-2&0&1&0\\5&-4&1&0&0&1\end{array}\right)\xrightarrow[r_3-5r_1]{r_2-3r_1}\left(\begin{array}{ccc:ccc}1&2&-1&1&0&0\\0&-2&1&-3&1&0\\0&-14&6&-5&0&1\end{array}\right)$$

$$\xrightarrow[(-1)r_3]{r_3-7r_2}\left(\begin{array}{ccc:ccc}1&2&-1&1&0&0\\0&-2&1&-3&1&0\\0&0&1&-16&7&-1\end{array}\right)\xrightarrow[r_2-r_3]{r_1+r_3}\left(\begin{array}{ccc:ccc}1&2&0&-15&7&-1\\0&-2&0&13&-6&1\\0&0&1&-16&7&-1\end{array}\right)$$

$$\xrightarrow[-\frac{1}{2}r_2]{r_1+r_2}\left(\begin{array}{ccc:ccc}1&0&0&-2&1&0\\0&1&0&-\frac{13}{2}&3&-\frac{1}{2}\\0&0&1&-16&7&-1\end{array}\right)=\left(\boldsymbol{E}|\boldsymbol{A}^{-1}\right)$$

$$\boldsymbol{A}^{-1}=\begin{pmatrix}-2&1&0\\-\frac{13}{2}&3&-\frac{1}{2}\\-16&7&-1\end{pmatrix}$$

用 Python 实现的程序如下：

```
from numpy import *
import numpy as np
A=mat([[1,2,-1],[3,4,-2],[5,-4,1]])
AI=A.I
print(AI)
```

输出结果如下：

```
[[-2.0000000e+00   1.0000000e+00   -8.8817842e-17]
 [-6.5000000e+00   3.0000000e+00   -5.0000000e-01]
 [-1.6000000e+01   7.0000000e+00   -1.0000000e+00]]
```

4.2.4 矩阵的秩

在 $m \times n$ 矩阵 $\boldsymbol{A}$ 中，任取 k 行与 k 列($k \leqslant m$，$k \leqslant n$)，对于位于这些行列交叉处的 k^2 个元素，不改变它们在矩阵中所处的位置次序，所得的 k 阶行列式称为矩阵 $\boldsymbol{A}$ 的 k 阶子式。

设在矩阵 $\boldsymbol{A}$ 中有一个不等于 0 的 r 阶子式 D，且所有 $r+1$ 阶子式（如果存在的话）全等于 0，那么，D 称为矩阵 $\boldsymbol{A}$ 的最高阶非零子式，数 r 称为矩阵 $\boldsymbol{A}$ 的秩，记作 $R(\boldsymbol{A})$。

4.3 向量

人工智能领域涉及大量的数据，批量数据可以用列表、元组、字典等数据结构来统一存储及访问，这些数据结构的本质是向量。向量可分为行向量和列向量两种。

4.3.1 *n* 维向量的定义

向量在人工智能各领域有着广泛的应用，许多有联系的量都可以用向量来描述。理解 n 维向量及与之相关的一些概念，是深入学习人工智能的重要基础。

定义 4-2 由 n 个数 $a_1, a_2, \cdots, a_n$ 组成的 n 元有序数组称为一个 n 维向量，这 n 个数称为该向量的 n 个分量，第 i 个数 a_i 称为 n 维向量的第 i 个分量。

n 维向量写成一行则称为行向量，即行矩阵；n 维向量写成一列则称为列向量，即列矩阵。通常，将列向量记为

$$\boldsymbol{\alpha} = \begin{pmatrix} a_1 \\ a_2 \\ \vdots \\ a_n \end{pmatrix}$$

而将行向量记为列向量的转置，即

$$\boldsymbol{\alpha}^{\mathrm{T}} = \begin{pmatrix} a_1 & a_2 & \cdots & a_n \end{pmatrix}$$

联想三维空间中的向量或点的坐标，能帮助我们直观理解向量的概念。当 $n > 3$ 时，n 维向量没有直观的几何形象，但仍将 n 维实向量的全体 $\boldsymbol{R}^n$ 称为 n 维向量空间。

例如，矩阵

$$A=\begin{pmatrix} a_{11} & a_{12} & \cdots & a_{1n} \\ a_{21} & a_{22} & \cdots & a_{2n} \\ \vdots & \vdots & & \vdots \\ a_{m1} & a_{m2} & \cdots & a_{mn} \end{pmatrix}$$

有 n 个 m 维列向量：

$$\boldsymbol{\alpha}_1=\begin{pmatrix} a_{11} \\ a_{21} \\ \vdots \\ a_{m1} \end{pmatrix},\quad \boldsymbol{\alpha}_2=\begin{pmatrix} a_{12} \\ a_{22} \\ \vdots \\ a_{m2} \end{pmatrix},\quad \cdots,\quad \boldsymbol{\alpha}_n=\begin{pmatrix} a_{1n} \\ a_{2n} \\ \vdots \\ a_{mn} \end{pmatrix}$$

向量组 $\boldsymbol{\alpha}_1,\boldsymbol{\alpha}_2,\cdots,\boldsymbol{\alpha}_n$ 称为矩阵 A 的列向量组。同样，矩阵 A 又有 m 个 n 维行向量：

$$\boldsymbol{\beta}_1=\begin{pmatrix} a_{11} & a_{12} & \cdots & a_{1n} \end{pmatrix}$$
$$\boldsymbol{\beta}_2=\begin{pmatrix} a_{21} & a_{22} & \cdots & a_{2n} \end{pmatrix}$$
$$\vdots$$
$$\boldsymbol{\beta}_m=\begin{pmatrix} a_{m1} & a_{m2} & \cdots & a_{mn} \end{pmatrix}$$

向量组 $\boldsymbol{\beta}_1,\boldsymbol{\beta}_2,\cdots,\boldsymbol{\beta}_m$ 称为矩阵 A 的行向量组。

反之，有限个向量所组成的向量组可以构成一个矩阵。m 个 n 维列向量组成的向量组 $\boldsymbol{\alpha}_1,\boldsymbol{\alpha}_2,\cdots,\boldsymbol{\alpha}_m$ 构成一个 $m\times n$ 矩阵：

$$A=\begin{pmatrix} \boldsymbol{\alpha}_1 & \boldsymbol{\alpha}_2 & \cdots & \boldsymbol{\alpha}_m \end{pmatrix}$$

m 个 n 维行向量组成的向量组 $\boldsymbol{\beta}_1,\boldsymbol{\beta}_2,\cdots,\boldsymbol{\beta}_m$ 构成一个 $m\times n$ 矩阵：

$$A=\begin{pmatrix} \boldsymbol{\beta}_1 \\ \boldsymbol{\beta}_2 \\ \vdots \\ \boldsymbol{\beta}_m \end{pmatrix}$$

对于 $m\times n$ 的线性方程组

$$\begin{cases} a_{11}x_1+a_{12}x_2+\cdots+a_{1n}x_n=b_1 \\ a_{21}x_1+a_{22}x_2+\cdots+a_{2n}x_n=b_2 \\ \qquad\vdots \\ a_{m1}x_1+a_{m2}x_2+\cdots+a_{mn}x_n=b_m \end{cases}$$

若令

$$\boldsymbol{a}_1=\begin{pmatrix} a_{11} \\ a_{21} \\ \vdots \\ a_{m1} \end{pmatrix},\quad \boldsymbol{a}_2=\begin{pmatrix} a_{12} \\ a_{22} \\ \vdots \\ a_{m2} \end{pmatrix},\quad \cdots,\quad \boldsymbol{a}_n=\begin{pmatrix} a_{1n} \\ a_{2n} \\ \vdots \\ a_{mn} \end{pmatrix},\quad \boldsymbol{b}=\begin{pmatrix} b_1 \\ b_2 \\ \vdots \\ b_m \end{pmatrix}$$

则方程组可表示为向量形式：

$$\boldsymbol{a}_1x_1+\boldsymbol{a}_2x_2+\cdots+\boldsymbol{a}_nx_n=\boldsymbol{b}$$

从上面讨论可知，n 维行向量与 $1\times n$ 行矩阵、n 维列向量与 $n\times 1$ 列矩阵是本质相同的两个概念，向量是矩阵的特殊形式。因此，在 n 维向量之间，同样可以规定 n 维向量的相等、相加和数乘运算，并有与矩阵的运算相对应的运算性质。

例 4-9　设 $\boldsymbol{\alpha}_1=\begin{pmatrix}1 & 2 & -1\end{pmatrix}^{\mathrm{T}}$，$\boldsymbol{\alpha}_2=\begin{pmatrix}2 & -3 & 1\end{pmatrix}^{\mathrm{T}}$，$\boldsymbol{\alpha}_3=\begin{pmatrix}4 & 1 & -1\end{pmatrix}^{\mathrm{T}}$，计算 $2\boldsymbol{\alpha}_1+\boldsymbol{\alpha}_2$，并判别 $\boldsymbol{\alpha}_3$ 与 $\boldsymbol{\alpha}_1,\boldsymbol{\alpha}_2$ 的关系。

解： $2\boldsymbol{\alpha}_1+\boldsymbol{\alpha}_2=\begin{pmatrix}4 & 1 & -1\end{pmatrix}^{\mathrm{T}}$；$\boldsymbol{\alpha}_3=2\boldsymbol{\alpha}_1+\boldsymbol{\alpha}_2$。

对应的 Python 程序如下：

```
from numpy import *
import numpy as np
a1=np.array([1,2,-1])
a2=np.array([2,-3,1])
print(2*a1+a2)
```

输出结果如下：

```
[4  1 -1]
```

4.3.2　n 维向量间的线性关系

定义 4-3　设向量组 $\boldsymbol{A}$：$\alpha_1,\alpha_2,\cdots,\alpha_m$ 为 m 个 n 维向量，若有 m 个数 $k_1,k_2,\cdots,k_m$，使得

$$\boldsymbol{\alpha}=k_1\boldsymbol{\alpha}_1+k_2\boldsymbol{\alpha}_2+\cdots+k_m\boldsymbol{\alpha}_m$$

则称 $\boldsymbol{\alpha}$ 为 $\boldsymbol{\alpha}_1,\boldsymbol{\alpha}_2,\cdots,\boldsymbol{\alpha}_m$ 的线性组合，或称 $\boldsymbol{\alpha}$ 由 $\boldsymbol{\alpha}_1,\boldsymbol{\alpha}_2,\cdots,\boldsymbol{\alpha}_m$ 线性表示。

例 4-10　n 维向量组

$$\boldsymbol{\varepsilon}_1=\begin{pmatrix}1\\0\\\vdots\\0\end{pmatrix},\quad \boldsymbol{\varepsilon}_2=\begin{pmatrix}0\\1\\\vdots\\0\end{pmatrix},\quad \cdots,\quad \boldsymbol{\varepsilon}_n=\begin{pmatrix}0\\0\\\vdots\\1\end{pmatrix}$$

称为 n 维（基本）单位向量组。任意一个 n 维向量 $\boldsymbol{\alpha}=(\alpha_1\ \ \alpha_2\ \ \cdots\ \ \alpha_n)^{\mathrm{T}}$ 都可由 n 维单位向量组 $\boldsymbol{E}$：$\boldsymbol{\varepsilon}_1,\boldsymbol{\varepsilon}_2,\cdots,\boldsymbol{\varepsilon}_n$ 线性表示，即

$$\boldsymbol{\alpha}=\alpha_1\boldsymbol{\varepsilon}_1+\alpha_2\boldsymbol{\varepsilon}_2+\cdots+\alpha_n\boldsymbol{\varepsilon}_n$$

定义 4-4　若向量组 $\boldsymbol{A}$：$\boldsymbol{\alpha}_1,\boldsymbol{\alpha}_2,\cdots,\boldsymbol{\alpha}_s$ 中的每个向量 $\boldsymbol{\alpha}_i\ (i=1,2,\cdots,s)$ 均可由向量组 $\boldsymbol{B}$：$\boldsymbol{\beta}_1,\boldsymbol{\beta}_2,\cdots,\boldsymbol{\beta}_t$ 线性表示，则称向量组 $\boldsymbol{A}$ 可由向量组 $\boldsymbol{B}$ 线性表示。若向量组 $\boldsymbol{A}$ 与向量组 $\boldsymbol{B}$ 可相互线性表示，则称这两个向量组等价，记为 $\boldsymbol{A}\sim\boldsymbol{B}$。

向量组等价具有以下性质：

（1）自身性：向量组与其本身等价，即 $\boldsymbol{A}\sim\boldsymbol{A}$；

（2）对称性：若向量组 $\boldsymbol{A}$ 与 $\boldsymbol{B}$ 等价，则向量组 $\boldsymbol{B}$ 与 $\boldsymbol{A}$ 也等价，即若 $\boldsymbol{A}\sim\boldsymbol{B}$，则 $\boldsymbol{B}\sim\boldsymbol{A}$；

（3）传递性：若向量组 $\boldsymbol{A}$ 与 $\boldsymbol{B}$ 等价，$\boldsymbol{B}$ 与 $\boldsymbol{C}$ 等价，则 $\boldsymbol{A}$ 与 $\boldsymbol{C}$ 等价，即若 $\boldsymbol{A}\sim\boldsymbol{B}$ 且 $\boldsymbol{B}\sim\boldsymbol{C}$，则 $\boldsymbol{A}\sim\boldsymbol{C}$。

定理 4-2　向量 $\boldsymbol{\beta}$ 可以由向量组 $\boldsymbol{\alpha}_1,\boldsymbol{\alpha}_2,\cdots,\boldsymbol{\alpha}_m$ 线性表示的充要条件是以 $\boldsymbol{\alpha}_1,\boldsymbol{\alpha}_2,\cdots,\boldsymbol{\alpha}_m$

为系数列向量、以$\boldsymbol{\beta}$为常数列向量的线性方程组有解。

定义 4-5 设$\boldsymbol{\alpha}_1,\boldsymbol{\alpha}_2,\cdots,\boldsymbol{\alpha}_m$为$m$个$n$维向量，若有不全为零的$m$个数$k_1,k_2,\cdots,k_m$，使得关系式

$$k_1\boldsymbol{\alpha}_1+k_2\boldsymbol{\alpha}_2+\cdots+k_m\boldsymbol{\alpha}_m=\mathbf{0}$$

恒成立，则称向量组$\boldsymbol{\alpha}_1,\boldsymbol{\alpha}_2,\cdots,\boldsymbol{\alpha}_m$线性相关；否则，称向量组$\boldsymbol{\alpha}_1,\boldsymbol{\alpha}_2,\cdots,\boldsymbol{\alpha}_m$线性无关。

定理 4-3 若关于向量组$\boldsymbol{\alpha}_1,\boldsymbol{\alpha}_2,\cdots,\boldsymbol{\alpha}_m$的齐次线性方程组

$$x_1\boldsymbol{\alpha}_1+x_2\boldsymbol{\alpha}_2+\cdots+x_m\boldsymbol{\alpha}_m=\mathbf{0}$$

有非零解，则向量组$\boldsymbol{\alpha}_1,\boldsymbol{\alpha}_2,\cdots,\boldsymbol{\alpha}_m$线性相关；若该齐次线性方程组有唯一的零解，则向量组$\boldsymbol{\alpha}_1,\boldsymbol{\alpha}_2,\cdots,\boldsymbol{\alpha}_m$线性无关。

定理 4-4 设列（行）向量组$\boldsymbol{\alpha}_1,\boldsymbol{\alpha}_2,\cdots,\boldsymbol{\alpha}_m$构成矩阵

$$\boldsymbol{A}=\begin{pmatrix}\boldsymbol{\alpha}_1 & \boldsymbol{\alpha}_2 & \cdots & \boldsymbol{\alpha}_m\end{pmatrix} \text{ 或 } \boldsymbol{A}=\begin{pmatrix}\boldsymbol{\alpha}_1 & \boldsymbol{\alpha}_2 & \cdots & \boldsymbol{\alpha}_m\end{pmatrix}^{\mathrm{T}}$$

若$R(\boldsymbol{A})<m$，则向量组$\boldsymbol{\alpha}_1,\boldsymbol{\alpha}_2,\cdots,\boldsymbol{\alpha}_m$线性相关；若$R(\boldsymbol{A})=m$，则向量组$\boldsymbol{\alpha}_1,\boldsymbol{\alpha}_2,\cdots,\boldsymbol{\alpha}_m$线性无关。

定理 4-5 向量组$\boldsymbol{\alpha}_1,\boldsymbol{\alpha}_2,\cdots,\boldsymbol{\alpha}_m$ $(m\geqslant 2)$线性相关的充要条件：其中至少有一个向量可以由其余向量线性表示。

推论 向量组$\boldsymbol{\alpha}_1,\boldsymbol{\alpha}_2,\cdots,\boldsymbol{\alpha}_m$ $(m\geqslant 2)$线性无关的充要条件：其中每个向量都不能由其余向量线性表示。

定理 4-6 若$\boldsymbol{R}^n$中的向量组$\boldsymbol{\alpha}_1,\boldsymbol{\alpha}_2,\cdots,\boldsymbol{\alpha}_m$线性无关，而向量组$\boldsymbol{\alpha}_1,\boldsymbol{\alpha}_2,\cdots,\boldsymbol{\alpha}_m,\boldsymbol{\beta}$线性相关，则$\boldsymbol{\beta}$一定可由向量组$\boldsymbol{\alpha}_1,\boldsymbol{\alpha}_2,\cdots,\boldsymbol{\alpha}_m$线性表示。

4.3.3 向量组的秩

定义 4-6 若向量组$\boldsymbol{A}$：$\boldsymbol{\alpha}_1,\boldsymbol{\alpha}_2,\cdots,\boldsymbol{\alpha}_m$中的部分向量组$\boldsymbol{A}_0$：$\boldsymbol{\alpha}_1,\boldsymbol{\alpha}_2,\cdots,\boldsymbol{\alpha}_r$ $(r\leqslant m)$满足：

（1）向量组$\boldsymbol{A}_0$：$\boldsymbol{\alpha}_1,\boldsymbol{\alpha}_2,\cdots,\boldsymbol{\alpha}_r$线性无关；

（2）向量组$\boldsymbol{A}$：$\boldsymbol{\alpha}_1,\boldsymbol{\alpha}_2,\cdots,\boldsymbol{\alpha}_m$中的任意一个向量均可由向量组$\boldsymbol{A}_0$：$\boldsymbol{\alpha}_1,\boldsymbol{\alpha}_2,\cdots,\boldsymbol{\alpha}_r$线性表示。

或者说

（1）向量组$\boldsymbol{A}_0$：$\boldsymbol{\alpha}_1,\boldsymbol{\alpha}_2,\cdots,\boldsymbol{\alpha}_r$线性无关；

（2）向量组$\boldsymbol{A}$：$\boldsymbol{\alpha}_1,\boldsymbol{\alpha}_2,\cdots,\boldsymbol{\alpha}_m$中的任意$r+1$个向量都线性相关。

则称向量组$\boldsymbol{A}_0$：$\boldsymbol{\alpha}_1,\boldsymbol{\alpha}_2,\cdots,\boldsymbol{\alpha}_r$是向量组$\boldsymbol{A}$：$\boldsymbol{\alpha}_1,\boldsymbol{\alpha}_2,\cdots,\boldsymbol{\alpha}_m$的一个极大线性无关向量组，简称极大无关组。

特别地，若向量组本身线性无关，则该向量组就是极大无关组。只含零向量的向量组没有极大无关组。

一般而言，一个向量组的极大无关组可能不是唯一的。那么，一个向量组的所有极大无关组有什么共同特征呢？

定理 4-7 若向量组中有多个极大无关组，则所有极大无关组含有向量的个数相同。

极大无关组所含的向量个数是一个确定的数，与极大无关组的选择无关。

定理 4-8　向量组与其任何一个极大无关组等价，因此，一个向量组的任意两个极大无关组等价。

定义 4-7　向量组 $\boldsymbol{A}$： $\boldsymbol{\alpha}_1, \boldsymbol{\alpha}_2, \cdots, \boldsymbol{\alpha}_m$ 的极大无关组所含向量的个数 r 称为向量组的秩。记为 $R_A = r$ 或 $R(\boldsymbol{\alpha}_1, \boldsymbol{\alpha}_2, \cdots, \boldsymbol{\alpha}_m) = r$ 。

若一个向量组中只含有零向量，则规定它的秩为零。

若一个向量组 $\boldsymbol{A}$： $\boldsymbol{\alpha}_1, \boldsymbol{\alpha}_2, \cdots, \boldsymbol{\alpha}_m$ 线性无关，则 $R_A = m$ ；反之，若向量组的 $R_A = m$ ，则向量组 $\boldsymbol{A}$ 一定线性无关。

因为 n 维行（列）向量组 $\boldsymbol{\alpha}_1, \boldsymbol{\alpha}_2, \cdots, \boldsymbol{\alpha}_m$ 与 $m \times n$ $(n \times m)$ 矩阵 $\boldsymbol{A}$ 之间是一一对应的，而初等变换不改变矩阵的秩，所以有下列定理。

定理 4-9　矩阵 $\boldsymbol{A}$ 的秩＝矩阵 $\boldsymbol{A}$ 行向量组的秩＝矩阵 $\boldsymbol{A}$ 列向量组的秩。

推论 4-3　等价向量组的秩相等。

定理 4-10　列（行）向量组进行行（列）初等变换不改变线性相关性。

具体而言，求一向量组的秩和极大无关组，可以把这些向量作为矩阵的列构成矩阵，用初等行变换将其化为阶梯形矩阵，则非零行的个数就是向量组的秩，非零行第一个元素所在列对应的原来向量组中的向量就构成了极大无关组。

4.3.4　梯度、海森矩阵与雅可比矩阵

定义 4-8　对于 n 元实函数 $f(\boldsymbol{x})$， $\boldsymbol{x} = (x_1, x_2, \cdots, x_n)$， $f(\boldsymbol{x})$ 对每个分量 $x_i (i = 1, 2, \cdots, n)$ 均可导，则称向量 $(\frac{\partial f}{\partial x_1}, \frac{\partial f}{\partial x_2}, \cdots, \frac{\partial f}{\partial x_n})$ 为函数 $f(\boldsymbol{x})$ 的梯度，记为 $\nabla f(\boldsymbol{x})$ ，即 $\nabla f(\boldsymbol{x}) = (\frac{\partial f}{\partial x_1}, \frac{\partial f}{\partial x_2}, \cdots, \frac{\partial f}{\partial x_n})$ 。

函数 $f(\boldsymbol{x})$ 的梯度方向是函数 $f(\boldsymbol{x})$ 变化最快的方向，且沿这一方向的变化率就是梯度的模。

在前馈神经网络中，为了寻求参数更优解，通常采用迭代方式进行求解，其迭代方向为梯度方向： $\boldsymbol{w}^{i+1} = \boldsymbol{w}^i - \eta \cdot \nabla$ 。

定义 4-9　对于 n 元实函数 $f(\boldsymbol{x})$， $\boldsymbol{x} = (x_1, x_2, \cdots, x_n)$， $f(\boldsymbol{x})$ 对每个分量 $x_i (i = 1, 2, \cdots, n)$ 均二阶可导，则称

$$\nabla^2 f(\boldsymbol{x}) = \begin{pmatrix} \frac{\partial^2 f}{\partial x_1^2} & \frac{\partial^2 f}{\partial x_1 \partial x_2} & \cdots & \frac{\partial^2 f}{\partial x_1 \partial x_n} \\ \frac{\partial^2 f}{\partial x_2 \partial x_1} & \frac{\partial^2 f}{\partial {x_2}^2} & \cdots & \frac{\partial^2 f}{\partial x_2 \partial x_n} \\ \vdots & \vdots & & \vdots \\ \frac{\partial^2 f}{\partial x_n \partial x_1} & \frac{\partial^2 f}{\partial x_n \partial x_2} & \cdots & \frac{\partial^2 f}{\partial {x_n}^2} \end{pmatrix}$$

为海森矩阵。

借助于海森矩阵的正定性，可判定 n 元实函数 $f(\boldsymbol{x})$ 在某点 $\boldsymbol{x} = (x_1, x_2, \cdots, x_n)$ 的值是否为极大值或极小值。

定义 4-10 若在 n 维空间存在一变换 $\begin{cases} y_1 = f_1(x_1, x_2, \cdots, x_n) \\ y_2 = f_2(x_1, x_2, \cdots, x_n) \\ \vdots \\ y_m = f_m(x_1, x_2, \cdots, x_n) \end{cases}$，则称 $\nabla f(\boldsymbol{x}) = \begin{pmatrix} \frac{\partial f_1}{\partial x_1} & \frac{\partial f_1}{\partial x_2} & \cdots & \frac{\partial f_1}{\partial x_n} \\ \frac{\partial f_2}{\partial x_1} & \frac{\partial f_2}{\partial x_2} & \cdots & \frac{\partial f_2}{\partial x_n} \\ \vdots & \vdots & & \vdots \\ \frac{\partial f_m}{\partial x_1} & \frac{\partial f_m}{\partial x_2} & \cdots & \frac{\partial f_m}{\partial x_n} \end{pmatrix}$ 为 $m \times n$ 的雅可比矩阵。雅可比矩阵的每行为一个多元函数的梯度。

4.4 线性方程组

前馈神经网络与反馈神经网络的数学模型涉及线性变换及线性方程组，了解线性方程组的解结构、学会求解线性方程组的通解，对掌握神经网络的变换关系帮助很大。

4.4.1 齐次线性方程组解的结构

齐次线性方程组

$$\begin{cases} a_{11}x_1 + a_{12}x_2 + \cdots + a_{1n}x_n = 0 \\ a_{21}x_1 + a_{22}x_2 + \cdots + a_{2n}x_n = 0 \\ \vdots \\ a_{m1}x_1 + a_{m2}x_2 + \cdots + a_{mn}x_n = 0 \end{cases}$$

的矩阵形式为

$$\boldsymbol{AX} = \boldsymbol{0}$$

齐次线性方程组的解有如下性质。

性质 4-8 齐次线性方程组任意两个解的和也是该方程组的解，即若 $\boldsymbol{X}_1, \boldsymbol{X}_2$ 是方程组 $\boldsymbol{AX} = \boldsymbol{0}$ 的任意两个解，则 $\boldsymbol{X}_1 + \boldsymbol{X}_2$ 也是 $\boldsymbol{AX} = \boldsymbol{0}$ 的解。

性质 4-9 齐次线性方程组一个解的倍数也是该方程组的解，即若 $\boldsymbol{X}_1$ 是方程组 $\boldsymbol{AX} = \boldsymbol{0}$ 的一个解，则 $k\boldsymbol{X}_1$ 也是 $\boldsymbol{AX} = \boldsymbol{0}$ 的解，其中，k 为任意实数。

一般地，齐次线性方程组解的线性组合也是该方程组的解，即若 $\boldsymbol{X}_1, \boldsymbol{X}_2, \cdots, \boldsymbol{X}_s$ 是方程组 $\boldsymbol{AX} = \boldsymbol{0}$ 的 s 个解，则 $k_1\boldsymbol{X}_1 + k_2\boldsymbol{X}_2 + \cdots + k_s\boldsymbol{X}_s$ 也是 $\boldsymbol{AX} = \boldsymbol{0}$ 的解，其中，$k_1, k_2, \cdots, k_s$ 是任意实数。

若用 S 表示齐次线性方程组全体解向量组成的集合，则 S 对于解向量的线性运算是封闭的，即解集合 S 是一个向量空间，称为齐次线性方程组的解空间。

定义 4-11 若齐次线性方程组 $\boldsymbol{AX} = \boldsymbol{0}$ 的解向量 $\boldsymbol{X}_1, \boldsymbol{X}_2, \cdots, \boldsymbol{X}_s$ 满足：

（1）$\boldsymbol{X}_1, \boldsymbol{X}_2, \cdots, \boldsymbol{X}_s$ 线性无关；

（2）$\boldsymbol{AX}=\boldsymbol{0}$ 的每个解都能由 $\boldsymbol{X}_1,\boldsymbol{X}_2,\cdots,\boldsymbol{X}_s$ 线性表示。
则称解向量 $\boldsymbol{X}_1,\boldsymbol{X}_2,\cdots,\boldsymbol{X}_s$ 为齐次线性方程组 $\boldsymbol{AX}=\boldsymbol{0}$ 的一个基础解系。

显然，方程组 $\boldsymbol{AX}=\boldsymbol{0}$ 的基础解系是其全部解向量的一个极大无关组。

齐次线性方程组的基础解系也称为解空间 S 的一组基。任意一个与方程组的某一基础解系等价的线性无关向量组都是该方程组的基础解系。

如何求齐次线性方程组 $\boldsymbol{AX}=\boldsymbol{0}$ 的基础解系呢？一般步骤如下：

（1）将齐次线性方程组的系数写成矩阵 $\boldsymbol{A}$，通过初等行变换将其化为行简化的阶梯形矩阵；

（2）把阶梯形矩阵中非主元列所对应的变量作为自由未知量，写出方程组的一般解；

（3）令自由未知量中的一个量为 1，其余全部为 0，求出 $n-r$ 个解向量，这 $n-r$ 个解向量就构成了方程组 $\boldsymbol{AX}=\boldsymbol{0}$ 的一个基础解系。

例 4-11　求解下列齐次线性方程组：

$$\begin{cases}x_1+x_2+2x_3-x_4=0\\2x_1+x_2+x_3-x_4=0\\2x_1+2x_2+x_3+2x_4=0\end{cases}$$

解：对系数矩阵做如下行变换。

$$\begin{pmatrix}1&1&2&-1\\2&1&1&-1\\2&2&1&2\end{pmatrix}\to\begin{pmatrix}1&0&0&-\dfrac{4}{3}\\0&1&0&3\\0&0&1&-\dfrac{4}{3}\end{pmatrix}$$

得到与原方程组同解的方程组：

$$\begin{cases}x_1-\dfrac{4}{3}x_4=0\\x_2+3x_4=0\\x_3-\dfrac{4}{3}x_4=0\end{cases}$$

取 x_4 为自由未知数，令 $x_4=k$，得方程组的解为 $\begin{pmatrix}x_1\\x_2\\x_3\\x_4\end{pmatrix}=k\begin{pmatrix}\dfrac{4}{3}\\-3\\\dfrac{4}{3}\\1\end{pmatrix}$，其中，$k$ 为任意常数。

4.4.2　非齐次线性方程组解的结构

非齐次线性方程组

$$\begin{cases} a_{11}x_1 + a_{12}x_2 + \cdots + a_{1n}x_n = b_1 \\ a_{21}x_1 + a_{22}x_2 + \cdots + a_{2n}x_n = b_2 \\ \qquad\qquad \vdots \\ a_{m1}x_1 + a_{m2}x_2 + \cdots + a_{mn}x_n = b_m \end{cases}$$

的矩阵形式为

$$\boldsymbol{AX} = \boldsymbol{B}$$

令 $\boldsymbol{B} = \boldsymbol{0}$，得到的齐次线性方程组 $\boldsymbol{AX} = \boldsymbol{0}$ 称为非齐次线性方程组 $\boldsymbol{AX} = \boldsymbol{B}$ 的导出组。方程组 $\boldsymbol{AX} = \boldsymbol{B}$ 的解与它的导出组 $\boldsymbol{AX} = \boldsymbol{0}$ 的解之间有密切的联系。

性质 4-10 非齐次线性方程组的两个解的差是其导出组的解，即若 $\boldsymbol{X}_1, \boldsymbol{X}_2$ 是非齐次方程组 $\boldsymbol{AX} = \boldsymbol{B}$ 的任意两个解，则 $\boldsymbol{X}_1 - \boldsymbol{X}_2$ 是其导出组 $\boldsymbol{AX} = \boldsymbol{0}$ 的一个解。

性质 4-11 非齐次线性方程组的一个解与其导出组的一个解之和是该非齐次线性方程组的解，即若 $\boldsymbol{X}_0$ 是非齐次线性方程组 $\boldsymbol{AX} = \boldsymbol{B}$ 的一个解，$\tilde{\boldsymbol{X}}$ 是其导出组 $\boldsymbol{AX} = \boldsymbol{0}$ 的一个解，则 $\boldsymbol{X}_0 + \tilde{\boldsymbol{X}}$ 是方程组 $\boldsymbol{AX} = \boldsymbol{B}$ 的一个解。

定理 4-11 若非齐次线性方程组 $\boldsymbol{AX} = \boldsymbol{B}$ 的一个特解为 $\boldsymbol{X}_{\mathrm{P}}$，其导出组 $\boldsymbol{AX} = \boldsymbol{0}$ 的一个通解为 $\boldsymbol{X}_{\mathrm{H}}$，则方程组 $\boldsymbol{AX} = \boldsymbol{B}$ 的全部解 $\boldsymbol{X}_{\mathrm{G}}$ 可表示为

$$\boldsymbol{X}_{\mathrm{G}} = \boldsymbol{X}_{\mathrm{P}} + \boldsymbol{X}_{\mathrm{H}} = \boldsymbol{X}_{\mathrm{P}} + k_1\boldsymbol{X}_1 + k_2\boldsymbol{X}_2 + \cdots + k_{n-r}\boldsymbol{X}_{n-r}$$

其中，$k_1, k_2, \cdots, k_{n-r}$ 为任意实数，r 是系数矩阵 $\boldsymbol{A}$ 的秩。

证明：因为 $\boldsymbol{X}_{\mathrm{P}}$ 为方程组 $\boldsymbol{AX} = \boldsymbol{B}$ 的解，$\boldsymbol{X}_{\mathrm{H}}$ 为方程组 $\boldsymbol{AX} = \boldsymbol{0}$ 的解，故有

$$\boldsymbol{AX}_{\mathrm{P}} = \boldsymbol{B}，\quad \boldsymbol{AX}_{\mathrm{H}} = \boldsymbol{0}$$

$$\boldsymbol{A}(\boldsymbol{X}_{\mathrm{P}} + \boldsymbol{X}_{\mathrm{H}}) = \boldsymbol{AX}_{\mathrm{P}} + \boldsymbol{AX}_{\mathrm{H}} = \boldsymbol{B} + \boldsymbol{0} = \boldsymbol{B}$$

所以，$\boldsymbol{X}_{\mathrm{P}} + \boldsymbol{X}_{\mathrm{H}}$ 为 $\boldsymbol{AX} = \boldsymbol{B}$ 的解。

推论 4-4 若非齐次线性方程组 $\boldsymbol{AX} = \boldsymbol{B}$ 有解，且其导出组 $\boldsymbol{AX} = \boldsymbol{0}$ 只有零解，则方程组 $\boldsymbol{AX} = \boldsymbol{B}$ 有唯一解；若其导出组 $\boldsymbol{AX} = \boldsymbol{0}$ 有无穷多解，则方程组 $\boldsymbol{AX} = \boldsymbol{B}$ 也有无穷多解。

由此，可以归纳出求解非齐次线性方程组 $\boldsymbol{AX} = \boldsymbol{B}$ 的一般步骤：

（1）求出方程组 $\boldsymbol{AX} = \boldsymbol{B}$ 的一般解，得 $\boldsymbol{AX} = \boldsymbol{B}$ 的一个特解 $\boldsymbol{X}_{\mathrm{P}}$；

（2）求出其导出组 $\boldsymbol{AX} = \boldsymbol{0}$ 的一般解，得 $\boldsymbol{AX} = \boldsymbol{0}$ 的一个通解 $\boldsymbol{X}_{\mathrm{H}}$；

（3）得到 $\boldsymbol{AX} = \boldsymbol{B}$ 的全部解 $\boldsymbol{X}_{\mathrm{G}} = \boldsymbol{X}_{\mathrm{P}} + \boldsymbol{X}_{\mathrm{H}}$。

4.5 二次型

常见的矩阵的变形与分解有矩阵的对角分解、三角分解、三角对角分解、特征提取、矩阵的对角化等，它们在人工智能中有着广泛的应用，这些运算是以矩阵的等价、矩阵的合同、矩阵的相似为基础的。

4.5.1 特征值与特征向量

人工智能中的很多问题，如振动问题和稳定性等问题，常可归结为求一个方程的特

征值和特征向量的问题，在诸如方阵的对角化及解微分方程组等问题中，也要用到特征值的理论。

定义 4-12　设 $\boldsymbol{A}$ 为 n 阶方阵，若数 λ 和 n 维非零向量 $\boldsymbol{x}$ 使 $\boldsymbol{Ax}=\lambda\boldsymbol{x}$ 成立，则称数 λ 为方阵 $\boldsymbol{A}$ 的特征值，非零向量 $\boldsymbol{x}$ 为方阵 $\boldsymbol{A}$ 对应于特征值 λ 的特征向量。

定义中的 $\boldsymbol{Ax}=\lambda\boldsymbol{x}$ 又可以写成 $(\lambda\boldsymbol{E}-\boldsymbol{A})\boldsymbol{x}=\boldsymbol{0}$，这个齐次线性方程组有非零解的充要条件：

$$|\lambda\boldsymbol{E}-\boldsymbol{A}|=\begin{vmatrix}\lambda-a_{11} & -a_{12} & \cdots & -a_{1n}\\ -a_{21} & \lambda-a_{22} & \cdots & -a_{2n}\\ \vdots & \vdots & & \vdots\\ -a_{n1} & -a_{n2} & \cdots & \lambda-a_{nn}\end{vmatrix}=0$$

上述方程称为方阵 $\boldsymbol{A}$ 的特征方程。$|\lambda\boldsymbol{E}-\boldsymbol{A}|$ 称为方阵 $\boldsymbol{A}$ 的特征多项式。

定理 4-12　设 $\boldsymbol{A}$ 为 n 阶矩阵，$\lambda_1,\lambda_2,\cdots,\lambda_n$ 为特征方程的根，即 $\boldsymbol{A}$ 的 n 个特征值，则 $|\boldsymbol{A}|=\lambda_1\lambda_2\cdots\lambda_n$。

求特征值、特征向量的步骤如下：

（1）求出方程 $|\lambda\boldsymbol{E}-\boldsymbol{A}|=0$ 的根，即得 $\boldsymbol{A}$ 的特征值；

（2）求齐次线性方程组 $(\lambda\boldsymbol{E}-\boldsymbol{A})\boldsymbol{x}=\boldsymbol{0}$ 的非零解 $\boldsymbol{x}$，即特征向量，一般只要求得该方程组的基础解系，即可得所有特征向量。

例 4-12　求 $\boldsymbol{A}=\begin{pmatrix}2 & 0\\ -1 & 4\end{pmatrix}$ 的特征值和特征向量。

解： 特征方程为

$$|\lambda\boldsymbol{E}-\boldsymbol{A}|=\begin{vmatrix}\lambda-2 & 0\\ 1 & \lambda-4\end{vmatrix}=(\lambda-2)(\lambda-4)=0$$

所以 $\boldsymbol{A}$ 的特征值为 $\lambda_1=4$，$\lambda_2=2$。

对 $\lambda_1=4$，由 $(4\boldsymbol{E}-\boldsymbol{A})\boldsymbol{x}=\boldsymbol{0}$，得基础解系为 $\boldsymbol{P}_1=(0,1)^{\mathrm{T}}$。

对 $\lambda_2=2$，由 $(2\boldsymbol{E}-\boldsymbol{A})\boldsymbol{x}=\boldsymbol{0}$，得基础解系为 $\boldsymbol{P}_2=(2,1)^{\mathrm{T}}$。

因此可分别得特征向量为 $k\boldsymbol{P}_1=k(0,1)^{\mathrm{T}}$，$k\neq 0$；$l\boldsymbol{P}_2=l(2,1)^{\mathrm{T}}$，$l\neq 0$。

用 Python 实现的程序如下：

```
import numpy as np
A = np.array([[2,0],[-1,4]])
print(A)
a,b = np.linalg.eig(A)      #特征值保存在 a 中，特征向量保存在 b 中
print(a)
print(b)
```

输出结果如下：

```
[[ 2   0]
 [ -1   4]]
[4.    2.]
```

```
[[0.  0.89442719]
 [1.  0.4472136 ]]
```

注：特征向量不能由特征值唯一确定，对不同的特征值，有下列定理。

定理 4-13 方阵 $\boldsymbol{A}$ 对应于不同特征值的特征向量是线性无关的。

例 4-13 求 $\boldsymbol{A}=\begin{pmatrix}-2 & 2 & 2\\ 0 & 2 & 0\\ -2 & 1 & 3\end{pmatrix}$ 的特征值和特征向量。

解：特征方程为

$$|\lambda\boldsymbol{E}-\boldsymbol{A}|=\begin{vmatrix}\lambda+2 & -2 & -2\\ 0 & \lambda-2 & 0\\ 2 & -1 & \lambda-3\end{vmatrix}=(\lambda+1)(\lambda-2)^2=0$$

所以 $\boldsymbol{A}$ 的特征值为 $\lambda_1=-1$，$\lambda_2=\lambda_3=2$。

对 $\lambda_1=-1$，由 $(-\boldsymbol{E}-\boldsymbol{A})\boldsymbol{x}=\boldsymbol{0}$ 得基础解系为 $\boldsymbol{P}_1=(2,0,1)^{\mathrm{T}}$；

对 $\lambda_2=\lambda_3=2$，由 $(2\boldsymbol{E}-\boldsymbol{A})\boldsymbol{x}=\boldsymbol{0}$ 得基础解系为 $\boldsymbol{P}_2=(1,2,0)^{\mathrm{T}}$，$\boldsymbol{P}_3=(1,0,2)^{\mathrm{T}}$。

由此可进一步解得特征向量。

4.5.2 相似矩阵

定义 4-13 设 $\boldsymbol{A},\boldsymbol{B}$ 都是 n 阶方阵，若有可逆方阵 $\boldsymbol{P}$，使得

$$\boldsymbol{P}^{-1}\boldsymbol{A}\boldsymbol{P}=\boldsymbol{B}$$

则称 $\boldsymbol{B}$ 是 $\boldsymbol{A}$ 的相似矩阵，或者说矩阵 $\boldsymbol{A}$ 与 $\boldsymbol{B}$ 相似。对 $\boldsymbol{A}$ 进行 $\boldsymbol{P}^{-1}\boldsymbol{A}\boldsymbol{P}$ 运算称为对 $\boldsymbol{A}$ 进行相似变换，可逆矩阵 $\boldsymbol{P}$ 称为把 $\boldsymbol{A}$ 变成 $\boldsymbol{B}$ 的相似变换矩阵。

定理 4-14 若 n 阶方阵 $\boldsymbol{A}$ 与 $\boldsymbol{B}$ 相似，则 $\boldsymbol{A}$ 与 $\boldsymbol{B}$ 的特征多项式相同，从而可得 $\boldsymbol{A}$ 与 $\boldsymbol{B}$ 的特征值也相同。

证明：因 $\boldsymbol{A}$ 与 $\boldsymbol{B}$ 相似，则有 $\boldsymbol{P}$，使得 $\boldsymbol{P}^{-1}\boldsymbol{A}\boldsymbol{P}=\boldsymbol{B}$。故

$$|\boldsymbol{B}-\lambda\boldsymbol{E}|=|\boldsymbol{P}^{-1}\boldsymbol{A}\boldsymbol{P}-\lambda\boldsymbol{E}|=|\boldsymbol{P}^{-1}||\boldsymbol{A}-\lambda\boldsymbol{E}||\boldsymbol{P}|=|\boldsymbol{A}-\lambda\boldsymbol{E}|$$

推论 4-5 若 n 阶方阵 $\boldsymbol{A}$ 与对角阵

$$\boldsymbol{\Lambda}=\begin{pmatrix}\lambda_1 & & & \\ & \lambda_2 & & \\ & & \ddots & \\ & & & \lambda_n\end{pmatrix}$$

相似，则 $\lambda_1,\lambda_2,\cdots,\lambda_n$ 是 $\boldsymbol{A}$ 的 n 个特征值。

证明：因 $\lambda_1,\lambda_2,\cdots,\lambda_n$ 是 $\boldsymbol{\Lambda}$ 的 n 个特征值，可知 $\lambda_1,\lambda_2,\cdots,\lambda_n$ 也是 $\boldsymbol{A}$ 的 n 个特征值。

对 n 阶方阵 $\boldsymbol{A}$，寻求相似变换矩阵 $\boldsymbol{P}$，使 $\boldsymbol{P}^{-1}\boldsymbol{A}\boldsymbol{P}=\boldsymbol{\Lambda}$，这称为把方阵 $\boldsymbol{A}$ 对角化。假设已经找到可逆矩阵 $\boldsymbol{P}$，使得 $\boldsymbol{P}^{-1}\boldsymbol{A}\boldsymbol{P}=\boldsymbol{\Lambda}$ 为对角阵，则 $\boldsymbol{P}$ 应满足什么关系呢？把 $\boldsymbol{P}$ 用其列向量表示为

$$\boldsymbol{P}=(\boldsymbol{P}_1,\boldsymbol{P}_2,\cdots,\boldsymbol{P}_n)$$

由 $\boldsymbol{P}^{-1}\boldsymbol{AP}=\boldsymbol{\Lambda}$ 得 $\boldsymbol{AP}=\boldsymbol{P\Lambda}$，即

$$\boldsymbol{A}(\boldsymbol{P}_1,\boldsymbol{P}_2,\cdots,\boldsymbol{P}_n)=(\boldsymbol{P}_1,\boldsymbol{P}_2,\cdots,\boldsymbol{P}_n)\boldsymbol{\Lambda}=(\lambda_1\boldsymbol{P}_1,\lambda_2\boldsymbol{P}_2,\cdots,\lambda_n\boldsymbol{P}_n)$$

于是有

$$\boldsymbol{AP}_i=\lambda_i\boldsymbol{P}_i\ (i=1,2,\cdots,n)$$

可见 λ_i 是 $\boldsymbol{A}$ 的特征值，而 $\boldsymbol{P}$ 的列向量 $\boldsymbol{P}_i$ 就是 $\boldsymbol{A}$ 对应于特征值 λ_i 的特征向量。

例 4-14　已知 $\boldsymbol{A}=\begin{pmatrix}1&4&-2\\0&-1&0\\1&2&-2\end{pmatrix}$，求可逆矩阵 $\boldsymbol{P}$，使得 $\boldsymbol{A}$ 可化为对角矩阵。

解：先求 $\boldsymbol{A}$ 的特征根、特征多项式。特征方程为

$$|\lambda\boldsymbol{E}-\boldsymbol{A}|=\begin{vmatrix}\lambda-1&-4&2\\0&\lambda+1&0\\-1&-2&\lambda+2\end{vmatrix}=(\lambda+1)(\lambda^2+\lambda)=0$$

于是 $\boldsymbol{A}$ 的特征根为-1（二重），0。

当 $\lambda=-1$ 时，解齐次方程组 $(-\boldsymbol{E}-\boldsymbol{A})\boldsymbol{x}=\boldsymbol{0}$：

$$\begin{pmatrix}-2&-4&2\\0&0&0\\-1&-2&1\end{pmatrix}\to\begin{pmatrix}1&2&-1\\0&0&0\\0&0&0\end{pmatrix}$$

得到特征向量 $\boldsymbol{\alpha}_1=(-2,1,0)^{\mathrm{T}}$，$\boldsymbol{\alpha}_2=(1,0,1)^{\mathrm{T}}$。

当 $\lambda=0$ 时，解齐次方程组 $\boldsymbol{Ax}=\boldsymbol{0}$：

$$\begin{pmatrix}1&4&-2\\0&-1&0\\1&2&-2\end{pmatrix}\to\begin{pmatrix}1&4&-2\\0&1&0\\0&0&0\end{pmatrix}$$

得到特征向量 $\boldsymbol{\alpha}_3=(2,0,1)^{\mathrm{T}}$。

令 $\boldsymbol{P}=(\boldsymbol{\alpha}_1,\boldsymbol{\alpha}_2,\boldsymbol{\alpha}_3)=\begin{pmatrix}-2&1&2\\1&0&0\\0&1&1\end{pmatrix}$，则 $\boldsymbol{P}^{-1}\boldsymbol{AP}=\boldsymbol{\Lambda}=\begin{pmatrix}-1&&\\&1&\\&&0\end{pmatrix}$。

4.5.3　二次型

1. 二次型

定义 4-14　含有 n 个变量的二次齐次多项式

$$f(x_1,x_2,x_3,\cdots,x_n)=a_{11}x_1^2+a_{22}x_2^2+\cdots+a_{nn}x_n^2+2a_{12}x_1x_2+2a_{13}x_1x_3+\cdots+2a_{(n-1)n}x_{n-1}x_n \tag{4-1}$$

称为二次型。

取 $a_{ji}=a_{ij}$，则 $2a_{ij}x_ix_j=a_{ij}x_ix_j+a_{ji}x_ix_j$，于是式（4-1）可写成

$$\begin{aligned} f &= a_{11}x_1^2 + a_{12}x_1x_2 + \cdots + a_{1n}x_1x_n + \\ &\quad a_{21}x_2x_1 + a_{22}x_2^2 \cdots + a_{2n}x_2x_n + \cdots + \\ &\quad a_{n1}x_nx_1 + a_{n2}x_nx_2 + \cdots a_{nn}x_n^2 \\ &= \sum_{i,j=1}^{n} a_{ij}x_ix_j \quad (a_{ij} = a_{ji}) \end{aligned} \tag{4-2}$$

如果记

$$A = \begin{pmatrix} a_{11} & a_{12} & \cdots & a_{1n} \\ a_{21} & a_{22} & \cdots & a_{2n} \\ \vdots & \vdots & & \vdots \\ a_{n1} & a_{n2} & \cdots & a_{nn} \end{pmatrix}, \quad x = \begin{pmatrix} x_1 \\ x_2 \\ \vdots \\ x_n \end{pmatrix}$$

因为$a_{ij} = a_{ji}$，即A是对称矩阵，那么，二次型式（4-1）可记为

$$f = X'AX \tag{4-3}$$

因此，任给一个二次型，就可唯一地确定一个对称矩阵；反之，任给一个对称矩阵，也可唯一地确定一个二次型，于是，二次型与对称矩阵之间存在一一对应关系，把对称矩阵A叫作二次型f的矩阵，也把f叫作对称矩阵A的二次型，对称矩阵A的秩叫作二次型f的秩。

引入$y_1, y_2, \cdots, y_n$到$x_1, x_2, \cdots, x_n$的线性变换：

$$\begin{cases} x_1 = C_{11}y_1 + C_{12}y_2 + \cdots + C_{1n}y_n \\ x_2 = C_{21}y_1 + C_{22}y_2 + \cdots + C_{2n}y_n \\ \qquad \vdots \\ x_n = C_{n1}y_1 + C_{n2}y_2 + \cdots + C_{nn}y_n \end{cases} \tag{4-4}$$

使用如下矩阵记号：

$$C = \begin{pmatrix} C_{11} & C_{12} & \cdots & C_{1n} \\ C_{21} & C_{22} & \cdots & C_{2n} \\ \vdots & \vdots & & \vdots \\ C_{n1} & C_{n2} & \cdots & C_{nn} \end{pmatrix}, \quad X = \begin{pmatrix} x_1 \\ \vdots \\ x_n \end{pmatrix}, \quad Y = \begin{pmatrix} y_1 \\ \vdots \\ y_n \end{pmatrix}$$

则线性变换式（4-4）可记为

$$X = CY \tag{4-5}$$

当C为可逆矩阵时，式（4-4）为可逆线性变换；当C为正交矩阵时，式（4-4）为正交变换。

对于二次型，讨论的主要问题是寻求可逆线性变换。把式（4-4）代入式（4-1），使二次型只含平方项：

$$f = k_1y_1^2 + k_2y_2^2 + \cdots + k_ny_n^2 \tag{4-6}$$

这种只含平方项的二次型称为二次型的标准型。

定义 4-15 设有n阶矩阵A, B，如果有可逆矩阵C，使得

$$B = C'AC$$

那么称矩阵A与B合同。

显然，一个变量为 $x_1,x_2,\cdots,x_n$ 的二次型 $f=\boldsymbol{X'AX}$ ，经过可逆线性变换 $\boldsymbol{X}=\boldsymbol{CY}$ ，可化为变量为 $y_1,y_2,\cdots,y_n$ 的二次型：

$$f=\boldsymbol{Y'BY}$$

$$f=(\boldsymbol{CY})'\boldsymbol{A}(\boldsymbol{CY})=\boldsymbol{Y}'(\boldsymbol{C'AC})\boldsymbol{Y}=\boldsymbol{Y'BY}$$

故 $\boldsymbol{B}=\boldsymbol{C'AC}$ 。

定理 4-15　二次型 $\boldsymbol{X'AX}$ 经可逆线性变换 $\boldsymbol{X}=\boldsymbol{CY}$ 化为二次型 $\boldsymbol{Y'BY}$ 的充分必要条件是 $\boldsymbol{A}$ 与 $\boldsymbol{B}$ 合同，即 $\boldsymbol{B}=\boldsymbol{C'AC}$ 。

2. 用正交变换将实二次型化为标准形

定理 4-16　任给实二次型 $f=\sum_{i,j=1}^{n}a_{ij}x_ix_j(a_{ij}=a_{ji})$，总有正交变换 $\boldsymbol{X}=\boldsymbol{CY}$ ，使得 f 化为标准型：

$$f=\lambda_1y_1^2+\lambda_2y_2^2+\cdots+\lambda_ny_n^2$$

其中，$\lambda_1,\lambda_2,\cdots,\lambda_n$ 是矩阵 $\boldsymbol{A}=(a_{ij})$ 的特征值。

对于一个实二次型 $f=\sum_{i,j=1}^{n}a_{ij}x_ix_j(a_{ij}=a_{ji})$，如果：

（1） f 的矩阵 $\boldsymbol{A}=(a_{ij})$ ， $a_{ij}=a_{ji}$ ；

（2）有正交矩阵 $\boldsymbol{C}$ ，使得

$$\boldsymbol{C'AC}=\boldsymbol{C}^{-1}\boldsymbol{AC}=\begin{pmatrix}\lambda_1 & & \\ & \ddots & \\ & & \lambda_n\end{pmatrix}$$

那么，正交变换 $\boldsymbol{X}=\boldsymbol{CY}$ 就把二次型 f 化为了标准形： $f=\lambda_1y_1^2+\lambda_2y_2^2+\cdots+\lambda_ny_n^2$ 。

例 4-15　将二次型 $f(x_1,x_2,x_3)=6x_1x_2-8x_2x_3$ 化为标准形。

解：二次型 f 的矩阵为

$$\boldsymbol{A}=\begin{pmatrix}0 & 3 & 0\\ 3 & 0 & -4\\ 0 & -4 & 0\end{pmatrix}$$

由

$$|\lambda\boldsymbol{E}-\boldsymbol{A}|=\begin{vmatrix}\lambda & -3 & 0\\ -3 & \lambda & 4\\ 0 & 4 & \lambda\end{vmatrix}=\lambda(\lambda-5)(\lambda+5)=0$$

知 $\boldsymbol{A}$ 的特征值为

$$\lambda_1=5,\ \lambda_2=-5,\ \lambda_3=0$$

所以，二次型 f 的一个标准形为 $f=5y_1^2-5y_2^2$ 。

例 4-16　用正交变换将实二次型

$$f(x_1,x_2,x_3)=x_1^2+5x_2^2+5x_3^2+2x_1x_2-4x_1x_3$$

化为标准形，并求出所用的正交变换。

解：二次型 f 的矩阵为

$$A=\begin{pmatrix}1&1&-2\\1&5&0\\-2&0&5\end{pmatrix}$$

由

$$|\lambda E-A|=\begin{vmatrix}\lambda-1&-1&2\\-1&\lambda-5&0\\2&0&\lambda-5\end{vmatrix}=\lambda(\lambda-5)(\lambda-6)=0$$

得 A 的特征值为

$$\lambda_1=0,\ \lambda_2=5,\ \lambda_3=6$$

则 A 对应于特征值 $\lambda_1=0$ 的特征向量为

$$\xi=(5,-1,2)^{\mathrm T}$$

单位化得

$$p_1=\frac{1}{\sqrt{30}}(5,-1,2)^{\mathrm T}$$

同样地，可求得 A 对应于特征值 $\lambda_2=5$ 和 $\lambda_3=6$ 的单位正交特征向量分别为

$$p_2=\frac{1}{\sqrt5}(0,2,1)^{\mathrm T},\quad p_3=\frac{1}{\sqrt6}(1,1,-2)^{\mathrm T}$$

令

$$C=(p_1,p_2,p_3)=\begin{pmatrix}\frac{5}{\sqrt{30}}&0&\frac{1}{\sqrt6}\\-\frac{1}{\sqrt{30}}&\frac{2}{\sqrt5}&\frac{1}{\sqrt6}\\\frac{2}{\sqrt{30}}&\frac{1}{\sqrt5}&-\frac{2}{\sqrt6}\end{pmatrix}$$

则 C 为正交矩阵，正交变换 $x=Cy$ 便可将二次型 f 化成标准形：

$$f=5y_2^2+6y_3^2$$

4.5.4 正定二次型

设二次型 $f(x)=x^{\mathrm T}Ax$ 为 n 元实二次型，对任意一组不全为零的实数 $x_1,x_2,\cdots,x_n$，有：

（1）$f>0$，则称这个二次型为正定二次型，对应的实对称矩阵为正定矩阵；

（2）$f<0$，则称这个二次型为负定二次型，对应的实对称矩阵为负定矩阵；

（3）f 可正、可负，则称二次型 f 为不定型。

定理 4-17 n 阶实对称矩阵 A 为正定矩阵的充要条件是 A 的各阶顺序主子式均为正数。

例 4-17 判断二次型 $f(x_1,x_2,x_3)=x_1^2+5x_2^2+5x_3^2+2x_1x_2-4x_1x_3$ 是否正定。

解： 因为二次型 f 的实对称矩阵为

$$\boldsymbol{A}=\begin{pmatrix}1 & 1 & -2\\ 1 & 5 & 0\\ -2 & 0 & 5\end{pmatrix}$$

而 $|a_{11}|=1>0$ ，$\begin{vmatrix}1 & 1\\ 1 & 5\end{vmatrix}=4>0$ ，$\begin{vmatrix}1 & 1 & -2\\ 1 & 5 & 0\\ -2 & 0 & 5\end{vmatrix}=0$ ，因此二次型 $f(x_1,x_2,x_3)=x_1^2+5x_2^2+5x_3^2+2x_1x_2-4x_1x_3$ 不是正定的。

定理 4-18 n 阶实对称矩阵 $\boldsymbol{A}$ 为正定矩阵的充要条件是 $\boldsymbol{A}$ 的特征值均为正数。

例 4-17 用 Python 求解的程序如下：

```
import numpy as np
A=np.array([[1,1,-2],[1,5,0],[-2,0,5]])
B=np.linalg.eigvals(A)
print(A)
print(B)
if np.all(B>0):
    print('是正定矩阵')
else:
    print('不是正定矩阵')
```

输出结果如下：

```
[[ 1   1  -2]
 [ 1   5   0]
 [-2   0   5]]
 [0. 6. 5.]
不是正定矩阵
```

4.6 实验：矩阵运算

4.6.1 实验目的

（1）掌握 Pandas 模块的使用。
（2）掌握矩阵的运算。
（3）运行程序，看到结果。

4.6.2 实验要求

（1）了解 Python 常用程序包的使用。
（2）掌握 Python 二维数组的使用。
（3）理解主成分分析的原理及其 Python 程序实现。

4.6.3 实验原理、步骤及结果

实验 4-1 卷积计算

在数字图像处理领域，卷积是一种常见的运算，可用于图像去噪、图像增强、边缘检测等，还可以用于提取图像的特征。其方法是用一个称为卷积核的矩阵自上而下、自左向右在图像上滑动，将卷积核矩阵的各元素与它在图像上覆盖的对应位置的元素相乘，然后求和，得到输出值，如下所示。

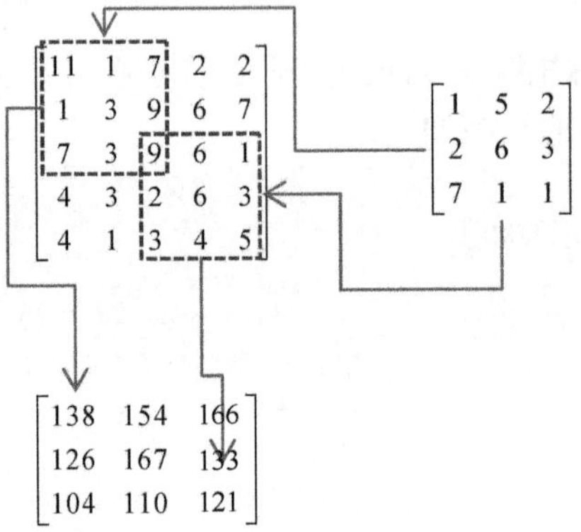

用 Python 实现的程序如下：

```
import numpy as np
    input = \ np.array([[11,1,7,2,2],[1,3,9,6,7],[7,3,9,6,1],[4,3,2,6,3],[4,1,3,4,5]])
kernel = np.array([[1,5,2],[2,6,3],[7,1,1]])
print(input.shape,kernel.shape)

#定义卷积核
def my_conv(input,kernel):
    output_size = (len(input)-len(kernel)+1)
    res = np.zeros([output_size,output_size],np.float32)
    for i in range(len(res)):
        for j in range(len(res)):
            res[i][j] = compute_conv(input,kernel,i,j)
    return res
#定义卷积运算
def compute_conv(input,kernel,i,j):
    res = 0
    for kk in range(3):
        for k in range(3):
            #print(input[i+kk][j+k])
            res +=input[i+kk][j+k]*kernel[kk][k]
    return   res

print(my_conv(input,kernel))
```

输出结果如下：

```
(5, 5) (3, 3)
[[138. 154. 166.]
[126. 167. 133.]
[104. 110. 120.]]
```

注：程序输出的是浮点型数，其实和理论计算的结果是相符的。

实验 4-2　主成分分析

降维是对具有高维度特征的数据进行预处理的一种方法。降维可保留高维度数据最重要的一些特征，去除噪声和不重要的特征，从而实现提升数据处理速度的目的。在实际的生产和应用中，降维在一定的信息损失范围内可以为我们节省大量的时间，并降低成本。

PCA（Principal Component Analysis），即主成分分析，是一种广泛使用的数据压缩算法。在 PCA 中，当数据从原来的坐标系转换到新的坐标系时，以方差最大的方向作为坐标轴方向，因为数据的最大方差给出了数据最重要的信息。第一个新坐标轴选择的是原始数据中方差最大的方向，第二个新坐标轴选择的是与第一个新坐标轴正交且方差次大的方向。重复该过程，重复次数为原始数据的特征维数。

可以发现，在通过这种方式获得的新坐标系中，大部分方差都包含在前面几个坐标轴中，后面的坐标轴所含的方差几乎为 0。于是，可以忽略余下的坐标轴，只保留前面几个含有绝大部分方差的坐标轴。事实上，这样也就相当于只保留包含绝大部分方差的维度特征，而忽略包含方差几乎为 0 的维度特征，也就实现了对数据特征的降维处理。

通过计算数据矩阵的协方差矩阵，得到协方差矩阵的特征值及特征向量，并将特征值从大到小排序，选择前 N 个特征值所对应的特征向量组成矩阵，我们就可以将数据矩阵转换到新的空间中，从而实现数据特征的降维。

采用 PCA 降维的基本思路如下：

（1）去除平均值；

（2）计算协方差矩阵；

（3）计算协方差矩阵的特征值和特征向量；

（4）将特征值从大到小排序；

（5）保留前 N 个特征值对应的特征向量；

（6）将数据转换到上面得到的 N 个特征向量构建的新空间中（实现了特征压缩）。

设有 5 个数据采样样本：(2,2),(2,6),(4,6),(8,8),(4,8)，现对其降维，只用一维特征来表示每个样本。

（1）计算样本数据的协方差矩阵：$\mathbf{Cov}(\boldsymbol{x},\boldsymbol{y})=\dfrac{1}{n-1}\begin{pmatrix}\sum_{i=1}^{n}x_i^2 & \sum_{i=1}^{n}x_iy_i \\ \sum_{i=1}^{n}x_iy_i & \sum_{i=1}^{n}y_i^2\end{pmatrix}$。

用 Python 实现的程序如下：

```
import numpy as np
x=[2,2,4,8,4]
```

```
y=[2,6,6,8,8]
#将数组的平均值变为 0
x=x-np.mean(x)
y=y-np.mean(y)
#将两个数组按行放到一起
s=np.vstack((x,y))
print(s)
#输出二维数组的协方差矩阵
print(np.cov(s))
```

输出结果如下：

```
[[-2.  -2.  0.  4.  0.]
 [-4.  0.  0.  2.  2.]]
 [[6.  4.]
 [4.  6.]]
```

（2）求协方差矩阵的特征值及特征矩阵，对应的 Python 程序如下：

```
import numpy as np
from scipy import linalg
c=np.array([[6,4],[4,6]])
#求特征值与特征向量
evalue,evertor=linalg.eig(c)
print(evalue)
print(evertor)
```

输出结果如下：

```
[10.+0.j   2.+0.j]
[[ 0.70710678  -0.70710678]
 [ 0.70710678   0.70710678]]
```

（3）将原始采样数据分别投影到特征向量上，对应的 Python 程序如下：

```
import numpy as np
x=[2,2,4,8,4]
y=[2,6,6,8,8]
x=x-np.mean(x)
y=y-np.mean(y)
A=np.vstack((x,y))
p_1=[0.707,0.707]
p_2=[-0.707,0.707]
p=np.vstack((p_1,p_2 ))
print(A)
print(np.dot(p,A))
```

输出结果如下：

```
[[-2.  -2.  0.  4.  0.]
 [-4.  0.  0.  2.  2.]]
[[-4.242  -1.414  0.       4.242  1.414]
 [-1.414   1.414  0.      -1.414  1.414]]
```

由此可得 5 个样本在$\begin{pmatrix}0.707\\0.707\end{pmatrix}$方向的投影为[−4.242，−1.414，0，4.242，1.414]，在$\begin{pmatrix}-0.707\\0.707\end{pmatrix}$方向的投影为[−1.414，1.414，0，−1.414，1.414]。由于[−4.242，−1.414，0，4.242，1.414]的方差比[−1.414，1.414，0，−1.414，1.414]大，因此，以一维数据[−4.242，−1.414，0，4.242，1.414]来描述这 5 个样本数据，这样就完成了对主成分的提取，实现了数据降维。

习题

1. 计算行列式$D_3=\begin{vmatrix}3&5&7\\1&2&4\\6&3&2\end{vmatrix}$的值。

2. 设$\boldsymbol{A}=\begin{pmatrix}1&3&-2\\1&-1&4\end{pmatrix}$，$\boldsymbol{B}=\begin{pmatrix}-3&1&2\\2&3&-1\end{pmatrix}$，求$\boldsymbol{A}-2\boldsymbol{B}$。

3. 设$\boldsymbol{A}=\begin{pmatrix}1&2&3\\3&1&2\end{pmatrix}$，$\boldsymbol{B}=\begin{pmatrix}1&x&3\\y&1&z\end{pmatrix}$，且$\boldsymbol{A}=\boldsymbol{B}$，求$x,y,z$。

4. 设$\boldsymbol{A}=\begin{pmatrix}-2&4\\1&-2\end{pmatrix}$，$\boldsymbol{B}=\begin{pmatrix}2&4\\-3&-6\end{pmatrix}$，求$\boldsymbol{AB}$。

5. 设$\boldsymbol{A}=\begin{pmatrix}2&0&-1\\1&3&2\end{pmatrix}$，$\boldsymbol{B}=\begin{pmatrix}1&7&-1\\4&2&3\\2&0&1\end{pmatrix}$，求$(\boldsymbol{AB})^{\mathrm{T}}$。

6. 解矩阵方程$\begin{pmatrix}1&-5\\-1&4\end{pmatrix}\boldsymbol{X}=\begin{pmatrix}3&2\\1&4\end{pmatrix}$。

7. 求矩阵$\boldsymbol{A}=\begin{pmatrix}1&-1&2&1&0\\2&-2&4&-2&0\\3&0&6&-1&1\\2&-2&4&2&0\end{pmatrix}$的秩。

8. 设$\boldsymbol{A}=\begin{pmatrix}1&2&-1\\3&4&-2\\5&-4&1\end{pmatrix}$，求$\boldsymbol{A}^{-1}$。

9. 求矩阵$\boldsymbol{A}=\begin{pmatrix}1&-3&4\\4&-7&8\\6&-7&7\end{pmatrix}$的全部特征值和特征向量。

10. 判定二次型$f(x_1,x_2,x_3)=5x_1^2+x_2^2+5x_3^2+4x_1x_2-8x_1x_3-4x_2x_3$是否正定。

参考文献

[1] 陈发来，陈效群，李思后，等. 线性代数与解析几何[M]. 北京：高等教育出版社，2011.
[2] 张雨萌. 机器学习线性代数基础[M]. 北京：北京大学出版社，2019.
[3] 何宇健. Python 与机器学习实践[M]. 北京：电子工业出版社，2017.
[4] 王玺. 线性代数[M]. 北京：高等教育出版社，2018.

第5章 概 率 论

概率论是发现不确定的现象中存在的某种规律的一门学科，现代社会科学、自然科学、工程技术等都与概率论密切相关，它是人工智能发展不可或缺的数学工具。人工智能中的很多机器学习算法采用的都是基于概率论的方法，由于实际训练的数据量不大，对概率分布的参数进行估计就成了机器学习的核心任务之一。参数的估计主要有两种方法，即最大似然估计和最大后验概率估计。另外，应用概率论中的贝叶斯定理可处理人类的认知问题，贝叶斯定理可应用于机器学习、投资决策等领域。

本章主要介绍概率论发展简史、随机事件及其概率、随机变量、贝叶斯理论、极限理论等内容。

5.1 概述

5.1.1 概率论发展简史

据记载，概率论起源于17世纪中叶。其实早在古希腊和古罗马时期，人们就热衷于机会游戏，但这个时期还没有完整的游戏理论，因为当时还没有出现现代算术系统。大约公元800年，现代算术系统出现，并为概率论的发展提供了机会[1]。

意大利数学家吉罗拉莫·卡尔达诺于1564年完成了一部关于概率论的著作——《论赌博游戏》，该著作被认为是概率论的开创之作，书中详细介绍了掷骰子和扑克游戏中出现的随机事件概率的计算方法。17世纪，欧洲宫廷流行赌博游戏，法国赌徒谢瓦利埃·梅内同他人在赌资分配上产生了分歧，于是他向当时的数学家布莱士·帕斯卡请教如何解决。1654年，皮埃尔·费马与帕斯卡两人讨论了赌博中的点数问题，并引入推理和计算得到期望值。1657年，荷兰数学家克里斯蒂安·惠更斯在帕斯卡的鼓励下撰写了《论赌博中的计算》一书，该著作得到了当时学术界的高度认可，并作为概率论的标准教材长达50年，该著作深入分析了赌博中的点数分配问题，明确了期望的概念。18世纪，瑞士数学家雅各布·伯努利通过对前人工作的总结，整理撰写了《猜度术》，并在书中研究了重复投硬币得到随机序列的规律，这个规律就是著名的大数定律，其为联系理论概率与经验事实建立了一座桥梁。法国数学家西莫恩·泊松于1837年在文章《关于犯罪和民事判决的概率之研究》中介绍了泊松分布，将大数定律推广到了不同的情形。法国数学家亚伯拉罕·棣莫弗为了快速计算二项式展开的系数，定义了斯特林公式，引入了正态分布并证明了第一个中心极限定理，实现了对二项式展开的中间系数的近似表示。后来，法国的皮埃尔-西蒙·拉普拉斯发展了棣莫弗的理论，证明了二项分布可使用正态分布近似，其称为棣莫弗-拉普拉斯中心极限定理。1901年，数学家亚历山大·李雅普诺夫使用随机变量严格证明了中心极限定理。中心极限定理被认为是概率论最重要的定理之一，拓宽了概率论的应用领域。随着数学公理化的发展，数学家安德雷·柯尔莫哥洛夫在1933年出版了《概率论基础》一书，把样本空间与测度理论结合起来，建立了完整的概率理论公理系统，这为不确定事件的严格分析提供了理论基础，从而使获得随机变量的数字特征和对随机事件进行分析预测成为可能，也使概率论在科学和工程中得到了广泛的应用[2]。

5.1.2 概率论的主要内容

概率论是研究随机事件规律的一门学科，是数学的一个分支，主要包括古典概率、概率的公理化、随机变量的概率分布、随机变量的数字特征、随机变量的独立性、贝叶斯理论、条件概率、极限理论中的大数定律、中心极限定理等内容[3]。

大数据、互联网的飞速发展，带动了人工智能的快速发展，与此同时，概率论在人工智能中变得越来越重要。例如，机器学习就需要使用概率论中的各种分布。因此，掌握常用的概率分布尤其重要。常见的离散型分布如下[4-5]。

（1）伯努利分布。伯努利分布又称 0–1 分布，是只有两个随机事件的概率模型。例如，随机投一枚硬币，出现正面的概率为 p，出现反面的概率为 $1-p$，其中，$0 \leqslant p \leqslant 1$，多次投硬币，出现正面的次数就服从伯努利分布。

（2）二项分布。投掷硬币 N 次，每次出现正面的概率为 p，出现反面的概率为 $1-p$，记 x 为 N 次随机投硬币得到正面的次数，则 x 服从二项分布。

（3）几何分布。随机投一枚硬币，出现正面的概率为 p，出现反面的概率为 $1-p$，记 x 为连续投一枚硬币，直到第一次出现正面为止所投的次数，则 x 服从几何分布。

（4）泊松分布。随机变量 x 服从 $p(x=k)=\dfrac{\lambda^k}{k!}\mathrm{e}^{-\lambda}$，$k=0,1,2,\cdots$，$\lambda$ 为泊松参数，x 服从泊松分布。

5.2 随机事件及其概率

在这个世界上，分分秒秒都有各种各样的事件发生。总的来说，可以把发生的各种事件归为以下两类。一类是事先就知道结果的事件，如在标准大气压下水烧到100℃会沸腾。这类事件的特点是，在确定的试验条件下，它们一定会发生，称这种事件为确定性事件。另一类则相反，它的结果无法预知，如一个骰子在盒子里随便摇，最后一定会出现某个点数，这个是可以确定的，但具体的点数是多少，在摇之前，这是无法确定的；工厂里做出来的产品，可能是合格品，也可能是不合格品，在检测之前，无法确定哪些产品合格，哪些产品不合格。这类事件称为随机事件。它的特点是，在个别试验中，其结果呈现不确定性，但在大量重复试验中，其结果又具有某些统计规律。

为了研究随机现象，人们会进行大量试验。为了对随机现象加以研究而进行的观察或实验，称为试验。

若一个试验具有以下 3 个特征：

（1）在相同的条件下可以重复进行；

（2）每次试验可能的结果不止一个，而且事先可以确定试验可能出现的所有结果；

（3）进行一次试验之前，不能确定哪一个结果会出现。

则称这类试验为随机试验，记作随机试验 E。

在随机试验 E 中，可能发生也可能不发生的结果称为随机事件，简称事件，可用大写字母 A、B、C 等表示。

一个随机试验 E 的所有可能结果，称为 E 的样本空间，记为 S。样本空间中的元素，即 E 中的每个结果，称为样本点。因此，可以给出随机事件的另一个定义，即随机试验样本空间 S 中的每个子集称为一个随机事件。

例如：

试验 E_1：抛一枚硬币，观察正面 H、反面 T 出现的情况，则 S_1 为$\{H,T\}$。

试验 E_2：将一枚硬币抛三次，观察正面 H 出现的次数，则 S_2 为$\{0,1,2,3\}$。

试验 E_3：在一批灯泡中任意抽取一只，测试它的寿命，则 S_3 为$\{t \mid t \geqslant 0\}$。

试验 E_4：记录某地一昼夜的最高温度和最低温度，则 S_4 为$\{(x,y) \mid T_0 \leqslant x \leqslant y \leqslant T_1\}$，其中，$x$ 为最低温度，y 为最高温度。

下面使用 Python 进行抛硬币模拟试验，程序如下：

```
import numpy as np
import matplotlib.pyplot as plt
import random
#中文显示
plt.rcParams['font.sans-serif'] = ['simhei']

#用代码实现重复 50 次抛硬币的试验，观察每次正面朝上的概率

#  定义做 50 次试验，每次抛 500 次（可以设置不同次数）
batch = 50
samples = 500*np.ones(batch, dtype=np.int32)
result = []
result_mean = []

#  统计每次试验正面朝上的概率
for _ in range(batch):
    for i in range(samples[_]):
        result.append(random.randint(0, 1))
    result_mean.append(np.mean(result))
xaxis = list(range(batch))

plt.plot(xaxis, result_mean)
plt.xlabel('抛硬币数')
plt.ylabel('正面朝上概率')
plt.show()
```

输出图像如图 5-1 所示。

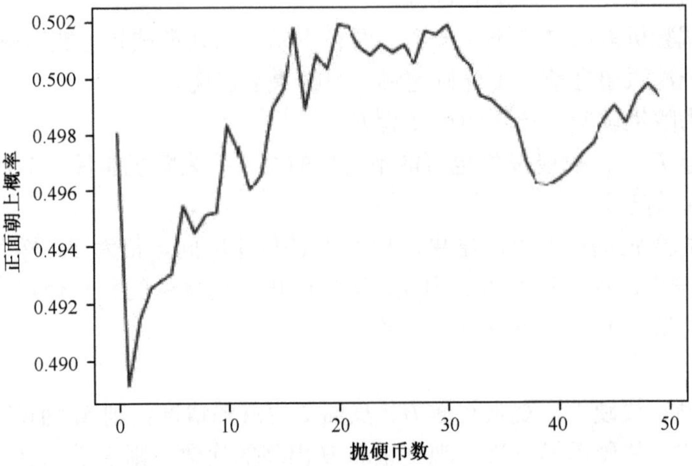

图 5-1　抛硬币试验结果

样本空间 S 的子集为 E 的随机事件，简称事件。在每次试验中，当且仅当这一子集中的一个样本点出现时，称这一事件发生。由一个样本点组成的单点集，称为基本事件。例如，E_1 中有两个基本事件，即 $\{H\},\{T\}$。

样本空间中有两个特别的子集：样本空间 S 包含所有的样本点，它是 S 自身的子集，在每次试验中总是发生，S 称为必然事件；空集 $\varnothing$ 是不含任何样本点的集合，它作为样本空间的子集，在每次试验中都不发生，称为不可能事件。

5.2.1　随机事件的运算

随机事件可以由若干个基本事件组成的集合表示，那么，事件之间的关系就可以转化为集合之间的关系[6-7]。

（1）事件的包含：对于同一个随机试验 E 中的两个随机事件 A 和 B，若事件 A 发生，事件 B 也一定会发生，则称事件 A 包含于事件 B，记为 $A \subset B$；从集合角看，$A \subset B$ 表示事件 A 是事件 B 的子集。

显然，对于任意的事件 A，有 $\varnothing \subset A \subset S$。利用事件的相互包含关系可以定义事件相等的概念。若事件 A 和事件 B 满足 $A \subset B$ 且 $B \subset A$，则称 $A=B$，即 A 和 B 两个事件相等。

（2）事件的并：对于同一个随机试验 E 中的两个随机事件 A 和 B，称"事件 A 和 B 至少有一个发生"所构成的事件为 A 和 B 的并事件，记为 $A \cup B$，即表示 A 与 B 的并集。

类似地，可以推广到 n 个事件的并运算，即将"n 个事件 $A_1, A_2, \cdots, A_n$ 至少有一个发生"这一事件叫作 $A_1, A_2, \cdots, A_n$ 的并，记作 $A_1 \cup A_2 \cup \cdots \cup A_n$，简记为 $\bigcup_{i=1}^{n} A_i$。

（3）事件的交（积）：对于同一个随机试验 E 中的两个随机事件 A 和 B，称"事件 A 和 B 同时发生"所构成的事件为 A 和 B 的交（积）事件，记为 $A \cap B$，或 A-B、AB，即表示 A 与 B 的交集。

类似地，可以推广到 n 个事件的交运算，即将"n 个事件 $A_1, A_2, \cdots, A_n$ 都发生"这一

事件叫作 $A_1, A_2, \cdots, A_n$ 的交（积），记作 $A_1 \cap A_2 \cap \cdots \cap A_n$ 或 $A_1 A_2, \cdots A_n$，简记为 $\bigcap_{i=1}^{n} A_i$。

（4）事件的互斥：在同一个随机试验中，有两个事件 A 和 B，若 A 和 B 不能同时发生，即 $A \cap B = \varnothing$，则称 A 和 B 是互斥事件。两个互斥事件 A 和 B 的并事件，记作 $A \cup B$ 或 $A+B$。

（5）事件的互逆（对立）：在同一个随机试验中，事件 A 和 B 必有且只有一个发生，即 $A \cap B = \varnothing$，且 $A \cup B = S$，则称事件 A 和 B 互逆或对立，记作 $B = \overline{A}$ 或 $A = \overline{B}$，即样本空间中不属于 A 的基本事件的集合，构成了事件 A 的逆事件，记为 $A = \overline{B}$，特别地，$S = \overline{\varnothing}$，$\varnothing = \overline{S}$。

（6）事件的差：在一个随机试验中，事件 A 发生但事件 B 不发生所构成的事件为 A 与 B 的差事件，记作 $A-B$，差事件 $A-B$ 表示在一个样本空间，属于 A 事件而不属于 B 事件的事件。

对于以上随机事件的各种运算，其运算规律和集合类似。对于任意的事件 A、B、C，有以下运算性质。

（1）交换律。

$$A \cup B = B \cup A$$
$$A \cap B = B \cap A$$

（2）结合律。

$$(A \cup B) \cup C = A \cup (B \cup C)$$
$$(A \cap B) \cap C = A \cap (B \cap C)$$

（3）分配律。

$$(A \cup B) \cap C = (A \cap C) \cup (B \cap C)$$
$$(A \cap B) \cup C = (A \cup C) \cap (B \cup C)$$

（4）德摩根定律（对偶律）。

$$\overline{\bigcup_{i=1}^{n} A_i} = \bigcap_{i=1}^{n} \overline{A_i}$$
$$\overline{\bigcap_{i=1}^{n} A_i} = \bigcup_{i=1}^{n} \overline{A_i}$$

（5）差的性质。

$$A - B = A - (A \cap B) = A \cap \overline{B}$$

（6）其他性质。

$$\overline{\overline{A}} = A$$

5.2.2　随机事件的概率

除了必然事件和不可能事件，任何一个随机变量在一次试验中都具有发生的可能性，人们希望了解在一次试验中事件 A 发生的可能性，即确定一个数 $P(A)$，用来表示事件 A 发生的可能性大小，$P(A)$称为事件 A 发生的概率。

通常，只根据一次随机试验的结果并不能估计某个随机事件发生的可能性大小，进行多次重复试验，得到的结果才会呈现一定的统计规律。“频率”描述的是在相同条件下，重复试验中事件 A 发生的频繁程度。当重复试验的次数足够多时，频率的变化会趋于平稳，并且趋近于概率。因此，可以用频率来近似表示事件 A 发生的可能性大小。

定义 5-1 设 A 是个事件，在相同条件下，进行 n 次随机试验 E，其中，事件 A 发生了 m（$m \leqslant n$）次，称 m 与 n 之比 $\frac{m}{n}$ 为事件 A 在这 n 次试验中发生的频率，记作 $f_n(A)=\frac{m}{n}$。

在通常情况下，经过大量的反复试验，频率将趋于某个数值，这是频率固有的统计概率特性，这个数值可以反映事件 A 在一次试验中发生的可能性大小。但是，在实际问题中，不可能也不会对每个事件进行大量的反复试验来得到频率的趋近值，只能在理论上利用频率的趋近值给出概率的定义，因此这个定义不能用于概率的实际计算。

定义 5-2 设 A 是个事件，在相同条件下进行 n 次随机试验 E，其中，事件 A 发生了 m 次，且极限 $\lim\limits_{n\to+\infty} f(A)$ 存在，则称该极限值为随机事件 A 发生的概率，记作 $p(A)=\lim\limits_{n\to+\infty} f(A)$。

这个定义称为概率的统计定义，这个定义有一定的理论价值，它解释了概率与频率稳定性之间的关系。

定义 5-3 是概率的公理化定义，它通过寻找随机事件 A 的概率 $P(A)$的本质属性，用逻辑化的数学语言表述概率 $P(A)$的定义。

定义 5-3 设随机试验为 E，样本空间为 S，对于每个事件 A，定义一个实数 $P(A)$与之对应，若函数 $P(\cdot)$满足条件：

（1）非负性：$P(A)\geqslant 0$；

（2）规范性：$P(s)=1$；

（3）可数可加性：若事件 $A_1, A_2, \cdots$ 两两互斥，则 $P(\bigcup_{i=1}^{n} A_i)=P(A_1)+P(A_2)+\cdots$。

称 $P(A)$为事件 A 的概率。

由概率的定义，可以推导出概率的以下性质。

（1）不可能事件的概率为 0。

（2）对于两两互不相容的事件，有

$$P(\bigcup_{i=1}^{n})=\sum_{i=1}^{n} P(A_i)$$

（3）对于两个事件 A、B，若 $A\subset B$，则有

$$P(B-A)=P(B)-P(A)$$

（4）加法公式：

$$P(A\cup B)=P(A)+P(B)-P(AB)$$

（5）对于任意事件 A，有

$$P(\overline{A})=1-P(A)$$

1. 古典概率

若概率模型具有下列特征：

（1）试验的样本空间 S 是有限集合，即随机试验 E 的所有基本事件只有有限个；

（2）每个基本事件在一次试验中发生的可能性相同。

则称该随机试验为古典概率模型。对这种概率模型中事件的概率计算有以下定义。

定义 5-4[8] 随机试验 E 具有古典概率，若样本空间中包含 n 个基本事件，随机事件 A 中包含 k 个基本事件，则事件 A 发生的概率为

$$P(A)=\frac{A\text{中包含的基本事件数}}{S\text{中包含的基本事件数}}=\frac{k}{n}$$

该式表明，对于古典概率模型，当计算事件的概率时，需要确定样本空间 S 中的基本事件数 n 和事件 A 中的基本事件数 k，而在确定随机事件所包含的基本事件数时，往往会用到乘法原理、加法原理，以及排列组合的相关知识。

2. 几何概率

定义 5-5 设样本空间是一个有限区域 Ω，若样本点落在 Ω 内的任何一个子区域 R 中的事件 A 的概率与区域 R 的测度（或长度，或面积，或体积等）成正比，则区域 Ω 内任意一样本点落在子区域 R 中的概率为区域 R 的测度与区域 Ω 的测度的比值，即

$$P(A)=\frac{R\text{的测度}}{\Omega\text{的测度}}$$

这种概率称为几何概率。

几何概率的样本点是几何空间中的某一区域内随机确定位置的点，各样本点的出现是等可能的，而这些几何图形的长度、面积容易计算，因此，可以用几何概率模型进行统计计算。几何图形往往给人一种直观的感觉。因此，几何概率是一种简单、直观的概率模型，它也是一种概率，满足概率的性质。

5.2.3 条件概率

在实际问题中，除了要考虑事件 A 的概率 $P(A)$，有时还要考虑在“事件 B 已经发生”的条件下，事件 A 发生的概率。为了区分开，把后者的概率称为条件概率，记作 $P(A/B)$，即表示在事件 B 发生的条件下，事件 A 发生的概率。

定义 5-6 设有事件 A 和 B，且 $P(B)>0$，称 $P(A|B)=\dfrac{P(AB)}{P(B)}$ 为在事件 B 发生的条件下事件 A 发生的条件概率。

条件概率 $P(\cdot|B)$ 满足概率公理化定义中的三条，即

（1）对每个事件 A，均有 $P(A|B)\geqslant 0$；

（2）$P(\Omega|B)=1$；

（3）若 $A_1,A_2,\cdots$ 是两两互斥事件，则有

$$P((A_1\cup A_2\cup\cdots)|B)=P(A_1|B)+P(A_2|B)+\cdots$$

所以，条件概率也是概率，由条件概率的定义知，当 $P(B)>0$ 时，有

$$P(AB)=P(B)P(A|B)$$

同理，当 $P(A)>0$ 时，有

$$P(AB)=P(A)P(B|A)$$

这两个式子都称为概率的乘法公式。乘法公式可以推广到多个事件的情况。例如，对于 A_1,A_2,A_3 3 个事件，若 $P(A_1A_2)>0$，则有

$$P(A_1A_2A_3)=P(A_1)P(A_1|A_2)P(A_3|A_1A_2)$$

对于一般的 n 个事件，有

$$P(A_1A_2\cdots A_n)=P(A_1)P(A_1\mid A_2)P(A_3\mid A_1A_2)\cdots P(A_n\mid A_1A_2\cdots A_{n-1})$$

利用乘法公式，可以很方便地计算一些事件的概率。

例 5-1 从一副有 54 张牌的扑克牌中不放回地抽取 2 张，求抽到的 2 张牌都不是红桃的概率。

解： 设 A_i 表示第 i 张牌不是红桃的事件，i=1,2，则可利用乘法公式计算 $P(A_1A_2)$。当抽取第一张牌时，有 41 张牌不是红桃，因此有

$$P(A_1)=\frac{41}{54}$$

当抽取第二张牌时，在第一张牌不是红桃的条件下，抽取的第二张牌不是红桃的概率就是条件概率，即

$$P(A_2\mid A_1)=\frac{40}{53}$$

利用乘法公式可得

$$P(A_1A_2)=P(A_1)P(A_2\mid A_1)=\frac{41}{54}\times\frac{40}{53}=\frac{820}{1431}$$

若事件 A（或 B）是否发生对事件 B（或 A）发生的概率没有影响，即 $P(B\mid A)=P(B)$，则称两个事件 A、B 相互独立，并把这两个事件叫作相互独立事件。

定义 5-7 设 A 和 B 是两个随机事件，若满足等式

$$P(AB)=P(A)P(B)$$

则称事件 A 和事件 B 相互独立。

相互独立事件的性质如下。

如果事件 A、B 是相互独立的事件，那么 A 与 $\overline{B}$、$\overline{A}$ 与 B、$\overline{A}$ 与 $\overline{B}$ 都是相互独立的事件。

设 A、B、C 是三个事件，如果满足等式

$$P(AB)=P(A)P(B)$$
$$P(AC)=P(A)P(C)$$
$$P(BC)=P(B)P(C)$$
$$P(ABC)=P(A)P(B)P(C)$$

则称事件 A、B、C 是相互独立的。类似地，可以定义多个事件的独立性。事件 A、B、C 两两相互独立，但事件 A、B、C 不一定相互独立，如例 5-2。

例 5-2 随机依次抛一枚硬币，记事件 A 为第一次抛硬币出现正面，事件 B 为第二次抛硬币出现正面，事件 C 为两次抛的结果不一样，即一个正面，一个反面。证明 A 与 B 独立，A 与 C 独立，B 与 C 独立，但 A、B、C 不相互独立。

证明： 第一次抛硬币和第二次抛硬币之间没有关系，出现正面和反面的概率都是 $\frac{1}{2}$。由定义可知，A 与 B 独立。

$$P(A)=P(B)=\frac{1}{2}$$

$$P(AB)=\frac{1}{4}$$

$$P(A)P(B)=P(AB)$$

$$P(A|C)=\frac{P(AC)}{P(C)}=\frac{1}{4}\div\frac{1}{2}=\frac{1}{2}=P(C)$$

可知 A 和 C 独立，同理可证 B 和 C 独立。另有

$$P(ABC)=0$$

而

$$P(A)P(B)P(C)=\frac{1}{2}\times\frac{1}{2}\times\frac{1}{2}=\frac{1}{8}$$

可知事件 A、B、C 不相互独立。

事件 A、B、C 两两相互独立只是 A、B、C 相互独立的必要条件。

事件 A 与事件 B 互不相容指两个事件之间满足 $AB=\varnothing$，互不相容和独立性是两个完全不同的概念，互不相容是从事件的关系运算角度定义的，而独立性是从概率的角度定义的。

5.3 随机变量

5.2 节主要介绍了随机事件及其概率，下面将介绍随机变量。可以把概率论的研究对象从随机事件抽象为随机变量，随机变量可以分为离散型随机变量和连续型随机变量两种，对于连续型随机变量，可以用高等数学中的微积分等数学工具来研究。

什么是随机变量呢？随机变量其实就是定义在样本子空间的一种函数，随机变量具体的概念如下。

随机变量的概念：设 Ω 是某一随机试验的样本空间，若对于每个样本点 $w\in\Omega$，都有唯一一个实数 $X=X(w)$ 与其对应，则称 Ω 上的实值函数 $X(w)$ 为随机变量。

5.3.1 随机变量的概率分布

1. 随机变量的分布函数[6,9]

设 X 是一个随机变量，对于任意实数 x，有函数

$$F(x)=P(X\leqslant x)$$

则 $F(x)$ 称为分布函数。分布函数是一个普通函数，有了分布函数的概念后，就能用高等数学的知识来研究随机变量。

随机变量 X 的分布函数的基本性质如下：

（1） $0\leqslant F(x)\leqslant 1$，$-\infty<x<+\infty$；

（2） $F(x)$ 是 x 的单调不减函数，当 $a<b$ 时，有 $F(a)<F(b)$；

（3） $F(+\infty)=\lim\limits_{x\to+\infty}F(x)=1$；

（4） $F(x)$ 右连续，即 $F(x+0)=F(x)$。

2. 离散型随机变量及其概率分布

在所有随机变量中，离散型随机变量是最简单的，它的全部可能取值是有限个或可列无穷多个。例如，掷两枚硬币第一次出现都为正面的次数，一批电子产品中次品的个数等。

定义 5-8 若随机变量X的可能取值是$x_1,x_2,\cdots,x_i$，其取这些值的概率为

$$P(x_i)=p_i,\ i=1,2,3,\cdots$$

则称上式为离散型随机变量X的分布律（列）或概率分布，也可以用表 5-1 的形式表示。

表 5-1 离散型随机变量的概率分布

$\boldsymbol{X}$	x_1	x_2	…	x_i
$\boldsymbol{P}$	p_1	p_2	…	p_i

注： 表中的随机变量X的取值按照一定的顺序排列，且不能重复。

根据概率的非负性和可数可加性知，离散型随机变量的分布律有如下性质：

（1）$p_i \geqslant 0$，$k=1,2,\cdots$；

（2）$\sum_{i=1}^{\infty} p_i = 1$。

3. 连续型随机变量及其概率密度函数

设随机变量X的分布函数为$F(x)$，如果存在非负函数$f(x)$，使对于任意实数x有

$$F(x)=\int_{-\infty}^{x} f(t)\mathrm{d}t$$

则称X为连续型随机变量。其中，函数$f(x)$称为X的概率密度函数，简称概率密度或密度，记为$X\sim f(x)$。

连续型随机变量的概率密度满足以下性质：

（1）对于任意实数x，有$f(x)\geqslant 0$；

（2）$\int_{-\infty}^{+\infty} f(x)\mathrm{d}x=1$；

（3）$p(x_1<X\leqslant x_2)=F(x_2)-F(x_1)=\int_{x_1}^{x_2} f(x)\mathrm{d}x$，$x_1<x_2$；

（4）若$f(x)$在x处连续，则有$f(x)=F'(x)$；

（5）对于任意实数a，有$p(x=a)=0$。

4. 随机变量的函数及其分布

在一些实际问题中，感兴趣的量不能由直接测量得到，但它是某个能够直接测量的随机变量的函数。因此，需要讨论如何由已知的随机变量X的概率分布求出它的函数$Y=g(x)$。$g(x)$是定义在随机变量X一切可能值的集合上的函数。若当随机变量X取值为x时，随机变量Y取值为$y=g(x)$，则称随机变量Y为随机变量X的函数，记为$Y=g(x)$。

（1）离散型随机变量的函数分布。

设 X 是离散型随机变量，它的分布律如表 5-2 所示，则 $Y=g(x)$ 的分布律如表 5-3 所示。

表 5-2 X 的分布律

X	x_1	x_2	…	x_i
P	p_1	p_2	…	p_i

表 5-3 Y 的分布律

Y	$g(x_1)$	$g(x_2)$	…	$g(x_i)$
P	p_1	p_2	…	p_i

（2）连续型随机变量的函数分布。

设 X 是连续型随机变量，其概率密度为 $f_X(x)$，设 $y=g(x)$ 是一个严格单调函数，其反函数 $x=h(y)$ 有连续倒数，则 $Y=g(X)$ 也是连续型随机变量，且其概率密度为

$$f_Y(y)=\begin{cases} f_X\left[h(y)\right]\cdot\left|h'(y)\right|, & \alpha<y<\beta \\ 0, & \text{其他} \end{cases}$$

其中，$\alpha=\min\left\{g(-\infty),g(+\infty)\right\}$，$\beta=\max\left\{g(-\infty),g(+\infty)\right\}$。

5. 二维随机变量及其概率分布

在大多数情况下，一个随机变量可能不能完全描述某一随机试验的结果。例如，描述学生身体状况至少需要身高和体重两个随机变量；需要用温度和风力来描述天气状况等，此时就要考虑用多个随机变量。

1）二维随机变量的基本概念[10-11]

定义 5-9 设 E 是一个随机试验，它的样本空间为 Ω，$X=X(\omega)$ 和 $Y=Y(\omega)$ 都是定义在 Ω 上的两个随机变量，由它们构成的向量 (X,Y) 叫作二维随机变量或二维随机向量。

定义 5-10 设 (X,Y) 是二维随机变量，对任意实数 x,y，二元函数

$$F(x,y)=P(X\leqslant x,Y\leqslant y)$$

称为二维随机变量 (X,Y) 的分布函数，或称为随机变量 X 和 Y 的联合分布函数。

分布函数具有如下性质：

（1）$F(x,y)$ 对于每个变量是单调不减函数，即对于任意固定的 y，当 $x_1<x_2$ 时，$F(x_2,y)\geqslant F(x_1,y)$；对于任意固定的 x，当 $y_1<y_2$ 时，$F(x,y_1)\leqslant F(x,y_2)$。

（2）$0\leqslant F(x,y)\leqslant 1$，且对于任意固定的 y，$F(-\infty,y)=0$，对于任意固定的 x，$F(x,-\infty)=0$，同时，有

$$F(-\infty,-\infty)=0$$

$$F(+\infty,+\infty)=1$$

（3）$F(x,y)$ 对于每个变量是右连续函数，即

$$F(x+0,y)=F(x,y)$$

$$F(x,y+0)=F(x,y)$$

（4）对于任意的 $x_1<x_2$，$y_1<y_2$，有

$$F(x_2,y_2)-F(x_2,y_1)-F(x_1,y_2)+F(x_1,y_1)\geqslant 0$$

2）二维离散型随机变量及其概率分布

若二维随机变量 (X,Y) 所有可能取到的值是有限对或可列无穷多对的，则称 (X,Y) 为二维离散型随机变量。

设二维离散型随机变量 (X,Y) 的所有可能取到的值为 (x_i,y_i)，$i,j=1,2,\cdots$，记为

$$P(X=x_i,Y=y_j)=p_{ij}$$

则上式称为二维离散型随机变量 (X,Y) 的分布律，也称为随机变量 X 和 Y 的联合分布律。

由概率定义可知，联合分布律满足的条件如下：

（1）$p_{ij}\geqslant 0$，$i,j=1,2,\cdots$；

（2）$\sum_{i=1}^{\infty}\sum_{j=1}^{\infty}p_{ij}=1$，其中，求和是对所有满足 $x_i\leqslant x$，$y_j\leqslant y$ 的点 (x_i,y_j) 进行的。

3）二维连续型随机变量及其概率密度

对二维随机变量 (X,Y) 的分布函数 $F(x,y)$，若存在非负可积函数 $f(x,y)$，使得对任意的实数 x,y，有

$$F(x,y)=\int_{-\infty}^{x}\int_{-\infty}^{y}f(u,v)\mathrm{d}u\mathrm{d}v$$

则称 (X,Y) 是二维连续型随机变量，函数 $f(x,y)$ 称为二维随机变量 (x,y) 的概率密度，也称为随机变量 X 和 Y 的联合概率密度。

联合概率密度满足如下性质：

（1）对于任意实数 x,y，有 $f(x,y)\geqslant 0$；

（2）$\int_{-\infty}^{+\infty}\int_{-\infty}^{+\infty}f(x,y)\mathrm{d}x\mathrm{d}y=1$；

（3）设 D 为 xOy 平面上的一个区域，点 (X,Y) 落在 D 内的概率为

$$P((x,y)\in D)=\iint_D f(x,y)\mathrm{d}x\mathrm{d}y$$

（4）若 $f(x,y)$ 在点 (x,y) 处连续，则有

$$\frac{\partial^2 F(x,y)}{\partial x\partial y}=f(x,y)$$

6. 随机变量的相互独立性

设 (X,Y) 是二维随机变量，若对任何实数 x,y，事件 $\{X\leqslant x\}$ 和事件 $\{X\leqslant x\}$ 相互独立，即对任何实数 x,y 都有

$$P(X\leqslant x,Y\leqslant y)=P(X\leqslant x)P(Y\leqslant y)$$

则称随机变量 X 和 Y 相互独立，简称 X 和 Y 独立。

1）两个随机变量的函数分布

设 (X,Y) 是二维随机变量，$z=g(x,y)$ 是一个已知的二元函数，若 (X,Y) 取值为 (x,y)，随机变量 Z 的取值为 $z=g(x,y)$，则 Z 称为二维随机变量 (X,Y) 的函数，记作

$Z=g(X,Y)$。

2）二维离散型随机变量的函数分布

设(X,Y)为二维离散型随机变量，其分布律为

$$P(X=x_i,Y=y_j)=p_{ij}\text{，}\quad i,j=1,2,\cdots$$

则$Z=g(X,Y)$也为离散型随机变量，且Z的分布律为

$$P(Z=z_k)=P(g(X,Y)=z_k)=\sum_{g(x_i,y_j)=z_k}p_{ij}\text{，}\quad k=1,2,\cdots$$

其中，$\sum\limits_{g(x_i,y_j)=z_k}p_{ij}$指若有一些$(x_i,y_j)$满足$g(x_i,y_j)=z_k$，则将这些$(x_i,y_j)$对应的概率相加。

3）二维连续型随机变量的函数分布

设(X,Y)为二维连续型随机变量，其概率密度为$f(x,y)$，则$Z=g(X,Y)$的分布函数为

$$F_Z(z)=P(Z\leqslant z)=P(g(X,Y)\leqslant z)=\iint\limits_{g(x,y)\leqslant z}f(x,y)\mathrm{d}x\mathrm{d}y$$

若Z为连续型随机变量，则其概率密度为

$$f_Z(z)=F_Z'(z)$$

7. 条件分布

设(X,Y)是二维离散型随机变量，其分布律为$P(X=x_i,Y=y_j)=p_{ij}$，$i,j=1,2,\cdots$，(X,Y)关于X与Y的边缘分布律分别为

$$P(X=x_i)=p_{i\bullet}\text{，}\quad i=1,2,\cdots$$

$$P(Y=y_i)=p_{\bullet j}\text{，}\quad j=1,2,\cdots$$

对于固定的j，$p_{\bullet j}>0$，则称

$$P(X=x_i\,|\,Y=y_j)=\frac{P(X=x_i,Y=y_j)}{P(Y=y_j)}=\frac{p_{ij}}{p_{\bullet j}}\text{，}\quad i=1,2,\cdots$$

为在$X=x_i$条件下随机变量Y的条件分布律。

条件分布满足分布律的特性：

（1）$P(X=x_i\,|\,Y=y_j)\geqslant 0$；

（2）$\sum\limits_{i=1}^{\infty}P(X=x_i\,|\,Y=y_j)=1$。

设(X,Y)是二维连续型随机变量，若对于固定的y和$\Delta y>0$，$P(y<Y\leqslant y+\Delta y)>0$，且极限

$$\lim_{\Delta y\to 0+}P(X\leqslant x\,|\,y<Y\leqslant y+\Delta y)=\lim_{\Delta y\to 0+}\frac{P(X\leqslant x,y<Y\leqslant y+\Delta y)}{P(y<Y\leqslant y+\Delta y)}$$

存在，则称此极限为在条件$Y=y$下X的条件分布函数，记作$P(X\leqslant x\,|\,Y=y)$或$F_{X|Y}(x\,|\,y)$。

5.3.2 随机变量的数字特征

虽然随机变量的分布函数能够全面描述随机变量的统计特性，但在实际问题中，可能只需要知道随机变量的某些特征，不需要求出它的分布函数。随机变量的数学期望、方差、协方差、相关系数、矩等数字特征虽然不能完整地表示随机变量，但能清晰地描述随机变量在某些方面的重要特性，因此，研究这些数字特征具有重要意义[12-13]。

1. 一维随机变量的数学期望

设Y为随机变量X的函数，即$Y=g(X)$，其中，g为连续的实函数。

（1）设X是离散型随机变量，其概率密度分布为

$$P(X=x_k)=p_k(k\geqslant 1)$$

若无穷级数$\sum\limits_{k=1}^{+\infty}x_k p_k$绝对收敛，则$Y$的均值，即数学期望为

$$\mathrm{E}(Y)=\mathrm{E}[g(X)]=\sum_{k=1}^{+\infty}g(x_k)p_k$$

（2）设连续型随机变量X的概率密度为$f(x)$，若积分$\int_{-\infty}^{+\infty}g(x)f(x)\mathrm{d}x$绝对收敛，则$\mathrm{E}(Y)=\mathrm{E}[g(X)]=\int_{-\infty}^{+\infty}g(x)f(x)\mathrm{d}x$。

2. 二维随机变量的数学期望

设$Z=g(X,Y)$是二维随机变量(X,Y)的函数，其中，g为连续的实函数。

（1）设(X,Y)是二维离散型随机变量，其概率密度分布为

$$P(X=x_i,Y=y_j)=p_{ij}\text{，}\quad i,j=1,2,\cdots$$

若无穷级数$\sum\limits_{j=1}^{\infty}\sum\limits_{i=1}^{\infty}g(x_i,y_j)p_{ij}$绝对收敛，则有

$$\mathrm{E}(Z)=\mathrm{E}[g(X,Y)]=\sum_{j=1}^{\infty}\sum_{i=1}^{\infty}g(x_i,y_j)p_{ij}$$

（2）设连续型随机变量(X,Y)的概率密度为$f(x,y)$，若积分$\int_{-\infty}^{+\infty}\int_{-\infty}^{+\infty}g(x,y)f(x,y)\mathrm{d}x\mathrm{d}y$绝对收敛，则有

$$\mathrm{E}(Z)=\mathrm{E}[g(X,Y)]=\int_{-\infty}^{+\infty}\int_{-\infty}^{+\infty}g(x,y)f(x,y)\mathrm{d}x\mathrm{d}y$$

数学期望的性质如下。

设X,Y是随机变量，且$\mathrm{E}(X)$和$\mathrm{E}(Y)$都存在，则有如下性质：

性质 1：若C为常数，则有$\mathrm{E}(C)=C$；

性质 2：若a,b为常数，则$\mathrm{E}(aX+b)=a\mathrm{E}(X)+b$；

性质 3：$\mathrm{E}(X\pm Y)=\mathrm{E}(X)\pm\mathrm{E}(Y)$；

性质 4：设X,Y相互独立，则有$\mathrm{E}(XY)=\mathrm{E}(X)\mathrm{E}(Y)$；

性质 5：若$X\geqslant 0$，则$\mathrm{E}(X)\geqslant 0$；若$X_1\geqslant X_2$，则$\mathrm{E}(X_1)\geqslant\mathrm{E}(X_2)$；

性质 6：若$\mathrm{E}(X^2)$和$\mathrm{E}(Y^2)$都存在，则$\mathrm{E}(XY)$存在，且

$$[E(XY)]^2 \leqslant E(X^2)E(Y^2)$$

这个不等式就是著名的柯西-许瓦兹不等式。

3. 方差

（1）设 X 是一个随机变量，若 $E[X-E(X)]^2$ 存在，则称其为随机变量 X 的方差，记为 $D(X)$ 或 $\mathrm{Var}(X)$，即

$$D(X)=E[X-E(X)]^2$$

称 $\sqrt{D(X)}$ 为随机变量 X 的标准差或均方差，记为 $\sigma(X)$，即

$$\sigma(X)=\sqrt{D(X)}$$

若 X 为离散型随机变量，其分布律为 $P(X=x_k)=p_k$，$k=1,2,\cdots$，则 X 的方差为

$$D(X)=\sum_{k=1}^{+\infty}[x-E(X)]^2 p_k$$

（2）若 X 为连续型随机变量，其概率密度为 $f(x)$，则 X 的方差为

$$D(X)=E(X^2)-[E(X)]^2$$

方差的性质如下。

设 X 和 Y 是随机变量，且 $D(X)$、$D(Y)$ 都存在，则有如下性质：

性质 1：设 C 为常数，则 $D(C)=0$；

性质 2：若 a,b 是常数，则 $D(aX+b)=a^2D(X)$；

性质 3：若 X,Y 相互独立，则 $D(X\pm Y)=D(X)\pm D(Y)$；

性质 4：$D(X)=0$ 的充分必要条件是 $P(X=E(X))=1$。

4. 协方差与相关系数

1）协方差

设随机变量 X 和 Y 的数学期望 $E(X)$ 和 $E(Y)$ 都存在，若 $E[(X-E(X))(Y-E(Y))]$ 存在，则称其为随机变量 X 和 Y 的协方差，记为 $\mathrm{Cov}(X,Y)$，即

$$\mathrm{Cov}(X,Y)=E[(X-E(X))(Y-E(Y))]$$

协方差的性质如下：

性质 1：协方差的计算与 X,Y 的次序无关，即

$$\mathrm{Cov}(X,Y)=\mathrm{Cov}(Y,X)$$

性质 2：设 a,b,c 为常数，则有

$$\mathrm{Cov}(aX+b,cY+d)=ac\mathrm{Cov}(X,Y)$$

性质 3：设 X,Y 为随机变量，则有

$$D(X\pm Y)=D(X)+D(Y)\pm 2\mathrm{Cov}(X,Y)$$

性质 4：设 X,Y 相互独立，则 $\mathrm{Cov}(X,Y)=0$；反之亦然。

性质 5：设 X,Y 为随机变量，则

$$[\mathrm{Cov}(X,Y)]^2=D(X)D(Y)$$

2）相关系数

设 (X,Y) 是一个二维随机变量，且 $D(X)>0$，$D(Y)>0$，则称

$$\rho_{XY}=\frac{\mathrm{Cov}(X,Y)}{\sqrt{D(X)}\sqrt{D(Y)}}=\frac{\mathrm{Cov}(X,Y)}{\rho_X\rho_Y}$$

为 X,Y 的相关系数（或标准协方差）。

相关系数的常用性质如下：

性质 1：设 ρ_{XY} 为随机变量 X,Y 的相关系数，则 $|\rho_{XY}|\leqslant 1$；

性质 2：$|\rho_{XY}|=1$ 的充要条件是存在常数 $a(a\neq 0)$、b，使得

$$P(Y=aX+b)=1$$

性质 3：如果随机变量 X,Y 相互独立，则 X,Y 不相关；反之亦然。

5.3.3 常见的概率分布

下面介绍几种常见的离散型概率分布[9]。

（1）两点分布。

若随机变量只能取 0 和 1 两个值，且它的分布律为

$$P(X=k)=p^k(1-p)^{(1-k)},\quad k=0,1,\quad 0<p<1$$

则称 X 服从参数为 p 的两点分布。

（2）二项分布。

若随机变量 X 的分布律为

$$P(X=k)=C_n^k p^k q^{(n-k)},\quad k=0,1,2,\cdots,n$$

其中，$0<p<1$，$p+q=1$，则称 X 服从参数为 n,p 的二项分布，记为 $X\sim B(n,p)$。

二项分布具有两个性质：

① $P(X=k)=C_n^k p^k q^{(n-k)}>0$，$k=0,1,2,\cdots,n$；

② $\sum\limits_{k=0}^{n}P(X=k)=\sum\limits_{k=0}^{n}C_n^k p^k q^{n-k}=(p+q)^n=1$。

注： 当 $n=1$ 时，二项分布即两点分布。

（3）泊松分布。

若随机变量 X 的分布律为

$$P(X=k)=\frac{\lambda^k}{k!}\mathrm{e}^{-\lambda},\quad k=0,1,2,\cdots,\quad \lambda>0$$

则称 X 服从参数为 λ 的泊松分布，记为 $X\sim P(\lambda)$。

（4）几何分布。

若随机变量 X 的分布律为

$$P(X=k)=pq^{k-1},\quad k=0,1,2,\cdots$$

其中，$0<p<1$，$q=1-p$，则称 X 服从几何分布，记为 $X\sim G(p)$。

下面介绍几种常见的连续型概率分布。

（1）均匀分布。

设连续型随机变量 X 的概率密度为

$$f(x)=\begin{cases}\dfrac{1}{b-a}, & a<x<b\\ 0, & \text{其他}\end{cases}$$

则称 X 在区间 (a,b) 上服从均匀分布，记作 $X\sim U(a,b)$。

X 的分布函数为

$$F(x)=\begin{cases}0, & x\leqslant a\\ \dfrac{x-a}{b-a}, & a<x<b\\ 1, & x\geqslant b\end{cases}$$

（2）指数分布。

设连续型随机变量 X 的概率密度为

$$f(x)=\begin{cases}\lambda e^{-\lambda x}, & x>0\\ 0, & x\leqslant 0\end{cases}$$

其中，λ 是大于 0 的常数，则称 X 服从参数为 λ 的指数分布，记作 $X\sim E(\lambda)$。

X 的分布函数为

$$F(x)=\begin{cases}1-e^{-\lambda x}, & x>0\\ 0, & x\leqslant 0\end{cases}$$

（3）正态分布。

若连续型随机变量 X 的概率密度为

$$f(x)=\frac{1}{\sqrt{2\pi\sigma}}e^{-\frac{(x-u)^2}{2\sigma^2}}\text{，}\quad -\infty<x<+\infty$$

其中，$u,\sigma(\sigma>0)$ 为常数，则称 X 服从参数为 u,σ 的正态分布，记作 $X\sim N(u,\sigma^2)$。

X 的分布函数为

$$F(x)=\frac{1}{\sqrt{2\pi\sigma}}\int_{-\infty}^{x}e^{-\frac{(t-u)^2}{2\sigma^2}}dt\text{，}\quad -\infty<x<+\infty$$

5.4　贝叶斯理论

5.4.1　贝叶斯公式的推导

在日常生活中，常常会遇到关于“预测”的问题，小到如根据晚上是否出现星星来预测明天会不会下雨，大到如通过分析城市交通设施的分布来预测交通量，从而进行交通运输的规划设计。“预测”与生活息息相关，但如何做预测呢？预测成功的概率有多大呢？

要进行预测，首先要了解基本的概率学原理。举如下简单的例子。甲、乙、丙三人按顺序分别抽奖，抽奖盒里分别有一、二、三等奖和安慰奖各一个，但由于突发情况，甲未能参与抽奖，自动获得安慰奖。那么，在此情况下，乙能抽到一等奖的概率为多少？

三个人若无差别地抽奖，能中一等奖的概率都是 1/4。可现在有一个前提条件：甲已获得安慰奖。很容易想到，乙现在抽中一等奖的概率明显提升了，变成了 1/3，而这个概率就是条件概率，通常用符号 $P(A|B)$ 来表示条件概率，读作“在 B 的条件下 A 的概率”。在上述例子中，B 指甲已获得安慰奖这一事件，A 指乙抽中一等奖这一事件，$P(A|B)=1/3$。

条件概率公式为

$$P(A|B)=\frac{P(AB)}{P(B)}$$

其中，$P(AB)$ 指 A、B 同时发生的概率，$P(B)$ 指 B 发生的概率。依然用上面的例子来分析这个公式。A、B 同时发生的概率指甲获得安慰奖之后，乙获得一等奖的概率，由古典概率可得 $P(AB)=\frac{1}{4}\times\frac{1}{3}$，$B$ 发生的概率指甲获得安慰奖的概率，$P(B)=1/4$。所以，利用上面的公式也能求得 $P(A|B)=1/3$。

得到了条件概率公式之后，可以得到其变形：

$$P(AB)=P(A|B)P(B)$$

考虑到 A、B 仅表示某一事件，具有轮换性，所以

$$P(AB)=P(BA)=P(B|A)P(A)$$

再回到上面的例子，重新讨论它的其他方面：甲由于突发状况不能参加抽奖，其产生突发状况的“原因”有很多，假设有 $A_1,A_2,\cdots,A_n$ 共 n 个事件，这些事件在“总体外部下”发生的概率分别为 $P(A_1),P(A_2),\cdots,P(A_n)$，事件之间两两互斥。某一“原因”发生造成甲无法参加抽奖的概率为 $P(B|A_i)$，$i=1,2,\cdots,n$，此时，可以得出 $P(B)$，即甲无法参加抽奖的概率等于所有“原因”导致这个结果的概率的总和，用公式表示为

$$P(B)=\sum_{i=1}^{n}P(BA_i)=\sum_{i=1}^{n}P(A_i)P(B|A_i),\quad i=1,2,\cdots,n$$

这个公式称为全概率公式，$A_1,A_2,\cdots,A_n$ 这 n 个事件构成了完备事件组。

更进一步地分析，既然甲已无法参加抽奖，那么，其中第 i 个事件 A_i 导致这个结果的概率该怎么求呢？假设该概率为 $P(A_i|B)$，由上面的条件概率公式和全概率公式可推导得

$$P(A_i|B)=\frac{P(A_iB)}{P(B)}=\frac{P(BA_i)}{P(B)}=\frac{P(B|A_i)P(A_i)}{P(B)}$$
$$=\frac{P(B|A_i)P(A_i)}{\sum_{i=1}^{n}P(A_i)P(B|A_i)},\quad i=1,2,\cdots,n$$

这个式子就是著名的贝叶斯公式。

从贝叶斯公式的结构来看，对于“原因”概率，是通过计算该“原因”下事件发生的概率与所有“原因”下事件发生的概率总和的比值得到的。贝叶斯公式也被称为“逆全概率公式”，这就体现了其“逆向思维”。人们都习惯计算“正向概率”，如班级有 M 位女生、N 位男生，计算老师上课叫到一位男生来回答问题的概率。而如果反过来考虑，在不知道班级男女比例的情况下，可通过老师叫学生回答问题的几次“实验”结果来推

测班级男女比例情况，进而推测贝叶斯公式，这两种概率分别称为“先验概率”和“后验概率”。“先验概率”往往根据已有的经验和知识来主观判断事件发生的概率，“后验概率”则根据实际观测来统计结果并得出概率。贝叶斯公式使人们能在有限的信息下进行概率估计，在实际生活的各领域有广泛的应用，如应用于医疗诊断、市场预测、信号估计等[14-16]。

5.4.2 贝叶斯公式的应用举例

下面介绍贝叶斯公式的具体应用。

例 5-3 慢性乙型肝炎（简称乙肝）是常见的、严重影响人们健康的传染病，同时是导致肝癌的重要原因之一。某地区的乙肝发病率为 0.05%，通过血清等医疗检测手段可以进行普查，假设血清检测一次性确诊的概率为 99.9%，即误诊率为 0.1%。现受检测者 X 检查结果呈阳性，受检测者 Y 检查结果呈阴性，则 X、Y 真患有乙肝的概率分别为多少？

解： 记 B 事件为“受检测者患有乙肝”，A 事件为“检查结果呈阳性”。由题意知：

$$P(B)=0.0005，P(\overline{B})=0.9995$$

$$P(A\mid B)=0.999，P(\overline{A}\mid B)=0.001$$

$$P(A\mid \overline{B})=0.001，P(\overline{A}\mid \overline{B})=0.999$$

则 X 真患有乙肝的概率表示为 $P(B\mid A)$，Y 真患有乙肝的概率表示为 $P(B\mid \overline{A})$。

由贝叶斯公式得

$$\begin{aligned}P(B\mid A)&=\frac{P(A\mid B)P(B)}{P(A\mid B)P(B)+P(A\mid \overline{B})P(\overline{B})}\\&=\frac{0.999\times 0.0005}{0.999\times 0.0005+0.001\times 0.9995}\\&\approx 0.333\end{aligned}$$

$$\begin{aligned}P(B\mid \overline{A})&=\frac{P(\overline{A}\mid B)P(B)}{P(\overline{A}\mid B)P(B)+P(\overline{A}\mid \overline{B})P(\overline{B})}\\&=\frac{0.001\times 0.0005}{0.001\times 0.0005+0.999\times 0.9995}\\&\approx 5\times 10^{-7}\end{aligned}$$

所以，X 真患有乙肝的概率约为 0.333，而 Y 真患有乙肝的概率约为 5×10^{-7}。

上述过程用 Python 实现的代码如下：

```
# -*- coding: UTF-8 -*-
'''
A 事件为“检查结果呈阳性”
A2 事件为“检查结果呈阴性”
B 事件为“受检测者患有乙肝”
B2 事件为“受检测者未患有乙肝”
A_B 事件为“B 事件发生的情况下 A 事件发生的概率”
```

```
'''
P_B = 0.0005
P_B2 = 0.9995
P_A_B = 0.999
P_A2_B = 0.001
P_A_B2 = 0.001
P_A2_B2 = 0.999
# X 真患有乙肝的概率表示为 P_B_A，  Y 真患有乙肝的概率表示为 P_B_A2
P_B_A = (P_A_B*P_B)/(P_A_B*P_B+P_A_B2*P_B2)
P_B_A2 = (P_A2_B*P_B)/(P_A2_B*P_B+P_A2_B2*P_B2)
print("X 真患有乙肝的概率表示为:%3f" % P_B_A)
print("Y 真患有乙肝的概率表示为:%g" % P_B_A2)
```

输出结果如下：

```
X 真患有乙肝的概率表示为：0.333222
Y 真患有乙肝的概率表示为：5.00751e-07
```

计算所得结果可能让人有点吃惊，可以理解为检测呈阴性的人实际患病的概率很低，而检测呈阳性的“患者”，实际患有乙肝的概率不到四成，这与想象中的不太一样。但是，仔细分析就不难理解了，从题干中来看，乙肝的发病率仅为万分之五，其本身发病率是相当低的。对 9995 个未患病的人进行检查，被误诊的人数达到 $9995\times0.001\approx10$ 个，已经是真实患者人数的两倍了。所以，提高医学检测的精确度才能从根本上保证结果的准确性。但是，在实际操作中，降低误诊率是很难实现的，需要采用其他办法，比如进行复查来减少错误率，或者进行简单的初查来排除大量检测呈阴性的人，再对剩余对象进行血清检测。

例 5-4 在数字通信中，利用 0、1 字符串来表示要发送的信息。信源以等概率传输 0、1 两种信号，由于信道存在噪声干扰等因素，接收机同等接收信号的能力产生了偏移。当发送 0 信号时，接收机接收转移成 1 信号的概率为 0.2；当发送 1 信号时，接收机接收转移成 0 信号的概率为 0.1。现接收机接收到一个字符串 00101，假设每节之间的传输相互独立，那么，接收机正确获取信源信息的概率为多少？

解： 记 A 为“发送信号为 0”；B 为“发送信号为 1”；C 为“接收信号为 0”；D 为“接收信号为 1”，则得到

$$P(A)=0.5,\ P(B)=0.5$$
$$P(C|A)=0.8,\ P(C|B)=0.1$$
$$P(D|A)=0.2,\ P(D|B)=0.9$$

由贝叶斯公式得出，正确传输信号 0、1 的概率分别为

$$\begin{aligned}P(A|C)&=\frac{P(C|A)P(A)}{P(C|A)P(A)+P(C|B)P(B)}\\&=\frac{0.8\times0.5}{0.8\times0.5+0.1\times0.5}\\&\approx0.889\end{aligned}$$

$$P(B|D)=\frac{P(D|B)P(B)}{P(D|B)P(B)+P(D|A)P(A)}$$
$$=\frac{0.9\times0.5}{0.9\times0.5+0.2\times0.5}$$
$$\approx 0.818$$

所以，接收机正确获取信源信息的概率 $P(R)$ 为

$$P(R)=(0.889)^3\times(0.818)^2$$
$$\approx 0.47$$

上述过程用 Python 实现的代码如下：

```
# -*- coding: UTF-8 -*-
'''
A 为“发送信号为 0”;
B 为“发送信号为 1”;
C 为“接收信号为 0”;
D 为“接收信号为 1”
'''
P_A = 0.5
P_B = 0.5
P_C_A = 0.8
P_C_B = 0.1
P_D_A = 0.2
P_D_B = 0.9
# 正确传输信号 0、1 的概率分别为:
P_A_C = (P_C_A*P_A)/(P_C_A*P_A+P_C_B*P_B)
P_B_D = (P_D_B*P_B)/(P_D_B*P_B+P_D_A*P_A)
print("正确传输信号 0 的概率为:%.3f" % P_A_C)
print("正确传输信号 1 的概率为:%.3f" % P_B_D)
# 接收机正确获取信源信息的概率 P(R)为:
P_R = ((P_A_C)**3)*((P_B_D)**2)
print("接收机正确获取信源信息的概率为：%.2f" % P_R)
```

输出结果如下：

```
正确传输信号 0 的概率为：0.889
正确传输信号 1 的概率为：0.818
接收机正确获取信源信息的概率为：0.47
```

从这个例子可以看出，信息传输过程中的噪声干扰的影响很严重，这就是为什么要设计优良信号、对信道编码，以及选用好的调制解调方法。

5.4.3　贝叶斯理论的前景

当今，贝叶斯理论的涉及范围已与大数据、机器学习、人工智能息息相关了。互联网公司利用贝叶斯公式来改进其搜索引擎，以及帮助客户过滤垃圾邮件。其实，人类天生具有贝叶斯理论体现的这种思维。当面对不充分的信息材料时，人们不得不进行最优

化推测，它提高了人们的生活效率。在这个快速多变的时代，信息相对复杂，相信贝叶斯理论的思维方法能帮助人们探索更多未知的可能。

5.5 极限理论

随机现象的规律往往只能通过大量的重复试验掌握。为了能够掌握这种规律，针对极限理论的研究应运而生。极限理论按照研究内容可以分为两大类，即大数定理和中心极限定理。大数定理研究随机变量平均值的稳定性，而中心极限定理研究独立随机变量之和的极限分布[17-18]。

5.5.1 收敛

设 p 为随机事件 A 发生的概率，在 n 次重复试验中，A 发生的概率为 $\{X_n : n=1,2,\cdots,n\}$，$\{X_n : n=1,2,\cdots,n\}$ 具有随机性，但当 n 足够大时，平均概率 $\overline{X}$ 收敛于概率 p，这种现象就是收敛性的表现。为了严格地用数学语言描述这种现象，需要建立适合随机变量特点的收敛性概念。

定义 5-11 对于分布函数列 $F_n(x)$，若存在一个非降函数 $F(x)$ 使

$$\lim_{n\to\infty} F_n(x) = F(x)$$

在 $F(x)$ 的每一连续点处都成立，则称 $F_n(x)$ 收敛于 $F(x)$，记为 $F_n(x) \xrightarrow{W} F(x)$。

定义 5-12 设随机变量 $X_n(\omega)$、$X(\omega)$ 的分布函数分别为 $F_n(x)$ 及 $F(x)$，若 $F_n(x) \xrightarrow{W} F(x)$，则称 $X_n(\omega)$ 收敛于 $X(\omega)$，并记为 $X_n(\omega) \xrightarrow{D} X(\omega)$。

定义 5-13 若 $\lim\limits_{n\to\infty} P(|X_n(\omega) - X(\omega)| \geqslant \varepsilon) = 0$ 对于任意的 $\varepsilon > 0$ 成立，则称 $\{X_n(\omega)\}$ 收敛于 $X(\omega)$，并记为 $X_n(\omega) \xrightarrow{P} X(\omega)$。

5.5.2 大数定理

定理 5-1（切比雪夫大数定理） 设 $X_1, X_2, \cdots, X_n, \cdots$ 是相互独立的随机变量序列，若有常数 a 使 $D(X_i) \leqslant a$，$i = 1,2,\cdots$，则对于任意 $\varepsilon > 0$，有

$$\lim_{n\to\infty} P\left[\left|\frac{1}{n}\sum_{i=1}^{n} X_i - \frac{1}{n}\sum_{i=1}^{n} \mathrm{E}(X_i)\right| < \varepsilon\right] = 1$$

证明： 设 $Y_n = \frac{1}{n}\sum\limits_{i=1}^{n} X_i$，则有

$$\mathrm{E}(Y_n) = \mathrm{E}\left(\frac{1}{n}\sum_{i=1}^{n} X_i\right) = \frac{1}{n}\sum_{i=1}^{n} \mathrm{E}(X_i)$$

$$D(Y_n) = D\left(\frac{1}{n}\sum_{i=1}^{n} X_i\right) = \frac{1}{n^2}\sum_{i=1}^{n} D(X_i) \leqslant \frac{c}{n}$$

由切比雪夫不等式得

$$P\left[\left|\frac{1}{n}\sum_{i=1}^{n}X_i-\frac{1}{n}\sum_{i=1}^{n}\mathrm{E}(X_i)\right|<\varepsilon\right]\geqslant 1-\frac{c}{n\varepsilon^2}$$

所以

$$\lim_{n\to\infty}P\left[\left|\frac{1}{n}\sum_{i=1}^{n}X_i-\frac{1}{n}\sum_{i=1}^{n}\mathrm{E}(X_i)\right|<\varepsilon\right]\geqslant 1$$

又因为任何事件的概率不大于 1，所以有

$$\lim_{n\to\infty}P\left[\left|\frac{1}{n}\sum_{i=1}^{n}X_i-\frac{1}{n}\sum_{i=1}^{n}\mathrm{E}(X_i)\right|<\varepsilon\right]=1$$

定理 5-2（**伯努利大数定理**）设 X 是 n 重伯努利试验中事件 A 发生的次数，p 是事件 A 在每次试验中发生的概率，则对任意 $\varepsilon>0$，有

$$\lim_{n\to\infty}P\left(\left|\frac{X}{n}-p\right|<\varepsilon\right)=1$$

证明：定义随机变量

$$X_i=\begin{cases}1，第k次试验中A发生，i=1,2,\cdots\\0，第k次试验中A不发生，i=1,2,\cdots\end{cases}$$

则 $X=\sum_{k=1}^{n}X_k$。由于各次试验是相互独立的，即 X_k 只依赖于第 k 次试验，故有

$$\mathrm{E}(X_k)=p，D(X_k)=p(1-p)\leqslant\frac{1}{4}$$

由切比雪夫大数定理可知

$$\lim_{n\to\infty}P\left(\left|\frac{1}{n}\sum_{k=1}^{n}X_k-p\right|<\varepsilon\right)=1$$

即

$$\lim_{n\to\infty}P\left(\left|\frac{X}{n}-p\right|<\varepsilon\right)=1$$

伯努利大数定理表明，随机事件在重复试验中发生的频率依概率收敛于该事件的概率。

定理 5-3（**辛钦大数定理**）设随机变量 $X_1,X_2,\cdots,X_n,\cdots$ 相互独立且服从相同的分布，X_i 的数学期望 $\mathrm{E}(X_i)=\mu$ 存在，$i=1,2,\cdots$，则对任意 $\varepsilon>0$，有

$$\lim_{n\to\infty}P\left[\left|\frac{1}{n}\sum_{i=1}^{n}X_i-\frac{1}{n}\sum_{i=1}^{n}\mathrm{E}(X_i)\right|<\varepsilon\right]=1$$

辛钦大数定理表明，在定理条件下，当 n 充分大时，随机变量的算术平均值依概率收敛于它的期望值。

5.5.3　中心极限定理

在现实生活中，许多随机变量同时受大量相互独立的随机因素的影响，但其中任意一种因素对随机变量的影响都很小。例如，一个专业运动员抛同一个铅球，每次所抛铅

球的距离都不同，在抛铅球的过程中，其会受到风向、风速、个人摆臂幅度、个人发力时间等因素的影响，但专业运动员所抛铅球的距离会出现“中间多、两头少、左右对称”的现象，这种现象近似服从正态分布，这就是中心极限定理的客观背景。

定理 5-4（林德贝格-勒维极限定理） 设随机变量 $X_1,X_2,\cdots,X_n,\cdots$ 独立同分布，且 $\mathrm{E}(X_i)=\mu$， $D(X_i)=\sigma^2>0$， $i=1,2,\cdots$，则对任意实数 x，有

$$\lim_{n\to\infty}P\left(\frac{\sum_{i=1}^{n}X_i-n\mu}{\sqrt{n}\sigma}\leqslant x\right)=\int_{-\infty}^{x}\frac{1}{\sqrt{2\pi}}\mathrm{e}^{\frac{t^2}{2}}\mathrm{d}t=\phi(x)$$

其中，$\phi(x)$ 是标准正态分布函数。

林德贝格-勒维极限定理表明，独立同分布随机变量之和渐近服从正态分布。实际上，随机变量 $\frac{\sum_{i=1}^{n}X_i-n\mu}{\sqrt{n}\sigma}$ 是独立同分布随机变量之和 $\sum_{i=1}^{n}X_i$ 的标准化。当 n 充分大时，根据林德贝格-勒维极限定理，有

$$\frac{\sum_{i=1}^{n}X_i-n\mu}{\sqrt{n}\sigma}\sim N(0,1)$$

等价地，对于独立同分布随机变量之和，有

$$\sum_{i=1}^{n}X_i\sim N(\mu,\frac{\sigma^2}{n})$$

对于独立同分布随机变量的平均值，有

$$\overline{X_n}=\frac{1}{n}\sum_{i=1}^{n}X_i\sim N(\mu,\frac{\sigma^2}{n})$$

例 5-5 每个箱子可装某种水果 100 个，每个水果的重量独立，其数学期望为 1000g，标准差为 100g，求任意一箱水果重量大于 101kg 的概率。

解： 设一个箱子中每个水果的重量为 X_i， $i=1,2,\cdots,100$，由定理 5-4 得

$$\mu=\mathrm{E}(X_i)=1000$$

$$\sigma=\sqrt{D(X_i)}=100$$

任意一箱水果的重量大于 101kg 的概率为

$$P\left(\sum_{i=1}^{n}X_i>101000\right)=P\left(\frac{\sum_{i=1}^{n}X_i-n\mu}{\sqrt{n}\sigma}>1\right)\approx1-\phi(1)\approx1-0.8413=0.1587$$

定理 5-5（拉普拉斯定理） 设随机变量 X_n 服从二项分布，则

$$\lim_{n\to\infty}P\left[\frac{X_n-np}{\sqrt{np(1-p)}}\leqslant x\right]=\phi(x)$$

例 5-6　一代工厂生产主板，主板有问题的概率为 0.01，现将每 100 块主板装成一箱，求一箱中存在问题的主板数不多于 5 个的概率。

解：设一箱中有问题的主板数为 X，期望 $\mathrm{E}(X)=0.1$，$D(X)=0.99$，由定理 5-5 得

$$P(0\leqslant X\leqslant 5)=P\left(\frac{0-1}{\sqrt{0.99}}\leqslant\frac{X-1}{\sqrt{0.99}}\leqslant\frac{5-1}{\sqrt{0.99}}\right)\approx\phi(4.02)-\phi(-1.01)$$
$$\approx 0.99997-0.1562=0.84377$$

5.6　实验：基于 Python 的泊松分布仿真实验

5.6.1　实验目的

（1）了解泊松分布的基本原理。
（2）了解泊松分布各参数的含义。
（3）生成泊松分布的随机数。
（4）绘制泊松分布的概率密度分布。
（5）绘制泊松分布的累积概率曲线。
（6）运行程序，看到结果。

5.6.2　实验要求

（1）了解泊松分布的基本原理。
（2）了解泊松分布各参数的含义。
（3）了解泊松分布的实际应用。
（4）理解泊松分布的相关的源码。
（5）用代码模拟泊松分布。

5.6.3　实验原理

泊松分布是概率论中常见的一种离散型概率分布，由法国数学家泊松于1838 年提出。泊松分布的概率密度分布为

$$P(X=k)=\frac{\lambda^k}{k!}\mathrm{e}^{-\lambda},\ k=0,1,\cdots$$

其中，参数 λ 表示单位时间内随机事件平均发生的次数。泊松分布应用很广泛，很多社会现象都服从泊松分布，如在一段时间内到某个公共汽车站的乘客数、在一段时间内某公安局收到的报案数、在一段时间内某放射性物质发射出的粒子数等。泊松分布在管理学、运筹学等自然学科中都是非常重要的概率模型。

5.6.4　实验步骤

本实验环境为 Python 和 Python 相关库，读者应自行安装 Python 开发环境，其中，额外的相关库的安装命令如下：

```
Python -m pip install --user numpy scipy matplotlib iPython jupyter pandas sympy nose
```

此命令只会把额外的库安装在相关用户的目录下，而不会安装在系统目录下，避免了不必要的麻烦。

实验的相关代码如下：

```
#coding:utf-8
import numpy as np
import scipy.stats as st
import matplotlib.pyplot as plt
#设置所绘制图的 dpi
plt.figure(dpi=100)
#绘制泊松分布的概率密度分布
plt.bar(x=np.arange(15),height=(st.poisson.pmf(np.arange(15),mu=5)),label="pmf")
#绘制泊松分布的累积概率曲线
plt.plot(np.arange(15),st.poisson.cdf(np.arange(15),mu=5),color="red",label="cdf")
plt.xlabel("Probability")
plt.ylabel("Random Variables")
plt.legend(loc='best')
#绘制不同 λ 的对比情况
plt.figure(dpi=100)
plt.scatter(np.arange(15),st.poisson.pmf(np.arange(15),mu=1),marker='*')
plt.plot(np.arange(15),st.poisson.pmf(np.arange(15),mu=1),ls=':',label='$\lambda=1$',marker='*')
plt.scatter(np.arange(15),st.poisson.pmf(np.arange(15),mu=2),marker='o')
plt.plot(np.arange(15),st.poisson.pmf(np.arange(15),mu=2),ls='-',label='$\lambda=2$',marker='o')
plt.scatter(np.arange(15),st.poisson.pmf(np.arange(15),mu=5),marker='+')
plt.plot(np.arange(15),st.poisson.pmf(np.arange(15),mu=5),ls='-.',label='$\lambda=5$',marker='+')
plt.scatter(np.arange(15),st.poisson.pmf(np.arange(15),mu=7),marker='v')
plt.plot(np.arange(15),st.poisson.pmf(np.arange(15),mu=7),ls='--',label='$\lambda=7$',marker='v')
plt.scatter(np.arange(15),st.poisson.pmf(np.arange(15),mu=10),marker='|')
plt.plot(np.arange(15),st.poisson.pmf(np.arange(15),mu=10),ls='-.',label='$\lambda=10$',marker='|')
plt.xlabel("Probability")
plt.ylabel("Random Variables")
plt.legend(loc='best')
plt.show()
```

5.6.5 实验结果

运行程序，输出结果如图 5-2 和图 5-3 所示。

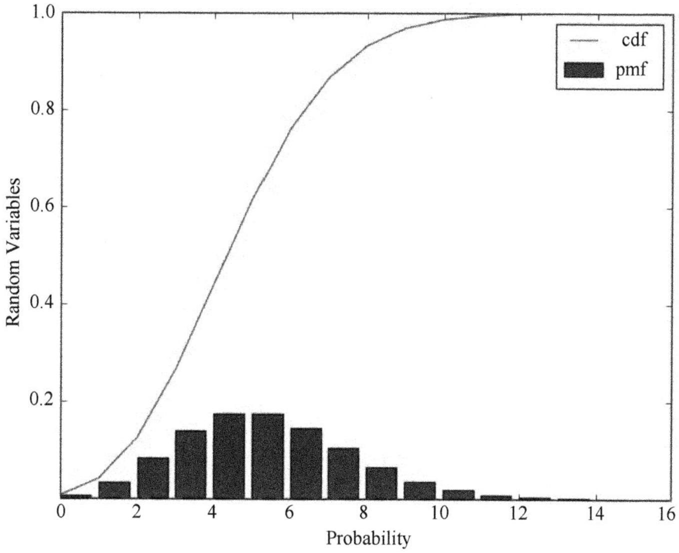

图 5-2 泊松分布的概率密度分布及其累积概率曲线

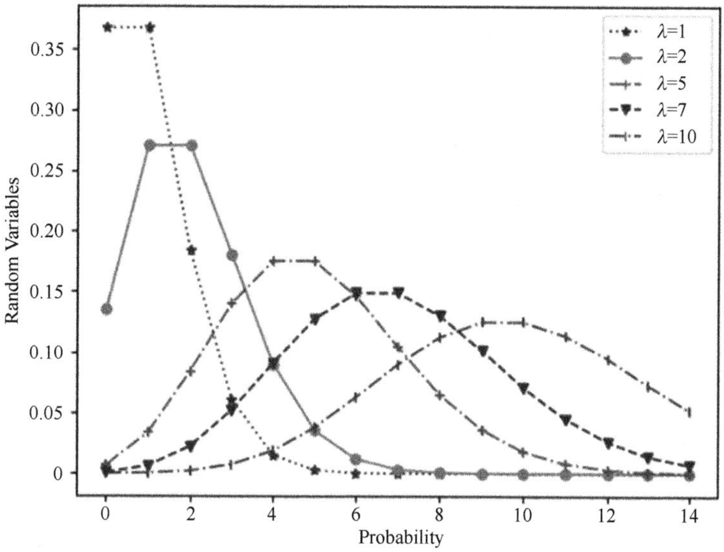

图 5-3 不同 λ 下的曲线对比

习题

1. 现有 10 个白球，5 个红球，不放回抽取，求下面事件的概率：

（1）依次取两个球，两个球均是白球的概率；

（2）依次取两个球，两个球均是红球的概率；

（3）一次取两个球，其中一个球是白球，另一个球是红球的概率；

（4）一次取两个球，两个球都是白球的概率；

（5）一次取两个球，两个球都是红球的概率；

（6）依次取两个球，当其中一个球是白球时，另一个球是红球的概率。

2. 用Python画出正态分布的概率密度函数曲线，并对比采用不同参数所得的曲线。

3. 在例5-3的条件下，“患者”X现进行复查，第二次检查结果仍呈阳性，则该结果的准确性如何？

4. 运用贝叶斯理论进行垃圾邮件过滤的算法原理是什么？

5. 日常生活中的哪些情况运用了贝叶斯理论的思维？

参考文献

[1] DIMITRI P B, JOHN N T. 概率导论[M]. 2版. 郑忠国，童行伟，译. 北京：人民邮电出版社，2009.

[2] 陈希孺. 数理统计学简史[M]. 长沙：湖南教育出版社，2002.

[3] 凌能祥. 数理统计[M]. 合肥：中国科学技术大学出版社，2014.

[4] 庞常词，李宗成. 概率论与数理统计[M]. 北京：北京邮电大学出版社，2018.

[5] 傅丽芳. 概率论与数理统计[M]. 北京：科学出版社，2018.

[6] 乐励华，段五朵. 概率论与数理统计[M]. 南昌：江西高校出版社，2015.

[7] 杨鹏飞. 概率论与数理统计[M]. 北京：北京大学出版社，2016.

[8] 何书元. 概率论与数理统计[M]. 北京：高等教育出版社，2006.

[9] 杨荣，郑文瑞. 概率论与数理统计[M]. 北京：清华大学出版社，2008.

[10] 陈希孺. 概率论与数理统计[M]. 合肥：中国科学技术大学出版社，2009.

[11] 齐治平，佟孟华，郑永冰. 概率论与数理统计[M]. 辽宁：东北财经大学出版社，2003.

[12] 雷平，凌学岭，王安娇，等. 概率论与数理统计（修订版）[M]. 北京：清华大学出版社，2018.

[13] 盛骤，谢式千，潘承毅. 概率论与数理统计[M]. 4版. 北京：高等教育出版社，2008.

[14] 韦来生. 贝叶斯统计[M]. 北京：高等教育出版社，2016.

[15] 韩明. 贝叶斯统计学及其应用[M]. 上海：同济大学出版社，2015.

[16] 黄金超. 贝叶斯统计分析[M]. 合肥：安徽师范大学出版社，2017.

[17] 杨静，邓明立. 中心极限定理的创立与发展[J]. 科学，2013，65(5):57-59.

[18] 孙西超，闫理坦. 次分数Brown运动一个积分泛函的中心极限定理及其应用[J]. 中国科学：数学，2017(9):64-85.

第 6 章　数 理 统 计

数理统计是以随机数据为基础，从中对所研究的问题做出推断或预测，进而发现问题本质规律的一门学科。数理统计以概率论为理论基础，但与概率论有本质的区别。数理统计的研究对象是根据分布未知的随机变量来推断随机变量的分布参数，而概率论的研究对象是在随机变量的分布已知的情况下求随机变量的数字特征及规律。事实上，数理统计以概率论为理论基础，是概率论的具体应用。因此，数理统计同样是现代人工智能发展不可或缺的数学工具。学好数理统计知识有助于更好地理解人工智能中的深度学习算法、数据挖掘算法等。

6.1　概述

6.1.1　数理统计发展简史

数理统计以概率论为基础，相对于其他数学分支来说，它的形成比较晚。大多数学者认为它形成于 1946 年克拉美发表的代表作《统计学数学方法》，其中，克拉美结合了 1945 年以前的概率论、统计学方面的相关理论[1]。

统计萌发于公元前 1 世纪的人口普查计算，到 18 世纪逐步向一门学科发展。1763 年，贝叶斯发表了《论有关机遇问题的求解》，文中介绍了统计推断的贝叶斯方法，形成了贝叶斯学派。1809 年，高斯在著作《天体运动理论》中用最小二乘法计算了谷神星的轨道。1855 年，高尔顿通过研究父母身高与子女身高之间的关系发现了回归效应，发表了《遗传的身高向平均数方向的回归》一文。之后，皮尔逊发展了回归与相关的理论，提出了相关系数，创立了生物统计学分支，提出了 x^2 检验法，这是最早的检验方法。1908 年，皮尔逊的学生发展了皮尔逊的方法，发现了 t 分布，开辟了小样本理论研究领域。20 世纪初，英国统计学家费歇尔开创了实验设计法，提出了显著性检验方法，研究了估计精度与样本之间的关系，提出了信息量的概念，创立了点估计理论，同时还研究了序贯分析。尤尔在 1925—1930 年提出了自回归、序列相关等概念，为数理统计中的时间序列分析提供了理论基础。1928 年，维希特提出了维希特分布，发展了数理统计中的多元统计分析。1928—1938 年，奈曼和小皮尔逊发表了一系列关于假设检验的数学理论，基于概率理论建立了置信区间。在第二次世界大战期间，维纳发展了时间序列分析理论并用它研究大炮的射击问题，同期，瓦尔德提出了序贯概率比检验方法，为序贯分析的发展奠定了理论基础。1946 年，克拉美总结了前人的成果，出版了著作《统计学数学方法》。第二次世界大战之后，源于当时的社会需求，数理统计应用于工业、农业、医学、社会、经济等方面，数理统计得到了快速发展。后来，由于计算机可以解决大量数据相关的问题，促进了处理数据的统计方法的产生。1950 年，瓦尔德创立了统计决策理论，旨在对各种统计问题进行归一化处理。

自 20 世纪 90 年代以来，一些复杂难解的问题可以通过蒙特卡罗方法解决。蒙特卡罗方法是乌拉姆和冯·诺伊曼首先提出来的。蒙特卡罗方法的思想其实很早就被人们发现了，最早起源于1777年蒲丰提出的用投针实验的方法计算圆周率。数理统计发展到现在，有各种各样的估计方法，如自助法和投影寻踪法等，数理统计已成为现代社会不可或缺的数学工具。

6.1.2 数理统计的主要内容

数理统计发展到现在，内容非常丰富，应用非常广，甚至可以说，只要有数据的地方就需要用到数理统计。数理统计的内容主要包括总体与样本的关系、参数的各种估计、假设检验、回归分析与统计决策[2]。

6.2 总体与样本

6.2.1 总体与样本简介

定义 6-1 在统计学中，通常将研究对象的全体称为总体，而把组成总体的每个研究对象称为个体。

统计中，人们关心的不是总体中个体的情况，而是个体具备的某一项特征或某几项特征。例如，当检测笔的质量时，笔的形状、粗细、长短等特征并不是检测的内容，只有笔的耐用性及使用寿命才是检测的关键。当检测笔的使用寿命时，总体就是笔的使用寿命 X 的取值全体，X 是一个随机变量，X 的分布函数 $F(x)=P(X\leqslant x)(x\in R)$ 称为总体的分布函数[3]。

从总体中抽取一个个体，这就是对总体随机变量 X 进行的一次试验或观测，得到的值叫作 X 的一个观测值，记作 x_i。由于每次试验都是随机的，在一次试验中，取得总体中的哪个具体值，是无法预先知晓的。因此，在抽取总体的每个观测值时，假设第 i 次抽取得到一个随机变量 X_i，则 X_i 与 X 有相同的分布。

定义 6-2 从总体 X 中随机地抽取 n 个个体，得到 n 个随机变量 $X_1,X_2,\cdots,X_n$，称 $(X_1,X_2,\cdots,X_n)$ 为总体 X 的一个样本，其中，n 称为样本的容量。

定义 6-3 设 $(X_1,X_2,\cdots,X_n)$ 是来自总体 X 的容量为 n 的样本，如果 $X_1,X_2,\cdots,X_n$ 互相独立，且每个 $X_i\ (i=1,2,\cdots,n)$ 都与总体 X 同分布，则称 $(X_1,X_2,\cdots,X_n)$ 为总体 X 的一个简单随机样本，简称为样本。

6.2.2 数据的特征

数据的特征主要体现在三个方面：集中趋势、离散程度和分布形状[4-5]。

1. 集中趋势

集中趋势指一组数据向其中心值靠拢的倾向和程度，包括众数、中位数、均值。

众数：一组数据中出现次数最多的数据，不会受极端值的影响，是集中趋势的体现值之一。

中位数：一组数据从小到大排列后，处在中间的一个值（或处在中间的两个值的平均数），具有唯一性。

均值：反映了一组数据的平均水平，与一组数据中的每个值都有关系，会受每个值变化的影响。

例 6-1 某次考试学生的得分情况如下：88,90,70,75,93,85,85,88,86,85。请给出这组数据的特征。

解：这次考试中出现最多的得分是 85 分，因此，众数是 85。

将得分按照从小到大排序：70,75,85,85,85,86,88,88,90,93，因此，中位数为 85.5。

均值为 84.5。

用 Python 实现的程序如下：

```
import numpy as np
num=[88,90,70,75,93,85,85,88,86,85]
#求众数
c=np.bincount(num)#用在 numpy 中建立元素出现次数的索引的方法求众数
num_mod=np.argmax(c)
#求中位数
num_med=np.median(num)
#求均值
num_mea=np.mean(num)
print("众数:",num_mod)
print("中位数:",num_med)
print("均值:",num_mea)
```

输出结果如下：

```
众数：85
中位数：85.5
均值：84.5
```

也可以用使 SciPy 计算众数：

```
from scipy.stats import mode
num=[88,90,70,75,93,85,85,88,86,85]
#求众数
num_mod=mode(num)[0][0]
print("众数:",num_mod)
```

输出结果如下：

```
众数：85
```

2. 离散程度

离散程度是数据的一个重要特征，包括极差、方差、标准差，它反映了各变量值远离其中心值的程度，不同类型的数据有不同的离散程度。

极差：一组数据中最大值与最小值的差值，反映了数据的变化范围。

如在例 6-1 中，极差为 23。

方差：一组数据中各值与均值差的平方的平均值，反映了一组数据整体的波动大小。

如在例 6-1 中，方差为 47.83。

标准差：方差的算术平方根，反映了一组数据内个体的离散程度。

如在例 6-1 中，标准差为 6.92。

用 Python 求例 6-1 中数据的离散程度的程序如下：

```
import numpy as np
num=[88,90,70,75,93,85,85,88,86,85]
#求极差
num_ptp = np.ptp(num)
#求方差
num_var = np.var(num,ddof=1)   #用 n-1 计算方差
#求标准差
num_std = np.std(num,ddof=1)
print("极差：%f" % num_ptp)
print("方差：%f" % num_var)
print("标准差:%f" % num_std)
```

输出结果如下：

```
极差：23.000000
方差：47.833333
标准差:6.916165
```

3. 分布形状

分布形状包括偏态和峰度。

偏态反映了数据分布的倾斜程度，包括右偏分布（见图 6-1）和左偏分布（见图 6-2），计算公式为

$$S_k = \frac{\sum_{i=1}^{N}(X_i - \overline{X})^3 F_i}{N\sigma^3}$$

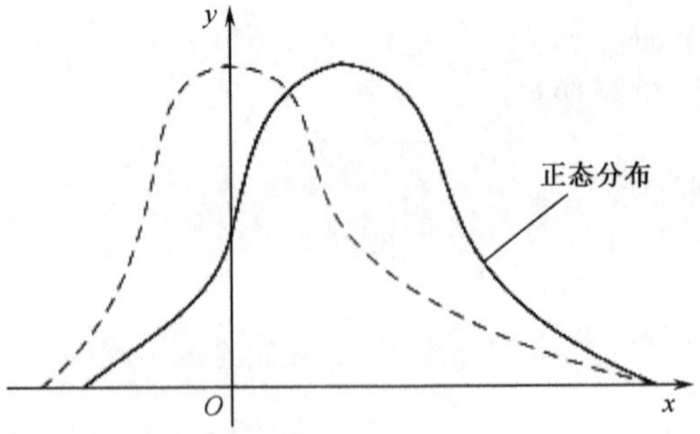

图 6-1　右偏分布示意

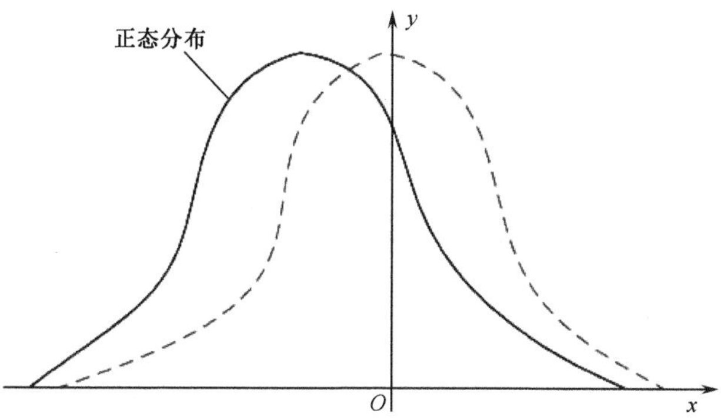

图 6-2　左偏分布示意

峰度反映了数据分布的扁平程度，包括扁平分布（见图 6-3）和尖峰分布（见图 6-4），计算公式为

$$k=\frac{\sum_{i=1}^{N}(X_i-\overline{X})^4 F_i}{N\sigma^4}-3$$

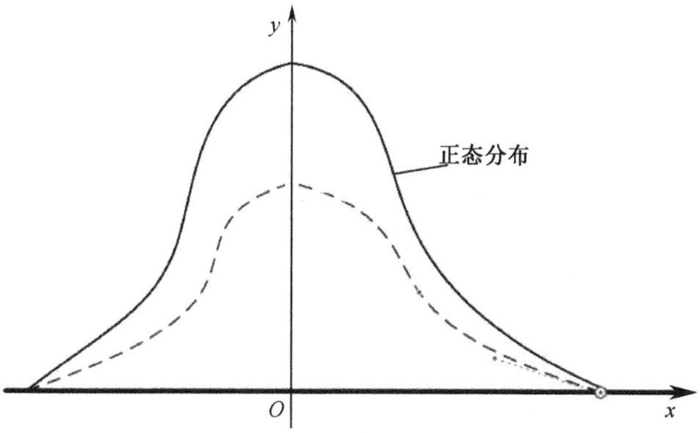

图 6-3　扁平分布示意

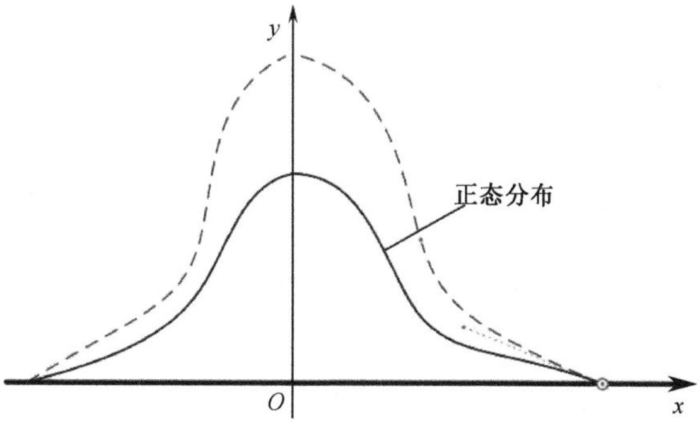

图 6-4　尖峰分布示意

6.2.3 统计量

定义 6-4 设$(X_1,X_2,\cdots,X_n)$为总体X的一个样本，若样本函数$T(X_1,X_2,\cdots,X_n)$包括总体的未知参数，则称$T(X_1,X_2,\cdots,X_n)$为一个统计量。如果$(x_1,x_2,\cdots,x_n)$是样本$(X_1,X_2,\cdots,X_n)$的一个观测值，则称$T(x_1,x_2,\cdots,x_n)$是统计量$T(X_1,X_2,\cdots,X_n)$的一个观测值。

设$X_1,X_2,\cdots,X_n$为总体X的一个样本，则样本均值为

$$\overline{X}=\frac{1}{n}\sum_{i=1}^{n}X_i$$

样本方差为

$$S^2=\frac{1}{n-1}\sum_{i=1}^{n}(X_i-\overline{X})^2$$

样本标准差为

$$S=\sqrt{\frac{1}{n-1}\sum_{i=1}^{n}(X_i-\overline{X})^2}$$

样本k阶原点矩为

$$A_k=\frac{1}{n}\sum_{i=1}^{n}X_i^k,\quad k=1,2,\cdots$$

样本k阶中心矩为

$$B_k=\frac{1}{n}\sum_{i=1}^{n}(X_i-\overline{X})^k,\quad k=1,2,\cdots$$

上述式子中的$\overline{X}$, S^2, A_k,B_k都是统计量。

定理 6-1 设总体X的数学期望$\mathrm{E}(X)=\mu$、方差$D(X)=\sigma^2$存在，$X_1,X_2,\cdots,X_n$是来自总体X的一个样本，则$\mathrm{E}(\overline{X})=\mu$，$D(\overline{X})=\dfrac{\sigma^2}{n}$。

定理 6-2 设总体X的数学期望$\mathrm{E}(X)=\mu$、方差$D(X)=\sigma^2$存在，$(X_1,X_2,\cdots,X_n)$是来自总体X的一个样本，$S^2=\dfrac{1}{n-1}\sum_{i=1}^{n}(X_i-\overline{X})^2$，则$\mathrm{E}(S^2)=\sigma^2$。

6.3 参数估计

6.3.1 最大似然估计

最大似然估计是参数点估计的重要方法，这种估计方法利用总体X的分布表达式和样本所提供的信息来确定未知参数θ的估计量[6-7]。

假设总体X是离散型随机变量，分布律为

$$P\{X=x\}=P(x;\theta_1,\theta_2,\cdots,\theta_k)$$

其中，$\theta_1,\theta_2,\cdots,\theta_k$为未知参数，$X_1,X_2,\cdots,X_n$为来自总体$X$的一个样本，其观测值为

$x_1,x_2,\cdots,x_n$，样本的联合分布律为

$$\begin{aligned}L(\theta_1,\theta_2,\cdots,\theta_k) &= P\{X_1 = x_1, X_2 = x_2,\cdots, X_n = x_n\}\\ &= \prod_{i=1}^{n} P\{X_i = x_i\}\\ &= \prod_{i=1}^{n} P\{x_i;\theta_1,\theta_2,\cdots,\theta_k\}\end{aligned}$$

$L(\theta_1,\theta_2,\cdots,\theta_k)$ 可以看作未知参数 $\theta_1,\theta_2,\cdots,\theta_k$ 的函数，称为似然函数。若存在

$$\hat{\theta}_i = \hat{\theta}_i(x_1,x_2,\cdots,x_n)\ (i=1,2,\cdots,k)$$

使得

$$L(\hat{\theta}_1,\hat{\theta}_2,\cdots,\hat{\theta}_k) = \max L(\theta_1,\theta_2,\cdots,\theta_k)$$

则称 $\hat{\theta}_i = \hat{\theta}_i(x_1,x_2,\cdots,x_n)(i=1,2,\cdots,k)$ 为 $\theta_i(i=1,2,\cdots,k)$ 的最大似然估计值，相应的样本函数 $\hat{\theta}_i = \hat{\theta}_i(X_1,X_2,\cdots,X_n)$ 称为 θ_i 的最大似然估计量。

假设总体 X 是连续型随机变量，其概率密度函数为

$$f(x;\theta_1,\theta_2,\cdots,\theta_k)$$

其中，$\theta_1,\theta_2,\cdots,\theta_k$ 为未知参数，$X_1,X_2,\cdots,X_n$ 为来自总体 X 的一个样本，其观测值为 $x_1,x_2,\cdots,x_n$，定义似然函数为

$$L(\theta_1,\theta_2,\cdots,\theta_k) = \prod_{i=1}^{n} f(x_i;\theta_1,\theta_2,\cdots,\theta_k)$$

若存在 $\hat{\theta}_i = \hat{\theta}_i(x_1,x_2,\cdots,x_n)(i=1,2,\cdots,k)$ 使得 $\hat{\theta}_i = \hat{\theta}_i(x_1,x_2,\cdots,x_n)$ 满足

$$L(\hat{\theta}_1,\hat{\theta}_2,\cdots,\hat{\theta}_k) = \max L(\theta_1,\theta_2,\cdots,\theta_k)$$

则称 $\hat{\theta}_i = \hat{\theta}_i(x_1,x_2,\cdots,x_n)$ 为 $\theta_i(i=1,2,\cdots,k)$ 的最大似然估计值，相应的样本函数 $\hat{\theta}_i = \hat{\theta}_i(X_1,X_2,\cdots,X_n)$ 称为 θ_i 的最大似然估计量。

未知参数 $\theta_1,\theta_2,\cdots,\theta_k$ 的最大似然估计值 $\hat{\theta}_1,\hat{\theta}_2,\cdots,\hat{\theta}_k$ 是似然函数 $L(\theta_1,\theta_2,\cdots,\theta_k)$ 的最大值点。因此，求最大似然估计的方法：先写出似然函数 $L(\theta_1,\theta_2,\cdots,\theta_k)$，然后求似然函数的最大值点。

在实际计算过程中，注意到函数 $L(\theta_1,\theta_2,\cdots,\theta_k)$ 与对数函数 $\ln L(\theta_1,\theta_2,\cdots,\theta_k)$ 有相同的最大值点，往往将求似然函数 $L(\theta_1,\theta_2,\cdots,\theta_k)$ 的最大值点转化为求函数 $\ln L(\theta_1,\theta_2,\cdots,\theta_k)$ 的最大值点。若似然函数 $L(\theta_1,\theta_2,\cdots,\theta_k)$ 关于 $\theta_1,\theta_2,\cdots,\theta_k$ 的偏导数存在，则可以建立如下方程组：

$$\begin{cases}\dfrac{\partial \ln L(\theta_1,\theta_2,\cdots,\theta_k)}{\partial \theta_1} = 0\\ \dfrac{\partial \ln L(\theta_1,\theta_2,\cdots,\theta_k)}{\partial \theta_2} = 0\\ \quad\vdots\\ \dfrac{\partial \ln L(\theta_1,\theta_2,\cdots,\theta_k)}{\partial \theta_n} = 0\end{cases}$$

该方程组称为似然方程组。如果似然方程组（或方程）的解 $(\hat{\theta}_1,\hat{\theta}_2,\cdots,\hat{\theta}_k)$ 唯一，则

它就是函数 $\ln L(\theta_1,\theta_2,\cdots,\theta_k)$ 的最大值点，即 $\hat{\theta}_1,\hat{\theta}_2,\cdots,\hat{\theta}_k$ 分别是未知参数 $\theta_1,\theta_2,\cdots,\theta_k$ 的最大似然估计。

6.3.2 贝叶斯估计

设做 n 次独立试验，每次观测某时间 A 是否发生，A 在每次试验中发生的概率为 p，下面依据实验结果估计 p [8-9]。

设 X_i 为 1 或 0，视第 i 次试验时 A 发生与否而定 $(i=1,2,\cdots,n)$，且 $P(X_i=1)=p$，$P(X_i=0)=1-p$。因此，$(X_1,X_2,\cdots,X_n)$ 的概率函数为 $p^X(1-p)^{n-X}$，$X=\sum_{i=1}^{n}X_i$。

取 p 的先验密度为 $h(p)$，则 p 的后验密度为

$$h(p\mid X_1,X_2,\cdots,X_n)=\frac{h(p)p^X(1-p)^{n-X}}{\int_0^1 h(p)p^X(1-p)^{n-X}\,\mathrm{d}p}\quad(0\leqslant p\leqslant 1)$$

此分布的均值为

$$\begin{aligned}\hat{p}=\hat{p}(X_1,X_2,\cdots,X_n)&=\int_0^1 ph(p\mid X_1,X_2,\cdots,X_n)\mathrm{d}p\\&=\frac{\int_0^1 h(p)p^{X+1}(1-p)^{n-X}\mathrm{d}p}{\int_0^1 h(p)p^X(1-p)^{n-X}\mathrm{d}p}\end{aligned}$$

$\hat{p}$ 就是 p 在先验分布 $h(p)$ 之下的贝叶斯估计。

6.3.3 点估计与矩估计

设 $X_1,X_2,\cdots,X_n$ 是取自总体 X 的一个样本，$x_1,x_2,\cdots,x_n$ 是相应的样本观测值，θ 是总体分布中的未知参数。为了估计未知参数 θ，需要构造一个适当的统计量 $\hat{\theta}(X_1,X_2,\cdots,X_n)$，然后用其观测值 $\hat{\theta}(x_1,x_2,\cdots,x_n)$ 来估计 θ 的值，称 $\hat{\theta}(X_1,X_2,\cdots,X_n)$ 为 θ 的估计量，$\hat{\theta}(x_1,x_2,\cdots,x_n)$ 为 θ 的估计值。估计量与估计值统称为点估计，简记为 $\hat{\theta}$。

矩估计方法用样本矩估计总体矩。由辛钦大数定理可知，当总体的 k 阶矩存在时，样本的 k 阶矩依概率收敛于总体的 k 阶矩。即在样本容量 n 较大时，样本的 k 阶原点矩 $A_k=\frac{1}{n}\sum_{i=1}^{n}X_i^k$ 应接近于 $\mathrm{E}(X^k)$。因此，在 $\mathrm{E}(X^k)$ 未知的情况下，可以用样本的 k 阶原点矩 $A_k=\frac{1}{n}\sum_{i=1}^{n}X_i^k$ 作为总体 k 阶原点矩 $\mathrm{E}(X^k)$ 的估计量。矩估计最早由英国统计学家皮尔逊于 1900 年提出[10]。

总体 k 阶原点矩为

$$\mu_k=\mathrm{E}(X^k)$$

样本 k 阶原点矩为

$$A_k=\frac{1}{n}\sum_{i=1}^{n}X_i^k$$

总体 k 阶中心矩为

$$V_k = \mathrm{E}[X - \mathrm{E}(X)]^k$$

样本 k 阶中心矩为

$$B_k = \frac{1}{n}\sum_{i=1}^{n}(X_i - \overline{X})^k,\ k = 2,3,\cdots$$

6.3.4 蒙特卡罗方法的基本原理

某事件的概率可以用大量试验中该事件发生的频率来估算，当样本容量足够大时，可以认为该事件的发生频率即其概率。因此，可以先对影响其可靠度的随机变量进行大量的随机抽样，然后把这些抽样值一组一组地代入功能函数式，确定结构是否失效，最后从中求得结构的失效概率，这就是蒙特卡罗方法的基本原理。

设有统计独立的随机变量 $x_i(i=1,2,\cdots,n)$，其对应的概率密度函数分别为 $f(x_1)$, $f(x_2)$, $\cdots$, $f(x_n)$，功能函数式为 $A = g(x_1,x_2,\cdots,x_n)$。根据各随机变量的相应分布产生 N 组随机数值 $x_1,x_2,\cdots,x_n$，计算功能函数值 $A_i = g(x_1,x_2,\cdots,x_n)$ $(i=1,2,\cdots,N)$。若 $A_i \leqslant 0$，则称为结构失效。若其中有 L 组随机数对应的功能函数值 A_i 不大于0，则当 $N \to \infty$ 时，根据伯努利大数定理及正态随机变量的特性可以计算结构失效概率 L/N 和可靠度指标（功能函数值的均值与其方差之比）。

对于蒙特卡罗方法，不管函数是否线性、随机变量是否正态分布，只要模拟次数 N 足够大，就可以得到较精确的可靠度指标和结构失效概率。

6.4 假设检验

6.4.1 基本概念

一个检验“好”的标准是什么？对于给定的“好坏”标准，是否存在最优的检验方法？如果存在，又怎样求得？深入研究这些问题将涉及假设检验理论的一些基本问题。首先介绍一些基本概念[11]。

1．假设

定义 6-5　设 $(\mathcal{H},\mathcal{B},\mathcal{L})$ 为一统计结构，则 $\mathcal{L}$ 的非空子集称为假设。当参数分布族 $\mathcal{L}=\{P_\theta;\theta\in\Theta\}$ 时，Θ 的非空子集称为假设。

设样本空间 $\mathcal{H}$ 中的样本点 x 是观测值，检验观测值 x 与给定的假设是否存在矛盾，这类问题称为假设检验问题。

在一个假设检验问题中，通常会涉及两个假设：所要检验的假设称为原假设或零假设，记为 H_0，而与 H_0 不相容的假设称为备择假设或对立假设，记为 H_1。原假设和备择假设这对矛盾的统一体分别记为

$$H_0:\theta\in\Theta_0,\ H_1:\theta\in\Theta_1$$

这里 Θ_0 和 Θ_1 是 Θ 的两个互不相交的非空子集，但并不要求 $\Theta_0\cup\Theta_1=\Theta$ 一定成立。

给定 H_0 和 H_1 就等于给定一个检验问题，记为检验问题 (H_0,H_1)，而 (Θ_0,Θ_1) 称为参数假设检验问题，其他称为非参数假设检验问题。

2. 检验、拒绝域、接受域、检验统计量和检验函数

在检验问题 (H_0,H_1) 中，要根据某一法则在原假设和备择假设之间做出选择。所谓的法则指设法把样本空间划为互不相交的两个子集 W 和 W^C，当 $x\in W$ 时就拒绝原假设 H_0，认为备择假设 H_1 成立；当 $x\in W^C$ 时就接受原假设 H_0，认为 H_0 成立。这里的 W 称为拒绝域，W^C 称为接受域。

为了确定拒绝域，往往从问题的直观背景出发来寻找一个统计量。当 H_0 为真时，若能根据统计量的大小确定拒绝域 W，则这样的统计量称为检验统计量。

为了方便地描述拒绝域及数学理论上的需要，有必要引入如下函数：

$$\varphi(x)=\begin{cases}1, & x\in W\\ 0, & x\notin W\end{cases}$$

该函数称为检验函数。

3. 两类错误

由于样本具有随机性，在进行样本检验的过程中，可能做出正确的判断，也可能做出错误的判断。正确的判断是 H_0 成立时接受 H_0，或 H_0 不成立时拒绝 H_0，而错误的判断是原假设 H_0 成立但被拒绝（这类错误称为第一类错误），或 H_0 不成立但被接受（这类错误称为第二类错误）。在对实际问题进行判断时，需要考虑出错的概率。

统计结构犯第一类错误的概率为

$$\alpha(\theta)=P_\theta\left(x\in W\right),\ \theta\in\Theta_0$$

统计结构犯第二类错误的概率为

$$\beta(\theta)=P_\theta\left(x\notin W\right)=1-P_\theta\left(x\in W\right),\ \theta\in\Theta_1$$

4. 检验的水平

当样本容量 n 固定时，减小犯第一类错误的概率，就会导致犯第二类错误的概率增大；反之，如果减小犯第二类错误的概率，就会导致犯第一类错误的概率增大。也就是说，当样本容量固定时，不可能同时减少犯两类错误的概率。

基于上述的问题，奈曼（Neyman）和皮尔逊（Pearson）的假设检验理论把犯第一类错误的概率限制在给定的范围内，然后寻找某种检验使犯第二类错误的概率尽可能小，即给定一个较小的数 α（$0<\alpha<1$，一般取为 0.01、0.05、0.1 等），寻找满足

$$\mathrm{E}_\theta\left[g(x)\right]=P_\theta\left(x\in W\right)\leqslant\alpha,\ \theta\in\Theta_0$$

的检验，使得当 $\theta\in\Theta_0$ 时，$g(\theta)$ 尽可能大。

对给定的 $\alpha\in[0,1]$，$g(x)\leqslant\alpha$ 的检验称为水平为 α 的检验。假如非常相信原假设是真的，而犯第二类错误又不会对事件造成多大的影响或后果，此时就可以将 α 的值取得小一些；反之，如果犯第二类错误带来的影响较大，就需要控制犯第二类错误的概率，此时 α 需要适当大一点儿。

6.4.2　Neyman–Pearson 基本引理

设 $(\mathcal{H},\mathcal{B},\{P_\theta;\theta\in\Theta\})$ 为一参数统计结构，考虑检验问题：

简单原假设：

$$H_0:\theta=\theta_0,\ \theta\in\Theta_0$$

简单备择假设：

$$H_1:\theta=\theta_1(\theta_0\neq\theta_1),\ \theta\in\Theta_1$$

对于任意两个水平为 α 的检验 $\varphi_1(x)$ 和 $\varphi_2(x)$，比较它们的优劣是很容易的。

若 $\mathrm{E}_{\theta_1}[\varphi_1(x)]\geqslant\mathrm{E}_{\theta_1}[\varphi_2(x)]$，则称检验 $\varphi_1(x)$ 不比检验 $\varphi_2(x)$ 差，或称 $\varphi_1(x)$ 比 $\varphi_2(x)$ 好。因此，有如下定义。

定义 6-6　设 $\varphi(x)$ 是水平为 α 的检验，如果对任一水平为 α 的检验 $\varphi_1(x)$，都有

$$\mathrm{E}_{\theta_1}[\varphi(x)]\geqslant\mathrm{E}_{\theta_1}[\varphi_1(x)]$$

则称检验 $\varphi_1(x)$ 是水平为 α 的最优势检验（Most Powerful Test），简记为 MPT。

下面的引理证明了在简单原假设对简单备择假设的检验问题中，MPT 一定存在，并且可以具体构造出 MPT 的检验函数。

引理 6-1（Neyman-Pearson 基本引理，N-P 基本引理）　设 P_{θ_0} 和 P_{θ_1} 是可测空间 $(\mathcal{H},\mathcal{B})$ 上的两个不同的概率测度，关于某个 σ 有限的测度 μ，有

$$p(x;\theta_0)=\frac{\mathrm{d}p_{\theta_0}}{\mathrm{d}\mu}$$

$$p(x;\theta_1)=\frac{\mathrm{d}p_{\theta_1}}{\mathrm{d}\mu}$$

则对本节开头的检验问题，有如下结论。

结论 1：对于给定的 $\alpha(0<\alpha<1)$，存在一个检验函数 $\varphi(x)$ 及常数 $k(k\geqslant0)$，使得

$$\mathrm{E}_{\theta_0}[\varphi(x)]=\alpha \tag{6-1}$$

$$\varphi(x)=\begin{cases}1,\ p(x;\theta_1)>kp(x;\theta_0)\\0,\ p(x;\theta_1)<kp(x;\theta_0)\end{cases} \tag{6-2}$$

结论 2：由式（6-1）和式（6-2）确定的检验函数 $\varphi(x)$ 是水平为 α 的 MPT。反之，如果 $\varphi(x)$ 是水平为 α 的 MPT，则必存在常数 $k(k\geqslant0)$，使得 $\varphi(x)$ 满足式（6-2）(a.s.$[\mu]$)。

证明：（1）首先证明结论 1。

对于任一实数 λ，令

$$G(\lambda)=P_{\theta_0}[p(X;\theta_1)>\lambda p(X;\theta_0)]$$

由于这个概率是在 P_{θ_0} 下计算的，所以，只需要在集合 $\{x:p(x;\theta_0)>0\}$ 里考虑不等式

$$p(X;\theta_1)>\lambda p(X;\theta_0)$$

$G(\lambda)$ 是非负随机变量 $\dfrac{p(X;\theta_1)}{p(X;\theta_0)}>\lambda$ 的概率，故 $1-G(\lambda)$ 是随机变量 $\dfrac{p(X;\theta_1)}{p(X;\theta_0)}>\lambda$ 的分布函数。所以，$G(\lambda)$ 是一个非增、右连续的函数，且

$$G(+\infty)=0$$
$$G(0-0)=1$$
$$G(\lambda-0)-G(\lambda)=P_{\theta_0}\left[\frac{p(X;\theta_1)}{p(X;\theta_0)}=\lambda\right]$$

给定$\alpha\in(0,1)$后，有且只有下列两种情况。

① 存在$\lambda_0\geqslant 0$，使得$G(\lambda_0)=\alpha$。

定义

$$\varphi(x)=\begin{cases}1, & p(x;\theta_1)>\lambda_0 p(x;\theta_0)\\ 0, & p(x;\theta_1)<\lambda_0 p(x;\theta_0)\end{cases}$$

则

$$\mathrm{E}_{\theta_0}\left[\varphi(X)\right]=P_{\theta_0}\left[p(X;\theta_1)>\lambda_0 p(X;\theta_0)\right]=G(\lambda_0)=\alpha$$

② 存在$\lambda_0\geqslant 0$，使得$G(\lambda_0)<\alpha\leqslant G(\lambda_0-0)$。

定义

$$\varphi(x)=\begin{cases}1, & p(x;\theta_1)>\lambda_0 p(x;\theta_0)\\ \dfrac{\alpha-G(\lambda_0)}{G(\lambda_0-0)-G(\lambda_0)}, & p(x;\theta_1)=\lambda_0 p(x;\theta_0)\\ 0, & p(x;\theta_1)<\lambda_0 p(x;\theta_0)\end{cases}$$

则

$$\begin{aligned}\mathrm{E}_{\theta_0}\left[\varphi(X)\right]&=P_{\theta_0}\left[p(X;\theta_1)>\lambda_0 p(X;\theta_0)\right]+\frac{\alpha-G(\lambda_0)}{G(\lambda_0-0)-G(\lambda_0)}P_{\theta_0}\left[p(X;\theta_1)=\lambda_0 p(X;\theta_0)\right]\\&=G(\lambda_0)+[\alpha-G(\lambda_0)]=\alpha\end{aligned}$$

在这两种情况下，λ_0就可以作为式（6-2）中的非负常数$k\varphi(x)$，使得式（6-1）成立，这说明$\varphi(x)$是水平为α的检验函数。

（2）下面证明由式（6-1）和式（6-2）得到的检验函数$\varphi(x)$是MPT。

设$\varphi^*(x)$是其他任意一个水平为α的检验函数，即$\mathrm{E}_{\theta_0}\left[\varphi^*(x)\right]\leqslant\alpha$。由于$\varphi(x)$满足式（6-2），所以

$$[\varphi(x)-\varphi^*(x)][p(x;\theta_1)-kp(x;\theta_0)]\geqslant 0$$

因此

$$\int[\varphi(x)-\varphi^*(x)][p(x;\theta_1)-kp(x;\theta_0)]\mathrm{d}\mu(x)\geqslant 0$$

从而有

$$\mathrm{E}_{\theta_1}\left[\varphi(x)\right]-\mathrm{E}_{\theta_1}\left[\varphi^*(x)\right]\geqslant k\left\{\mathrm{E}_{\theta_0}\left[\varphi(x)\right]-\mathrm{E}_{\theta_0}\left[\varphi^*(x)\right]\right\}=k\left\{\alpha-\mathrm{E}_{\theta_0}\left[\varphi^*(x)\right]\right\}\geqslant 0$$

所以，$\varphi(x)$是MPT。

（3）下面证明：假如$\varphi^*(x)$是水平为α的MPT，则一定存在非负常数k，使得$\mathrm{E}_{\theta_1}\left[\varphi^*(x)\right]=\mathrm{E}_{\theta_1}\left[\varphi(x)\right]$。

由于$\varphi(x)$满足式（6-2）(a.e.$[\mu]$)，设$\varphi(x)$是满足式（6-1）和式（6-2）的检验函数。由结论 2 知，$\varphi(x)$是水平为α的 MPT。由于$\varphi^*(x)$和$\varphi(x)$是水平为α的 MPT，则

$\mathrm{E}_{\theta_1}\left[\varphi^*(x)\right]=\mathrm{E}_{\theta_1}\left[\varphi(x)\right]$。由于$\varphi(x)$满足式（6-2），所以

$$[\varphi(x)-\varphi^*(x)][p(x;\theta_1)-kp(x;\theta_0)]\geqslant 0 \tag{6-3}$$

因为

$$\mathrm{E}_{\theta_1}\left[\varphi^*(x)\right]=\mathrm{E}_{\theta_1}\left[\varphi(x)\right],\quad \mathrm{E}_{\theta_0}\left[\varphi^*(x)\right]\leqslant\alpha=\mathrm{E}_{\theta_0}\left[\varphi(x)\right]$$

所以

$$\begin{aligned}&\int[\varphi(x)-\varphi^*(x)][p(x;\theta_1)-kp(x;\theta_0)]\mathrm{d}\mu(x)\\ =&\mathrm{E}_{\theta_1}\left[\varphi(x)\right]-\mathrm{E}_{\theta_1}\left[\varphi^*(x)\right]-k\left\{\mathrm{E}_{\theta_0}\left[\varphi(x)\right]-\mathrm{E}_{\theta_0}\left[\varphi^*(x)\right]\right\}\leqslant 0\end{aligned} \tag{6-4}$$

比较式（6-3）和式（6-4），可得

$$[\varphi(x)-\varphi^*(x)][p(x;\theta_1)-kp(x;\theta_0)]\geqslant 0\quad (\text{a.s.}[\mu])$$

故在集合$\{x:p(x;\theta_1)-kp(x;\theta_0)\neq 0\}$上，有$\varphi^*(x)=\varphi(x)$ (a.s.$[\mu]$)。这证明了$\varphi^*(x)$满足式（6-2）(a.e.$[\mu]$)。证毕。

注 1：满足式（6-2）的检验函数$\varphi(x)$通常称为似然比检验函数。定义似然比为

$$L(x)=\frac{p(x;\theta_1)}{p(x;\theta_0)}$$

注 2：在似然比$L(x)$具有连续分布时，MPT 检验函数可取为非随机化的形式，即

$$\varphi(x)=\begin{cases}1, & L(x)\geqslant k\\ 0, & L(x)<k\end{cases}$$

其中，k由$\mathrm{E}_{\theta_0}\left[\varphi(x)\right]=P_{\theta_0}\left\{L(x)\geqslant k\right\}=\alpha$确定。当$L(x)$为离散随机变量时，可在集合$\{x:L(x)=k\}$上离散化。MPT 检验函数可取为

$$\varphi(x)=\begin{cases}1, & L(x)>k\\ r, & L(x)=k\\ 0, & L(x)<k\end{cases}$$

其中，k和r由下面的式子确定：

$$P_{\theta_0}\left[L(x)\geqslant k\right]\geqslant\alpha>P_{\theta_0}\left[L(x)>k\right]=\alpha_1$$

$$r=\frac{\alpha-\alpha_1}{P_{\theta_0}\left[L(x)=k\right]}$$

例 6-2　设$X_1,X_2,\cdots,X_n$是来自正态总体$N(\mu,1)(\mu\geqslant 0)$的简单样本，求检验问题

$$H_0:\mu=0,\ H_1:\mu=\mu_1(\mu_1>0)$$

水平为$\alpha(0<\alpha<1)$的 MPT 的拒绝域。

解：由 N-P 基本引理可知，MPT 的拒绝域为

$$W=\left\{x:L(x)\geqslant k\right\}$$

似然比统计量为

$$L(x)=\frac{p(x,\mu_1)}{p(x,0)}=\exp\left(n\mu_1x'-\frac{1}{2}n\mu_1^2\right)$$

由于$\mu_1>0$，且$L(x)$为x'的严格单调递增函数，故

$$\left\{x:L(x)\geqslant k\right\}=\left\{x:x'\geqslant c\right\}$$

又因为当 H_0 为真时，$x' \sim N(0,\frac{1}{n})$，所以对给定的水平 α，有

$$P(x' \geqslant c) = P\left(\frac{x'}{\sqrt{\frac{1}{n}}} \geqslant \frac{c}{\sqrt{\frac{1}{n}}}\right) = \varphi\left(\frac{c}{\sqrt{\frac{1}{n}}}\right) = \alpha$$

因此，对给定的 α，所求的 MPT 的拒绝域为 $W = \{x : x' \geqslant c\}$。

例 6-3 设 $X_1, X_2, \cdots, X_n$ 是来自泊松分布的简单样本，试求检验问题

$$H_0 : \lambda = 1,\ H_1 : \lambda = \lambda_1 (0 < \lambda_1 < 1)$$

水平为 $\alpha (0 < \alpha < 1)$ 的 MPT。

解： 似然比统计量为

$$L(x) = \frac{p(x, \lambda_1)}{p(x, 0)} = \lambda_1 \sum x_i \mathrm{e}^{-(\lambda_1 - 1)}$$

由于 $0 < \lambda_1 < 1$，因此，$L(x)$ 是 $T(x) = \sum_{i=1}^{n} x_i$ 的严格单调递减函数。根据N-P基本引理，水平为 α 的 MPT 为

$$\varphi(x) = \begin{cases} 1, & T(x) > k \\ \dfrac{\alpha - P_1(T(x) < k)}{P_1(T(x) = k)}, & T(x) = k \\ 0, & T(x) < k \end{cases}$$

其中，常数 k 由 $P_1(T(x) \leqslant k) \geqslant \alpha \geqslant P_1(T(x) < k)$ 确定。

6.4.3 参数假设检验

设 $X_1, X_2, \cdots, X_n$ 是来自 $X \sim N(a, \sigma)$ 的一个样本，现在来检验关于未知参数 a, σ 的一些假定 H_0。

（1） $H_0 : a = a_0$。

假设 H_0 正确且考虑如下计量：

$$t = \frac{\bar{x} - a_0}{s / \sqrt{n-1}} \tag{6-5}$$

可以得到 t 是 $t(n-1)$ 分布，故对 $p > 0$，

$$P\left(-t_p < \frac{\bar{x} - a_0}{s / \sqrt{n-1}} < t_p\right) = 1 - \frac{p}{100} \tag{6-6}$$

因而，当 p 相当小时，有

$$A = \left|\frac{\bar{x} - a_0}{s / \sqrt{n-1}}\right| \geqslant t_p \tag{6-7}$$

是一个小概率事件，概率为 $\frac{p}{100}$。以子样值 $x_1, x_2, \cdots, x_n$ 代入，得

$$\overline{X}=\frac{1}{n}\sum_{i=1}^{n}x_i$$

$$s=\sqrt{\frac{1}{n}\sum_{i=1}^{n}(x_i-\overline{x})^2}$$

如果式（6-7）中的右侧不等式成立，则出现了小概率事件 A 而否定 H_0；否则，可接受 H_0。

（2）设 X 满足正态分布 $N(a_1,\sigma)$，Y 也满足正态分布 $N(a_2,\sigma)$，假设 $H_1:a_0=a_1$，考虑统计量 T，则

$$T=\sqrt{\frac{n_1n_2(n_1+n_2-2)}{n_1+n_2}}\cdot\frac{\overline{x}-\overline{y}}{\sqrt{n_1s_1^2+n_2s_2^2}} \tag{6-8}$$

T 满足 $t(n_1+n_2-2)$ 分布。对于 $p>0$，可得

$$P\left(\left|T\right|<t_p\right)=1-\frac{p}{100} \tag{6-9}$$

如小概率事件发生，则否定假设；否则，接受假设。

6.4.4　χ^2 检验

设 $X_1,X_2,\cdots,X_n$ 是来自 $X\sim N(\mu,\sigma^2)$ 的一个样本，当 μ 未知时，对 σ^2 进行检验，σ^2 的一些假定为 $H_0:\sigma^2=\sigma_0^2$。

考虑统计量

$$\chi^2=\frac{(n-1)S^2}{\sigma^2} \tag{6-10}$$

可以从统计量得到

$$\chi^2=\frac{(n-1)S^2}{\sigma^2}\sim\chi^2(n-1) \tag{6-11}$$

对于给定的 $p>0$，可以通过 χ^2 分布表得到常数 η_p，使得 $P\left(\chi^2>\eta_p\right)=\frac{p}{100}$。

例 6-4　从某中学随机抽取两个班，调查学生对文理分科的态度，结果甲班 37 人赞成，27 人反对；乙班 39 人赞成，21 人反对，这两个班对待文理分科的态度是否有显著差异（$\alpha=0.05$）？

解： 使用 Python 包 SciPy 中的统计函数来计算。具体程序如下：

```
from   scipy.stats import chi2_contingency
import numpy as np


kf_data = np.array([[37,27], [39,21]])
kf = chi2_contingency(kf_data)
print('chisq-statistic=%.4f, p-value=%.4f, df=%i, expected_frep=%s'%kf)
```

输出结果如下：

```
chisq-statistic=0.4054, p-value=0.5243, df=1, expected_frep=[[39.22580645 24.77419355]
[36.77419355 23.22580645]]
```

因为 $p=0.5243>0.05=\alpha$ ，故接受原假设，认为这两个班对待文理分科的态度无显著差别。

6.5 回归分析

回归分析是研究变量之间相关关系的统计分析方法。回归方程可以预测和控制因素之间的关系。本节将介绍一元线性回归、可化为一元线性回归的非线性回归和多元线性回归的概念。

6.5.1 一元线性回归

若随机变量 X 与 Y 之间存在某种相关关系，且变量 X 在试验中是可控的，或者是可观察到的量，如年龄、时间、温度和电压等，并且可以事先规定 X 的 n 个取值 $x_1,x_2,\cdots,x_n$ ，则不应把 X 看作随机变量，而应视为普通变量，故将 X 记作 x ，常称为可控变量。

对于自变量 x 的每个确定的值，因变量 Y 的取值是不确定的，因为它是一个随机变量，服从一个确定的分布。若 Y 是连续型随机变量，其概率密度为 $f(y|x)$ ，即 x 已知条件下的条件概率密度，若 Y 的数学期望存在，则一般来说，这个数学期望是与 x 有关的，记为

$$\mu(x)=\mathrm{E}(Y|x)=\int_{-\infty}^{+\infty} yf(y|x)\mathrm{d}y \tag{6-12}$$

将函数 $\mu(x)$ 称为 Y 关于 x 的回归函数，而方程

$$\hat{Y}=\mu(x) \tag{6-13}$$

称为 Y 关于 x 的回归方程， x 称为回归变量，或者回归因子（回归因素），回归方程的图形称为 Y 关于 x 的回归曲线。

特别地，若随机变量 Y 与可控变量 x 有如下关系：

$$\begin{cases} Y=a+bx+e \\ e\sim N(0,\sigma^2) \end{cases} \tag{6-14}$$

其中 a,b,σ^2 是与 x 无关的常数， e 为随机误差，则称 Y 与 x 之间存在线性相关关系，称式（6-14）为一元正态线性回归模型，简称一元线性模型。其回归方程

$$\hat{Y}=\mu(x)=a+bx \tag{6-15}$$

称为回归直线方程， a 称为回归常数， b 称为回归系数。

对 x 取一组不完全相同的值 $x_1,x_2,\cdots,x_n$ ，设 $Y_1,Y_2,\cdots,Y_n$ 分别是在 $x_1,x_2,\cdots,x_n$ 处对 Y 独立观察的结果，得到相应的观察值为 $y_1,y_2,\cdots,y_n$ ，按照式（6-14），可得

$$\begin{cases} y_i=a+bx_i+e_i \\ e_i\text{是i.i.d.}\sim N(0,\sigma^2) \end{cases} \tag{6-16}$$

其中， a,b,σ^2 是与 x_i 无关的未知参数；i.i.d. 表示独立同分布。

例 6-5 测得某种物质在不同温度下吸附另一种物质的重量如表 6-1 所示。

表 6-1　温度与吸附量

x_i/℃	1.5	1.8	2.4	3.0	3.5	3.9	4.4	4.8	5.0
y_i/mg	4.8	5.7	7.0	8.3	10.9	12.4	13.1	13.6	15.3

试根据表 6-1 中的数据画出温度 x 和吸附量 y 的散点图，对回归方程 $\hat{Y}=\mu(x)$ 做出判断。

解：使用 Python 包 SciPy 中的统计函数来计算，并用包 Matplotlib 中的函数绘图。具体程序如下：

```
import numpy as np
import statsmodels.api as sm
import matplotlib.pyplot as plt

X = [1.5,1.8,2.4,3.0,3.5,3.9,4.4,4.8,5.0]
Y = [4.8,5.7,7.0,8.3,10.9,12.4,13.1,13.6,15.3]

plt.xlabel('X')
plt.ylabel('Y')
plt.scatter(X, Y, s=20, c="#ff1212", marker='o')
plt.show()
```

输出结果如图 6-5 所示。

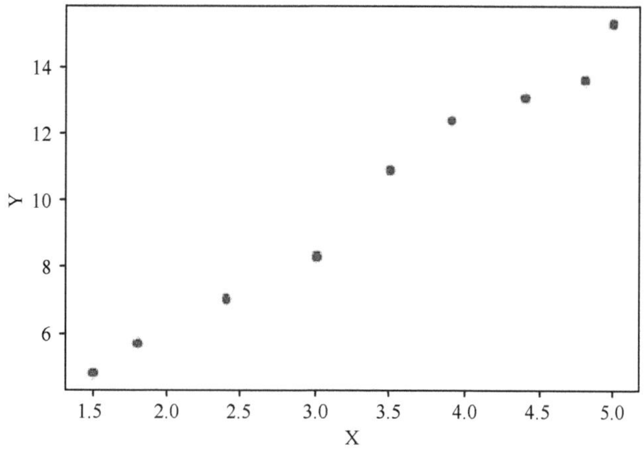

图 6-5　输出的散点图

建立如式（6-15）所示的线性回归模型：

```
X = sm.add_constant(X)   #加入一列常项 1
model = sm.OLS(Y,X)
results   = model.fit()
print(results.summary())
```

输出结果如图 6-6 所示。

```
                            OLS Regression Results
==============================================================================
Dep. Variable:                      y   R-squared:                       0.982
Model:                            OLS   Adj. R-squared:                  0.980
Method:                 Least Squares   F-statistic:                     387.5
Date:                Sat, 05 Oct 2019   Prob (F-statistic):           2.18e-07
Time:                        11:17:59   Log-Likelihood:                -6.0733
No. Observations:                   9   AIC:                             16.15
Df Residuals:                       7   BIC:                             16.54
Df Model:                           1
Covariance Type:            nonrobust
==============================================================================
                 coef    std err          t      P>|t|      [0.025      0.975]
------------------------------------------------------------------------------
const          0.2569      0.532      0.483      0.644      -1.002       1.516
x1             2.9303      0.149     19.685      0.000       2.578       3.282
==============================================================================
Omnibus:                        0.622   Durbin-Watson:                   2.015
Prob(Omnibus):                  0.733   Jarque-Bera (JB):                0.576
Skew:                          -0.340   Prob(JB):                        0.750
Kurtosis:                       1.963   Cond. No.                         11.3
==============================================================================
```

图 6-6　线性回归模型输出结果

输出回归结果的程序如下：

```
y_fitted = results.fittedvalues   #拟合的 y 值
fig, ax = plt.subplots(figsize=(8,6))
ax.plot(X[:,1], Y, 'o', label='data')   #原数据
ax.plot(X[:,1], y_fitted, 'r--.',label='OLS')   #回归数据
ax.legend(loc='best')
```

输出回归结果如图 6-7 所示。

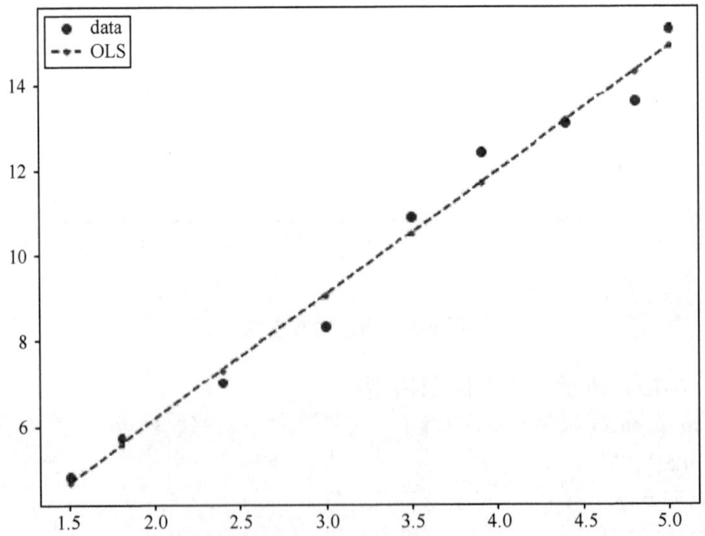

图 6-7　输出回归结果

6.5.2　可化为一元线性回归的非线性回归

在实际中，会遇到随机变量Y和可控变量x之间为非线性相关关系的回归问题，对该类问题的处理要比线性问题更加复杂。但是，在某些情况下，可以通过适当的变量代换，将变量之间的非线性相关关系化为线性回归来处理。

下面介绍一些常见的可转化为一元线性回归模型的模型。

（1）双曲线模型：

$$Y = a + \frac{b}{x} + e,\ e \sim N(0,\sigma^2)$$

其中，a,b,σ^2是与x无关的未知参数。

假若令$t = 1/x$，则上述模型可转化为Y关于t的一元线性回归模型：

$$Y = a + bt + e,\ e \sim N(0,\sigma^2)$$

（2）指数模型：

$$Y = \alpha e^{\beta x}\varepsilon,\ \ln\varepsilon \sim N(0,\sigma^2)$$

其中，α,β,σ^2是与x无关的未知参数。

假如将$Y = \alpha e^{\beta x}\varepsilon$两边取对数，得到

$$\ln Y = \ln\alpha + \beta x + \ln\varepsilon$$

此时令$Z = \ln Y$，$a = \ln\alpha$，$b = \beta$，$e = \ln\varepsilon$，则上述模型可转化为Z关于x的一元线性回归模型：

$$Z = a + bx + e,\ e \sim N(0,\sigma^2)$$

（3）幂函数模型：

$$Y = \alpha x^{\beta}\varepsilon,\ \ln\varepsilon \sim N(0,\sigma^2)$$

其中，α,β,σ^2是与x无关的未知参数。

假如将$Y = \alpha x^{\beta}\varepsilon$两边取对数，得到

$$\ln Y = \ln\alpha + \beta\ln x + \ln\varepsilon$$

此时令$Z = \ln Y$，$a = \ln\alpha$，$b = \beta$，$t = \ln x$，$e = \ln\varepsilon$，则上述模型可转化为Z关于t的一元线性回归模型：

$$Z = a + bt + e,\ e \sim N(0,\sigma^2)$$

（4）一般模型：

$$g(Y) = a + bh(x) + e,\ e \sim N(0,\sigma^2)$$

其中，α,β,σ^2是与x无关的未知参数。

此时令$Z = g(Y)$，$t = h(x)$，则上述模型可转化为Z关于t的一元线性回归模型：

$$Z = a + bt + e,\ e \sim N(0,\sigma^2)$$

对于上述非线性模型，可以通过变量替换将非线性关系转化为线性关系，再求出未知参数的估计，得到回归方程，最后将原自变量与因变量代回，即可得到Y关于x的回归方程，它的图形是一条曲线，故也称为曲线回归方程。

6.5.3 多元线性回归

在实际试验过程中，要考虑一个随机变量Y与多个可控变量$x_1,x_2,\cdots,x_p$ $(p>1)$之间的关系。例如，超市某种商品的销售额不仅与商品的价格有关，还与商品的质量、区域等诸多因素有关，所以，不应只考虑某种因素，应该综合考虑多个因素对因变量的影响程度。

设随机变量Y与可控变量$x_1,x_2,\cdots,x_p$ $(p>1)$满足线性关系，即

$$Y=b_0+b_1x_1+b_2x_2+\cdots+b_px_p+e,\ \ e\sim N(0,\sigma^2) \tag{6-17}$$

其中，$b_0,b_1,b_2,\cdots,b_p,\sigma^2$是与$x_1,x_2,\cdots,x_p$无关的未知参数，回归函数为

$$\mu(x)=b_0+b_1x_1+b_2x_2+\cdots+b_px_p$$

设$\left(x_{i1},x_{i2},\cdots,x_{ip},y_i\right)\left(i=1,2,\cdots,n\right)$为一样本，采用最小二乘法估计未知参数，即确定$b_0,b_1,b_2,\cdots,b_p$使残差平方和

$$Q=\sum_{i=1}^{n}\left(y_i-b_0-b_1x_{i1}-b_2x_{i2}-\cdots-b_px_{ip}\right)^2 \tag{6-18}$$

达到最小。分别求Q关于$b_0,b_1,b_2,\cdots,b_p$的偏导数，并令它们等于零，得

$$\frac{\partial Q}{\partial b_0}=-2\sum_{i=1}^{n}\left(y_i-b_0-b_1x_{i1}-b_2x_{i2}-\cdots-b_px_{ip}\right)=0 \tag{6-19}$$

$$\frac{\partial Q}{\partial b_j}=-\left[2\sum_{i=1}^{n}\left(y_i-b_0-b_1x_{i1}-b_2x_{i2}-\cdots-b_px_{ip}\right)\right]x_{ij}=0(1\leqslant j\leqslant p) \tag{6-20}$$

进而可得方程组：

$$\begin{cases} b_0n+b_1\sum_{i=1}^{n}x_{i1}+b_2\sum_{i=1}^{n}x_{i2}+\cdots+b_p\sum_{i=1}^{n}x_{ip}=\sum_{i=1}^{n}y_i \\ b_0\sum_{i=1}^{n}x_{i1}+b_1\sum_{i=1}^{n}x_{i1}^2+b_2\sum_{i=1}^{n}x_{i1}x_{i2}+\cdots+b_p\sum_{i=1}^{n}x_{i1}x_{ip}=\sum_{i=1}^{n}x_{i1}y_i \\ \vdots \\ b_0\sum_{i=1}^{n}x_{ij}+b_1\sum_{i=1}^{n}x_{ij}x_{i1}+b_2\sum_{i=1}^{n}x_{ij}x_{i2}+\cdots+b_p\sum_{i=1}^{n}x_{ij}x_{ip}=\sum_{i=1}^{n}x_{ij}y_i \\ \vdots \\ b_0\sum_{i=1}^{n}x_{ip}+b_1\sum_{i=1}^{n}x_{ip}x_{i2}+b_2\sum_{i=1}^{n}x_{ij}x_{i2}+\cdots+b_p\sum_{i=1}^{n}x_{ip}^2=\sum_{i=1}^{n}x_{ip}y_i \end{cases} \tag{6-21}$$

为了求解更加简洁易懂，引入矩阵表示，通过矩阵表示可以把式（6-21）写成

$$\boldsymbol{X'XB}=\boldsymbol{X'y} \tag{6-22}$$

其中，$\boldsymbol{X},\boldsymbol{y},\boldsymbol{B}$为下列矩阵：

$$\boldsymbol{X}=\begin{bmatrix}1 & x_{11} & x_{12} & \cdots & x_{1p}\\ 1 & x_{21} & x_{21} & \cdots & x_{2p}\\ \vdots & \vdots & \vdots & & \vdots\\ 1 & x_{n1} & x_{n1} & \cdots & x_{np}\end{bmatrix},\quad \boldsymbol{y}=\begin{bmatrix}y_1\\ y_2\\ \vdots\\ y_n\end{bmatrix},\quad \boldsymbol{B}=\begin{bmatrix}b_0\\ b_1\\ b_2\\ \vdots\\ b_p\end{bmatrix}$$

假设矩阵 $\boldsymbol{X'X}$ 可逆，则在式（6-22）两边左乘逆矩阵 $\left(\boldsymbol{X'X}\right)^{-1}$ 得

$$\widehat{\boldsymbol{B}}=\left(\boldsymbol{X'X}\right)^{-1}\boldsymbol{X'y} \tag{6-23}$$

设 $\widehat{\boldsymbol{B}'}=\left(\widehat{b_0},\widehat{b_1},\widehat{b_2},\cdots,\widehat{b_p}\right)'$ 为未知参数向量 $\boldsymbol{B}'=\left(b_0,b_1,b_2,\cdots,b_p\right)'$ 的最小二乘估计，可以把式（6-24）作为如式（6-25）所示的回归函数的估计。

$$\widehat{Y}\triangleq\widehat{b_0}+\widehat{b_1}x_1+\widehat{b_2}x_2+\cdots+\widehat{b_p}x_p \tag{6-24}$$

$$\mu\left(x_1,x_2,\cdots,x_p\right)=b_0+b_1x_1+b_2x_2+\cdots+b_px_p \tag{6-25}$$

把方程式（6-26）称为 p 元经验线性回归方程，简称回归方程。

$$\widehat{Y}=\widehat{b_0}+\widehat{b_1}x_1+\widehat{b_2}x_2+\cdots+\widehat{b_p}x_p \tag{6-26}$$

注：多元线性回归分析的 Python 程序同例 6-5。

6.6　实验：基于 Python 实现用蒙特卡罗方法求圆周率 π

6.6.1　实验目的

（1）了解蒙特卡罗方法的基本原理。
（2）了解蒙特卡罗方法各参数的含义。
（3）生成蒙特卡罗方法的随机数。
（4）了解蒙特卡罗方法的应用。
（5）运行程序，看到结果。

6.6.2　实验要求

（1）了解蒙特卡罗方法的基本原理。
（2）了解蒙特卡罗方法各参数的含义。
（3）了解蒙特卡罗方法的实际应用。
（4）理解蒙特卡罗方法的相关源码。
（5）用代码实现蒙特卡罗方法的模拟。

6.6.3　实验原理

蒙特卡罗方法是一种统计模拟方法，是以概率统计为理论基础的数值计算方法，它利用随机数来估算所求问题的近似解。可以利用蒙特卡罗方法求解圆周率 π，如图 6-8 所示，

圆的半径为 1，正方形的边长为 2，均匀地随机产生变量点（x, y），x 和 y 的取值范围为[−1,1]。共产生 N 个点，计算到原点距离不大于 1 的点的个数 n，即集合$\{(x, y)|x^2+y^2\leqslant 1\}$的个数，则 π 近似为 $4n/N$。N 越大，近似值越接近真实值。

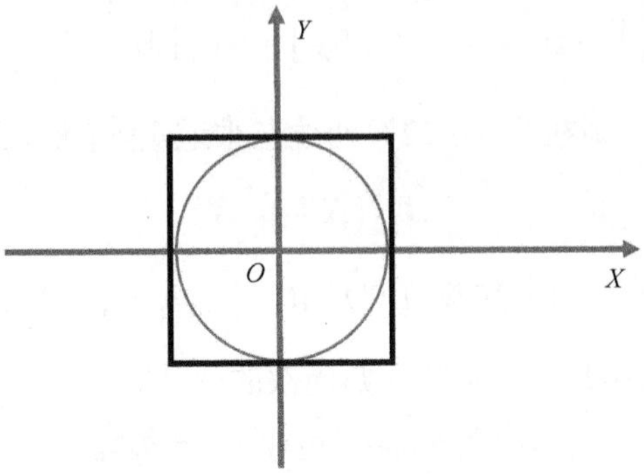

图 6-8　正方形内半径为 1 的圆

6.6.4　实验步骤

本实验的实验环境为 Python 和一些画图及数学相关的库（NumPy、Matplotlib），需要先自行安装，实验代码如下：

```
#coding:utf-8
import numpy as np
import matplotlib.pyplot as plt
from matplotlib.patches import Circle
#输入投点次数
print("请输入投点次数:")
n =eval(input());
x = np.random.uniform(-1,1, n)   #均匀分布
y = np.random.uniform(-1,1, n)
#计算点到圆心的距离
d = np.sqrt(x**2 + y**2)
#统计落在圆内的点数
res = sum(np.where(d <=1.0, 1, 0))
#计算 pi 的近似值
pi = 4.0 * res / n
print("蒙特卡罗方法所估计的 pi 值为:")
print(round(pi,6))

#图形展示
fig = plt.figure()
axes = fig.add_subplot(111)
axes.plot(x, y,'ro',markersize = 1)
plt.axis('equal')  #防止图形变形
```

```
circle = Circle(xy=(0.0,0.0),radius=1.0,alpha=0.5)
axes.add_patch(circle)

plt.show()
```

运行上述程序后，需要输入投点的次数，之后程序会输出 pi 的估计值和投点展示。

6.6.5 实验结果

实验结果如下所示：

```
请输入投点次数:
5000
蒙特卡罗方法所估计的 pi 值为:
3.1608
请输入投点次数:
200000
蒙特卡罗方法所估计的 pi 值为:
3.1429
请输入投点次数:
1000000
蒙特卡罗方法所估计的 pi 值为:
3.141332
```

在 5000 次投点下的蒙特卡罗方法的投点展示如图 6-9 所示。

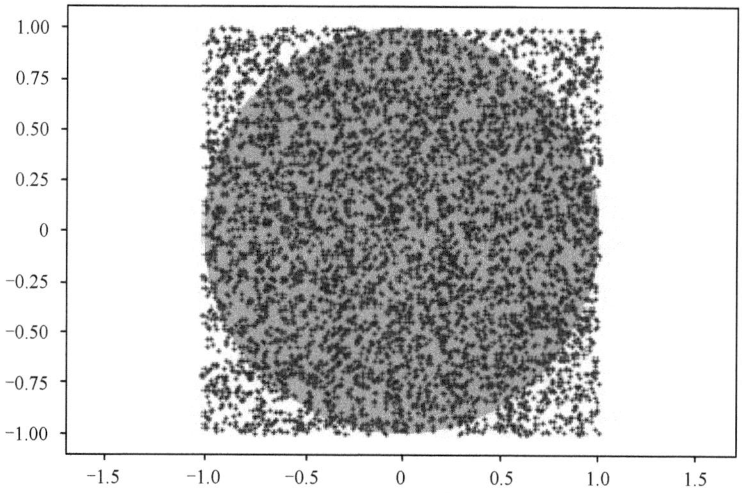

图 6-9 在 5000 次投点下的蒙特卡罗方法的投点展示

习题

1. 假设某设备的使用年限 x 和维修费用 y 的关系如表 6-2 所示，试求线性回归方程。

表 6-2 使用年限 x 和维修费用 y 的关系

x	2	3	4	5	6
y	2.2	3.8	5.5	6.5	7.0

2. 某种化工产品的得率 y 与反应温度 x_1、反应时间 x_2 及反应物浓度 x_3 有关，如表 6-3 所示，设 $\mu(x_1,x_2,x_3)=b_0+b_1x_1+b_2x_2+b_3x_3$，求 y 的多元线性回归方程。

表 6-3 y 与 x_1、x_2、x_3 的关系

x_1	−1	−1	−1	−1	1	1	1	1
x_2	−1	−1	1	1	−1	−1	1	1
x_3	−1	1	−1	1	−1	1	−1	1
g	7.6	10.3	9.2	10.2	8.4	11.1	9.8	12.6

参考文献

[1] 陈希孺. 数理统计学简史[M]. 长沙：湖南教育出版社，2002.
[2] 凌能祥. 数理统计[M]. 合肥：中国科学技术大学出版社，2014.
[3] 盛骤，谢式千，潘承毅. 概率论与数理统计[M]. 4 版. 北京：高等教育出版社，2008.
[4] 雷平，凌学岭，王安娇，等. 概率论与数理统计（修订版）[M]. 北京：清华大学出版社，2018.
[5] 齐治平，佟孟华，郑永冰. 概率论与数理统计[M]. 辽宁：东北财经大学出版社，2003.
[6] 陈希孺. 概率论与数理统计[M]. 合肥：中国科学技术大学出版社，2009.
[7] 周概容. 概率论与数理统计[M]. 北京：高等教育出版社，1984.
[8] DUDLEY R M. Real analysis and probability[M]. California: Wadsworth and Brooks, 1989.
[9] DURRETT R. Probability, theory and examples[M]. Third Edition. Thomson Brooks/cole, 2005.
[10] KALLENBERG O. Foundations of modern probability[M]. Berlin: Springer, 2002.
[11] RAO M M. Probability theory with applications[M]. Pittsburgh: Academic Press. Inc, 1984.

第7章　函数逼近

随着大数据和人工智能技术的发展，机器学习和深度学习在大数据挖掘、模式识别和智能分析越来越受重视。机器学习是一种基于数据的学习方法，其从观测数据所包含的有限信息中构造一个模型，利用该模型对未知数据或无法观测的数据进行尽可能准确的预测，这种模型称为学习机器。对数据科学而言，所有的数据都是以数字形式表示的，通过定义损失函数，选择合适的核函数或激活函数，反复学习后可达到一种最佳逼近状态，因此，机器学习问题实际上是函数估计问题或函数逼近问题。本章将重点对函数逼近问题中常见的插值、拟合方法进行详细介绍。

7.1　函数插值

在一些实际情况中，函数 $y = f(x)$ 的表达式并未给出，只能根据测量的实际数据重构函数的近似表达式，即已知测量的 $n+1$ 组数据为 $\{(x_i, y_i)\}_{i=0}^{n}$，这些互不相同的点 $x_0, x_1, \cdots, x_n$ 称为节点，节点数为 $n+1$，与其对应的函数值满足 $y_i = f(x_i)$，这 $n+1$ 组数据又称为插值点，这些点也可以认为是带标签的训练样本数据，则可以选一个适当的特定函数 $p(x)$，使得 $p(x)$ 在这些离散值所取的函数值就是 $f(x)$ 的已知值，从而可以用 $p(x)$ 来估计 $f(x)$ 在这些离散值之间的自变量所对应的函数值，这种方法称为插值法[1-3]。

7.1.1　线性函数插值

简单地说，将每两个相邻的插值点用直线连起来，所形成的一条折线就是分段线性插值函数，记作 $p(x)$，它满足 $p(x_i) = y_i$，且 $p(x)$ 在每个小区间 $[x_i, x_{i+1}]$（$i = 0, 1, \cdots, n-1$）上是线性函数。

$p(x)$ 可以表示为 $p(x) = \sum_{i=0}^{n} y_i l_i(x)$，其中，$l_i(x)$ 称为基函数，它的形式为

$$l_i(x) = \begin{cases} \dfrac{x - x_{i-1}}{x_i - x_{i-1}}, & x \in [x_{i-1}, x_i]\ (i \neq 0) \\ \dfrac{x - x_{i+1}}{x_i - x_{i+1}}, & x \in [x_i, x_{i+1}]\ (i \neq n) \\ 0, & \text{其他} \end{cases}$$

例 7-1　对于一个周期的正弦函数 $y = \sin x\,(0 \leqslant x \leqslant 2\pi)$，$x$ 按 $\dfrac{\pi}{4}$ 步长取样，与其函数值一起构成 9 组数据。对于这些数据，编程实现线性插值[4]。

解： 使用 Python 包 SciPy 中的 interp1d 函数进行线性插值计算，并用包 Pylab 和

Matplotlib 绘图。具体程序如下：

```
# -*- coding: utf-8 -*-
import numpy as np
import pylab as pl
from scipy import interpolate
import matplotlib.pyplot as plt

xi = np.linspace(0, 2*np.pi, num=9)
yi = np.sin(xi)

x = np.linspace(0, 2*np.pi, num=100)
y = interpolate.interp1d(xi, yi)   #线性插值

plt.xlabel(u'x')
plt.ylabel(u'y')

plt.plot(xi, yi, "o",   label=u"data")
plt.plot(x,y(x), label=u"linear interpolation")

pl.legend()
pl.show()
```

输出结果如图 7-1 所示。

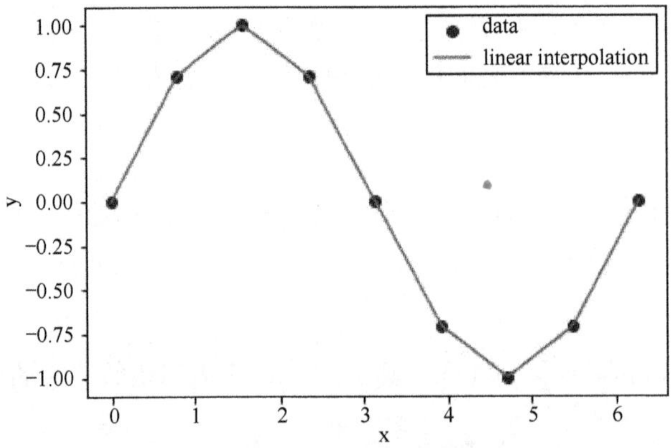

图 7-1　线性插值结果

从例 7-1 可以看出，线性插值逼近效果较差，原因是在用 $p(x)$ 计算 x 点的插值时，只用到 x 左右的两个节点，计算量与节点个数 n 无关，但 n 越大，分段越多，插值误差越小。因此，如果节点个数较少，插值误差比较大，这种线性函数形式就不合适了，需要考虑非线性函数形式。多项式函数是形式最简单且计算简单的非线性函数，因此，它经常作为非线性函数的首选。

7.1.2　多项式插值

如果选择的 $p(x)$ 为多项式，就称这种插值为多项式插值。常用的几种多项式插值法有直接法、拉格朗日插值法和牛顿插值法[1]。

给定 $n+1$ 个插值点 $\{(x_i, y_i)\}_{i=0}^{n}$，令多项式 $p(x)$ 的形式为

$$p(x) = a_n x^n + \cdots + a_1 x + a_0 \tag{7-1}$$

其中，$i = 0,1,\cdots,n$，它满足条件 $y_i = p(x_i)$。也就是说，多项式 $y = p(x)$ 的曲线要经过给定的 $n+1$ 个点。

如果节点 x_i 两两不同，则可以证明存在唯一一个次数不超过 n 的多项式 $y = p(x)$，使得 $y_i = p(x_i)(i = 0,1,\cdots,n)$ 成立。

因此，不管用什么形式的多项式或什么方法构造逼近函数，结果都是唯一的，都可化为统一的形式。也就是说，上面提到的三种多项式插值法得到的插值多项式 $p(x)$ 在理论上应该是一致的，而且误差也相同。下面只介绍拉格朗日插值法。

$p(x)$ 仍然表示为 $p(x) = \sum_{i=0}^{n} y_i l_i(x)$，其中 $l_i(x)$ 称为拉格朗日基函数，其形式为

$$l_i(x) = \frac{(x - x_0)\cdots(x - x_{i-1})(x - x_{i+1})\cdots(x - x_n)}{(x_i - x_0)\cdots(x_i - x_{i-1})(x_i - x_{i+1})\cdots(x_i - x_n)} \tag{7-2}$$

$l_i(x)$ 是 n 次多项式，如图 7-2 所示，满足

$$l_i(x_j) = \delta_{ij} = \begin{cases} 1, & i = j \\ 0, & i \neq j \end{cases}$$

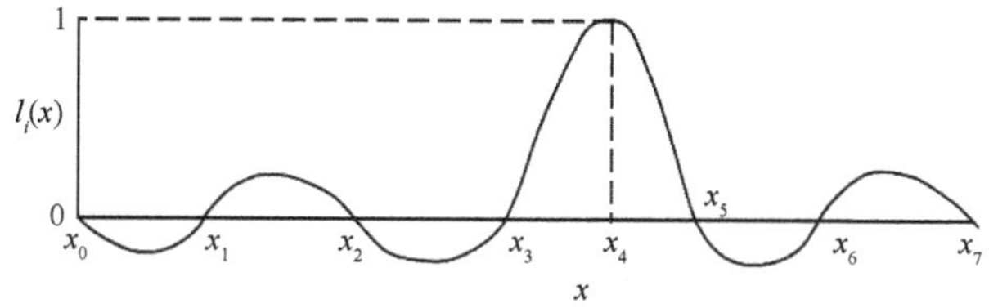

图 7-2　拉格朗日基函数示意

例 7-2　对于一个周期的正弦函数 y=sin$x$，x 按 $\frac{\pi}{4}$ 步长取样，与其函数值共构成 9 组数据。对于这些数据，编程实现拉格朗日插值。

解： 使用 Python 包 SciPy 中的 lagrange 函数进行拉格朗日插值计算，并用包 Pylab 和 Matplotlib 绘图。具体程序如下：

```
# -*- coding: utf-8 -*-


import numpy as np
from scipy.interpolate import lagrange
import pylab as pl
import matplotlib.pyplot as plt
```

```
xi = np.linspace(0, 2*np.pi, num=9)
yi = np.sin(xi)

x = np.linspace(0, 2*np.pi, num=100)
p = lagrange(xi, yi)   #拉格朗日插值

plt.xlabel(u'x')
plt.ylabel(u'y')

plt.plot(xi, yi, "o",   label=u"data")
plt.plot(x,p(x), label=u"lagrange interpolation")

pl.legend()
pl.show()
```

输出结果如图 7-3 所示。

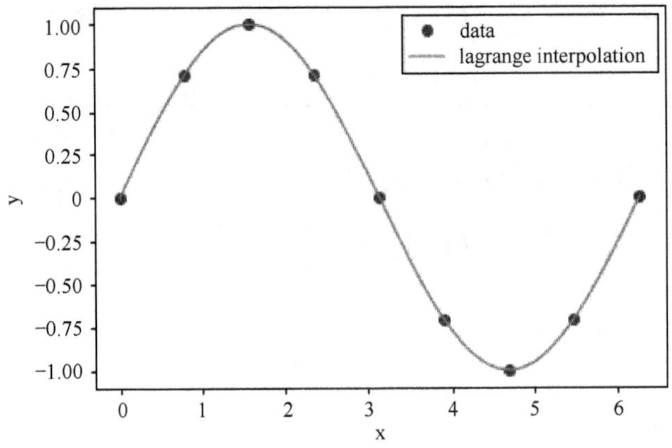

图 7-3　拉格朗日插值结果

从例 7-2 可以看出，用少量的数据进行多项式插值，效果还是不错的，但随着节点增多，逼近函数的曲线图形会产生激烈的起落（也与插值点有关），即出现“Runge”现象，因此，多项式插值不适合节点多的情况。在节点多的情况下，可采用分段低次多项式插值克服这一缺点。

7.1.3　样条插值

样条一词来源于工程绘图人员为了将一些指定点连接成一条光顺曲线所使用的工具，即富有弹性的细木条或薄钢条。由这样的样条形成的曲线在连接点处具有连续的曲率。分段低次多项式、在分段处具有一定光滑性的函数插值就是模拟以上原理发展起来的，其避免了高次多项式插值可能出现的振荡现象，具有较好的数值稳定性和收敛性，由这种插值过程产生的函数就是多项式样条函数[1-3]。其一般采用三次多项式。

设在区间$[a,b]$上取$n+1$个节点$a=x_0<x_1<x_2<\cdots<x_n=b$，函数$y=f(x)$在各节点

处的函数值为 $y_i = f(x_i)(i = 0,1,\cdots,n)$，若 $S(x)$ 满足：

（1）$S(x_i) = y_i$，$i = 0,1,\cdots,n$；

（2）在区间 $[a,b]$ 上，$S(x)$ 具有连续的二阶导数；

（3）在区间 $[x_i, x_{i-1}](i = 0,1,\cdots,n-1)$ 上，$S(x)$ 是关于 x 的三次多项式。

则称 $S(x)$ 是函数 $y = f(x)$ 在区间 $[a,b]$ 上的三次样条插值函数。

由以上定义可以看出，虽然每个子区间上的多项式可以各不相同，但其在相邻子区间的连接处是光滑的。因此，样条插值也称为分段光滑插值。

从以上定义知，要求出 $S(x)$，需要在每个小区间 $[x_i, x_{i-1}](i = 0,1,\cdots,n-1)$ 上确定 4 个待定系数，共有 n 个小区间，故应有 $4n$ 个参数。

根据 $S(x)$ 在 $[a,b]$ 上的二阶导数连续，其在节点 $x_i\left(i = 1,2,\cdots,n-1\right)$ 处满足连续性条件：

$$S(x_i - 0) = S(x_i + 0)$$
$$S'(x_i - 0) = S'(x_i + 0)$$
$$S''(x_i - 0) = S''(x_i + 0)$$

共有 $3n-3$ 个条件，再加上 $S(x)$ 满足插值条件 $S(x_i) = y_i\left(i = 0,1,\cdots,n\right)$，共有 $4n-2$ 个条件，因此，还需要 2 个条件才能确定 $S(x)$。

通常可在区间端点上各加一个条件（称为边界条件），该条件可根据实际问题的要求给定，通常有以下三种：

（1）已知端点的一阶导数，即

$$S'(x_0) = f_0',\ S'(x_n) = f_n'$$

（2）已知两个端点的二阶导数，即

$$S''(x_0) = f_0'',\ S''(x_n) = f_n''$$

其特殊情况为 $S''(x_0) = S''(x_n) = 0$，称为自然边界条件；

（3）当 $f(x)$ 是以 $x_n - x_0$ 为周期的函数时，则要求 $S(x)$ 也是周期函数。这时边界条件应满足

$$S(x_i - 0) = S(x_i + 0)$$
$$S'(x_i - 0) = S'(x_i + 0)$$
$$S''(x_i - 0) = S''(x_i + 0)$$

此时 $y_0 = y_n$，这样确定的样条函数 $S(x)$ 称为周期函数。

例 7-3 对于一个周期的正弦函数 y=sin$x$，x 按 $\frac{\pi}{4}$ 步长取样，与其函数值一起构成 9 组数据。对于这些数据，编程实现三次样条插值。

解：使用 Python 包 SciPy 中的 interp1d 函数进行三次样条插值计算，并用包 Pylab 和 Matplotlib 绘图。具体程序如下：

```
# -*- coding: utf-8 -*-
import numpy as np
import pylab as pl
from scipy import interpolate
```

```
import matplotlib.pyplot as plt

xi = np.linspace(0, 2*np.pi, num=9)
yi = np.sin(xi)

x = np.linspace(0, 2*np.pi, num=100)
y = interpolate.interp1d(xi, yi,kind='cubic')   #三次样条插值

plt.xlabel(u'x')
plt.ylabel(u'y')

plt.plot(xi, yi, "o",   label=u"data")
plt.plot(x,y(x), label=u"3-spline interpolation")

pl.legend()
pl.show()
```

输出结果如图 7-4 所示。

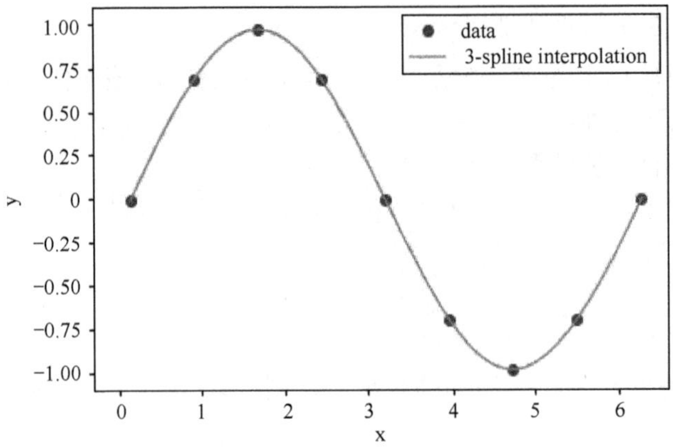

图 7-4　三次样条插值结果

从三次样条的节点定义来看，节点序列要符合递增要求，但有时工程中的数据是乱序的，对这种情况，散乱数据插值是有效的解决方法。

7.1.4　径向基函数插值

散乱数据是指数据点排列散乱的数据，这类数据一般不是网格型的，如地质勘探数据、测井数据、油藏数据、气象数据。散乱数据插值的方法主要有 Shepard 法、径向基函数法、薄板样条法。其中，径向基函数法与空间维数无关，具有形式简单、各向同性等特点。径向基函数是某种沿径向对称的标量函数，通常定义为样本到数据中心之间径向距离（一般是欧几里得距离）的单调函数（由于距离是径向同性的）[5]。

给定 n 个不同的插值点 $\{(x_i, y_i)\}_{i=1}^{n}$，径向基函数一般表示为 $\phi_i(x) = \phi(\|x - x_i\|)$，其中，

$\|x-x_i\|$表示x与中心点x_i之间的欧几里得距离。定义逼近函数形式为

$$s(x)=\sum_{i=1}^{n}\lambda_i\phi\left(\|x-x_i\|\right) \tag{7-3}$$

其中，λ_i为未知系数。

令$s(x_i)=y_i$，代入式（7-3）可得关于λ_i的线性方程组，求解即可。

表 7-1 所示为常见的径向基函数，其中，c为自由参数。

表 7-1　常见的径向基函数

径向基函数名称	表达式$\left[\phi(x)=\phi(r),\ r=\|x\|_2\right]$
线性函数（L）	$\phi(r)=cr$
高斯函数（GA）	$\phi(r)=\mathrm{e}^{-cr^2}$
多二次函数（MQ）	$\phi(r)=\sqrt{r^2+c^2}$
逆多二次函数（IMQ）	$\phi(r)=\left(\sqrt{r^2+c^2}\right)^{-1}$
逆二次函数（IQ）	$\phi(r)=\left(r^2+c^2\right)^{-1}$

例 7-4　对于二元函数曲面$f(x,y)=\mathrm{e}^{-(x^2+y^2)}$，在[−2,2]内随机生成$x$、$y$值，并计算对应的$f(x,y)$，要求使用径向基函数插值计算。

解： 使用 Python 包 SciPy 中的 Rbf 函数进行径向基函数插值计算，并用包 Mpl_toolkits.mplot3d 和 Matplotlib 绘图。具体程序如下：

```
import numpy as np
import matplotlib.pyplot as plt
from scipy.interpolate import Rbf
from matplotlib import cm
from mpl_toolkits.mplot3d.axes3d import Axes3D
plt.rcParams['axes.unicode_minus']=False      #解决负数坐标显示问题

#生成数据
x = np.random.rand(100) * 4.0 - 2.0
y = np.random.rand(100) * 4.0- 2.0
z = x * np.exp(-x ** 2 - y ** 2)
#径向基函数插值
rf = Rbf(x, y, z,epsilon = 2)
ti = np.linspace(-2.0, 2.0, 34)
xi, yi = np.meshgrid(ti, ti)
zi = rf(xi, yi)

plt.figure()
ax1 = plt.subplot2grid((1,2), (0,0), projection='3d')
ax1.scatter(x, y, z, color = 'r')
```

```
ax2 = plt.subplot2grid((1,2), (0,1), projection='3d')
ax2.scatter(xi, yi, zi,color = 'c')
plt.tight_layout()
plt.show()
```

输出结果如图 7-5 所示。

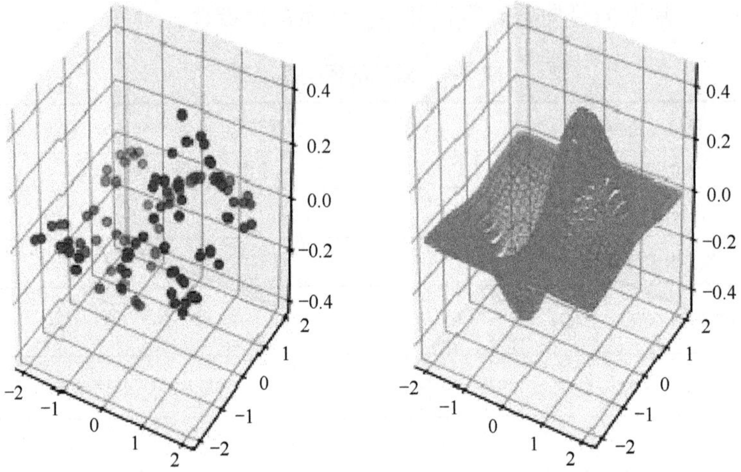

图 7-5 输出的散点图和插值曲面图

7.2 曲线拟合

曲线拟合是一种用连续曲线（解析表达式）近似地刻画或比拟平面上离散点组所表示的坐标之间函数关系的数据处理方法[1]。通过实验或观测得到量 x 与 y 的一组二维数据对 $\{(x_i, y_i)\}_{i=1}^{n}$，其中，x_i 是彼此不同的。人们希望用一类与数据的背景材料规律相适应的解析表达式 $y = f(x,c)$ 来反映量 x 与 y 之间的依赖关系，使得在某种准则下 $f(x,c)$ “最佳”地逼近已知数据。$f(x,c)$ 常称作拟合模型，其中，$c = \{c_1, c_2, \cdots, c_m\}$ 是一些待定参数。当 c 在 f 中以线性组合的形式出现时，该模型称为线性模型，否则称为非线性模型。机器学习中的一些方法如神经网络、深度学习，本质是拟合问题，即通过已有带标签的样本数据训练出最优的参数，再去预测新的数据标签。

7.2.1 线性最小二乘法

令

$$f(x_i, c) = \sum_{k=1}^{m} c_k r_k(x) \tag{7-4}$$

其中，$\{r_1(x_i), \cdots, r_m(x_i)\}$ 为事先选定的一组线性无关的基函数。如果“最佳”逼近准则是使计算值 $f(x_i, c)\ (i = 1, \cdots, n)$ 与测量值 y_i 之间距离的平方和 $E(c)$ 最小，则该准则为最小二乘准则。使用最小二乘准则计算线性组合待定参数的方法称为线性最小二乘法[2]。在机器学习中，$E(c)$ 又称为损失函数。记

$$E(c)=\sum_{i=1}^{n}(f(x_i,c)-y_i)^2 \tag{7-5}$$

把式（7-4）代入式（7-5），根据极值的必要条件，令式（7-5）的偏导数为 0，即 $\frac{\partial E}{\partial c_j}=0$，可以得到关于 $c_1,\cdots,c_m$ 的线性方程组：

$$\sum_{i=1}^{n}r_j(x_i)\left(\sum_{k=1}^{m}c_k r_k(x_i)-y_i\right)=0,\ j=1,\cdots,m$$

整理得

$$\sum_{k=1}^{m}c_k\sum_{i=1}^{n}r_j(x_i)r_k(x_i)=\sum_{i=1}^{n}r_j(x_i)y_i,\ j=1,\cdots,m \tag{7-6}$$

令

$$\boldsymbol{R}=\begin{pmatrix} r_1(x_1) & \cdots & r_m(x_1) \\ \vdots & & \vdots \\ r_1(x_n) & \cdots & r_m(x_n) \end{pmatrix}$$

$$\boldsymbol{C}=(c_1,\cdots,c_m)^{\mathrm{T}},\ \boldsymbol{Y}=(y_1,\cdots,y_n)^{\mathrm{T}}$$

式（7-6）可表示为

$$\boldsymbol{R}^{\mathrm{T}}\boldsymbol{R}\boldsymbol{C}=\boldsymbol{R}^{\mathrm{T}}\boldsymbol{Y} \tag{7-7}$$

由于 $\{r_1(x),\cdots,r_m(x)\}$ 线性无关，$\boldsymbol{R}^{\mathrm{T}}\boldsymbol{R}$ 可逆，式（7-7）有唯一解：

$$\boldsymbol{C}=(\boldsymbol{R}^{\mathrm{T}}\boldsymbol{R})^{-1}\boldsymbol{R}^{\mathrm{T}}\boldsymbol{Y}$$

常见的线性无关基函数组为 $\{1,x\}$、$\{1,x,\cdots,x^{m-1}\}$，前者表示直线拟合，后者表示一般的二次以上的多项式拟合（采用低次多项式，一般不超过 5 次，否则容易产生病态）。对于更复杂的线性无关基函数组，$\boldsymbol{R}^{\mathrm{T}}\boldsymbol{R}$ 会成为病态矩阵，采用上面方法直接求解将变得更加困难。在机器学习中，一般采用迭代法计算。

例 7-5　设多项式函数 $y=2x^3-3x^2+0.2x-0.1$，$x\in[-1,1]$，对自变量 x 进行间隔为 0.05 的采样，并在对应的 y 值上加上范围为 $[-0.25,0.25]$ 的随机数，对该组数据，编程实现三次多项式拟合。

解： 使用 Python 包 NumPy 中的 polyfit 函数进行多项式拟合，并用包 Pylab 和 Matplotlib 绘图。具体程序如下：

```
# -*- coding: utf-8 -*-
import numpy as np
import matplotlib.pyplot as plt
from pylab import mpl
mpl.rcParams['font.sans-serif'] = ['SimHei']     #指定默认字体
plt.rcParams['axes.unicode_minus']=False         #解决负数坐标显示问题
#x 值
x = np.arange(-1,1,0.05)
#y 为原始函数
y = 2*x**3-3*x*x+0.2*x-0.1
#y1 为加噪声的拟合数据
```

```
y1 = y+0.5*(np.random.rand(len(x))-0.5)

#用三次多项式拟合
z1 = np.polyfit(x, y, 3)
print(z1)
#生成多项式对象
p1 = np.poly1d(z1)
pp1=p1(x)

plt.plot(x,y,color='g',linestyle='-',marker='',label=u'原始曲线')
plt.plot(x,y1,color='m',linestyle='',marker='o',label=u'拟合数据')
plt.legend(loc='lower right')
plt.show()
plt.clf()

plt.plot(x,y1,color='m',linestyle='',marker='o',label=u'拟合数据')
plt.plot(x,pp1,color='b',linestyle='-',marker='.',label=u"拟合曲线")
plt.legend(loc='lower right')
plt.show()
```

输出结果如下：

```
[ 2.  -3.   0.2  -0.1]
```

拟合的系数与原值一样，如图 7-6 所示，拟合效果良好。

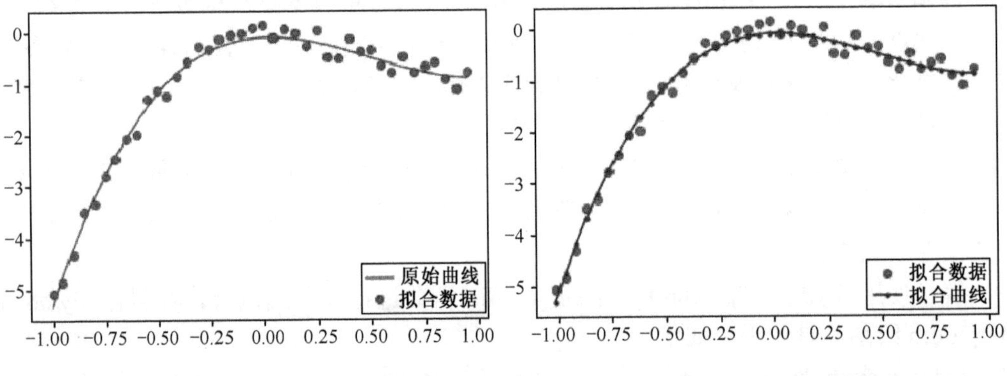

图 7-6　拟合效果

7.2.2　非线性曲线拟合

有些复杂数据难以用线性模型描述，若 $y=f(x,c)$ 为关于参数的非线性函数，则求解式（7-5）的最小值转化为非线性最优化问题，可使用非线性最优化方法进行求解[6-7]。

例 7-6[2]　用非线性最小二乘法拟合高斯函数：

$$y=\frac{1}{\sqrt{2\pi}\sigma}\mathrm{e}^{-\frac{(x-\mu)^2}{2\sigma^2}} \tag{7-8}$$

解：使用 Python 包 NumPy 中的 exp 函数定义高斯函数，使用 Python 包 SciPy 中的 curve_fit 函数进行非线性拟合，并用包 Pylab 和 Matplotlib 绘图。具体程序如下：

```
import numpy as np
import matplotlib.pyplot as plt
from scipy import stats
from scipy.stats import norm
from scipy.optimize import curve_fit

x = np.arange(-5, 5, 0.1)
X = norm()  #默认参数，loc=0，scale=1，标准正态分布
y=X.pdf(x)  #pdf，概率密度函数

#定义高斯函数
def gaussian(x,*param):
    return param[0]*np.exp(-np.power(x - param[1], 2.) / (2 * np.power(param[2], 2.)))

p0=np.random.rand(3)  #随机数作为初值
popt,pcov = curve_fit(gaussian,x,y,p0)  #非线性拟合函数
print(popt)
yvals=gaussian(x,*popt)

plt.plot(x,y,color='m',linestyle='',marker='o',label=u'拟合数据')
plt.plot(x,yvals,color='b',linestyle='-',marker='.',label=u"拟合曲线")
plt.legend(loc='upper right')
plt.show()
```

输出结果如下：

```
[3.98942280e-01 3.09371023e-09 1.00000000e+00]
```

其均值近似为 0，方差为 1，符合标准正态分布。程序输出图形如图 7-7 所示，拟合效果良好。

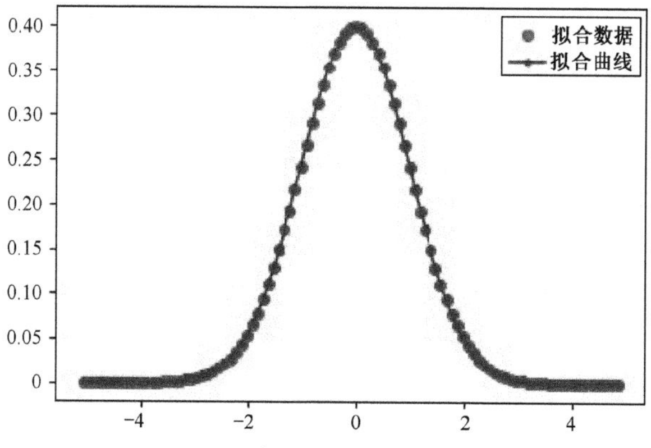

图 7-7　标准正态分布

注：初值会对拟合产生较大影响。

7.2.3 贝塞尔曲线拟合

贝塞尔（Bézier）曲线是计算机图形几何造型的基本工具，它通过控制点来定义逼近这些控制点的曲线，Windows 的画图软件中就有该工具。1962 年，法国数学家贝塞尔首先研究了这种用矢量绘制曲线的方法，借助于伯恩斯坦（Bernstein）多项式，用控制点构建了计算公式，因此，按照这样的公式绘制出的曲线就用他的姓氏来命名[8]。

贝塞尔曲线的定义[8-9]：给定控制点列（有序点列）$\{P_i\}$，$i=0,\cdots,n$，则

$$P(t)=\sum_{i=0}^{n}P_iB_{i,n}(t) \tag{7-9}$$

其中，控制点列所构成的多边形称为控制多边形，而基函数 $B_{i,n}(t)$ 为 n 次伯恩斯坦多项式：

$$B_{i,n}(t)=C_n^i t^i(1-t)^{n-i},\ 0\leqslant t\leqslant 1 \tag{7-10}$$

由定义可知，贝塞尔曲线的形状只与控制点列有关，且具有仿射不变性、凸包性、变差缩减性等几何特性，使曲线的形状在可控范围内，所以，用贝塞尔曲线拟合时，能够避免插值时的振荡现象。

随着次数的增加，式（7-9）的计算量越来越大，并且计算也越来越不稳定。法国数学家 Paul de Casteljau 对伯恩斯坦多项式进行了图形化尝试，并且给出了一种数值稳定的德卡斯特里奥（De Casteljau）算法[8-9]。因此，当前的贝塞尔曲线不是按照式（7-9）计算的，而是按照德卡斯特里奥算法计算的。

例 7-7 绘制控制点列 $x=\{0.0,0.3,0.7,1.0\}$，$y=\{0.0,1.0,1.0,0.0\}$ 的三次贝塞尔曲线。

解： 在 Python 中绘制贝塞尔曲线需要第三方包 Bezier，以管理员身份用以下命令安装。

```
python   -m pip install --user --upgrade Bezier
```

安装后，用 Python 包 Bezier 中的 curve 函数进行计算，使用包 Matplotlib 绘图。具体程序如下：

```
import numpy as np
import bezier
import matplotlib.pyplot as plt
#定义贝塞尔曲线
nodes=np.asfortranarray([[0.0,0.3,0.7,1.0],[0.0,1.0,1.0,0.0]])
curve=bezier.Curve(nodes1,degree=3)

ax=curve.plot(num_pts=256)
plt.plot(nodes[0],nodes[1],color='m',linestyle='-',marker='o',label=u'Control Polygon')
plt.legend(loc='best')
plt.show()
```

输出结果如图 7-8 所示。

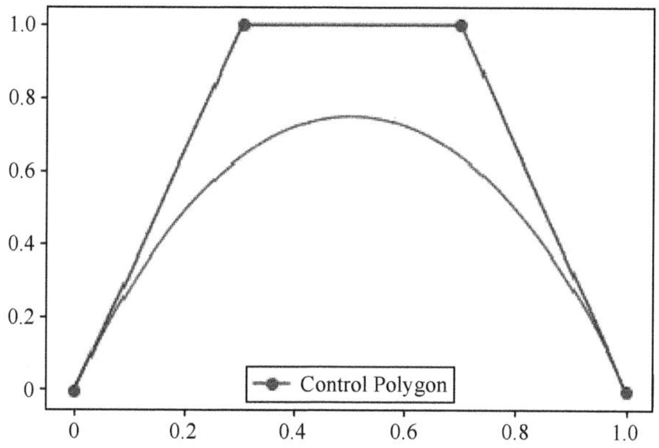

图 7-8 三次贝塞尔曲线及其控制多边形

7.3 最佳逼近

前面介绍的插值和拟合方法，解决的是数据的函数化表示问题，但还存在这样的问题：在选定的一类函数中寻找某个函数 $g(x)$，使它是已知函数 $f(x)$ 在一定意义下的近似表示，并求出用 $g(x)$ 近似表示 $f(x)$ 产生的误差，这就是函数逼近问题。在函数逼近问题中，用来逼近已知函数 $f(x)$ 的函数可以有不同的选择，函数 $g(x)$ 的确定方式也多种多样，而 $g(x)$ 对 $f(x)$ 的近似程度（误差）可以有不同的含义，所以，函数逼近问题的提法具有多种形式。本节从整体角度，以范数为工具，建立函数最佳逼近准则。

7.3.1 函数空间范数与最佳逼近问题

在区间 $[a,b]$ 上的所有连续函数的集合称为连续函数空间，记为 $C[a,b]$。设 $f \in C[a,b]$，若存在唯一实数 $\|\bullet\|$，满足条件[10-11]：

（1）$\|f\| \geqslant 0$，当且仅当 $f=0$ 时，$\|f\| \triangleq 0$；

（2）$\|af\| = |a|\|f\|$，$a \in \mathbf{R}$；

（3）$\|f+g\| \leqslant \|f\| + \|g\|$，$\forall f,g \in C[a,b]$。

则称 $\|\bullet\|$ 为连续函数空间 $C[a,b]$ 上的范数。

对连续函数空间 $C[a,b]$ 上的 $f(x)$，定义以下三种范数：

（1）$\|f\|_\infty = \max\limits_{a \leqslant x \leqslant b} |f(x)|$，称为 ∞-范数；

（2）$\|f\|_1 = \int_a^b |f(x)| \mathrm{d}x$，称为 1-范数；

（3）$\|f\|_2 = \left[\int_a^b f^2(x) \mathrm{d}x\right]^{\frac{1}{2}}$，称为 2-范数。

可以验证，这样定义的范数 $\|\bullet\|_\infty$、$\|\bullet\|_1$、$\|\bullet\|_2$ 满足连续函数空间 $C[a,b]$ 上范数的 3 个条件。

但是，在计算中，常用的是离散形式的向量和矩阵的范数。特别是范数定义的正则化方法，需要计算各种范数。

在 $\mathbf{R}^n$ 上的向量 $\boldsymbol{x}=(x_1,\cdots,x_n)$ 的三种常用范数如下：

（1）$\|\boldsymbol{x}\|_\infty=\max\limits_{1\leqslant i\leqslant n}|x_i|$，称为 ∞-范数或最大范数；

（2）$\|\boldsymbol{x}\|_1=\sum\limits_{i=1}^{n}|x_i|$，称为 1-范数；

（3）$\|\boldsymbol{x}\|_2=\left(\sum\limits_{i=1}^{n}x_i^{\ 2}\right)^{\frac{1}{2}}$，称为 2-范数。

例 7-8 计算向量 $\boldsymbol{x}=(1,2,3,4,5)$ 的范数。

解： 用 Python 包 NumPy 中的 norm 函数进行向量的范数计算。具体程序如下：

```
import numpy as np
x = np.arange(1, 6, 1)
n1 = np.linalg.norm(x, ord = 1)
n2 = np.linalg.norm(x, ord = 2)
nInf = np.linalg.norm(x, ord = np.inf)

print("1-范数,2-范数,无穷范数分别是：%f, %f, %f" % (n1,n2,nInf))
```

输出结果如下：

```
1-范数,2-范数,无穷范数分别是：15.000000, 7.416198, 5.000000
```

若矩阵 $\boldsymbol{A}$ 的大小为 $m\times n$，即 m 行 n 列，则矩阵 $\boldsymbol{A}$ 的常见范数如下：

（1）$\|\boldsymbol{A}\|_\infty=\max\limits_{1\leqslant i\leqslant m}\sum\limits_{j=1}^{n}|a_{ij}|$，称为 ∞-范数，又称行和范数，表示矩阵行向量中绝对值之和的最大值；

（2）$\|\boldsymbol{A}\|_1=\max\limits_{1\leqslant j\leqslant n}\sum\limits_{i=1}^{m}|a_{ij}|$，称为 1-范数，又称列和范数，表示矩阵列向量中绝对值之和的最大值；

（3）$\|\boldsymbol{A}\|_2=\sqrt{\max(\lambda_i)}$，称为 2-范数，又称谱范数，取值为 $\boldsymbol{A}^{\mathrm{T}}\boldsymbol{A}$ 矩阵的最大特征值的开方；

（4）$\|\boldsymbol{A}\|_{\mathrm{F}}=\sum\limits_{i=1}^{m}\sum\limits_{j=1}^{n}|a_{ij}|^2$，称为 F-范数，取值为矩阵元素绝对值的平方和的开方。

例 7-9 计算矩阵 $\boldsymbol{A}=\begin{pmatrix}-1&1&0\\-4&3&0\\1&0&2\end{pmatrix}$ 的范数。

解： 用 Python 包 NumPy 中的 norm 函数进行矩阵的范数计算。具体程序如下：

```
import numpy as np
A = np.array([[-1, 1, 0],[-4, 3, 0],[1, 0, 2]])
# 1-范数
n1 = np.linalg.norm(A, ord = 1)
# 2-范数
```

```
n2 = np.linalg.norm(A, ord = 2)
# oo-范数
nInf = np.linalg.norm(A, ord = np.inf)
# F-范数
nFro = np.linalg.norm(A, ord = 'fro')
print("1-范数,2-范数分别是：%f, %f" % (n1,n2))
print("无穷范数,F-范数分别是：%f, %f" % (nInf,nFro))
```

输出结果如下：

```
1-范数,2-范数分别是：6.000000, 5.264111
无穷范数,F-范数分别是：7.000000, 5.656854
```

若 $f \in C[a,b]$，$\varPhi_n$ 为 $C[a,b]$ 的子集，其形式为 $\varPhi_n = \mathrm{span}\{\varphi_0, \varphi_1, \cdots, \varphi_n\}$，其中，$\varphi_i \in C[a,b](i = 0,1,\cdots,n)$，且元素 $\varphi_0, \varphi_1, \cdots, \varphi_n$ 线性无关。下面考察次数不超过 n 的多项式集合 H_n，其元素 $p_n(x) = a_0 + a_1 x + \cdots + a_n x^n$ 是由 $n+1$ 个系数 $a_0, a_1, \cdots, a_n$ 唯一确定的，$1, x, \cdots, x^n$ 线性无关，$H_n = \mathrm{span}\{1, x, \cdots, x^n\}$，（$a_0, a_1, \cdots, a_n$）是 $p_n(x)$ 的系数向量，故 H_n 是 $C[a,b]$ 的子集。

但是，连续函数 $f(x) \in C[a,b]$ 不能用有限个线性无关的函数表示，故 $C[a,b]$ 是无限维的。如果用有限维的多项式空间 H_n 的元素 $p_n(x)$ 逼近 $f(x)$，也就是使 $f(x)$ 和 $p_n(x)$ 之间的误差尽可能小，使用无穷范数描述，那么该问题转化为求 $\min\limits_{p_n \in H_n} \|f(x) - p_n(x)\|_\infty$ 的解 $p_n(x)$，根据著名的维尔斯特拉斯定理，这个 $p_n(x)$ 在一定条件下是存在的。

维尔斯特拉斯第一定理 设 $f(x) \in C[a,b]$，则对 $\forall \varepsilon > 0$，$\exists p_n(x) \in H_n$ 满足 $\|f(x) - p_n(x)\|_\infty < \varepsilon$。

1912 年，伯恩斯坦构造了伯恩斯坦多项式（见式 7-10），从理论上给出了上述定理的证明。也就是说，闭区间上的连续函数可用多项式逼近。另外，维尔斯特拉斯第二定理也证明了闭区间上周期为 2π 的连续函数可用三角函数级数逼近。

令

$$\Delta(f, H_n) = \min_{p_n \in H_n} \|f(x) - p_n(x)\|_\infty \tag{7-11}$$

则 $\Delta(f, H_n)$ 为 $f(x)$ 关于 H_n 的最佳一致逼近，满足式（7-11）的多项式 $p(x)$ 称为 $f(x)$ 在 $[a,b]$ 上的最佳一致逼近多项式[11]。

同理，若令

$$\Delta(f, H_n) = \min_{p_n \in H_n} \|f(x) - p_n(x)\|_2 \tag{7-12}$$

则 $\Delta(f, H_n)$ 为 $f(x)$ 关于 H_n 的最佳平方逼近，满足式（7-12）的多项式 $p(x)$ 称为 $f(x)$ 在 $[a,b]$ 上的最佳平方逼近多项式[11]。前面介绍的最小二乘拟合本质上就是最佳平方逼近问题。

7.3.2 最佳一致逼近

对于 $C[a,b]$ 上给定函数 $f(x)$ 的最佳一致逼近多项式的求解问题，由于问题的非线性性质，一般求解比较困难。通常只能对 $n = 1$ 的情况给出具体算法，当 $n \geqslant 2$ 时，可用逐次次逼近的 Remez 算法计算，但该算法复杂，通常不使用。因此，实际计算时往往只求近似的最佳一致逼近，主要利用的是切比雪夫多项式。

近似的最佳一致逼近多项式 $p(x)$ 在区间 $[-1,1]$ 上的截断切比雪夫级数部分和形式如下[10]：

$$p(x)=\sum_{k=0}^{n}a_kT_k(x) \tag{7-13}$$

其中，$T_k(x)=\cos(k\theta)(x=\cos\theta,-1\leqslant x\leqslant 1)$ 为切比雪夫多项式，$a_0=\frac{1}{\pi}\int_0^{\pi}f(\cos\theta)\mathrm{d}\theta$，$a_k=\frac{2}{\pi}\int_0^{\pi}f(\cos\theta)\cos(k\theta)\mathrm{d}\theta(k=1,2,\cdots)$。

切比雪夫多项式可根据递推公式 $T_{k+1}(x)=2xT_k(x)-T_{k-1}(x)$ 计算出，一般地，多项式形式为 $T_0(x)=1$，$T_1(x)=x$，$T_2(x)=2x^2-1$，$T_3(x)=4x^3-3x$，…。

注： 当区间为 $[a,b]$ 时，可以通过变换将区间变为 $[-1,1]$，然后进行计算。

例 7-10 求 $f(x)=\mathrm{e}^x$ 在区间 $[-1,1]$ 上的三次切比雪夫近似最佳一致逼近多项式。

解： 利用式（7-13），使用 Python 包 SciPy 中的 quad 函数计算定积分，得到各系数值，并用包 Pylab 和 Matplotlib 绘图。具体程序如下：

```
# -*- coding: utf-8 -*-
import numpy as np
from scipy.integrate import quad
from matplotlib.font_manager import FontProperties
import matplotlib.pyplot as plt
from pylab import mpl
mpl.rcParams['font.sans-serif'] = ['SimHei']    #指定默认字体
plt.rcParams['axes.unicode_minus']=False        #解决负数坐标显示问题

a0,err = quad(lambda theta : np.exp(np.cos(theta))/np.pi, 0, np.pi)
a1,err = quad(lambda theta : np.exp(np.cos(theta))*np.cos(theta)*2/ np.pi, 0, np.pi)
a2,err = quad(lambda theta : np.exp(np.cos(theta))*np.cos(2*theta)*2/ np.pi, 0, np.pi)
a3,err = quad(lambda theta : np.exp(np.cos(theta))*np.cos(3*theta)*2/ np.pi, 0, np.pi)
print("近似最佳一致逼近多项式是：%fT0(x)+%fT1(x)+%fT2(x)+%fT3(x)" % (a0,a1,a2,a3))


A0=a0-a2
A1=a1-3*a3
A2=2*a2
A3=4*a3
print("一般多项式是：%fx^3+%fx^2+%fx+%f" % (A3,A2,A1,A0))

x=np.arange(-1,1.1,0.1)
y=np.exp(x)
#生成多项式对象
A=np.array([A3,A2,A1,A0])
```

```
po = np.poly1d(A)
yvals=po(x)

plt.plot(x,y,color='r',linestyle='--',marker='o',label=u'指数曲线')
plt.plot(x,yvals,color='b',linestyle='-',label=u"逼近曲线")
plt.legend(loc='best')
plt.show()
```

输出结果如下：

```
近似最佳一致逼近多项式是：
1.266066T0(x)+1.130318T1(x)+0.271495T2(x)+0.044337T3(x)
一般多项式是：0.177347x^3+0.542991x^2+0.997308x+0.994571
```

输出曲线如图 7-9 所示。从图 7-9 可以看出，两曲线之间的误差很小。

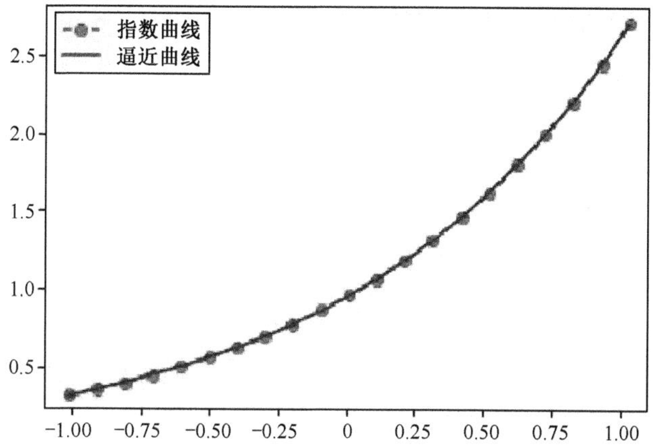

图 7-9　指数曲线及其近似最佳一致逼近多项式曲线

7.3.3　最佳平方逼近

对于 $C[a,b]$ 上给定函数 $f(x)$ 的最佳平方逼近多项式 $p(x)$，如果直接用一般多项式，那么需要求解病态的法方程。而实际上可使用具有正交性质的多项式，如勒让德多项式。

最佳平方逼近多项式 $p(x)$ 在区间 $[-1,1]$ 上按勒让德多项式展开的级数部分和形式[10]：

$$p(x)=\sum_{k=0}^{n}\frac{2k+2}{2}(f,P_k)P_k(x) \tag{7-14}$$

其中，$(f,P_k)=\int_{-1}^{1}f(x)P_k(x)\mathrm{d}x$，$P_k(x)=\dfrac{1}{2^k k!}\dfrac{\mathrm{d}^k}{\mathrm{d}x^k}[(x^2-1)^k]$。

勒让德多项式可根据递推公式 $P_{k+1}(x)=\dfrac{2k+1}{k+1}xP_k(x)-\dfrac{k}{k+1}T_{k-1}(x)$ 计算，一般地，多项式形式为 $P_0(x)=1$，$P_1(x)=x$，$P_2(x)=\dfrac{3}{2}x^2-\dfrac{1}{2}$，$P_3(x)=\dfrac{5}{2}x^3-\dfrac{3}{2}x$，…。

注： 当区间为 $[a,b]$ 时，可以通过变换将区间变为 $[-1,1]$，然后进行计算。

例 7-11 求 $f(x)=\mathrm{e}^x$ 在区间 $[-1,1]$ 上的三次勒让德最佳平方逼近多项式。

解：利用式（7-14），使用 Python 包 SciPy 中的 quad 函数计算定积分，得到各系数值，并用包 Pylab 和 Matplotlib 绘图。具体程序如下：

```
# -*- coding: utf-8 -*-
import numpy as np
from scipy.integrate import quad
from matplotlib.font_manager import FontProperties
import matplotlib.pyplot as plt
from pylab import mpl
mpl.rcParams['font.sans-serif'] = ['SimHei']      #指定默认字体
plt.rcParams['axes.unicode_minus']=False        #解决负数坐标显示问题

a0,err = quad(lambda x : np.exp(x)/2.0, -1, 1)
a1,err = quad(lambda x : np.exp(x)*x*3.0/2.0, -1, 1)
a2,err = quad(lambda x : np.exp(x)*(1.5*x*x-0.5)*5.0/2.0, -1, 1)
a3,err = quad(lambda x : np.exp(x)*(2.5*x*x*x-1.5*x)*7.0/2.0, -1, 1)
print("三次勒让德最佳平方逼近多项式是：%fP0(x)+%fP1(x)+%fP2(x)+%fP3(x)" % (a0,a1,a2,a3))

A0=a0-0.5*a2
A1=a1-1.5*a3
A2=1.5*a2
A3=2.5*a3
print("一般多项式是：%fx^3+%fx^2+%fx+%f" % (A3,A2,A1,A0))

x=np.arange(-1,1.1,0.1)
y=np.exp(x)
#生成多项式对象
A=np.array([A3,A2,A1,A0])
po = np.poly1d(A)
yvals=po(x)

plt.plot(x,y,color='r',linestyle='--',marker='o',label=u'指数曲线')
plt.plot(x,yvals,color='b',linestyle='-',label=u"逼近曲线")
plt.legend(loc='best')
plt.show()
```

输出结果如下：

```
三次勒让德最佳平方逼近多项式是：
1.175201P0(x)+1.103638P1(x)+0.357814P2(x)+0.070456P3(x)
一般多项式是：0.176139x^3+0.536722x^2+0.997955x+0.996294
```

输出曲线如图 7-10 所示。从图 7-10 可以看出，两曲线之间的误差很小。

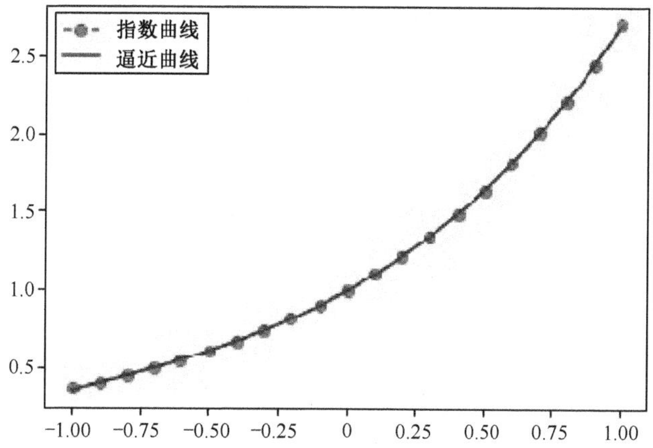

图 7-10 指数曲线及其最佳平方逼近多项式曲线

7.4 核函数逼近

当在高维空间解决机器学习中复杂的分类或回归问题时，会遇到所谓的“维数灾难”等问题，而核函数可以将高维空间内积转化为低维输入空间的核函数进行计算。因此，早在 1964 年，Aizermann 等就在研究势函数方法时将核函数引入机器学习领域，但直到 1992 年 Vapnik 等利用核函数成功地将线性支持向量机推广到非线性支持向量机，才使在低维空间中线性不可分的数据变换到高维空间后线性可分。与此同时，基于核方法的逼近方法在聚类、分类、回归等机器学习领域的各种问题中被广泛应用[12-14]。

7.4.1 核方法原理

考虑监督问题，设训练集 $S=\{(\boldsymbol{x}_1,\boldsymbol{y}_1),\cdots,(\boldsymbol{x}_l,\boldsymbol{y}_l)\}$，其中 $\boldsymbol{x}_i$ 为 $X\subseteq\mathbf{R}^n$ 上的点，对应的标签 $\boldsymbol{y}_i$ 为 $Y\subseteq\mathbf{R}^m$ 上的点。如果非线性函数 $\phi(\boldsymbol{x})$ 可实现从输入空间 X 到特征空间 F 的映射，其中 $F\subseteq\mathbf{R}^N$，即存在从 X 到某个特征空间 F 的映射，满足

$$k(\boldsymbol{x}_i,\boldsymbol{x}_j)=\langle\phi(\boldsymbol{x}_i),\phi(\boldsymbol{x}_j)\rangle \tag{7-15}$$

其中，$\langle\phi(\boldsymbol{x}_i),\phi(\boldsymbol{x}_j)\rangle$ 表示内积，也可以写为 $\phi(\boldsymbol{x}_i)^{\mathrm{T}}\phi(\boldsymbol{x}_j)$，那么二元函数 $k: X\times X\to\mathbf{R}$ 称为核函数。核函数的引入可以使内积作为输入空间的直接函数，更高效地计算内积，而不用显式地计算映射 $\phi(\boldsymbol{x})$。也就是说，$\phi(\boldsymbol{x})$ 只用在理论推导中，在结论中不会出现，所以，有时 $\phi(\boldsymbol{x})$ 又称为隐藏函数。

若对于二分类问题，存在向量 $\boldsymbol{w}$，使得下列不等式成立：

$$\boldsymbol{w}^{\mathrm{T}}\phi(\boldsymbol{x})>0,\ \boldsymbol{x}\in C_1$$

$$\boldsymbol{w}^{\mathrm{T}}\phi(\boldsymbol{x})<0,\ \boldsymbol{x}\in C_2$$

则 $\phi(\boldsymbol{x})$ 映射到另一个高维空间的数据样本变成了线性可分，$\boldsymbol{w}^{\mathrm{T}}\phi(\boldsymbol{x})=0$ 就是一个分类曲面。

7.4.2 常见核函数

对于任意训练数据 $\boldsymbol{x}_1,\boldsymbol{x}_2,\cdots,\boldsymbol{x}_l \in X$，令 $\boldsymbol{K}=(k(\boldsymbol{x}_i,\boldsymbol{x}_j))_{i,j=1}^{l}$，称 $\boldsymbol{K}$ 为 Gram 矩阵。

Mercer 定理 k 是一个有效核函数（也称为 Mercer 核函数），当且仅当对于训练数据 $\boldsymbol{x}_1,\boldsymbol{x}_2,\cdots,\boldsymbol{x}_l \in X$，其相应的核函数矩阵 $\boldsymbol{K}$ 是对称半正定的。

满足 Mercer 定理的对称函数都可作为核函数。常见的核函数如下。

（1）线性核函数。对于一般的线性问题，采用线性核函数比较合适，其形式为

$$k(\boldsymbol{x},\boldsymbol{y})=\boldsymbol{x}^{\mathrm{T}}\boldsymbol{y}$$

（2）多项式核函数。相比于线性核函数，其训练参数较多，但可以把样本映射到高维空间，其形式为

$$k(\boldsymbol{x},\boldsymbol{y})=(\gamma\boldsymbol{x}^{\mathrm{T}}\boldsymbol{y}+r)^d$$

其中，多项式的次数 $d\geqslant 1$。

（3）径向基核函数。相比于多项式核函数，其训练参数较少，也可以把样本映射到高维空间。径向基核函数在小样本和大样本中都有较好的性能体现，因此应用广泛，其形式为

$$k(\boldsymbol{x},\boldsymbol{y})=\mathrm{e}^{-\gamma\|\boldsymbol{x}-\boldsymbol{y}\|^2}$$

若形式为

$$k(\boldsymbol{x},\boldsymbol{y})=\mathrm{e}^{-\frac{\|\boldsymbol{x}-\boldsymbol{y}\|^2}{2\sigma^2}}$$

则称该核函数为高斯核函数，其中带宽 $\sigma>0$，用于控制径向作用范围。高斯核函数是两个向量欧几里得距离的单调函数。

（4）Sigmoid 核函数。Sigmoid 核函数常用作神经网络的激活函数，其形式为

$$k(\boldsymbol{x},\boldsymbol{y})=\tanh(\gamma\boldsymbol{x}^{\mathrm{T}}\boldsymbol{y}+r)$$

7.4.3 支持向量机及其在函数逼近中的应用

支持向量机是 20 世纪 90 年代中期提出的一种机器学习算法，它的基础是 Vapnik 创建的统计学习理论。其采用结构风险最小化准则，在最小化样本点误差的同时，最小化模型的结构风险，从而提高模型的泛化能力，这一优点在小样本学习中更为突出。支持向量机应用广泛，本节介绍支持向量机在函数逼近中的应用[15-16]。

给定训练数据集 $\{(\boldsymbol{x}_i,y_i)\}_{i=1}^{n}$，与前面的数据拟合一样，寻求一个 $f(x)$（不妨使用线性函数 $f(\boldsymbol{x})=\boldsymbol{\omega}^{\mathrm{T}}\boldsymbol{x}+b$），使其与 y 尽可能接近，$\boldsymbol{\omega}$ 和 b 是待确定的参数。在这个模型中，只有当 $f(\boldsymbol{x})$ 与 y 完全相同时，损失才为零。假设能容忍 $f(\boldsymbol{x})$ 与 y 之间的偏差最大为 ε，当且仅当 $f(\boldsymbol{x})$ 与 y 差的绝对值大于 ε 时，才计算损失。此时相当于以 $f(\boldsymbol{x})$ 为中心，构建了一个宽度为 2ε 的间隔带，若训练数据落入此间隔带，则认为其是被正确预测的，如图 7-11 所示。

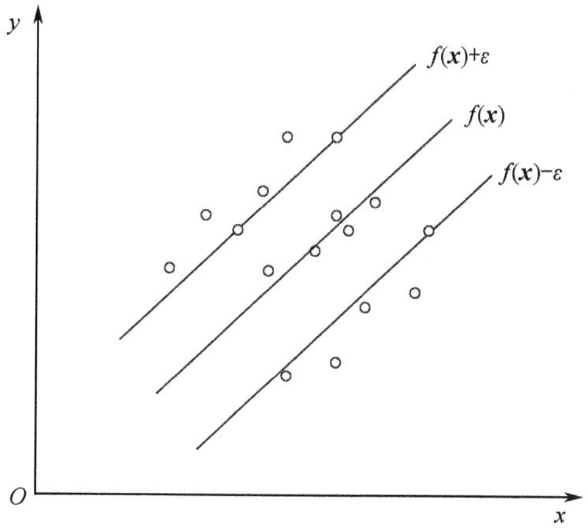

图 7-11　支持向量回归示意

假设所有训练数据在精度 ε 下可用线性函数 $f(\boldsymbol{x})=\boldsymbol{\omega}^{\mathrm{T}}\boldsymbol{x}+b$ 拟合，即

$$\begin{cases} y_i - f(\boldsymbol{x}_i) \leqslant \varepsilon + \xi_i,\ i=1,2,\cdots,n \\ f(\boldsymbol{x}_i) - y_i \leqslant \varepsilon + \xi_i^*,\ i=1,2,\cdots,n \\ \xi_i, \xi_i^* \geqslant 0,\ i=1,2,\cdots,n \end{cases} \tag{7-16}$$

其中，ξ_i、ξ_i^* 是松弛因子，当划分有误差时，ξ、ξ_i^* 都大于 0，误差不存在，取 0。这时，该问题转化为优化目标函数的最小化问题：

$$R(\boldsymbol{\omega},\xi,\xi^*)=\frac{1}{2}\boldsymbol{\omega}\cdot\boldsymbol{\omega}+C\sum_{i=1}^{n}(\xi_i+\xi_i^*) \tag{7-17}$$

式（7-17）中的第一项使拟合函数更为平坦，从而提高泛化能力；第二项可减小误差；常数 $C(C>0)$ 表示对超出误差 ε 的样本的惩罚程度。综合式（7-16）和式（7-17）可看出，这是一个凸二次优化问题，使用 Lagrange 函数、对偶原理、KKT 条件等数学方法求解，可得线性拟合函数为

$$f(\boldsymbol{x})=\boldsymbol{\omega}^{\mathrm{T}}\boldsymbol{x}+b=\sum_{i=1}^{n}(a_i-a_i^*)\boldsymbol{x}_i\cdot\boldsymbol{x}+b \tag{7-18}$$

如果用非线性核函数，则与式（7-18）所对应的非线性拟合函数为

$$f(\boldsymbol{x})=\boldsymbol{\omega}^{\mathrm{T}}\phi(\boldsymbol{x})+b=\sum_{i=1}^{n}(a_i-a_i^*)k(\boldsymbol{x}_i,\boldsymbol{x})+b \tag{7-19}$$

例 7-12　采用径向基函数对 $f(x)=\mathrm{e}^x$ 在区间[−1,1]上（加噪声）进行支持向量回归。

解：使用 Python 包 NumPy 中的 exp 和 rand 函数生成带噪声的数据，然后使用包 Sklearn 中的支持向量回归函数 SVR 进行数据回归，并用包 Matplotlib 绘图。具体程序如下：

```
import numpy as np
from sklearn.svm import SVR
import matplotlib.pyplot as plt
```

```
#产生样本点，y 值加随机噪声
X=np.arange(-1,1.1,0.1)
y=np.exp(X)+0.5*(np.random.rand(len(X))-0.5)

#如果只有一列数据，X 的数据用 reshape 处理，y 的数据用 ravel 处理
X = np.reshape(X, (-1, 1))
y=y.ravel()
print(X.shape)
print(y.shape)

# SVR 拟合
def SVRrbfModel():
    svr_rbf10 = SVR(kernel='rbf',C=100, gamma=10.0)
    svr_rbf1 = SVR(kernel='rbf', C=100, gamma=0.1)
    y_rbf10 = svr_rbf10.fit(X, y).predict(X)
    y_rbf1 = svr_rbf1.fit(X, y).predict(X)
    return  y_rbf10,y_rbf1

#画图
def showPlot(y_rbf10,y_rbf1):
    lw = 2 #line width
    plt.scatter(X, y, color='darkorange', label='data')
    plt.plot(X, y_rbf10, color='navy', lw=lw,linestyle='--', label='RBF gamma=10.0')
    plt.plot(X, y_rbf1, color='c', lw=lw, label='RBF gamma=1.0')
    plt.xlabel('X')
    plt.ylabel('y')
    plt.title('Support Vector Regression')
    plt.legend()
    plt.show()

if __name__ == '__main__':
    y_rbf10, y_rbf1= SVRrbfModel()
    showPlot(y_rbf10,y_rbf1)
```

输出结果如图 7-12 所示。

从图 7-12 中可以看出，算法中的参数取值对结果有一定的影响，如何精准确定参数值，目前没有有效的通用方法。文献[17]给出了网格搜索算法、遗传算法、粒子群优化算法等，用于径向基函数的参数寻优。

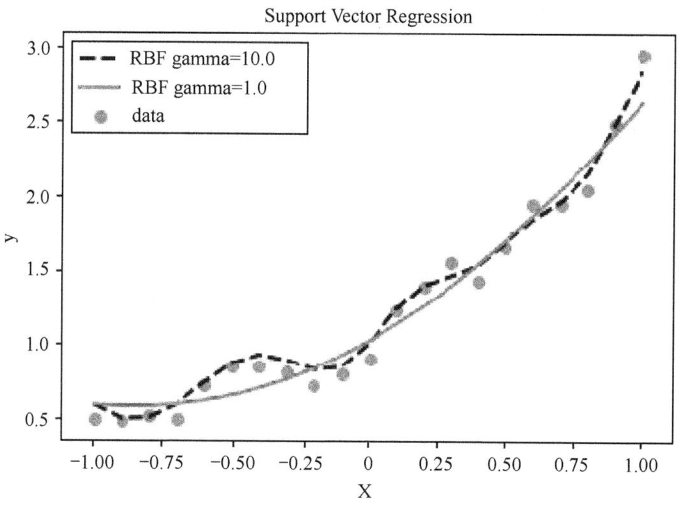

图 7-12　输出的支持向量回归曲线

7.5　神经网络逼近

神经网络是 20 世纪 80 年代以来人工智能领域兴起的研究热点。它从信息处理角度对人脑神经元网络进行抽象，建立数学模型，按不同的连接方式组成不同的网络。神经网络是一种运算模型，由大量的节点（或称神经元）相互连接构成。每个节点代表一种特定的输出函数，称为激励函数。每两个节点间的连接都代表一个对通过该连接的信号的加权值，称为权重。神经网络的输出则根据网络的连接方式、权重值（以下简称权值）和激励函数的不同而不同。神经网络自身通常是对自然界某种算法或函数的逼近，也可能是对一种逻辑策略的表达。近十多年来，随着神经网络研究工作的不断深入，其在模式识别、智能机器人、自动控制、预测估计、生物、医学、经济等领域已成功地解决了许多现代计算机难以解决的实际问题，表现出了良好的智能特性[18]。本节只讨论神经网络在函数逼近中的应用。

7.5.1　神经网络函数逼近定理

1957 年，数学家安德烈·科尔莫戈罗夫（Andrey Kolmogorov）证明了一个关于许多变量实函数表示的重要定理——Kolmogorov 定理。根据 Kolmogorov 定理，多元函数可以由（有限数量的）一元函数的和及和的组合来表示。1987 年，Hecht 等指出了这个定理与多层前馈神经网络非线性逼近能力之间的关系，这是第一次将前馈神经网络的映射能力与逼近理论相联系。虽然后来 Poggio 指出这两者实际上是无关的，但很快许多学者严格地证明了具有 S 形隐含层函数的三层 BP 神经网络可以以任意精度一致逼近任意紧集上的连续函数[18-20]。

神经网络的普遍性定理 无论函数 $f(\boldsymbol{x})$ 的形式多复杂（ $\boldsymbol{x}$ 为多元变量），总存在激活函数为 S 形隐含层函数的神经网络，对于任何可能的输入 $\boldsymbol{x}$，能够输出 $f(\boldsymbol{x})$ 或其足够精度的近似值。

1989 年，George Cybenko 证明了此定理[19]。推荐阅读 Michael Nielsen 做的一个可视化的、归纳式的证明[21]。

神经网络的通用近似定理 如果一个前馈神经网络具有线性输出层和至少一层隐含层，只要给予网络足够数量的神经元，便可以以足够高的精度来逼近紧子集上的任意一个连续函数。

这一定理表明，只要给予适当的参数，便可以通过简单的神经网络架构拟合一些现实中非常复杂的函数。这一拟合能力也是神经网络架构能够完成现实世界中复杂任务的原因。1991 年，Kurt Hornik 证明了此定理[20]。他研究发现，造就“通用拟合”这一特性的根源并非 S 形函数，而是多层前馈神经网络这一架构本身。当然，所用的激活函数仍然必须满足一定的弱条件假设。

7.5.2 BP 神经网络在函数逼近中的应用

BP 神经网络是由以 Rumelhart 和 McCelland 为首的科学家小组于 1986 年提出的，是一种按误差反向传播算法训练的多层前馈神经网络，是目前应用最广泛的神经网络模型之一。BP 神经网络能学习和存储大量的输入-输出模式映射关系，而无须事前揭示描述这种映射关系的数学模型。它的学习规则是使用梯度下降法，通过反向传播来不断调整网络的权值和阈值，使网络的误差平方和最小。如图 7-13 所示，BP 神经网络模型拓扑结构包括输入层、隐含层和输出层[22]。

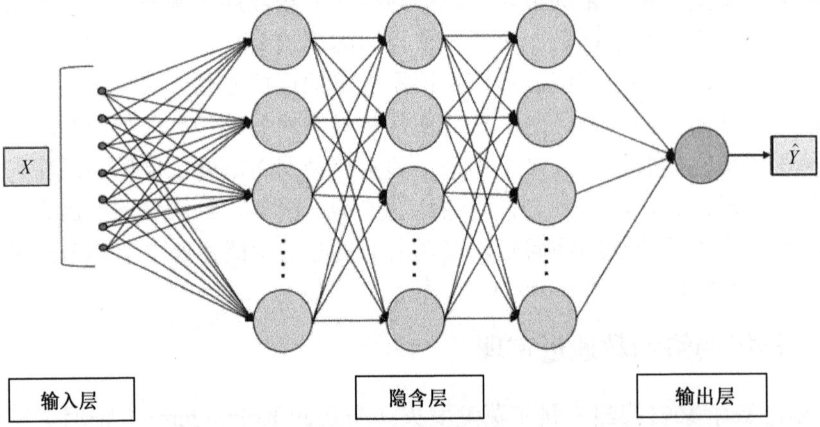

图 7-13 BP 神经网络结构

BP 神经网络回归通过训练网络使网络具有联想记忆和拟合能力。其基本训练过程包括以下几个步骤[23]。

步骤 1：网络初始化。根据系统输入输出序列 (x,y) 确定网络输入层节点数 n 、隐含层节点数 l 、输出层节点数 m ，初始化输入层、隐含层和输出层神经元之间的连接权值 w_{ij} 、 w_{jk} ，初始化隐含层阈值（偏置） a 、输出层阈值（偏置） b ，给定学习率和神经元激励函数。

步骤 2：计算隐含层的输出。根据输入变量 x 、输入层和隐含层之间的连接权值 w_{ij} 及隐含层阈值 a ，计算隐含层的输出 H 。

$$H_j = f\left(\sum_{i=1}^{n} w_{ij} x_i - a_j\right),\ j = 1,2,\cdots,l \tag{7-20}$$

其中，l 为隐含层的节点数，f 为隐含层的激励函数，该函数有多种形式，一般选取为

$$f(x) = \frac{1}{1+\mathrm{e}^{-x}} \tag{7-21}$$

步骤 3：计算输出层的输出。根据隐含层输出 H 、连接权值 w_{jk} 和阈值 b ，计算 BP 神经网络的拟合输出 O 。

$$O_k = \sum_{j=1}^{l} H_j w_{jk} - b_k,\ k = 1,2,\cdots,m \tag{7-22}$$

步骤 4：计算误差。根据网络拟合输出 O 和期望输出 y ，计算网络拟合误差 e 。

$$e_k = y_k - O_k,\ k = 1,2,\cdots,m \tag{7-23}$$

步骤 5：更新权值。根据网络拟合误差 e，采用梯度下降法，更新网络连接权值 w_{ij} 、w_{jk} 。

$$w_{ij} = w_{ij} + \eta H_j (1-H_j) x(i) \sum_{k=1}^{m} w_{jk} e_k,\ i = 1,\cdots,n;\ j = 1,\cdots,l \tag{7-24}$$

$$w_{jk} = w_{jk} + \eta H_j e_k,\ j = 1,\cdots,l;\ k = 1,\cdots,m \tag{7-25}$$

步骤 6：更新阈值。根据网络拟合误差 e，更新网络节点阈值 a 、b 。

$$a_j = a_j + \eta H_j (1-H_j) \sum_{k=1}^{m} w_{jk} e_k,\ j = 1,2,\cdots,l \tag{7-26}$$

$$b_k = b_k + e_k,\ k = 1,2,\cdots,m \tag{7-27}$$

步骤 7：判断算法迭代是否结束，若没有结束，返回步骤 2。

在这个过程中，误差采用了最简单的形式，请读者采用平方误差再推导一遍。

例 7-13　使用 BP 神经网络拟合正弦函数 $y = \sin(x), -3 \leqslant x \leqslant 3$ 。

解： 使用 Python 包 NumPy 中的 random 函数对权值和阈值进行初始化，按照式（7-20）～式（7-27），使用 Python 包 NumPy 中的 dot 等函数进行向量计算，然后迭代计算，直到达到要求。具体程序如下：

```
import numpy as np
import math
import matplotlib.pyplot as plt
from pylab import mpl
mpl.rcParams['font.sans-serif'] = ['SimHei']     #指定默认字体
plt.rcParams['axes.unicode_minus']=False       #解决负数坐标显示问题

x = np.linspace(-3,3,100)
x_size = x.size
y = np.zeros((x_size,1))
```

```
for i in range(x_size):
    y[i]= math.sin(x[i])

hidesize = 10
W1 = np.random.random((hidesize,1))    #输入层与隐含层之间的权重
B1 = np.random.random((hidesize,1))    #隐含层神经元的阈值
W2 = np.random.random((1,hidesize))    #隐含层与输出层之间的权重
B2 = np.random.random((1,1))  #输出层神经元的阈值
learning_rate = 0.005   #学习率
max_steps = 1001   #迭代次数

def sigmoid(x):   #定义激活函数
    y = 1/(1+math.exp(-x))
    return y

E = np.zeros((max_steps,1))   #误差随迭代次数的变化
Y = np.zeros((x_size,1))   #模型的输出结果
for k in range(max_steps):
    temp = 0
    for i in range(x_size):
        hide_in = np.dot(x[i],W1)-B1   #隐含层的输入数据

        hide_out = np.zeros((hidesize,1))   #隐含层的输出数据
        for j in range(hidesize):
            hide_out[j] = sigmoid(hide_in[j])

        y_out = np.dot(W2,hide_out) - B2   #模型输出

        Y[i] = y_out

        e = y_out - y[i]   #模型输出减去实际结果，得出误差

        #反馈，修改参数
        dB2 = -1*learning_rate*e
        dW2 = e*learning_rate*np.transpose(hide_out)
        dB1 = np.zeros((hidesize,1))
        for j in range(hidesize):
            dB1[j] = np.dot(np.dot(W2[0][j],sigmoid(hide_in[j])),(1-sigmoid(hide_in[j]))
            *(-1)*e*learning_rate)

        dW1 = np.zeros((hidesize,1))

        for j in range(hidesize):
            dW1[j] = np.dot(np.dot(W2[0][j],sigmoid(hide_in[j])),(1-sigmoid(hide_in[j]))
```

```
                *x[i]*e*learning_rate)

            W1 = W1 - dW1
            B1 = B1 - dB1
            W2 = W2 - dW2
            B2 = B2 - dB2
            temp = temp + abs(e)

        E[k] = temp

        if k%100==0:
            print(k)

plt.plot(x,y,color='r',linestyle='--',marker='o',label=u'正弦曲线')
plt.plot(x,Y,color='b',linestyle='-',label=u"逼近曲线")
plt.legend(loc='best')
plt.show()
```

输出结果如图 7-14 所示。从图中可以看出，逼近曲线形似原曲线，但精度不够好，需要采用改进算法提高计算速度和精度，具体见文献[23]，在此不再赘述。

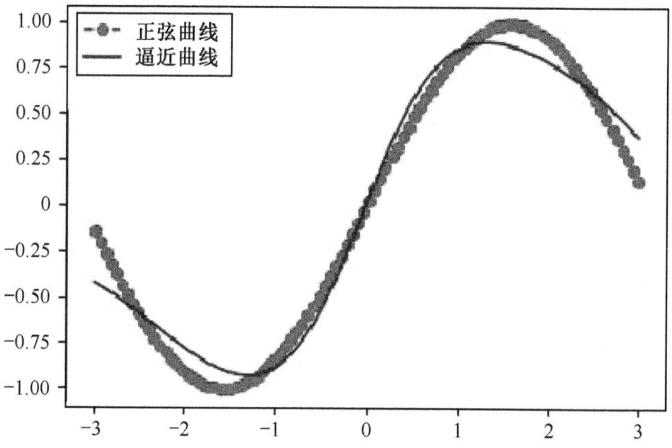

图 7-14　输出的 BP 神经网络拟合曲线

7.5.3 RBF 神经网络在函数逼近中的应用

RBF（径向基函数）神经网络是以函数逼近理论为基础构造的一类很常用的多层前馈神经网络，是由 Broom Head 和 Love 于 1988 年最先提出的。这类网络的学习等价于在多维空间中寻找训练数据的最佳拟合。RBF 神经网络的每个隐含层神经元传递函数都构成了拟合函数的一个基函数，该网络也由此得名。如图 7-15 所示，RBF 神经网络只有一个隐含层，输出单元是线性求和单元，所以，输出为隐含层中各单元输出的加权和。

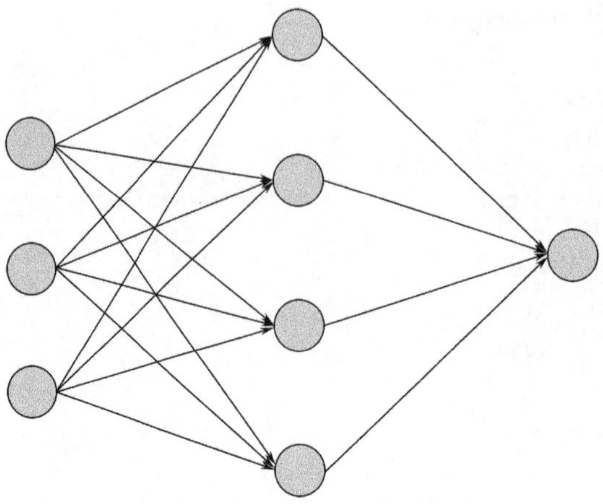

图 7-15　RBF 神经网络结构

给定训练数据集 $\{(x_k, y_k)\}_{k=1}^{n}$，任一训练样本 $x_k = (x_{k1}, x_{k2}, \cdots, x_{km})$，$k=1,2,\cdots,n$。当 RBF 神经网络输入训练样本为 x_k 时，隐含层节点数为 l，则输出神经元的实际输出为

$$\sum_{i=1}^{l} w_i \phi_{ki}(\|x_k - c_i\|) = y_k,\quad k=1,2,\cdots,n \tag{7-28}$$

其中，w_i 为权值，径向基函数 $\phi_{ki}(\|x_k - c_i\|) = \mathrm{e}^{-\gamma\|x_k - c_i\|^2}$。

其有两种求解方法：一种是直接方法，就是对式（7-28）求解方程组；另一种是采用迭代学习方法，同 BP 神经网络的算法。例 7-14 采用的是第一种方法。

例 7-14　使用 RBF 神经网络拟合正弦函数 $y=\sin(x)$，$-3\leqslant x\leqslant 3$。

解：采用面向对象的方式构建 RBF 神经网络类，类中的主要函数有初始化函数 __init__、径向基函数 basisfunc、RBF 激活函数 calcAct、训练函数 train、测试函数 test。使用包 SciPy 中的 pinv 函数求解式（7-28）。具体程序如下：

```
from scipy import *
from scipy.linalg import norm, pinv
from matplotlib import pyplot as plt

class RBF:

    def __init__(self, indim, numCenters, outdim):
        #初始化
        self.indim = indim
        self.outdim = outdim
        self.numCenters = numCenters
        self.centers = [random.uniform(-1, 1, indim) for i in range(numCenters)]
        self.beta = 1
        self.W = random.random((self.numCenters, self.outdim))
```

```
    def _basisfunc(self, c, d):
        #径向基函数
        assert len(d) == self.indim
        return exp(-self.beta * norm(c-d)**2)

    def _calcAct(self, X):
        #计算 RBF 激活函数
        G = zeros((X.shape[0], self.numCenters), float)
        for ci, c in enumerate(self.centers):
            for xi, x in enumerate(X):
                G[xi,ci] = self._basisfunc(c, x)
        return G

    def train(self, X, Y):
        #训练函数
        """ X: matrix of dimensions n x indim
            y: column vector of dimension n x 1 """

        #从训练集中随机选择中心
        rnd_idx = random.permutation(X.shape[0])[:self.numCenters]
        self.centers = [X[i,:] for i in rnd_idx]

        #计算 RBF 激活函数
        G = self._calcAct(X)

        #计算输出权值（广义逆方法）
        self.W = dot(pinv(G), Y)

    def test(self, X):
        #测试函数
        """ X: matrix of dimensions n x indim """

        G = self._calcAct(X)
        Y = dot(G, self.W)
        return Y


if __name__ == '__main__':
    n = 100
    x = mgrid[-3:3:complex(0,n)].reshape(n, 1)
    y = sin(x)

    # RBF 回归
    rbf = RBF(1, 10, 1)
```

```
    rbf.train(x, y)
    z = rbf.test(x)

    plt.plot(x,y,color='r',linestyle='--',marker='o',label=u'正弦曲线')
    plt.plot(x,z,color='b',linestyle='-',label=u"逼近曲线")
    plt.legend(loc='best')
    plt.show()
```

输出结果如图 7-16 所示。选取适当的径向基函数中的参数，可以得到较好的逼近效果。

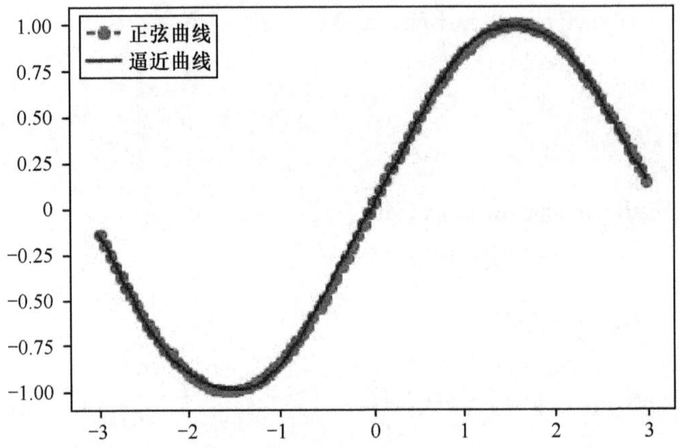

图 7-16　输出的 RBF 神经网络拟合曲线

7.6　实验：黄河小浪底调水调沙问题

7.6.1　实验目的

（1）掌握 Pandas、SciPy、Matplotlib、Sklearn 等的使用。
（2）掌握 Python 文本文件的读写方法。
（3）掌握数据插值和拟合的各种方法。
（4）掌握 Python 数值积分的相关内容。
（5）运行程序，看到结果。

7.6.2　实验要求

（1）了解 Python 常用包的使用。
（2）了解 Python 数组的使用。
（3）理解插值和拟合相关的源码。
（4）用代码估计排沙量和总排沙量。

7.6.3　实验原理

2004 年 6 月至 7 月，黄河进行了第三次调水调沙试验，特别是首次由小浪底、三门峡和万家寨三大水库联合调度，采用接力式防洪预泄放水，形成人造洪峰，调沙试验获得成功。整个试验期为 20 多天，小浪底从 6 月 19 日开始预泄放水，直到 7 月 13 日恢复正常供水。小浪底水利工程设计的拦沙量为 75.5 亿立方米，在这之前，小浪底共积泥沙达 1.415×10^{10}t。这次调水调沙试验一个重要目的就是由小浪底上游的三门峡和万家寨水库泄洪，在小浪底形成人造洪峰，冲刷小浪底库区沉积的泥沙。在小浪底水库开闸泄洪以后，从 6 月 27 日开始，三门峡水库和万家寨水库陆续开闸放水，人造洪峰于 29 日先后到达小浪底，7 月 3 日达到最大流量 2700m^3/s，使小浪底水库的排沙量也不断地增加。表 7-2 是由小浪底观测站从 6 月 29 日到 7 月 10 观测到的试验数据。

表 7-2　观测的试验数据

日期	6.29		6.30		7.1		7.2		7.3		7.4	
时间	8:00	20:00	8:00	20:00	8:00	20:00	8:00	20:00	8:00	20:00	8:00	20:00
水流量/(m^3/s)	1800	1900	2100	2200	2300	2400	2500	2600	2650	2700	2720	2650
排沙量/(kg/s)	32	60	75	85	90	98	100	102	108	112	115	116
日期	7.5		7.6		7.7		7.8		7.9		7.10	
时间	8:00	20:00	8:00	20:00	8:00	20:00	8:00	20:00	8:00	20:00	8:00	20:00
水流量/(m^3/s)	2600	2500	2300	2200	2000	1850	1820	1800	1750	1500	1000	900
排沙量/(kg/s)	118	120	118	105	80	60	50	30	26	20	8	5

7.6.4　实验步骤及结果

1. 数据处理

已知给定的观测时刻是等间距的，以 6 月 29 日零时开始计时，则各次观测时刻（离开始时刻 6 月 29 日零时的时间）分别为

$$t_i = 3600(12i-4),\quad i=1,2,\cdots,24$$

式中，计时单位为秒。

第 1 次观测的时刻 $t_1 = 28800$，最后一次观测的时刻 $t_{24} = 1022400$。

记第 $i(i=1,2,\cdots,24)$ 次观测时水流量为 v_i，含沙量为 c_i，则第 i 次观测时的排沙量为 $y_i = c_i v_i$。

数据文件 data.txt 按照原始数据格式把水流量和排沙量排成 4 行、12 列。读取数据并处理，具体程序如下：

```
import pandas as pd
import numpy as np
import os
```

```
from scipy import interpolate
import matplotlib.pyplot as plt

print(os.getcwd())   #输出当前路径
file=os.getcwd()+"\\data.txt"
data = np.loadtxt(file)   #将当前路径下 data.txt 文件中的数据加载到 data 数组
v=data[[0,2],:]
v=liu.reshape(1,-1)   #转换成一行
c=data[[1,3],:]
c=sha.reshape(1,-1)   #转换成一行
y=c*v
i=np.arange(1,25,1)
t=(12*i-4)*3600;
t1=t[0];t2=t[-1];

print(t)
print(y)
```

输出结果如下：

```
[   28800     72000    115200    158400    201600    244800    288000    331200    374400
   417600    460800    504000    547200    590400    633600    676800    720000    763200
   806400    849600    892800    936000    979200 1022400]
[[ 57600.   114000.   157500.   187000.   207000.   235200.   250000.   265200.   286200.   302400.
312800.   307400.   306800. 300000. 271400. 231000. 160000. 111000.    91000.   54000.   45500.   30000.
8000.     4500.]]
```

2. 插值

根据所给问题的试验数据，要计算任意时刻的排沙量，就要确定排沙量随时间的变化规律，可以通过插值来实现。考虑到实际排沙量应该是时间的连续函数，为了提高模型的精度，采用三次样条函数进行插值。利用 Python 函数求三次样条函数，得到排沙量 $y = y(t)$ 与时间的关系。具体程序如下：

```
tt = np.linspace(t1, t2, num=100)
pp = interpolate.interp1d(t,y,kind='cubic')   #三次样条插值
```

3. 积分

根据排沙量 $y = y(t)$ 进行积分，就可以得到总的排沙量 $z = \int_{t_1}^{t_{24}} y(t)\mathrm{d}t$，具体程序如下：

```
TL=np.trapz(pp(tt),tt)   #复化梯形公式
print(TL)
```

输出结果如下：

```
1.84387308e+11
```

请读者用多项式拟合等方法完成该实验。

习题

1. 给定函数 $f(x)=\dfrac{1}{1+25x^2}(-1\leqslant x\leqslant 1)$。

（1）建立分段线性函数插值逼近模型，并编程实现。

（2）建立多项式函数插值逼近模型，研究“Runge”现象，并编程实现。

（3）建立样条函数插值逼近模型，并编程实现。

2. 轨迹预测技术成为目前机动目标研究的热点之一，将机动目标的轨迹预测技术应用到态势显示系统中，实时为指挥人员提供准确的敌我目标位置信息，对快速把握形势、辅助决策具有重要作用[24]。设在二维平面内运动的机动目标位置坐标 x、y 的时间序列为 $\{(x_i,y_i),i=1,\cdots,n\}$，位置坐标数据如表 7-3 所示。

表 7-3　位置坐标数据

坐标	t	$2t$	$3t$	$4t$	$5t$	$6t$	$7t$	$8t$	$9t$	$10t$	$11t$	$12t$	$13t$	$14t$	$15t$
x_i	27	88	151	180	238	290	331	366	403	451	505	543	594	627	653
y_i	88	97	109	118	127	136	146	157	166	178	185	194	206	213	235

（1）绘制数据点，观察变化趋势。

（2）选用适当次数的多项式拟合以上数据。

（3）选用其他合适的非线性函数拟合以上数据。

3. 求函数 $y=\arctan x$ 在[−1,1]上的三次切比雪夫近似最佳一致逼近多项式。

4. 求函数 $y=\arctan x$ 在[−1,1]上的三次勒让德最佳平方逼近多项式。

5. 在钻井工程中，泥浆密度是泥浆的主要特性参数之一，正确设计和有效控制泥浆密度对减少钻井事故、提高钻速和优化钻井都具有重要意义[25]。经研究，泥浆密度受井下温度和压力的影响。为了研究温度和压力对泥浆密度的影响程度，从而确定不同井深处的泥浆密度和准确计算井底静液柱压力，为泥浆密度的正确拟订提供依据，对四种不同的油基泥浆进行实验，测得了温度、压力、泥浆密度等数据，其中泥浆训练样本数据如表 7-4 所示。选择如表 7-5 所示的测试数据，求解下述问题。

（1）采用支持向量机进行拟合与预测。

（2）采用 BP 神经网络进行拟合与预测。

（3）采用 RBF 神经网络进行拟合与预测。

表 7-4　泥浆训练样本数据

温度/℃	压力/MPa	测量值/(kg·m⁻³)	温度/℃	压力/MPa	测量值/(kg·m⁻³)
26.67	0	1320.0	26.67	31.02	1336.6
26.67	10.34	1326.5	26.67	51.71	1345.4
26.67	20.68	1331.9	26.67	62.05	1349.3

续表

温度/℃	压力/MPa	测量值/(kg·m⁻³)	温度/℃	压力/MPa	测量值/(kg·m⁻³)
26.67	72.39	1353.2	93.33	93.07	1318.3
26.67	93.07	1360.7	93.33	103.41	1322.5
26.67	103.41	1364.2	176.67	10.34	1207.6
93.33	0	1261.1	176.67	20.68	1221.5
93.33	10.34	1268.9	176.67	31.02	1231.8
93.33	20.68	1275.9	176.67	51.71	1247.5
93.33	31.02	1283.7	176.67	62.05	1254.4
93.33	51.71	1297.5	176.67	72.39	1260.9
93.33	62.05	1303.3	176.67	93.07	1272.5
93.33	72.39	1308.7	176.67	103.41	1227.7

表 7-5 测试样本数据

温度/℃	压力/MPa	测量值/(kg·m⁻³)
26.67	41.36	1341.2
26.67	82.73	1356.9
93.33	41.36	1290.9
93.33	82.73	1313.7
176.67	41.36	1240.2
176.67	82.73	1267.0

参考文献

[1] 郑成德. 数值计算方法[M]. 北京：清华大学出版社, 2010.

[2] 司守奎, 孙玺菁. 数学建模算法与应用[M]. 2 版. 北京：国防工业出版社, 2015.

[3] 杨畅, 石晓冉. 数值逼近[M]. 北京：科学出版社, 2018.

[4] 张若愚. Python 科学计算[M]. 2 版. 北京：清华大学出版社, 2016.

[5] 吴宗敏. 散乱数据拟合的模型、方法和理论[M]. 北京：科学出版社, 2007.

[6] 赵林明, 习华勇. 数据拟合方法程序设计及其应用[M]. 石家庄：河北科学技术出版社, 2000.

[7] 王宜举, 修乃华. 非线性最优化理论与方法[M]. 2 版. 北京：科学出版社, 2016.

[8] 杨畅, 史晓冉. 数值逼近[M]. 北京：科学出版社, 2017.

[9] RON G. 金字塔算法：曲线曲面几何模型的动态编程处理[M]. 吴宗敏，刘建平，曹沅，译. 北京：电子工业出版社, 2004.

[10] 《现代应用数学手册》编委会. 现代应用数学手册[M]. 北京：清华大学出版社, 2005.

[11] 蒋尔雄, 赵风光, 苏仰锋. 数值逼近[M]. 2 版. 上海：复旦大学出版社, 2008.

[12] 杜京义, 侯媛彬. 基于核方法的故障诊断理论及其方法的研究[M]. 北京：北京大学出版社, 2010.

[13] 李俊彬. 核函数逼近方法若干理论与应用研究[D]. 大连：大连理工大学, 2017.
[14] 刘平凡. 神经网络与深度学习应用实战[M]. 北京：电子工业出版社, 2018.
[15] 朱国强, 刘士荣, 俞金寿. 支持向量机及其在函数逼近中的应用[J]. 华东理工大学学报（自然科学版）, 2002, 28(5):555-559, 568.
[16] 杜新华, 陈增强, 袁著祉. 基于支持向量机函数逼近的性能研究[J]. 计算机工程, 2006, 32(8):52-54.
[17] 刘路, 民根. 支持向量机径向基核参数优化研究[J]. 科学技术创新, 2018(26):48-49.
[18] 李明国, 郁文贤. 神经网络的函数逼近理论[J]. 国防科技大学学报, 1998(4):70-76.
[19] CYBENKO G. Approximation by superpositions of a sigmoidal function[J]. Mathematics of Control, Signals, and Systems (MCSS), 1989, 2(4):303-314.
[20] HORNIK K. Multilayer feedforward networks are universal approximators[J]. Neural Networks, 1989, 2(5):359-366.
[21] MICHAEL N. A visual proof that neural nets can compute any function[EB/OL]. 2019-12-01. http:// neuralnetworksanddeeplearning.com/chap4.html.
[22] A Neural Network Playground[EB/OL]. 2019-07-21. http://playground. tensorflow.org/.
[23] 陈雯柏. 人工神经网络原理与实践[M]. 西安：西安电子科技大学出版社, 2016.
[24] 张强，张振标. 基于曲线拟合的机动目标轨迹预测算法研究[J]. 信息化研究, 2018(6):12-15, 30.
[25] 陈华，范宜仁，邓少贵. 支持向量机在钻井工程数据拟合中的应用[J]. 计算机工程与应用，2006(21):178-179, 213.

第 8 章　最优化理论

最优化理论就是在一切可能的方案中选择一个最好的方案以达到最优目标，并为问题的解决提供理论基础和求解方法[1]。最优化理论是研究人工智能必备的基础知识。人工智能的目标就是最优化，几乎所有的人工智能问题最后都会归结为对一个最优化问题的求解。

最优化在本质上是一门交叉学科，它对许多学科产生了重大影响，并已成为很多不同领域工作不可或缺的工具[2]，在信息工程及设计、经济规划、生产管理、交通运输、国防工业及科学研究等诸多领域都得到了广泛的应用。

最优化问题按形式可分为无约束最优化问题和约束最优化问题，这两类最优化问题都存在线性最优化和非线性最优化问题。线性最优化通常称为线性规划，非线性最优化通常称为非线性规划。非线性规划又存在一维和多维的情况。

本章将介绍最优化理论的基础知识、线性规划、非线性规划及智能优化算法等内容。

8.1　最优化理论的基础知识

优化一词来自英文 Optimization，其本意是寻优的过程。最优化是指从处理各种事物的一切可能的方案中寻求最优的方案，是寻找约束空间下给定函数的极大值（以 max 表示）或极小值（以 min 表示）的过程[3,4]。

8.1.1　最优化示例

例 8-1　某工厂生产 A 和 B 两种产品，A 产品单位价格为 P_A 万元，B 产品单位价格为 P_B 万元。每生产一个单位的 A 产品需要消耗 c_A 吨煤、e_A 度电、l_A 个工作日；每生产一个单位的 B 产品需要消耗 c_B 吨煤、e_B 度电、l_B 个工作日。现有可利用生产资源：C 吨煤、E 电度、劳动力的 L 个工作日，请找出最优分配方案，使产值最大。

解：设 A 产品 x_A 个，B 产品 x_B 个，求产值的表达式。优化约束条件为：①生产资源煤约束；②生产资源电约束；③生产资源劳动力约束。建立数学模型如下。

$$\max P = P_A x_A + P_B x_B$$

$$\text{s.t.}\begin{cases} c_A x_A + c_B x_B \leqslant C \\ e_A x_A + e_B x_B \leqslant E \\ l_A x_A + l_B x_B \leqslant L \end{cases}$$

例 8-2　设有 4 项任务 B_1、B_2、B_3 和 B_4，现派出 A_1、A_2、A_3 和 A_4 4 个人去完成。每个人都可以承担 4 项任务中的任何一项，但所消耗的资金不同。设 A_i 完成 B_j 所需资金为c_{ij}。如何分配任务可使总支出最少？

解： 设变量 $x_{ij}=\begin{cases}1，\text{指派}A_i\text{完成}B_j\text{任务}\\0，\text{不指派}A_i\text{完成}B_j\text{任务}\end{cases}$，则总支出可表示为$S=\sum_{i=1}^{4}\sum_{j=1}^{4}c_{ij}x_{ij}$。

建立数学模型如下：

$$\min S=\sum_{i=1}^{4}\sum_{j=1}^{4}c_{ij}x_{ij}$$

$$\text{s.t.}\begin{cases}\sum_{j=1}^{4}x_{ij}=1，\ i=1,2,3,4\\\sum_{i=1}^{4}x_{ij}=1，\ j=1,2,3,4\end{cases}$$

例 8-3　一个容器由圆锥面和圆柱面围成，表面积为S，圆锥部分高为h，圆柱部分高为x_2，h和x_2之比为a，x_1为圆柱底圆半径。求x_1、x_2，使容器体积最大。

解： 由条件知，$h/x_2=a$，$V=\frac{1}{3}\pi a x_2 x_1^2+\pi x_1^2 x_2$，$S=\frac{1}{2}\times 2\times\pi x_1\sqrt{x_1^2+a^2x_2^2}+2\pi x_1x_2+\pi x_1^2$，则数学模型为

$$\max V=\left(1+\frac{1}{3}a\right)\pi x_2x_1^2$$

$$\text{s.t.}\begin{cases}\pi x_1\sqrt{x_1^2+a^2x_2^2}+2\pi x_1x_2+\pi x_1^2=S\\x_1,x_2\geqslant 0\end{cases}$$

上面 3 个例子都是求最优化的问题，最后都可转化为如式（8-1）所示的数学模型。

$$\min(\text{或}\max)\ f(\boldsymbol{X})$$
$$\text{s.t.}\begin{cases}g_i(\boldsymbol{X})\geqslant 0，\ i=1,\cdots,m\\h_j(\boldsymbol{X})=0，\ j=1,\cdots,l\end{cases}\tag{8-1}$$

式中，$\boldsymbol{X}=(x_1,x_2,\cdots,x_n)^{\mathrm{T}}$是$n$维欧几里得空间$\mathbf{R}^n$中的向量（点），$f(\boldsymbol{X})$为目标函数，$g_i(\boldsymbol{X})\geqslant 0$和$h_j(\boldsymbol{X})=0$为约束条件。

最优化的数学模型是描述实际最优化问题的目标函数、变量关系、有关约束条件和意图的数学表达式，能反映物理现象各主要因素的内在联系，是进行最优化的基础。下面介绍最优化的基本概念。

8.1.2　最优化的基本概念

1. 决策变量

决策变量是一个复杂问题中要确定的未知量，表明规划中的用数量表示的方案、措施可由决策者决定和控制，也称为优化变量。

决策变量或优化变量的全体实际上是一组变量，可用一个列向量$\boldsymbol{X}=(x_1,x_2,\cdots,x_n)^{\mathrm{T}}$表示。优化变量的数目称为最优化问题的维数，如有$n$个优化变量，则称为$n$维最优化问题。

最优化问题的维数表征优化的自由度。优化变量越多，则问题的自由度越大，可供选择的方案越多，但难度也越大、求解也越复杂。

一般地，小型最优化问题含 2～10 个优化变量；中型最优化问题含 10～50 个优化变量；而含 50 个以上优化变量的最优化问题都是大型最优化问题。

如何选定优化变量？确定优化变量时应注意以下几点：

（1）抓主要，舍次要；

（2）根据要解决问题的特殊性来选择优化变量。

2. 约束条件

约束条件是指决策变量取值时受到的各种资源条件的限制。约束又可按其数学表达形式分成等式约束和不等式约束两种类型。

（1）等式约束：$h(\boldsymbol{X})=0$。

（2）不等式约束：$g(\boldsymbol{X})\leqslant 0$。

根据约束的性质，可以把约束条件区分成性能约束和边界约束。主要针对性能要求提出的限制条件称为性能约束，而针对设计变量的取值范围加以限制的约束称为边界约束。如图 8-1 所示为最优化问题中的约束线和约束面。

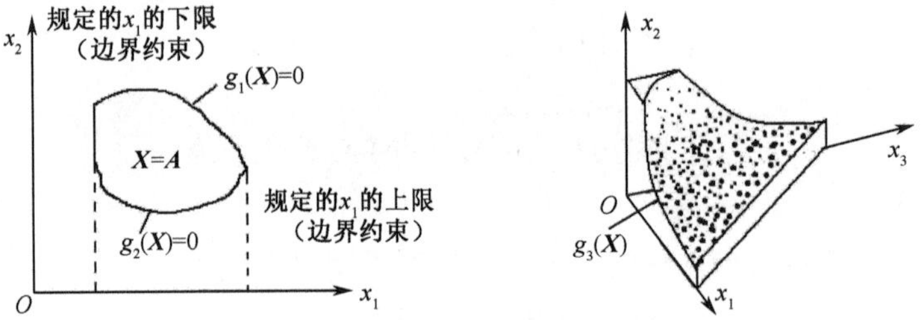

（a）二变量问题的约束线　　（b）三变量问题的约束面

图 8-1　最优化问题中的约束线和约束面

3. 可行域与不可行域

在最优化问题中，满足所有约束条件的点所构成的集合称为可行域，记为 D。如图 8-2 所示为约束条件 $g_1(\boldsymbol{X})=x_1^2+x_2^2-16\leqslant 0$ 和 $g_2(\boldsymbol{X})=2-x_2\leqslant 0$ 的二维设计问题的可行域 D。

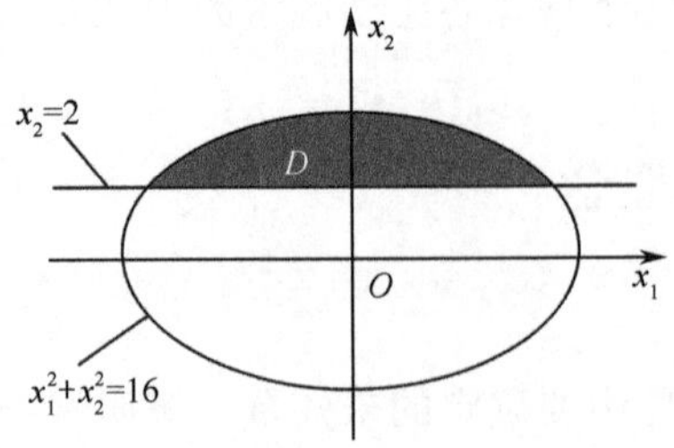

图 8-2　约束条件规定的可行域 D

在一般情况下，可行域可表示为

$$D=\begin{cases} g_u(\boldsymbol{X}\leqslant 0),\ u=1,2,\cdots,l \\ h_j(\boldsymbol{X})=0,\ j=1,2,\cdots,m \end{cases}$$

与可行域相对的是不可行域，记为$\overline{D}$。

4. 可行点与不可行点

约束边界上的点称为可行点，其余的点称为不可行点。

5. 起作用的约束与不起作用的约束

满足$g_u(\boldsymbol{X}^*)=0$的约束为起作用的约束，否则为不起作用的约束。一般地，等式约束一定是起作用的约束。

6. 目标函数

为了对优化进行定量评价，必须构造包含优化变量的评价函数，它是优化的目标，称为目标函数；也是决策变量的函数，以$f(\boldsymbol{X})$表示为

$$f(\boldsymbol{X})=f(x_1,x_2,\cdots,x_n)$$

在优化过程中，优化变量不断向$f(\boldsymbol{X})$值改善的方向自动调整，最后可求得使$f(\boldsymbol{X})$值最好或最满意的$\boldsymbol{X}$值。在构造目标函数时，目标函数的最优值可能是最大值，也可能是最小值。

7. 等值线或等值面

具有相等目标函数值的自变量构成的平面曲线或曲面称为等值线或等值面，如图 8-3 所示。其中，a、b、c 为由具有相等目标函数值的自变量构成的平面曲线在底面的投影。

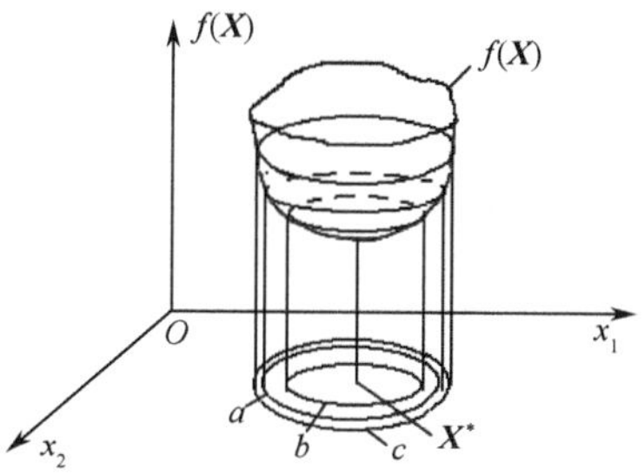

图 8-3　等值线或等值面示意

在通常情况下，若目标函数$f(\boldsymbol{X})$是连续的单值函数，则其等值线具有以下性质：

（1）不同值的等值线不相交；

（2）除极值点所在的等值线外，等值线不会中断；

（3）等值线稠密的地方，目标函数值变化较快；而等值线稀疏的地方，目标函数值变化较慢；

（4）在极值点附近，等值线近似地呈现为同心椭球面族（椭圆族）。

8. 最优解

可行域中使目标函数达到最优的决策变量的值，称为最优解。

8.1.3 求最优化问题的一般过程

根据问题要求，可应用专业范围内的现行理论和经验等来确定最优化问题。

（1）对优化对象进行分析，设优化变量向量 $\boldsymbol{X}=(x_1,x_2,\cdots,x_n)^{\mathrm{T}}$。

（2）对诸参数进行分析，以确定问题的原始参数、优化常数和优化变量。

（3）根据问题要求，确定并构造目标函数 $f(\boldsymbol{X})$，以及相应的约束条件 $g(\boldsymbol{X})$ 和 $h(\boldsymbol{X})$。

（4）必要时对数学模型进行规范，以便消除诸组成项间由于量纲不同等原因导致的数量悬殊的影响。

例 8-4 以最低成本确定满足动物所需营养的最优混合饲料。设每天需要混合饲料的批量为 100 磅（1 磅约为 454 克），这份饲料必须含：至少 0.8%而不超过 1.2%的钙；至少 22%的蛋白质；最多 5%的粗纤维。假定混合饲料的主要配料包括石灰石、谷物、大豆粉，这些配料的主要营养成分如表 8-1 所示。

表 8-1 配料的主要营养成分

主要配料	每磅配料中的营养含量/%			每磅成本/元
	钙	蛋白质	粗纤维	
石灰石	0.380	0	0	0.0164
谷物	0.001	0.90	0.02	0.0463
大豆粉	0.002	0.50	0.08	0.1250

解：设生产 100 磅混合饲料所需的石灰石、谷物、大豆粉的量分别为 x_1、x_2、x_3，则可得

$$\min Z = 0.0164x_1 + 0.0463x_2 + 0.1250x_3$$

$$\text{s.t.}\begin{cases} x_1 + x_2 + x_3 = 100 \\ 0.380x_1 + 0.001x_2 + 0.002x_3 \leqslant 0.012\times 100 \\ 0.380x_1 + 0.001x_2 + 0.002x_3 \geqslant 0.008\times 100 \\ 0.09x_2 + 0.50x_3 \geqslant 0.22\times 100 \\ 0.02x_2 + 0.08x_3 \leqslant 0.05\times 100 \\ x_1\geqslant 0,\quad x_2\geqslant 0,\quad x_3\geqslant 0 \end{cases}$$

8.1.4 最优化问题的几何解释

无约束最优化问题就是在没有限制的条件下，对优化变量求目标函数的极小点。在优化空间内，目标函数是以等值面的形式反映出来的，则无约束最优化问题的极小点即等值面的中心。

约束最优化问题是指在可行域内对设计变量求目标函数的极小点，此极小点在可行域内或在可行域边界上，如图 8-4 所示。

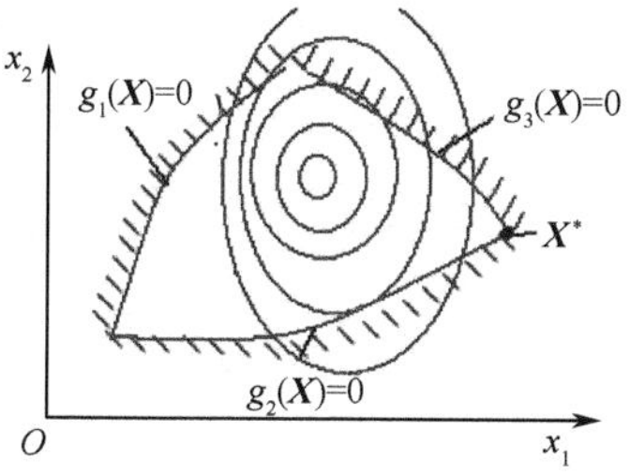

（a）极值点位于约束曲线的交点上

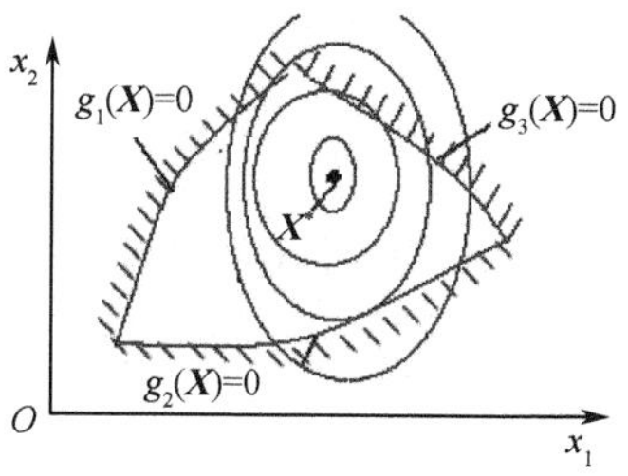

（b）极值点位于等值线的中心

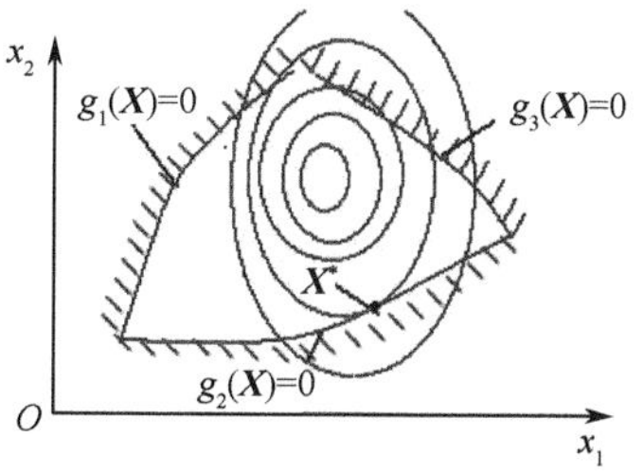

（c）极值点位于约束曲线与等值线的切点上

图 8-4　最优化问题的几何解释

求目标函数 $z=f\left(x_1,x_2\right)$ 在可行域 D 上的极小点，就是在与可行域 D 有交集的等值线中找出具有最小值的等值线。

例 8-5　二维非线性规划问题

$$\min f\left(\boldsymbol{X}\right)=x_1^2+x_2^2-4x_1+4$$

$$\text{s.t.}\begin{cases}g_1\left(\boldsymbol{X}\right)=-x_1+x_2-2\leqslant 0\\ g_2\left(\boldsymbol{X}\right)=x_1^2-x_2+1\leqslant 0\\ g_3\left(\boldsymbol{X}\right)=-x_1\leqslant 0\\ g_4\left(\boldsymbol{X}\right)=-x_2\leqslant 0\end{cases}$$

的目标函数的等值线是以点(2, 0)为圆心的一组同心圆，如图 8-5 所示。

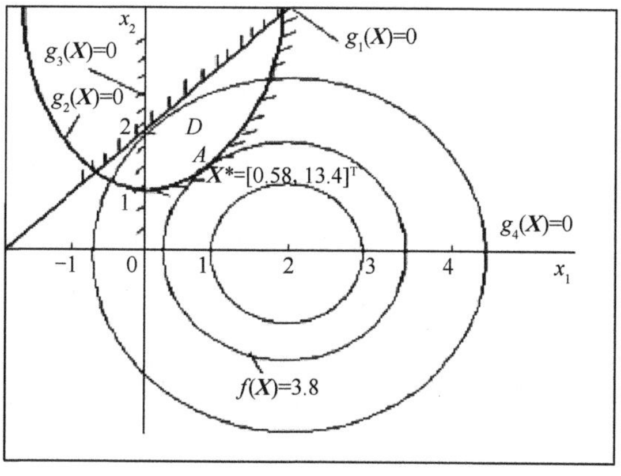

图 8-5　例 8-5 的等值线示意

如不考虑约束，其无约束最优解是 $\boldsymbol{X}^{*}=[2,0]^{\mathrm{T}}$，$f\left(\boldsymbol{X}^{*}\right)=0$。

约束方程所围成的可行域是 D，此时 $\boldsymbol{X}^{*}=[0.58,\ 1.34]^{\mathrm{T}}$，$f\left(\boldsymbol{X}^{*}\right)=3.812$。

8.1.5 最优化问题的基本解法

最优化问题的基本解法有解析法和数值解法。

1. 解析法

解析法是利用数学分析（微分、变分等）的方法，根据函数（泛函）极值的必要条件和充分条件直接求其最优解析解的求解方法。

这种方法的局限性在于工程最优化问题的目标函数和约束条件往往比较复杂，有时甚至无法用数学方程描述，在这种情况下，应用数学分析方法就会带来麻烦。另外，一些函数很可能根本求不出解析解，如对次数超过 5 次的非线性多项式方程，就没有可直接求解的解析公式。

2. 数值解法

数值解法是一种数值近似计算方法，又称为迭代法。它根据目标函数的变化规律，以适当的步长沿着能使目标函数值下降的方向逐步向目标函数值的最优点进行探索，逐步逼近到目标函数的最优点或直至达到最优点。

数值解法（迭代法）是优化设计问题的基本解法，其中也可能用到解析法，如最速下降方向的选取、最优步长的确定等。

迭代法具有以下特点：

（1）是数值计算而不是数学分析方法；

（2）具有简单的逻辑结构并能反复进行同样的数值计算；

（3）最后得出的是逼近精确解的近似解。

这些特点正与计算机的工作特点一致。在迭代法中，采用 $\boldsymbol{X}^{k+1}=\boldsymbol{X}^{k}+\alpha_{k}\boldsymbol{d}^{k}$ 进行反复的数值计算，寻求目标函数值不断下降的可行计算点，直到最后获得足够精度的最优点。

这种方法的求优过程大致可归纳为以下步骤：

（1）首先，初选一个尽可能靠近极小点的初始点 $\boldsymbol{X}^{(0)}$，从 $\boldsymbol{X}^{(0)}$ 出发，按照一定的原则寻找可行方向和初始步长，向前跨出一步达到 $\boldsymbol{X}^{(1)}$ 点；

（2）得到新点 $\boldsymbol{X}^{(1)}$ 后，再选择一个新的使函数值迅速下降的方向及适当的步长，从 $\boldsymbol{X}^{(1)}$ 点出发再跨出一步，达到 $\boldsymbol{X}^{(2)}$ 点，并依此类推，一步一步地向前探索并重复数值计算，最终达到目标函数的最优点。

每一步的迭代形式为 $\boldsymbol{X}^{k+1}=\boldsymbol{X}^{k}+\alpha_{k}\boldsymbol{d}^{k}$，式中的 $\boldsymbol{X}^{k}$ 为第 k 步迭代计算所得到的点，称为第 k 步迭代点，又称为第 k 步设计方案；α_{k} 为第 k 步迭代计算的步长；$\boldsymbol{d}^{k}$ 为第 k 步迭代计算的探索方向。

运用迭代法，在一般情况下，每次迭代所得新点的目标函数都应满足函数值下降的要求：$f\left(\boldsymbol{X}^{(k+1)}\right)<f\left(\boldsymbol{X}^{(k)}\right)$，$k=0,1,2,\cdots$。

在人工智能算法中，最常见且最著名的迭代法是梯度下降法，其搜索方向称为梯度，通常选择梯度的负方向，即选择使 $f\left(\boldsymbol{X}^{(k+1)}\right)<f\left(\boldsymbol{X}^{(k)}\right)$，$k=0,1,2,\cdots$ 的梯度方向。步长因子称为超参数，在梯度下降法中，选择超参数也称为调参。

在迭代过程中，要解决 3 个问题：①如何选择搜索方向；②如何确定步长因子；③给定迭代终止条件。

为了获得足够精度的最优点，通常采用以下方法来设置终止条件。

（1）点距准则：

$$\left\|\boldsymbol{X}^{k+1}-\boldsymbol{X}^{k}\right\| \leqslant \varepsilon_1 \text{ 或 } \frac{\left\|\boldsymbol{X}^{k+1}-\boldsymbol{X}^{k}\right\|}{\left\|\boldsymbol{X}^{k}\right\|}<\varepsilon_2$$

式中，ε_1、ε_2 是事先给定的要求精度。

（2）函数值下降量准则：

$$\left|f^{k+1}-f^{k}\right|<\varepsilon_3 \text{ 或 } \frac{\left|f^{k+1}-f^{k}\right|}{\left|f^{k}\right|}<\varepsilon_4$$

式中，ε_3、ε_4 是事先给定的要求精度。

（3）目标函数梯度准则：

$$\left\|\nabla f\left(\boldsymbol{X}^{k}\right)\right\| \leqslant \varepsilon_5$$

至于采用哪种准则，可视具体问题而定。一般地，ε 取 $10^{-5} \sim 10^{-2}$。

8.2 线性规划

线性规划的目标函数和约束条件的表达是线性的。

8.2.1 线性规划问题及其数学模型

1. 线性规划问题

定义 8-1 在式（8-1）中，如果 $f(\boldsymbol{X})$、$g_i(\boldsymbol{X})$、$h_j(\boldsymbol{X})$ 都为线性函数，则称该数学模型为线性规划问题[5]。

例 8-6 某厂利用 3 种资源 B_1、B_2、B_3 生产两种产品 A_1、A_2。其中，B_1 为劳动力，B_2 为生产流动资金，B_3 为生产设备。已知在一个生产周期内，各资源的可供给数、单位产品对各资源的消耗数及单位产品的利润如表 8-2 所示。试求在一个生产周期内，两种产品各生产多少单位时，可使总利润最大。

表 8-2　一个生产周期各种资源的关系

产　品		A_1	A_2	资源供给数
资源	B_1/人	1	1	45
	B_2/元	2	1	80
	B_3/台时	1	3	90
单位利润/元		5	4	

解： 设 A_1、A_2 产品分别生产 x_1、x_2，则目标函数为 $\max z = 5x_1 + 4x_2$。

对资源 B_1 的限制：$x_1 + x_2 \leqslant 45$；

对资源 B_2 的限制：$2x_1 + x_2 \leqslant 80$；

对资源 B_3 的限制：$x_1 + 3x_2 \leqslant 90$；

非负约束：$x_1, x_2 \geqslant 0$。

该生产组织与计划问题的数学模型为

$$\max z = 5x_1 + 4x_2$$

$$\text{s.t.}\begin{cases} x_1 + x_2 \leqslant 45 \\ 2x_1 + x_2 \leqslant 80 \\ x_1 + 3x_2 \leqslant 90 \\ x_1, x_2 \geqslant 0 \end{cases}$$

例 8-7 靠近某河流有两家化工厂，河流流经第一家化工厂的流量为 500 万立方米/天，在两家化工厂之间有一条流量为 200 万立方米/天的支流。第一家化工厂每天排放含有某种有害物质的工业污水 2 万立方米，第二家化工厂每天排放这种工业污水 1.4 万立方米。从第一家化工厂排出的工业污水在流到第二家化工厂之前，有 20%可以自然净化。根据环保要求，河流中工业污水的含量应不大于 0.2%。这两家化工厂都需要处理一部分工业污水。第一家化工厂处理污水的成本是 1000 元/万立方米，第二家化工厂处理污水的成本是 800 元/万立方米。那么，在满足环保要求的条件下，每家化工厂各应处理多少工业污水，可使这两家化工厂总的污水处理费用最少？

解： 设第一家化工厂每天处理的工业污水量为 x_1 万立方米，第二家化工厂每天处理的工业污水量为 x_2 万立方米。

经第 2 家工厂前的水质要求：$\dfrac{2 - x_1}{500} \leqslant \dfrac{2}{1000}$。

经第 2 家工厂后的水质要求：$\dfrac{0.8 \times (2 - x_1) + (1.4 - x_2)}{700} \leqslant \dfrac{2}{1000}$。

该污水处理问题的数学模型为

$$\min z = 1000x_1 + 800x_2$$

$$\text{s.t.}\begin{cases} x_1 \geqslant 1 \\ 0.8x_1 + x_2 \geqslant 1.6 \\ x_1 \leqslant 2 \\ x_2 \leqslant 1.4 \\ x_1 , x_2 \geqslant 0 \end{cases}$$

上述最优化问题的共同特征如下：

（1）每个问题都用一组决策变量 $(x_1, x_2, \cdots, x_n)$ 表示某个方案，这组决策变量的值就代表一个具体方案，一般这些变量的取值是连续的；

（2）存在有关的数据，同决策变量构成互不矛盾的约束条件，这些约束条件可以用一组线性等式或线性不等式来表示；

（3）要有一个达到目标的要求，它可用由决策变量及其有关的价值系数构成的线性函数（称为目标函数）来表示，按问题的不同，要求目标函数实现最大化或最小化。

线性规划问题的数学模型（线性规划模型）的一般形式为

$$\max(\min)\ z=c_1x_1+c_2x_2+\cdots+c_nx_n$$

$$\text{s.t.}\begin{cases}a_{11}x_1+a_{12}x_2+\cdots+a_{1n}x_n=(\geqslant,\leqslant)b_1\\a_{21}x_1+a_{22}x_2+\cdots+a_{2n}x_n=(\geqslant,\leqslant)b_2\\ \qquad\vdots\\a_{m1}x_1+a_{m2}x_2+\cdots+a_{mn}x_n=(\geqslant,\leqslant)b_m\\x_j\geqslant0,\ j=1,2,\cdots,n\end{cases}\tag{8-2}$$

建立线性规划模型的步骤：

（1）根据影响的因素找到决策变量；

（2）由决策变量和所要达到目的之间的函数关系确定目标函数；

（3）由决策变量所受的限制条件确定决策变量所要满足的约束条件。

2. 线性规划问题的图解法

对于只有两个变量的线性规划问题，可用几何作图法求解，称之为图解法。它是一种最简单、最直观的方法，而且能反映一般线性规划问题解的一些共同性质。

注：图解法只适用于两个变量的线性规划问题。

图解法的步骤概括如下：

（1）由全部约束条件作图求出可行域；

（2）作目标函数等值线，确定使目标函数最优的移动方向；

（3）平移目标函数的等值线，找出最优点，算出最优值。

例 8-8　用图解法求解：

$$\max z=2x_1+3x_2$$

$$\text{s.t.}\begin{cases}x_1+2x_2\leqslant8\\4x_1\leqslant16\\4x_2\leqslant12\\x_1,x_2\geqslant0\end{cases}$$

解：由图 8-6 易知在(4, 2)点处 z 达到最大值 14（唯一最优解）。

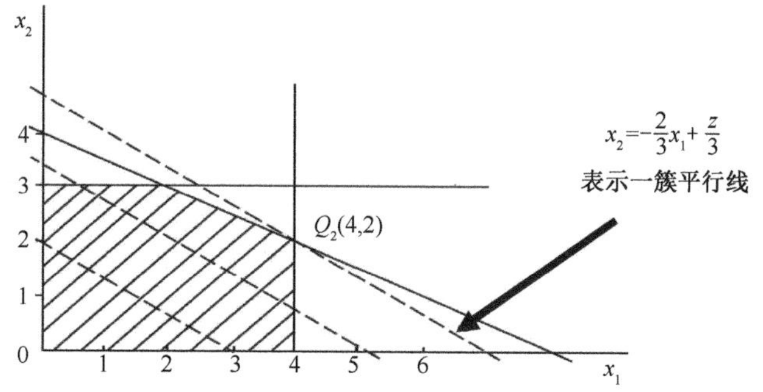

图 8-6　例 8-8 图

例 8-9 用图解法求解：

$$\max z = 2x_1 + 4x_2$$

$$\text{s.t.} \begin{cases} x_1 + 2x_2 \leqslant 8 \\ 4x_1 \leqslant 16 \\ 4x_2 \leqslant 12 \\ x_1, x_2 \geqslant 0 \end{cases}$$

解： 由图 8-7 可知，目标函数在线段 Q_2Q_3 上的所有点都达到最大值 16（无穷多最优解）。

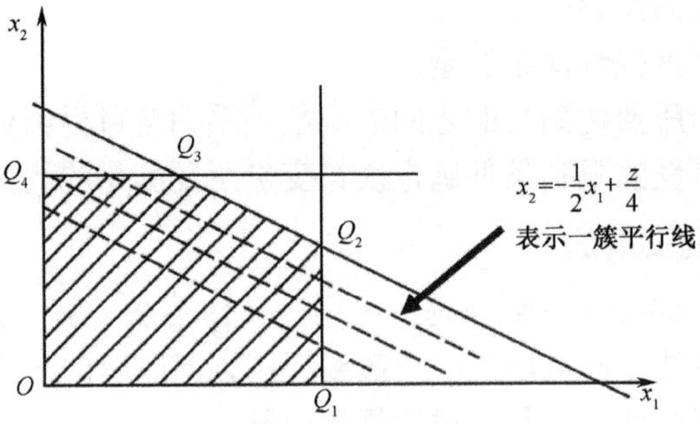

图 8-7 例 8-9 图

例 8-10 用图解法求解：

$$\max z = x_1 + x_2$$

$$\text{s.t.} \begin{cases} -2x_1 + x_2 \leqslant 4 \\ x_1 - x_2 \leqslant 2 \\ x_1, x_2 \geqslant 0 \end{cases}$$

解： 由图 8-8 可知，该问题有可行解，无最优解（无界解）。

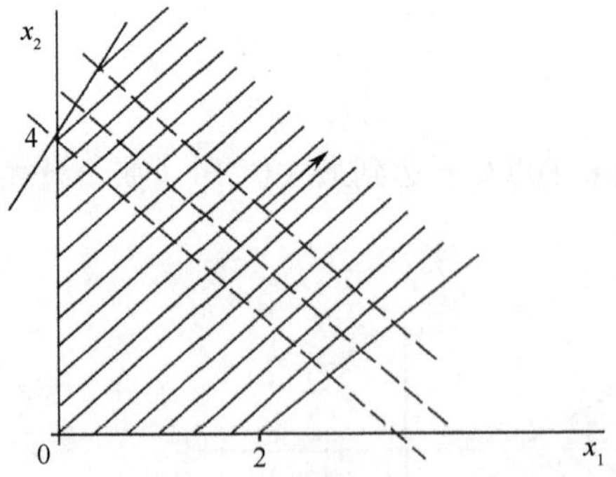

图 8-8 例 8-10 图

例 8-11　用图解法求解：

$$\max z = 2x_1 + 3x_2$$

$$\text{s.t.}\begin{cases} x_1 + 2x_2 \leqslant 8 \\ 4x_1 \leqslant 16 \\ 4x_2 \leqslant 12 \\ x_1 + 1.5x_2 \geqslant 8 \\ x_1, x_2 \geqslant 0 \end{cases}$$

解：由图 8-9 可知，该问题的可行域为空集，无最优解（无可行解）。

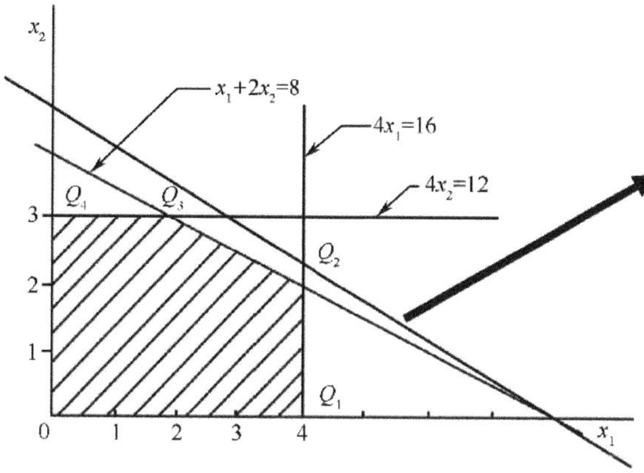

图 8-9　例 8-11 图

由图解法得到线性规划问题的解有几种情况：唯一最优解、无穷多最优解、无界解和无可行解。

由图解法也可以得到：

（1）可行域是有界或无界的凸多边形；

（2）若线性规划问题存在最优解，它一定可以在可行域的顶点得到；

（3）若两个顶点同时得到最优解，则其连线上的所有点都是最优解；

（4）解题思路：找出凸集的顶点，计算其目标函数值，比较即得。

3. 线性规划问题的标准形式

下列形式称为线性规划问题的标准形式：

$$\max \ z = c_1x_1 + c_2x_2 + \cdots + c_nx_n$$

$$\text{s.t.}\begin{cases} a_{11}x_1 + a_{12}x_2 + \cdots + a_{1n}x_n = b_1 \\ a_{21}x_1 + a_{22}x_2 + \cdots + a_{2n}x_n = b_2 \\ \qquad\vdots \\ a_{m1}x_1 + a_{m2}x_2 + \cdots + a_{mn}x_n = b_m \\ x_j \geqslant 0,\ j = 1,2,\cdots,n \end{cases} \tag{8-3}$$

式中，$b_i \geqslant 0$，$i = 1,2,\cdots,m$。

线性规划问题标准形式的特征为：目标函数求极大值、约束条件为等式、决策变量及右边变量为非负。

下面给出线性规划问题的另外两种表示形式。

（1）向量表示：

$$\max z=\sum_{j=1}^{n}c_jx_j$$

$$\text{s.t.}\begin{cases}\sum_{j=1}^{n}\boldsymbol{P}_jx_j=\boldsymbol{b}\\ x_j\geqslant 0,\ j=1,2,\cdots,n\end{cases}$$

式中，$\boldsymbol{b}=(b_1,\cdots,b_m)^{\mathrm{T}}$，$\boldsymbol{P}_j=(a_{1j},a_{2j},\cdots,a_{mj})^{\mathrm{T}}$。

（2）矩阵表示：

若令

$$\boldsymbol{A}=\begin{pmatrix}a_{11}&\cdots&a_{1n}\\ \vdots&&\vdots\\ a_{m1}&\cdots&a_{mn}\end{pmatrix}$$

$$\boldsymbol{b}=(b_1,\cdots,b_m)^{\mathrm{T}},\ \boldsymbol{C}=(c_1,\cdots,c_n),\ \boldsymbol{X}=(x_1,\cdots,x_n)^{\mathrm{T}}$$

则标准形式的矩阵表示为

$$(\mathrm{LP})\begin{cases}\max z=\boldsymbol{CX}\\ \text{s.t.}\begin{cases}\boldsymbol{AX}=\boldsymbol{b}\\ \boldsymbol{X}\geqslant 0\end{cases}\end{cases}$$

式中，$\boldsymbol{A}$ 称为系数矩阵；$\boldsymbol{b}$ 称为资源向量；$\boldsymbol{C}$ 称为价值向量；$\boldsymbol{X}$ 称为决策变量向量。

如果线性规划问题是非标准形式，可以通过适当变形化为标准形式。当目标函数为求极小值时，即 $\min z=c_1x_1+c_2x_2+\cdots+c_nx_n$，因为 $\min z$ 等价于 $\max(-z)$，故可令 $z'=-z$，则目标函数化为 $\max z'=-(c_1x_1+c_2x_2+\cdots+c_nx_n)$；当右端项 $b_i<0$ 时，只需要将等式或不等式两端同时乘以-1，则右端项必大于 0。

当约束条件为 $a_{i1}x_1+a_{i2}x_2+\cdots+a_{in}x_n\leqslant b_i$ 时，引入一个变量 x_{n+i}，使其成为 $a_{i1}x_1+a_{i2}x_2+\cdots+a_{in}x_n+x_{n+i}=b_i$，则变量 x_{n+i} 称为松弛变量；当约束条件为 $a_{i1}x_1+a_{i2}x_2+\cdots+a_{in}x_n\geqslant b_i$ 时，引入一个变量 x_{n+i}，使其成为 $a_{i1}x_1+a_{i2}x_2+\cdots+a_{in}x_n-x_{n+i}=b_i$，则变量 x_{n+i} 称为剩余变量。当变量 x_i 为无约束的变量时，则引入两个变量 x_i'、x_i''（都不小于 0），令 $x_i=x_i'-x_i''$，将其代入线性规划模型；当变量 $x_i\leqslant 0$ 时，令 $x_i'=-x_i$，将其代入线性规划模型。

例 8-12 将下列数学模型化为标准形式。

$$\max z=2x_1+3x_2$$

$$\text{s.t.}\begin{cases}x_1+2x_2\leqslant 8\\ 4x_1\leqslant 16\\ 4x_2\leqslant 12\\ x_1,x_2\geqslant 0\end{cases}$$

解： 在该线性规划问题中加入 3 个松弛变量 x_3、x_4、x_5（都不小于 0），则得到的标准形式为

$$\max z = 2x_1 + 3x_2 + 0x_3 + 0x_4 + 0x_5$$

$$\text{s.t.} \begin{cases} x_1 + 2x_2 + x_3 = 8 \\ 4x_1 + x_4 = 16 \\ 4x_2 + x_4 = 12 \\ x_1, x_2, x_3, x_4, x_5 \geqslant 0 \end{cases}$$

例 8-13　将下列线性规划问题化为标准形式。

$$\min z = -x_1 + 2x_2 - 3x_3$$

$$\text{s.t.} \begin{cases} x_1 + x_2 + x_3 \leqslant 7 \\ x_1 - x_2 + x_3 \geqslant 2 \\ -3x_1 + x_2 + 2x_3 = 5 \\ x_1, x_2 \geqslant 0;\ x_3 \text{ 无约束} \end{cases}$$

解： 分以下步骤进行处理。

（1）令 $z' = -z$，把求 $\min z$ 改为求 $\max z'$。

（2）在第一个约束不等式不等号的左端加入松弛变量 x_4。

（3）在第二个约束不等式不等号的左端减去剩余变量 x_5。

（4）用 $x_6 - x_7$ 替换 x_3，其中，x_6、x_7 都不小于 0，则可得到该问题的标准形式为

$$\max z' = x_1 - 2x_2 + 3(x_6 - x_7) + 0x_4 + 0x_5$$

$$\text{s.t.} \begin{cases} x_1 + x_2 + (x_6 - x_7) + x_4 = 7 \\ x_1 - x_2 + (x_6 - x_7) - x_5 = 2 \\ -3x_1 + x_2 + 2(x_6 - x_7) = 5 \\ x_1, x_2, x_4, x_5, x_6, x_7 \geqslant 0 \end{cases}$$

8.2.2　线性规划问题的几何意义

1. 基本概念

（1）凸集：设 K 是 n 维欧几里得的一个点集，对 $\forall \boldsymbol{X}^{(1)} \in K$、$\boldsymbol{X}^{(2)} \in K$ 连线上的一切点有 $\alpha \boldsymbol{X}^{(1)} + (1-\alpha)\boldsymbol{X}^{(2)} \in K$，$0 \leqslant \alpha \leqslant 1$，则 K 为凸集。

（2）顶点：若 K 是凸集，$\boldsymbol{X} \in K$；若 $\boldsymbol{X}$ 不能用不同的两点 $\boldsymbol{X}^{(1)} \in K$、$\boldsymbol{X}^{(2)} \in K$ 的线性组合表示为 $\alpha \boldsymbol{X}^{(1)} + (1-\alpha)\boldsymbol{X}^{(2)} \in K$，$0 \leqslant \alpha \leqslant 1$，则 $\boldsymbol{X}$ 为顶点。

（3）组合：设 $\boldsymbol{X}^{(1)}, \boldsymbol{X}^{(2)}, \cdots, \boldsymbol{X}^{(k)}$ 是 n 维欧几里得空间中的 k 个点，$\boldsymbol{X} = \mu_1 \boldsymbol{X}^{(1)} + \mu_2 \boldsymbol{X}^{(2)} + \cdots + \mu_k \boldsymbol{X}^{(k)}$（$\sum \mu_i = 1$，$0 \leqslant \mu_i \leqslant 1$），则称 $\boldsymbol{X}$ 是 $\boldsymbol{X}^{(1)}, \boldsymbol{X}^{(2)}, \cdots, \boldsymbol{X}^{(k)}$ 的凸组合。

2. 基本定理

定理 8-1　$D = \left\{ \boldsymbol{X} \in \mathbf{R}^n \,\middle|\, \boldsymbol{AX} = \boldsymbol{b},\ \boldsymbol{X} \geqslant 0 \right\}$ 是凸集。

定理 8-2　有限个凸集的交集还是凸集。

定理 8-3 若线性规划问题存在可行解，则问题的可行域是凸集。

引理 8-1 线性规划问题的可行解 $\boldsymbol{X}=(x_1,x_2,\cdots,x_n)^{\mathrm{T}}$ 为基可行解的充要条件是 $\boldsymbol{X}$ 的正分量所对应的系数列向量是线性无关的。

定理 8-4 若线性规划问题有非零可行解，则其必有基可行解。

定理 8-5 线性规划问题的基可行解 $\boldsymbol{X}$ 对应线性规划问题可行域（凸集）的顶点。

定理 8-6 若线性规划问题有最优解，则一定存在一个基可行解是最优解。

8.2.3 单纯形法

1. 单纯形法迭代的基本思想

开始于某个可行基及其对应的基可行解，从一个基可行解迭代到另一个基可行解，并且使目标函数值不断增大，经过有限步必能求得线性规划问题的最优解或判定线性规划问题无有界的最优解（无界解）。

2. 单纯形法引例

例 8-14 求解下列线性规划问题。

$$\max z = 2x_1 + 3x_2 + 0x_3 + 0x_4 + 0x_5$$

$$\text{s.t.}\begin{cases} x_1 + 2x_2 + x_3 = 8 \\ 4x_1 + x_4 = 16 \\ 4x_2 + x_5 = 12 \\ x_1, x_2, x_3, x_4, x_5 \geqslant 0 \end{cases}$$

解： 约束方程的系数矩阵 $\boldsymbol{A}=\begin{pmatrix} 1 & 2 & 1 & 0 & 0 \\ 4 & 0 & 0 & 1 & 0 \\ 0 & 4 & 0 & 0 & 1 \end{pmatrix}$，很显然 $\boldsymbol{A}$ 中的后 3 列是线性无关的，它们构成一个基 $\boldsymbol{B}=\boldsymbol{E}$，基 $\boldsymbol{B}$ 对应的变量 x_3,x_4,x_5 是基变量，则

$$\begin{cases} x_3 = 8 - x_1 - 2x_2 \\ x_4 = 16 - 4x_1 \\ x_5 = 12 - 4x_2 \end{cases} \tag{8-4}$$

将式（8-4）代入目标函数中得 $z = 0 + 2x_1 + 3x_2$。令非基变量 $x_1 = x_2 = 0$，得目标值 $z = 0$，对应的基可行解 $\boldsymbol{X}(0)=(0,0,8,16,12)^{\mathrm{T}}$。

为了使目标函数更大，让 x_2 变成基变量，原基变量 x_3,x_4,x_5 中要有一个变为非基变量。当 $x_1 = 0$ 时，由式（8-4）得

$$\begin{cases} x_3 = 8 - 2x_2 \geqslant 0 \\ x_4 = 16 \geqslant 0 \\ x_5 = 12 - 4x_2 \geqslant 0 \end{cases}$$

从上式可看出，当 $x_2 = 3$ 时，仍可保证所有变量非负，并使目标函数增大。

为了得到以 x_3,x_4,x_2 为基变量的一个基可行解，将式（8-4）中的 x_2 与 x_5 互换得

$$\begin{cases} x_3 = 2 - x_1 + x_5/2 \\ x_4 = 16 - 4x_1 \\ x_2 = 3 - x_5/4 \end{cases}$$

目标函数变为 $z = 9 + 2x_1 - 3x_5/4$，再令非基变量 $x_1 = x_5 = 0$，得目标值 $z = 9$，对应的基可行解 $\boldsymbol{X}(1)=(0,3,2,16,0)^{\mathrm{T}}$。

为了使目标函数更大，让 x_1 变成基变量，原基变量 x_3, x_4, x_2 中要有一个变为非基变量。如此下去，可得 $\boldsymbol{X}(2)=(2,3,0,8,0)^{\mathrm{T}}$，$\boldsymbol{X}(3)=(4,2,0,0,4)^{\mathrm{T}}$，此时目标函数变为 $z = 14 - 1.5x_3 - 0.125x_4$，由于目标函数中的变量系数都不大于 0，所以最优值 $z^* = 14$，其中 $\boldsymbol{X}(3)=(4,2,0,0,4)^{\mathrm{T}}$。

3. 单纯形法的原理

（1）确定初始基可行解：

$$\max z = \boldsymbol{CX}$$

$$\text{s.t.} \begin{cases} \sum_{j=1}^{n} \boldsymbol{P}_j x_j = \boldsymbol{b} \\ x_j \geqslant 0,\ j = 1,2,\cdots,n \end{cases}$$

对标准形式的 LP 问题，在约束条件的变量系数矩阵中，总会存在一个单位矩阵：

① 可以直接从系数矩阵中观察得到一个单位子矩阵；

② 当线性规划的约束条件都为小于等于号时，由其松弛变量对应的系数列向量构成的矩阵即单位矩阵；

③ 当线性规划的约束条件为大于等于号或等号时，引入人工变量后可能换成标准形式的 LP 问题。

（2）从一个基可行解转换为相邻的基可行解：如果两个基可行解之间可变换且仅变换一个基变量，则两个基可行解是相邻的。设初始基可行解为 $\boldsymbol{X}^{(0)} = \left(x_1^0, x_2^0, \cdots, x_m^0, 0, \cdots, 0\right)^{\mathrm{T}}$，可知：

$$\sum_{i=1}^{m} \boldsymbol{P}_i x_i^0 = \boldsymbol{b} \tag{8-5}$$

其对应的系数矩阵的增广矩阵为

$$\begin{array}{cccccccccc} \boldsymbol{P}_1 & \boldsymbol{P}_2 & \cdots & \boldsymbol{P}_m & \boldsymbol{P}_{m+1} & \cdots & \boldsymbol{P}_j & \cdots & \boldsymbol{P}_n & \boldsymbol{b} \end{array}$$

$$\left[\begin{array}{ccccccccc|c} 1 & 0 & \cdots & 0 & a_{1,m+1} & \cdots & a_{1j} & \cdots & a_{1n} & b_1 \\ 0 & 1 & \cdots & 0 & a_{2,m+1} & \cdots & a_{2j} & \cdots & a_{2n} & b_2 \\ \vdots & \vdots & & \vdots & \vdots & & \vdots & & \vdots & \vdots \\ 0 & 0 & \cdots & 1 & a_{m,m+1} & \cdots & a_{mj} & \cdots & a_{mn} & b_m \end{array}\right]$$

易得

$$\boldsymbol{P}_j = \sum_{i=1}^{m} a_{ij} \boldsymbol{P}_i \Rightarrow \boldsymbol{P}_j - \sum_{i=1}^{m} a_{ij} \boldsymbol{P}_i = \boldsymbol{0},\ j = m+1,\cdots,n \tag{8-6}$$

式（8-5）+式（8-6）$\times \theta(\theta > 0)$，得

$$\sum_{i=1}^{m}\left(x_i^0-\theta a_{ij}\right)\boldsymbol{P}_i+\theta\boldsymbol{P}_j=\boldsymbol{b}$$

令 $\boldsymbol{X}^{(1)}=(x_1^0-\theta a_{1j},x_2^0-\theta a_{2j},\cdots,x_m^0-\theta a_{mj},0,\cdots,\theta,\cdots,0)^{\mathrm{T}}$，显然有 $\boldsymbol{AX}^{(1)}=\boldsymbol{b}$；为了使 $\boldsymbol{X}^{(1)}$ 成为可行解，令

$$\theta=\min_i\left\{\frac{x_i^0}{a_{ij}}\middle|a_{ij}>0\right\}=\frac{x_i^0}{a_{ij}} \tag{8-7}$$

可证明：将式（8-7）代回 $\boldsymbol{X}^{(1)}$ 中，$\boldsymbol{X}^{(1)}$ 为基可行解，此时就完成了从一个基可行解到另一个与其相邻的基可行解的转换。

4. 最优性检验与解的判别

将上述基可行解 $\boldsymbol{X}^{(0)}$ 与 $\boldsymbol{X}^{(1)}$ 分别代入目标函数，得

$$z^{(0)}=\sum_{i=1}^{m}c_ix_i^0$$

$$\begin{aligned}z^{(1)}&=\sum_{i=1}^{m}c_i(x_i^0-\theta a_{ij})+\theta c_j\\&=\sum_{i=1}^{m}c_ix_i^0+\theta\left(c_j-\sum_{i=1}^{m}c_ia_{ij}\right)=z^{(0)}+\theta\lambda_j,\quad\theta>0\end{aligned}$$

式中，λ_j 称为检验数。

（1）当所有 λ_j 都不大于 0 时，现行基可行解为最优解。特别是当所有 λ_j 都小于 0 时，该线性规划问题有唯一最优解；当某个非基变量 λ_k 等于 0 时，该线性规划问题有无穷多最优解。

（2）当存在某个 λ_j 大于 0 且对应的列向量 P_j 不大于 0 时，该线性规划问题有无界解。

（3）当存在某个 λ_j 大于 0 且对应的列向量 P_j 中有正分量时，说明目标函数值还可以增大，需要进行基变换。

（4）对线性规划问题无可行解的判别将在后面讨论。

在 Python 的包 SciPy 中，有求解线性规划问题的函数 linprog，该函数基于以下的标准数学模型[6]：

$$\min_x \boldsymbol{c}^{\mathrm{T}}\boldsymbol{x}$$

$$\text{s.t.}\begin{cases}\boldsymbol{A}_{\mathrm{ub}}\boldsymbol{x}\leqslant\boldsymbol{b}_{\mathrm{ub}}\\\boldsymbol{A}_{\mathrm{eq}}\boldsymbol{x}=\boldsymbol{b}_{\mathrm{eq}}\\\boldsymbol{l}\leqslant\boldsymbol{x}\leqslant\boldsymbol{u}\end{cases}$$

其函数形式为

```
scipy.optimize.linprog(c, A_ub=None, b_ub=None, A_eq=None, b_eq=None, bounds=None, method='simplex ', callback=None, options=None, x0=None)
```

其中，c 是价值向量；A_ub 和 b_ub 对应线性不等式约束；A_eq 和 b_eq 对应线性等式约束；bounds 对应公式中决策向量的下界和上界；method 是求解器的类型，如单纯形法

simplex；其他参数暂时不用。

采用 linprog 函数求解例 8-14 的具体程序如下：

```
import numpy as np
from scipy import optimize

c = np.array([2,3,0,0,0])
A_ub = np.array([[1,2,1,0,0], [4,0,0,1,0], [0,4,0,0,1]])
b_ub = np.array([8,16,12])

x1_bound = x2_bound = x3_bound =x4_bound=x5_bound=(0, None)

res = optimize.linprog(-c, A_ub, b_ub,bounds=(x1_bound, x2_bound, x3_bound, x4_bound, x5_bound), method='simplex')

print(res)
```

输出结果如下：

```
fun: -14.0
 message: 'Optimization terminated successfully.'
     nit: 3
   slack: array([0., 0., 0.])
  status: 0
 success: True
       x: array([4., 2., 0., 0., 4.])
```

8.3　非线性规划

在科学管理和其他领域，大量应用问题可以归结为线性规划问题，但也有一些问题，其目标函数和（或）约束条件很难用线性函数表达。如果目标函数和（或）约束条件中包含自变量的非线性函数，则这样的规划问题就属于非线性规划问题[7]。

非线性规划是 20 世纪 50 年代才开始形成的一门新兴学科，20 世纪 70 年代又得到进一步发展。非线性规划在工程、管理、经济、科研、军事等方面都有广泛的应用，为最优化设计提供了有力的工具。

一般来说，求解非线性规划问题比线性规划问题困难得多。而且不像线性规划问题有单纯形法这一通用的求解方法，非线性规划问题目前还没有适合于各种问题的通用求解方法，这是一个需要深入研究的领域。

8.3.1　非线性规划的基本概念

1. 非线性规划问题

定义 8-2　在式（8-1）中，如果 $f(\boldsymbol{X})$、$g_i(\boldsymbol{X})$、$h_j(\boldsymbol{X})$ 至少有一个为非线性函数，则称该数学模型为非线性规划问题。

例 8-15 某高校学生在食堂用餐，拟购 3 种食品，馒头 0.3 元/个，肉丸子 1 元/个，青菜 0.6 元/碗。该学生一顿饭的支出不超过 5 元，则如何购买最好？

解： 设该学生买入馒头、肉丸子、青菜的数量分别为 x_1、x_2、x_3，个人的满意度函数即效用函数为 $u(x_1,x_2,x_3)=Ax_1^{a_1}x_2^{a_2}x_3^{a_3}$，则数学模型为

$$\max u(x_1,x_2,x_3)=Ax_1^{a_1}x_2^{a_2}x_3^{a_3}$$

$$\text{s.t.}\begin{cases}0.3x_1+x_2+0.6x_3\leqslant 5\\ x_1,x_2,x_3\geqslant 0\end{cases}$$

2. 非线性规划问题的求解方法

非线性规划问题可分为无约束条件和有约束条件两类。求非线性规划问题最佳解的方法可分为间接法和直接法两种。

间接法也称解析法，适用于目标函数有简单明确的数学表达式的情况。直接法也称搜索法，适用于目标函数复杂或无明确的数学表达式的情况。直接法又分为消去法和爬山法。消去法主要对单变量函数有效，其通过不断消去部分搜索区间来逐步缩小极值点存在的范围。爬山法对多变量函数有效，它根据已求得的目标值判断前进方向，逐步改善目标值。

8.3.2 无约束条件下的单变量函数最优化方法

目标函数为单变量的非线性规划问题称为一维搜索问题。

下面介绍无约束条件下的单变量函数最优化方法。考虑如下形式的极值问题：

$$\min_{a\leqslant x\leqslant b} f(x) \tag{8-8}$$

式中，$x\in\mathbf{R}^1$，a、b 为任意实数。

根据极值判定的必要条件，即令 $f'(x)=0$ 来求可能的极值点，在很多情况下，该方程解不出来，此时可用数值计算方法进行求解，如黄金分割法和牛顿法。

1. 黄金分割法

定义 8-3 $f(x)$ 定义在 $[a,b]$ 上，若存在点 $x^*\in[a,b]$，当 $\bar{x}<\bar{y}\leqslant x^*$ 时，有 $f(\bar{x})>f(\bar{y})$，当 $\bar{x}>\bar{y}\geqslant x^*$ 时，$f(\bar{x})>f(\bar{y})$，则称 $f(x)$ 在 $[a,b]$ 上为单峰函数。

显然，满足定义要求的点 x^* 是 $f(x)$ 在 $[a,b]$ 上的极小点。

在 $[a,b]$ 上任选两点 x^1、x^2，且 $a<x^1<x^2<b$，根据 $f(x)$ 的单峰性，若 $f(x^1)<f(x^2)$，则 x^* 必然位于 $[a,x^2]$ 内，如果 $f(x^1)>f(x^2)$，则 x^* 必然位于 $[x^1,b]$ 内。如果 $f(x^1)=f(x^2)$，则 x^* 必然位于 $[x^1,x^2]$ 内，记此区间为 $[a_1,b_1]$。如此继续，得闭区间套 $[a,b]\supset[a_1,b_1]\supset\cdots\supset[a_n,b_n]\supset\cdots$。显然，$x^*\in[a_i,b_i]$，$i=0,1,\cdots$，又 $b_i-a_i\to 0$。由闭区间套性质可知，x^* 为极小值点。闭区间套的选择方法不同，求得 x^* 的快慢及求解过程的计算量也不同。

取 $[\alpha,\beta]=[a,b]$，则：

（1）在 $[\alpha,\beta]$ 中选取 λ_1 和 λ_2，$\lambda_1=\beta-0.618(\beta-\alpha)$，$\lambda_2=\alpha+0.618(\beta-\alpha)$，求出 $f(\lambda_1)$ 和 $f(\lambda_2)$，进入（2）；

（2）若 $f(\lambda_1)<f(\lambda_2)$，取 $[\alpha,\beta]=[\alpha,\lambda_2]$，若 $\lambda_2-\alpha$ 已足够小，停止，否则进入（3）。若 $f(\lambda_1)>f(\lambda_2)$，取 $[\alpha,\beta]=[\lambda_1,\beta]$，若 $\beta-\lambda_1$ 已足够小，停止，否则进入（4）。若 $f(\lambda_1)=f(\lambda_2)$，取 $[\alpha,\beta]=[\lambda_1,\lambda_2]$，若 $\lambda_2-\lambda_1$ 已足够小，停止，否则进入（1）；

（3）取（1）中的 λ_1 为 λ_2，显然有 $\lambda_2=\alpha+0.618(\beta-\alpha)$，令 $\lambda_1=\alpha+0.382(\beta-\alpha)$，求出 $f(\lambda_1)$，返回（2）；

（4）取（1）的 λ_2 为 λ_1，则有 $\lambda_1=\alpha+0.382(\beta-\alpha)$，令 $\lambda_2=\alpha+0.618(\beta-\alpha)$，求出 $f(\lambda_2)$，返回（2）。

这个方法称为黄金分割法，又称 0.618 法。

设初始区间为 $[a,b]$，用 0.618 法，经过 k 次迭代后，$[\alpha,\beta]$ 的长度 $\beta-\alpha=(b-a)/1.618^k$，只要 k 充分大，$\beta-\alpha$ 可以小于任何给定的正数。

例 8-16　用 0.618 法求解 $\min f(\lambda)=\lambda^2+2\lambda$，单峰区间为[−3,5]，$\varepsilon=0.02$。

解：$[\alpha,\beta]$=[−3,5]。

$$\lambda_1=-3+0.382\times 8=0.056,\quad f(\lambda_1)=0.115$$
$$\lambda_2=-3+0.618\times 8=1.944,\quad f(\lambda_2)=7.667$$

由于 $f(\lambda_1)<f(\lambda_2)$，因此新的不定区间为 $[\alpha,\beta]$=[−3,1.944]。

由于 $\beta-\alpha=4.944>0.2$，得

$$\lambda_2:=\lambda_1=0.056,\quad f(\lambda_2):=f(\lambda_1)=0.115$$
$$\lambda_1=-3+0.382\times 4.944=-1.112,\quad f(\lambda_1)=-0.987$$

如此反复得表 8-3。

在进行 8 次迭代后，$\beta-\alpha=-0.936+1.112<0.2$，取中间值 $\lambda^*=-1.024$ 或 $\lambda_2=-1.032$ 作为近似最优解。显然真正极小点是−1.0。

表 8-3　0.618 法迭代计算表

迭代 k	α	β	λ_1	λ_2	$f(\lambda_1)$	$f(\lambda_2)$	换 α	换 β
1	−3	5	0.056	1.944	0.115	<7.667		√
2	−3	1.944	−1.112	0.056	−0.987	<0.115		√
3	−3	0.056	−1.832	−1.112	−0.308	≥0.987	√	
4	−1.832	0.056	−1.112	−0.664	−0.987	<−0.887		√
5	−1.832	−0.664	−1.384	−1.112	−0.853	≥0.987	√	
6	−1.832	−0.664	−1.112	0.936	−0.987	≥0.996	√	
7	−1.112	−0.664	−0.936	−0.840	−0.996	≥0.974		√
8	−1.112	−0.840	−1.016	−0.936	−1.000	−0.996		√
9	−1.112	−0.936						

用 Python 实现的程序如下：

```
import math
import numpy as np
import matplotlib.pyplot as plt
import mpl_toolkits.axisartist as axisartist
```

```
def f(x):
    #自定义函数
    #因为有形参 x，故不用 sympy 声明符号变量
    return pow(x, 2) + 2*x
def goldOpt(a, b, theta):
    #黄金分割法求单峰函数极小值
    alpha = (math.sqrt(5) - 1) / 2
    t1 = a + (1 - alpha)*(b - a)
    t2 = a + alpha*(b - a)
    step_num = 0
    while abs(b-a) > theta:
        step_num += 1
        f1 = f(t1)
        f2 = f(t2)
        if f1 < f2:
            b = t2
            t2 = t1
            f2 = f1
            t1 = a + (1 - alpha)*(b - a)
        else:
            a = t1
            t1 = t2
            f1 = f2
            t2 = a + alpha * (b - a)
        x_opt = (a + b) / 2
        y_opt = f(x_opt)
        print((x_opt, y_opt))
    return (x_opt, y_opt, step_num)

x_opt, y_opt, step_num = goldOpt(a=-3, b=5, theta=0.02)
print('(%.2f,%.2f) is the optimal point and iterate %d times' % (x_opt, y_opt, step_num))
```

输出结果如下：

```
(-0.5278640450004204, -0.7770876399966349)
(-1.4721359549995796, -0.7770876399966351)
(-0.888543819998318, -0.9875775199394327)
(-1.249223594996215, -0.9378875996971627)
(-1.02631123499285, -0.999307718913151)
(-0.8885438199983178, -0.9875775199394327)
(-0.9736887650071504, -0.9993077189131511)
(-1.0263112349928498, -0.999307718913151)
(-0.9937887599697165, -0.9999614204972862)
(-1.0138887549322824, -0.999807102486431)
(-1.001466274871715, -0.9999978500380007)
(-0.9937887599697164, -0.9999614204972862)
```

```
(-0.9985337251282853, -0.9999978500380006)
(-1.00, -1.00) is the optimal point and iterate 13 times
```

也可以用 SciPy 中的函数完成计算：

```
from scipy.optimize import minimize_scalar
res = minimize_scalar(f,method='Golden')
print('the optimal points is ',res.x)
```

输出结果如下：

```
the optimal points is   -1.0000000000000002
```

2. 牛顿法

对于求 $\min\limits_{a\leqslant x\leqslant b} f(x)$，若 $f(x)$ 是二次可微的，且 $f''(x)\neq 0$，牛顿法的基本思想是用 $f(x)$ 在探索点 x_k 处的二阶泰勒展开式 $g(x)$ 替代 $f(x)$，然后用 $g(x)$ 的最小点作为新的探索点 x_{k+1}，据此可得

$$x_{k+1}=x_k-\frac{f'(x_k)}{f''(x_k)}$$

开始时给定一个初始点 x_0，然后按照上式进行迭代计算，当 $|f'(x_k)|<\varepsilon$ 时，终止迭代，x_k 为 $f(x)$ 的极小点的近似。

牛顿法的算法步骤如下：

（1）给定初始点 x_1，$\varepsilon>0$，$k:=1$；

（2）如果 $|f'(x_k)|<\varepsilon$，停止迭代，输出 x_k；否则，当 $f''(x_k)=0$ 时，停止，解题失败，当 $f''(x_k)\neq 0$ 时，转（3）；

（3）计算 $x_{k+1}=x_k-\dfrac{f'(x_k)}{f''(x_{k+1})}$，如果 $|f'(x_k)|<\varepsilon$，停止迭代，输出 t_{k+1}；否则，$k:=k+1$，转（2）。

例 8-17　用牛顿法求 $\min\left(x\arctan x-\dfrac{1}{2}\ln(1+x^2)\right)$。

解： 首先求出

$$f'(x)=\arctan x\text{，}\quad f''(x)=\frac{1}{1+x^2}$$

取 $x_0=1$，计算结果列于表 8-4。

表 8-4　牛顿法迭代计算表

k	x_k	$f'(x_k)$	$1/f''(x_k)$
1	1.0000	0.7854	2.0000
2	−0.5708	−0.5178	1.3258
3	0.0010	0.1163	1.0137
4	0.7963×10^{-10}	0.0016	1.0000

由数学分析方法知，$f(x)$ 的精确最优解是 $x^*=0$，用牛顿法迭代 4 次后就已经十分接近该最优解了。

8.3.3 无约束条件下的多变量函数最优化方法

考虑以下无约束最优化问题：

$$\min_{X\in\mathbf{R}^n} f(\boldsymbol{X}) \tag{8-9}$$

前面已经讨论过，求解此无约束最优化问题，可以采用求平稳点及不可导点的方法：令 $\nabla f(\boldsymbol{X}^*)=0$，求出平稳点，如果 $\nabla^2 f(\boldsymbol{X}^*)$ 是正定的，则 $\boldsymbol{X}^*$ 是严格局部最优解；若 $f(\boldsymbol{X})$ 在 $\mathbf{R}^n$ 上是凸函数，则 $\boldsymbol{X}^*$ 是整体最优解。

在求解 $\nabla f(\boldsymbol{X}^*)=0$ 这 n 维方程组比较困难时，就用最优化方法——迭代法。本节将介绍梯度下降法、牛顿法、坐标轮换法（或降维法）、共轭梯度法，这些方法是用不同的方法来选择搜索方向 $\boldsymbol{p}^k$ 而得到的。当然，$\boldsymbol{p}^k$ 必须是下降方向。

1. 梯度下降法

梯度下降法又称最速下降法，选择负梯度方向作为目标函数值下降的方向，是比较古老的一种算法，其他方法是它的变形或是受它的启发而得到的。因此，它是最优化方法的基础[6]。

其基本思想为：迭代法求解无约束最优化问题[如式（8-9）]的关键是求下降方向 $\boldsymbol{p}^k$，显然，最容易想到的是使目标函数值下降速度最快的方向。从当前点 x^k 出发，什么方向会使 $f(\boldsymbol{X})$ 下降速度最快呢？

由泰勒展开式知：

$$f(\boldsymbol{X}^k)-f(\boldsymbol{X}^k+\lambda\boldsymbol{p}^k)=-\lambda\nabla f(\boldsymbol{X}^k)^{\mathrm{T}}\boldsymbol{p}^k+o(\|\lambda\boldsymbol{p}^k\|)$$

略去 λ 的高阶无穷小项，当取 $\boldsymbol{p}^k=-\nabla f(\boldsymbol{X}^k)$ 时，函数值下降最快。而 $\nabla f(\boldsymbol{X}^k)$ 为 $f(\boldsymbol{X})$ 在 $\boldsymbol{X}^k$ 处的梯度，所以下降方向 $\boldsymbol{p}^k$ 取为负梯度方向时，目标函数值下降最快。

梯度下降法的算法如下。

取初始点 $\boldsymbol{X}^0$，允许误差 $\varepsilon>0$，令 $k:=0$，则：

（1）计算 $\boldsymbol{p}^k=-\nabla f(\boldsymbol{X}^k)$；

（2）若 $\|\boldsymbol{p}^k\|<\varepsilon$，停止，点 $\boldsymbol{X}^k$ 为近似最优解；否则进入（4）；

（3）求 λ_k，使 $f(\boldsymbol{X}^k+\lambda_k\boldsymbol{p}^k)=\min\limits_{\lambda\geqslant 0} f(\boldsymbol{X}^k+\lambda\boldsymbol{p}^k)$；

（4）令 $\boldsymbol{X}^{k+1}=\boldsymbol{X}^k+\lambda_k\boldsymbol{p}^k$，$k:=k+1$，返回（2）。

例 8-18 用梯度下降法求解下列无约束最优化问题：

$$\min f(x_1,x_2)=x_1^2+25x_2^2-2x_1$$

取初始点 $\boldsymbol{x}^0=(2,2)^{\mathrm{T}}$，终止误差 $\varepsilon=10^{-6}$。

解：很显然，该问题的整体最优解为 $\boldsymbol{x}^*=(1,0)^{\mathrm{T}}$。

因为 $\nabla f(\boldsymbol{x})=\begin{pmatrix}2x_1-2\\50x_2\end{pmatrix}$，令 $\nabla f(\boldsymbol{x})=0\Rightarrow x_1=1,\ x_2=0$。

易验证 $\nabla^2 f(\boldsymbol{x}^*)$ 是正定的，所以 $\boldsymbol{x}^*$ 是整体最优解。

下面用梯度下降法求解。

$$\nabla f(\boldsymbol{x})=\left(\frac{\partial f}{\partial x_1},\frac{\partial f}{\partial x_2}\right)^{\mathrm{T}}=(2x_1-2,\ 50x_2)^{\mathrm{T}}$$

因为 $\boldsymbol{x}^0=(2,2)^{\mathrm{T}}$，所以 $\nabla f(\boldsymbol{x}^0)=(2,100)^{\mathrm{T}}$，取 $\boldsymbol{p}^0=-(2,100)^{\mathrm{T}}$，由

$$\boldsymbol{x}^0+\lambda\boldsymbol{p}^0=\begin{pmatrix}2\\2\end{pmatrix}+\lambda\begin{pmatrix}-2\\-100\end{pmatrix}=\begin{pmatrix}2-2\lambda\\2-100\lambda\end{pmatrix}$$

$$f(\boldsymbol{x}^0+\lambda\boldsymbol{p}^0)=(2-2\lambda)^2+25(2-100\lambda)^2-2(2-2\lambda)$$

得 $\dfrac{\mathrm{d}f}{\mathrm{d}\lambda}=-4(2-2\lambda)-5000(2-100\lambda)+4=0\Rightarrow\lambda_0=\dfrac{10004}{500008}=0.02000768$。

$$\boldsymbol{x}^1=\boldsymbol{x}^0+\lambda_0\boldsymbol{p}^0=\begin{pmatrix}2\\2\end{pmatrix}+0.02000768\begin{pmatrix}-2\\-100\end{pmatrix}=\begin{pmatrix}1.95998464\\-0.000768\end{pmatrix}$$

重复上述过程得

$$\boldsymbol{x}^2=(1.009122542,0.01824717)^{\mathrm{T}}$$

$$f(\boldsymbol{x}^0)=100,\ f(\boldsymbol{x}^1)=-0.078282,\ f(\boldsymbol{x}^2)=-0.789850288$$

用 Python 实现程序如下：

```
import random
import numpy as np
np.set_printoptions(suppress=True)
import matplotlib.pyplot as plt
def goldsteinsearch(f, df, d, x, alpham, rho, t):
    flag = 0
    a = 0
    b = alpham

    fk = f(x)
    gk = df(x)
    phi0 = fk
    dphi0 = np.dot(gk, d)
    alpha = b * random.uniform(0, 1)
    while (flag == 0):
        newfk = f(x + alpha * d)
        phi = newfk
        if (phi - phi0) <= (rho * alpha * dphi0):
            if (phi - phi0) >= ((1 - rho) * alpha * dphi0):
                flag = 1
            else:
                a = alpha
                b = b
                if (b < alpham):
                    alpha = (a + b) / 2
                else:
                    alpha = t * alpha
```

```
            else:
                a = a
                b = alpha
                alpha = (a + b) / 2
    return alpha
def rosenbrock(x):
    return x[0] ** 2 + 25 * (x[1] ** 2) - 2 * x[0]
def jacobian(x):
    return np.array([2*x[0]-2,50*x[1]])
def steepest(x0):
    print('初始点为:')
    print(x0, '\n')
    imax = 20000
    W = np.zeros((2, imax))
    epo = np.zeros((2, imax))
    W[:, 0] = x0
    i = 1
    x = x0
    grad = jacobian(x)
    delta = sum(grad ** 2)  #初始误差
    f = open("梯度.txt", 'w')
    while i < imax and delta > 10 ** (-5):
        p = -jacobian(x)
        x0 = x
        alpha = goldsteinsearch(rosenbrock, jacobian, p, x, 1, 0.1, 2)
        x = x + alpha * p
        W[:, i] = x
        if i % 5 == 0:
            epo[:, i] = np.array((i, delta))
            f.write(str(i) + "          " + str(delta) + "\n")
            print(i, np.array((i, delta)))
        grad = jacobian(x)
        delta = sum(grad ** 2)
        i = i + 1
    print("迭代次数为:", i)
    print("近似最优解为:")
    print(x, '\n')
    W = W[:, 0:i]  #记录迭代点
    return [W, epo]

if __name__ == "__main__":
    X1 = np.arange(-1, 3 + 0.05, 0.05)
    X2 = np.arange(-3, 3 + 0.05, 0.05)
    [x1, x2] = np.meshgrid(X1, X2)
```

```
    f = x1 ** 2 + 25 * (x2 ** 2) - 2 * x1
    plt.contour(x1, x2, f, 20)  #画出函数的 20 条轮廓线
    x0 = np.array([2, 2])
    list_out = steepest(x0)
    W = list_out[0]
    epo = list_out[1]
    plt.plot(W[0, :], W[1, :], 'g*-')  #画出迭代点收敛的轨迹
    plt.show()
```

输出结果如下：

```
初始点为
[2 2]

5 [ 5.          10.25813556]
10 [10.          1.10051362]
15 [15.          1.77087386]
20 [20.          0.29084974]
25 [25.          0.05596263]
30 [30.          0.07563272]
35 [35.          0.00987376]
40 [40.          0.00540494]
45 [45.          0.00005705]
50 [50.          0.00003083]
迭代次数为: 55
近似最优解为:
[ 1.00096961 -0.00001675]
```

迭代点收敛的轨迹如图 8-10 所示。

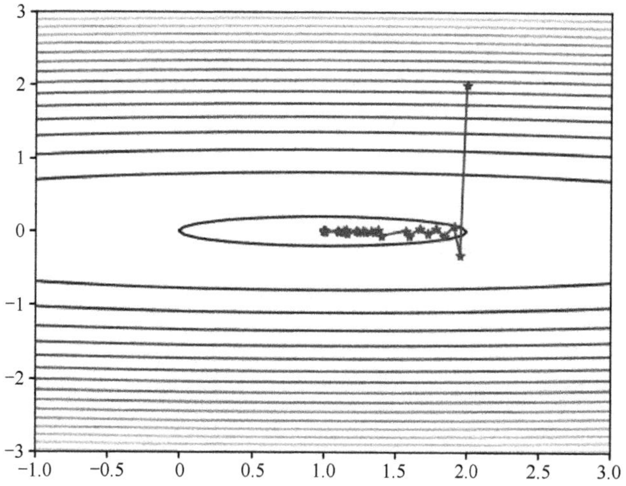

图 8-10　迭代点收敛的轨迹（一）

从图8-6可知，$\{X^k\}$随着迭代次数的增加越来越接近最优解$(1,0)$；同时，随着迭代次数的增加，收敛速度越来越慢。迭代在极小点附近沿着一种锯齿形前进，即产生“拉锯”现象：$\{X^k\}$沿相互正交的方向小步拐进，趋于最优解的过程非常缓慢。这种现象怎样解释，如何改善呢？

在求λ_k时，由于$\varphi(\lambda)=f(X^k+\lambda p^k)$，求导得$\varphi'(\lambda)=0$，$\lambda_k$是$\varphi(\lambda)$的极小点，故$\nabla f(X^k+\lambda_k p^k)p^k=0$，又$p^{k+1}=-\nabla f(X^{k+1})$，即$(p^{k+1})^{\mathrm{T}}\cdot p^k=0$或$\nabla f(X^{k+1})^{\mathrm{T}}\cdot\nabla f(X^k)=0$。也就是说，梯度下降法相邻两个搜索方向是彼此正交的。因此，梯度下降法在局部下降得最快，但不一定在整体上也下降得最快。在实际应用中，一般开始几步用梯度下降法，之后用下面介绍的牛顿法。这样两个方法结合起来，求解速度较快。

2. 牛顿法

由前面的讨论知，若能解出方程组$\nabla f(X)=0$，求出平稳点X^*，则可验证X^*是否为极值点。由于$\nabla f(X)=0$难以求解，若$f(X)$具有连续的二阶偏导数，则考虑用$f(X)$在点X^*处的二阶泰勒展开式条件替代$\nabla f(X)$，即

$$f(X)=f(X^k)+\nabla f(X^k)^{\mathrm{T}}(X-X^k)+\frac{1}{2}(X-X^k)^{\mathrm{T}}\nabla^2 f(X^k)(X-X^k)+o(\|X-X^k\|)^2$$

$$\Rightarrow f(X)\approx g(X)=f(X^k)+\nabla f(X^k)^{\mathrm{T}}(X-X^k)+\frac{1}{2}(X-X^k)^{\mathrm{T}}\nabla^2 f(X^k)(X-X^k)$$

令

$$\nabla f(X)\approx\nabla g(X)=\nabla f(X^k)+\nabla^2 f(X^k)(X-X^k)=\mathbf{0}$$
$$\Rightarrow X^{k+1}=X^k-(\nabla^2 f(X^k))^{-1}\nabla f(X^k)$$

即从X^k出发，搜索方向为$p^k=-(\nabla^2 f(X^k))^{-1}\nabla f(X^k)$，步长恒为 1，得到下一个迭代点$X^{k+1}$。

牛顿法的算法步骤如下：

（1）选取初始点X^0，$k:=0$，精度$\varepsilon>0$；

（2）计算$\nabla f(X^k)$，如果$\|\nabla f(X^k)\|\leqslant\varepsilon$，计算终止，否则计算$\nabla^2 f(X^k)$，求出搜索方向$p^k=-(\nabla^2 f(X^k))^{-1}\nabla f(X^k)$，令$X^{k+1}=X^k+p^k$，$k:=k+1$，返回（2）。

例 8-19　考虑无约束最优化问题：

$$\min f(x)=4x_1^2+x_2^2-x_1^2x_2$$

试取初始点$x^0=(-1,1)^{\mathrm{T}}$，取精度要求$\varepsilon=10^{-3}$，用牛顿法求解。

解： $\nabla f(x)=\begin{pmatrix}8x_1-2x_1x_2\\2x_2-x_1^2\end{pmatrix}$，$\nabla^2 f(x)=\begin{pmatrix}8-2x_2 & -2x_1\\-2x_1 & 2\end{pmatrix}$，取$x^0=(-1,1)^{\mathrm{T}}$，有$\nabla f(x^0)=(-6,1)^{\mathrm{T}}$，$\|\nabla f(x^0)\|=6.0828>\varepsilon$，

$$\nabla^2 f(x^0)=\begin{pmatrix}6 & 2\\2 & 2\end{pmatrix}$$

$$p^0=-(\nabla^2 f(x^0))^{-1}\cdot\nabla f(x^0)=(1.7500,-2.2500)^{\mathrm{T}}$$
$$x^1=x^0+p^0=(0.7500,-1.2500)^{\mathrm{T}}$$

用 Python 实现的程序如下：

```
import random
import numpy as np
import matplotlib.pyplot as plt
  def goldsteinsearch(f,df,d,x,alpham,rho,t):
    flag = 0
    a = 0
    b = alpham
    fk = f(x)
    gk = df(x)
     phi0 = fk
    dphi0 = np.dot(gk, d)
    # print(dphi0)
    alpha=b*random.uniform(0,1)
     while(flag==0):
        newfk = f(x + alpha * d)
        phi = newfk
        # print(phi,phi0,rho,alpha ,dphi0)
        if (phi - phi0 )<= (rho * alpha * dphi0):
            if (phi - phi0) >= ((1 - rho) * alpha * dphi0):
                flag = 1
            else:
                a = alpha
                b = b
                if (b < alpham):
                    alpha = (a + b) / 2
                else:
                    alpha = t * alpha
        else:
            a = a
            b = alpha
            alpha = (a + b) / 2
    return alpha
 def rosenbrock(x):
    #函数:f(x) = 100 * (x(2) - x(1). ^ 2). ^ 2 + (1 - x(1)). ^ 2
    return 100*(x[1]-x[0]**2)**2+(1-x[0])**2
 def jacobian(x):
    #梯度 g(x) = (-400 * (x(2) - x(1) ^ 2) * x(1) - 2 * (1 - x(1)), 200 * (x(2) - x(1) ^ 2)) ^ (T)
    return np.array([-400*x[0]*(x[1]-x[0]**2)-2*(1-x[0]),200*(x[1]-x[0]**2)])
  def steepest(x0):
     print('初始点为:')
    print(x0,'\n')
    imax = 20000
    W = np.zeros((2, imax))
```

```
    epo=np.zeros((2, imax))
    W[:, 0] = x0
    i = 1
    x = x0
    grad = jacobian(x)
    delta = sum(grad ** 2)  #初始误差
    f=open("梯度.txt",'w')
    while i < imax and delta > 10 ** (-5):
        p = -jacobian(x)
        x0 = x
        alpha = goldsteinsearch(rosenbrock, jacobian, p, x, 1, 0.1, 2)
        x = x + alpha * p
        W[:, i] = x
        if i % 5 == 0:
            epo[:,i] =np.array((i,delta))
            f.write(str(i)+"            "+str(delta)+"\n")
            print(i,np.array((i,delta)))
        grad = jacobian(x)
        delta = sum(grad ** 2)
        i = i + 1
    print("迭代次数为:", i)
    print("近似最优解为:")
    print(x, '\n')
    W = W[:, 0:i]  #记录迭代点
    return [W,epo]
if __name__=="__main__":
    X1 = np.arange(-1.5, 1.5 + 0.05, 0.05)
    X2 = np.arange(-3.5, 4 + 0.05, 0.05)
    [x1, x2] = np.meshgrid(X1, X2)
    f = 100 *(x2 - x1 ** 2) ** 2 + (1 - x1) ** 2  #给定的函数
    plt.contour(x1, x2, f, 20)  #画出函数的 20 条轮廓线
    x0 = np.array([-1.2, 1])
    list_out = steepest(x0)
    W=list_out[0]
    epo=list_out[1]
    plt.plot(W[0, :], W[1, :], 'g*-')  #画出迭代点收敛的轨迹
    plt.show()
```

输出结果如下：

```
初始点为：
[-1.2   1. ]
5 [ 5.          30.84082089]
10 [10.          10.44751276]
15 [15.          0.881105]
20 [20.          0.5626913]
```

```
………………………………..
1740 [1740.          0.00014207]
1745 [1745.          0.00001037]
1750 [1750.          0.00013517]
迭代次数为：1754
近似最优解为：[0.99654521 0.99308977]
```

迭代点收敛的轨迹如图 8-11 所示。

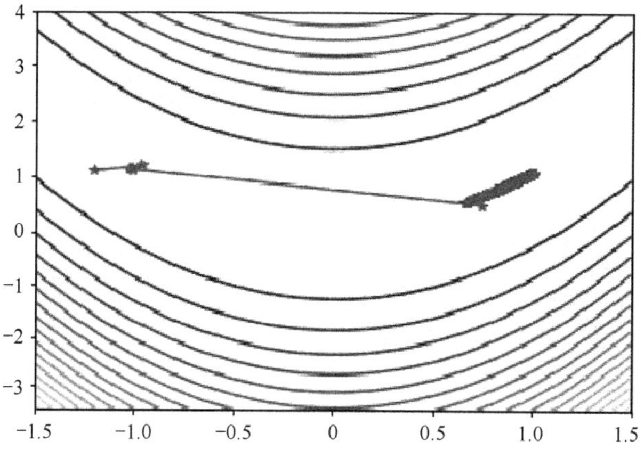

图 8-11　迭代点收敛的轨迹（二）

牛顿法的缺点：

（1）该方法的某次迭代会使目标函数值增大；

（2）初始点 $\boldsymbol{X}^0$ 距极小点 $\boldsymbol{X}^*$ 较远时，产生的点列 $\left\{\boldsymbol{X}^k\right\}$ 可能不收敛，还会出现 $\nabla^2 f(\boldsymbol{X}^*)$ 的奇异情况；

（3）$\nabla^2 f(\boldsymbol{X}^*)$ 的逆矩阵计算量大。

牛顿法的优点：

当目标函数 $f(\boldsymbol{X})$ 满足一定条件，初始点 $\boldsymbol{X}^0$ 充分接近极小点 $\boldsymbol{X}^*$ 时，由牛顿法产生的点列 $\left\{\boldsymbol{X}^k\right\}$ 不仅能够收敛到 $\boldsymbol{X}^*$，而且收敛速度非常快。

3. 坐标轮换法[8]

在求解非线性规划问题的迭代法中，需要寻找搜索方向 $\boldsymbol{p}^k$，显然构造搜索方向有一定的困难，能否按既定的搜索方向寻找最优解，省去寻找搜索方向 $\boldsymbol{p}^k$ 呢？在梯度下降法中，我们得知相邻两个搜索方向 $\boldsymbol{p}^k$ 和 $\boldsymbol{p}^{k+1}$ 是正交的。

由于在 n 维欧几里得空间中，坐标轴向量 $\boldsymbol{\varepsilon}_1,\boldsymbol{\varepsilon}_2,\cdots,\boldsymbol{\varepsilon}_n$ 之间互相正交，可否选坐标轴向量为搜索方向 $\boldsymbol{p}^k$ 呢？回答是肯定的，这样就得到了坐标轮换法。

其基本思想为：从 $\boldsymbol{X}^1$ 出发，取 $\boldsymbol{p}^1=\boldsymbol{\varepsilon}_1$，沿 $\boldsymbol{p}^1$ 进行一维搜索得到 $\boldsymbol{X}^2=\boldsymbol{X}^1+\lambda_1\boldsymbol{p}^1$，若 $\boldsymbol{X}^2$ 满足精度要求，则停止；否则，取 $\boldsymbol{p}^2=\boldsymbol{\varepsilon}_2$，$\boldsymbol{X}^3=\boldsymbol{X}^2+\lambda_2\boldsymbol{p}^2$，如此反复，可以求出近似最优解。

例 8-20 求 $f(\boldsymbol{X})=x_1^2+x_2^2-x_1x_2-10x_1-4x_2+60$ 的极小值，取 $\varepsilon=0.01$。

解： 设起始点 $\boldsymbol{X}(0)=(0,0)^{\mathrm{T}}$，用坐标轮换法计算。

（1）先固定 $x_1=x_1^{(0)}=0$，则 $f(0,x_2)=x_2^2-4x_2+60$，寻优得 $x_2^{(1)}=2$，于是 $\boldsymbol{X}(1)=(x_1^{(0)},x_2^{(1)})=(0,2)^{\mathrm{T}}$，$f(\boldsymbol{X}(1))=56$。

（2）固定 $x_2^{(1)}=2$，则 $f(x_1,2)=x_1^2-12x_1+56$，寻优得 $x_1^{(2)}=6$，于是 $\boldsymbol{X}(2)=(x_1^{(2)},x_2^{(1)})=(6,2)^{\mathrm{T}}$，$f(\boldsymbol{X}(2))=20$。

如此交替搜索，直至满足给定精度 $\varepsilon=0.01$，即 $\left|f(\boldsymbol{X}(k)-\boldsymbol{X}(k-1))\right|<0.01$。最后得极小点 $\boldsymbol{X}^*=(8,6)^{\mathrm{T}}$，$f(\boldsymbol{X}^*)=8$。

坐标轮换法是沿坐标轴的方向进行搜索的，其基本思想较简单。其缺点是多次变换方向，在极点附近，目标值改进较小，收敛速度较慢，搜索效率较低。

4. 共轭梯度法[9,10]

共轭梯度法是介于梯度下降法与牛顿法之间的一个方法，它仅需要利用一阶导数信息，弥补了梯度下降法收敛慢的不足，同时避免了牛顿法需要存储和计算 Hesse 矩阵并求逆的问题，共轭梯度法不仅是求解大型线性方程组最有用的方法之一，也是求解大型非线性最优化问题最有效的方法之一。在各种优化方法中，共轭梯度法是非常重要的一种，其优点是所需存储量小、具有步收敛性、稳定性高，而且不需要任何外来参数。

下面讨论二次函数形成 $\boldsymbol{Q}$ 共轭梯度方向的一般方法，然后过渡到求解无约束最优化问题。

任取初始点 $\boldsymbol{x}^0\in\mathbf{R}^n$，若 $\nabla f(\boldsymbol{X}^0)\neq 0$，取 $\boldsymbol{p}^0=-\nabla f(\boldsymbol{X}^0)$，从 $\boldsymbol{x}^0$ 点沿方向 $\boldsymbol{p}^0$ 进行一维搜索，求得 λ_0。

令 $\boldsymbol{X}^1=\boldsymbol{X}^0+\lambda_0\boldsymbol{p}^0$，若 $\nabla f(\boldsymbol{x}^1)=0$，则已获得最优解 $\boldsymbol{x}^*=\boldsymbol{x}^1$；否则，取 $\boldsymbol{p}^1=-\nabla f(\boldsymbol{X}^1)+\upsilon_0\boldsymbol{p}^0$。其中，$\upsilon_0$ 的选择要使 $\boldsymbol{p}^1$ 和 $\boldsymbol{p}^0$ 关于 $\boldsymbol{Q}$ 共轭，由 $(\boldsymbol{p}^1)^{\mathrm{T}}\boldsymbol{Q}\boldsymbol{p}^0=0$，得

$$\upsilon_0=\frac{(\boldsymbol{p}^0)^{\mathrm{T}}\boldsymbol{Q}\nabla f(\boldsymbol{X}^1)}{(\boldsymbol{p}^0)^{\mathrm{T}}\boldsymbol{Q}\boldsymbol{p}^0}$$

一般地，若已获得 $\boldsymbol{Q}$ 共轭方向 $\boldsymbol{p}^0,\boldsymbol{p}^1,\cdots,\boldsymbol{p}^k$ 和依次沿它们进行一维搜索得到的点列 $\boldsymbol{X}^0,\boldsymbol{X}^1,\cdots,\boldsymbol{X}^{k+1}$，且 $\nabla f(\boldsymbol{X}^{k+1})=0$，则最优解为 $\boldsymbol{X}^*=\boldsymbol{X}^{k+1}$；否则有

$$\boldsymbol{p}^{k+1}=-\nabla f(\boldsymbol{X}^{k+1})+\sum_{i=0}^{k}\alpha_i\boldsymbol{p}^i$$

为使 $\boldsymbol{p}^{k+1}$ 和 $\boldsymbol{p}^0,\boldsymbol{p}^1,\cdots,\boldsymbol{p}^k$ 共轭，可证 $\alpha_0=\alpha_1=\cdots=\alpha_{k-1}=0$，所以有 $\boldsymbol{p}^{k+1}=-\nabla f(\boldsymbol{X}^{k+1})+\upsilon_k\boldsymbol{p}^k$，又 $\boldsymbol{p}^{k+1}$ 和 $\boldsymbol{p}^k$ 是 $\boldsymbol{Q}$ 共轭的，有 $(\boldsymbol{p}^{k+1})^{\mathrm{T}}\boldsymbol{Q}\boldsymbol{p}^k=0$，得

$$\upsilon_k=\frac{(\boldsymbol{p}^k)^{\mathrm{T}}\boldsymbol{Q}\nabla f(\boldsymbol{X}^{k+1})}{(\boldsymbol{p}^k)^{\mathrm{T}}\boldsymbol{Q}\boldsymbol{p}^k},\quad k=0,1,2,\cdots,n-2$$

进一步可得

$$\upsilon_k=\frac{\|\nabla f(\boldsymbol{X}^{k+1})\|^2}{\|\nabla f(\boldsymbol{X}^k)\|^2},\quad k=0,1,\cdots,n-2$$

综合起来得 Fletcher-Reeves 公式为

$$\begin{cases} \boldsymbol{p}^0 = -\nabla f(x^0) \\ \boldsymbol{p}^{k+1} = -\nabla f(\boldsymbol{X}^{k+1}) + \upsilon_k \boldsymbol{p}^k, \quad k = 0,1,2,\cdots,n-2 \\ \upsilon_k = \dfrac{\| \nabla f(\boldsymbol{X}^{k+1}) \|^2}{\| \nabla f(\boldsymbol{X}^{k)} \|^2} \end{cases} \tag{8-10}$$

共轭梯度法算法步骤如下：

（1）选取初始点 $\boldsymbol{X}^0$，给定终止误差 $\varepsilon > 0$；

（2）计算 $\nabla f(\boldsymbol{X}^0)$，若 $\| \nabla f(\boldsymbol{X}^0) \| \leqslant \varepsilon$，停止迭代，输出 $\boldsymbol{X}^0$，否则转步骤（3）;

（3）取 $\boldsymbol{p}^0 = -\nabla f(\boldsymbol{X}^0)$，令 $k := 0$；

（4）求 λ_k $f(\boldsymbol{X}^k + \lambda_k \boldsymbol{p}^k) = \min\limits_{\lambda \geqslant 0} f(\boldsymbol{X}^k + \lambda \boldsymbol{p}^k)$，令 $\boldsymbol{X}^{k+1} = \boldsymbol{X}^k + \lambda_k \boldsymbol{p}^k$；

（5）计算 $\nabla f(\boldsymbol{X}^{k+1})$，若 $\| \nabla f(\boldsymbol{X}^{k+1}) \| \leqslant \varepsilon$，停止迭代，$\boldsymbol{X}^* = \boldsymbol{X}^{k+1}$ 为最优解，否则转步骤（6）;

（6）若 $k+1=n$，则令 $\boldsymbol{X}^0 := \boldsymbol{X}^n$，转步骤（3）（已经完成一组共轭方向的迭代，进入下一轮），否则转步骤（6）;

（7）取 $\boldsymbol{p}^{k+1} = -\nabla f(\boldsymbol{X}^{k+1}) + \upsilon_k \boldsymbol{p}^k$，其中 $\upsilon_k = \dfrac{\| \nabla f(\boldsymbol{X}^{k+1}) \|^2}{\| \nabla f(\boldsymbol{X}^k) \|^2}$，令 $k := k+1$，转步骤（4）。

例 8-21　用共轭梯度法求下列问题：

$$\min f(x_1, x_2) = x_1^2 - 2x_1 + 25x_2^2$$

取初始点 $\boldsymbol{x}^0 = (-2,4)^{\mathrm{T}}$，终止误差为 $\varepsilon = 10^{-6}$。

解： $\boldsymbol{p}^0 = -\nabla f(\boldsymbol{x}^0) = (-12,6)^{\mathrm{T}}$, $\boldsymbol{x}^1 = (1.959984642, -0.0007679)^{\mathrm{T}}$, $\nabla f(\boldsymbol{x}^1) = (1.919969284, -0.038395)^{\mathrm{T}}$。

$$\upsilon_0 = \frac{\| \nabla f(\boldsymbol{x}^1) \|^2}{\| \nabla f(\boldsymbol{x}^0) \|^2} = \frac{3.687756228}{10004} = 0.000368628$$

$$\begin{aligned} \boldsymbol{p}^1 &= -\nabla f(\boldsymbol{x}^1) + \upsilon_0 \boldsymbol{p}^0 \\ &= \begin{pmatrix} -1.919969284 \\ 0.038395 \end{pmatrix} + 0.000368628 \begin{pmatrix} -2 \\ -100 \end{pmatrix} = \begin{pmatrix} -1.92070654 \\ 0.0015322 \end{pmatrix} \end{aligned}$$

$$\boldsymbol{x}^1 + \lambda \boldsymbol{p}^1 = \begin{pmatrix} 1.959984642 - \lambda 1.92070654 \\ -0.0007679 + \lambda 0.0015322 \end{pmatrix}$$

$$\frac{\mathrm{d}f(\boldsymbol{x}^1 + \lambda \boldsymbol{p}^1)}{\mathrm{d}\lambda} = -3.687703443 + 7.378228399\lambda = 0$$

因为 $\lambda_1 = 0.499808794$，$\boldsymbol{x}^2 = \boldsymbol{x}^1 + \lambda_1 \boldsymbol{p}^1 = \begin{pmatrix} 1.959984642 + 0.499808794 \times (-1.92070654) \\ -0.0007679 + 0.499808794 \times 0.0015322 \end{pmatrix}$

$= \begin{pmatrix} 0.999998622 \\ -0.000002092 \end{pmatrix} \approx \begin{pmatrix} 1 \\ 0 \end{pmatrix}$, $\| \nabla f(\boldsymbol{x}^2) \| = 0 < \varepsilon$，所以最优解 $\boldsymbol{x}^* = \boldsymbol{x}^2 = \begin{pmatrix} 1 \\ 0 \end{pmatrix}$。

用 Python 中的函数 minimize 进行计算，程序如下：

```
from scipy.optimize import minimize
x0=[-2.0,4.0]
res = minimize(fun, x0, method='CG', tol=1e-6)
print(res.x)
```

输出结果如下：

```
[ 1.00000000e+00-6.65619148e-09]
```

8.4 实验：用梯度下降法求 Rosenbrock 函数的极值

8.4.1 实验目的

（1）掌握 Pandas、SciPy、Matplotlib、Sklearn 等模块的使用。
（2）掌握 Python 文本文件的读写方法。
（3）掌握梯度下降法的原理。
（4）掌握函数极值的概念。
（5）运行程序，得到结果。

8.4.2 实验要求

（1）了解 Python 常用包的使用。
（2）了解 Python 数组的使用。
（3）理解梯度下降法的相关源码。
（4）用代码实现求函数的极值。

8.4.3 实验原理

给定 Rosenbrock 函数 $f(\boldsymbol{X})=(x_1-1)^2+100(x_2-x_1^2)^2$，用梯度下降法求其最小值，迭代的起始点为 $\boldsymbol{X}(0)=(-1,1)^{\mathrm{T}}$，精度为 $\varepsilon=10^{-6}$。

根据前面介绍的梯度下降法的原理，可求得梯度为 $\nabla f(\boldsymbol{X})=(2(x_1-1)-400(x_2-x_1^2)x_1,200(x_2-x_1^2))^{\mathrm{T}}$。

8.4.4 实验步骤

采用 Goldstein 原则确定最优步长，同时用 Wolfe 法进行线性搜索。

相关的库需要先自行安装，本实验的程序如下：

```
import random
import numpy as np
import matplotlib.pyplot as plt
"""
梯度下降法
Rosenbrock 函数
函数 f(x)=100*(x(2)-x(1).^2).^2+(1-x(1)).^2
```

```
梯度 g(x)=(-400*(x(2)-x(1)^2)*x(1)-2*(1-x(1)),200*(x(2)-x(1)^2))^(T)
"""
def goldsteinsearch(f,df,d,x,alpham,rho,t):
    '''
    线性搜索子函数
    数 f，导数 df，当前迭代点 x 和当前搜索方向 d
    '''
    flag = 0
    a = 0
    b = alpham
    fk = f(x)
    gk = df(x)

    phi0 = fk
    dphi0 = np.dot(gk, d)
    # print(dphi0)
    alpha=b*random.uniform(0,1)

    while(flag==0):
        newfk = f(x + alpha * d)
        phi = newfk
        # print(phi,phi0,rho,alpha ,dphi0)
        if (phi - phi0 )<= (rho * alpha * dphi0):
            if (phi - phi0) >= ((1 - rho) * alpha * dphi0):
                flag = 1
            else:
                a = alpha
                b = b
                if (b < alpham):
                    alpha = (a + b) / 2
                else:
                    alpha = t * alpha
        else:
            a = a
            b = alpha
            alpha = (a + b) / 2
    return alpha
def rosenbrock(x):
    #函数:f(x) = 100 * (x(2) - x(1). ^ 2). ^ 2 + (1 - x(1)). ^ 2
    return 100*(x[1]-x[0]**2)**2+(1-x[0])**2
def jacobian(x):
    #梯度 g(x) = (-400 * (x(2) - x(1) ^ 2) * x(1) - 2 * (1 - x(1)), 200 * (x(2) - x(1) ^ 2)) ^ (T)
    return np.array([-400*x[0]*(x[1]-x[0]**2)-2*(1-x[0]),200*(x[1]-x[0]**2)])
def steepest(x0):
```

```
    print('初始点为:')
    print(x0,'\n')
    imax = 20000
    W = np.zeros((2, imax))
    epo=np.zeros((2, imax))
    W[:, 0] = x0
    i = 1
    x = x0
    grad = jacobian(x)
    delta = sum(grad ** 2)  #初始误差
    f=open("梯度.txt",'w')
    while i < imax and delta > 10 ** (-6):
        p = -jacobian(x)
        x0 = x
        alpha = goldsteinsearch(rosenbrock, jacobian, p, x, 1, 0.1, 2)
        x = x + alpha * p
        W[:, i] = x
        if i % 5 == 0:
            epo[:,i] =np.array((i,delta))
            f.write(str(i)+"          "+str(delta)+"\n")
            print(i,np.array((i,delta)))
        grad = jacobian(x)
        delta = sum(grad ** 2)
        i = i + 1
    print("迭代次数为:", i)
    print("近似最优解为:")
    print(x, '\n')
    W = W[:, 0:i]  #记录迭代点
    return [W,epo]
if __name__=="__main__":
    X1 = np.arange(-1.5, 1.5 + 0.05, 0.05)
    X2 = np.arange(-3.5, 4 + 0.05, 0.05)
    [x1, x2] = np.meshgrid(X1, X2)
    f = 100 *(x2 - x1 ** 2) ** 2 + (1 - x1) ** 2  #给定的函数
    plt.contour(x1, x2, f, 20)  #画出函数的 20 条轮廓线
    x0 = np.array([-1.2, 1])
    list_out = steepest(x0)
    W=list_out[0]
    epo=list_out[1]
    plt.plot(W[0, :], W[1, :], 'g*-')  #画出迭代点收敛的轨迹
    plt.show()
```

8.4.5　实验结果

实验结果如下：

```
迭代次数为：2859
近似最优解为：
[0.99891685 0.99783003]
```

迭代点收敛的轨迹如图 8-12 所示。

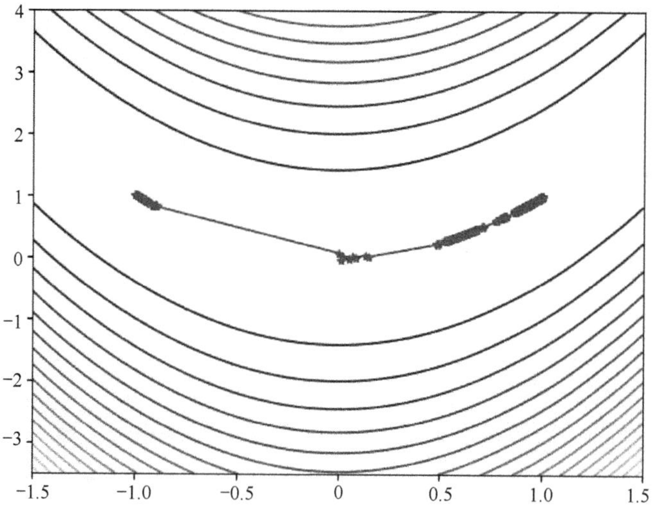

图 8-12　迭代点收敛的轨迹（三）

习题

1. 用甲、乙、丙和丁 4 种原料配制含有 3 种营养成分 A、B、C 的混合饲料。已知 4 种原料的单价分别是 5、6、7、8（元/千克）；不同原料中，A、B、C 的含量（克/千克）如表 8-5 所示。

表 8-5　不同原料中 A、B、C 的含量

单位：克/千克

成　分	甲	乙	丙	丁
A	1	1	1	1
B	5	4	5	6
C	2	1	1	2

若要求配制的混合饲料中成分 A 恰好为 100 克，成分 B 至少为 530 克，成分 C 不超过 160 克，试建立数学模型，并求使用总原料最少的合理配方。

2. 用 0.618 法求解最优化问题： $\min f(x)=2x^2-x-1$ ，初始区间为[−1,1]，精度

$\varepsilon \leqslant 0.3$。

3. 用梯度下降法求解下列问题（迭代一次）：

（1）$\min f(\boldsymbol{x})=2x_1^2+x_2^2$，初始点 $\boldsymbol{x}^0=(1,1)^{\mathrm{T}}$；

（2）$\min f(\boldsymbol{x})=x_1^2-2x_1x_2+4x_2^2+x_1-3x_2$，初始点 $\boldsymbol{x}^0=(1,1)^{\mathrm{T}}$。

4. 用牛顿法求无约束问题（迭代一次）：$\min f(\boldsymbol{x})=x_1^2+x_1x_2+x_2^2+3x_1$，初始点 $\boldsymbol{x}^0=(1,1)^{\mathrm{T}}$。

5. 用共轭梯度法求解下列问题：

（1）$\min f(\boldsymbol{x})=\dfrac{1}{2}x_1^2+x_2^2$，初始点 $\boldsymbol{x}^0=(4,4)^{\mathrm{T}}$；

（2）$\min f(\boldsymbol{x})=x_1^2-2x_1x_2+2x_2^2+2x_2+2$，初始点 $\boldsymbol{x}^0=(0,0)^{\mathrm{T}}$。

参考文献

[1] 《运筹学》教材编写组. 运筹学[M]. 3 版. 北京：清华大学出版社，2005.

[2] 钱颂迪. 运筹学[M]. 北京：清华大学出版社，1990.

[3] 胡运权. 运筹学教程[M]. 2 版. 北京：清华大学出版社，2003.

[4] 谢金星，薛毅. 优化建模与 LINDO /LINGO 软件[M]. 北京：清华大学出版社，2005.

[5] 黄雍检，赖明勇. MATLAB 语言在运筹学中的应用[M]. 长沙：湖南大学出版社，2005.

[6] Tomator01. 最速下降法（梯度下降法）Python 实现[EB/OL]. 2019-01-01. https://blog.csdn.net/Big_Pai/article/details/88539543? Spm=1001. 2014.3001.5501.

[7] Young Antitheist. Python 实现共轭梯度法[EB/OL]. 2017-01-01. https://blog.csdn.net/mo_37783096/article/details/78316618? spm=1001.2014.3001.5501.

[8] 陈宝林. 最优化理论与算法[M]. 2 版. 北京：清华大学出版社，2005.

[9] 王宜举，修乃华. 非线性最优化理论与方法[M]. 3 版. 北京：科学出版社，2019.

[10] 王燕军，等. 最优化基础理论与方法[M]. 2 版. 上海：复旦大学出版社，2002.

第9章 信 息 论

信息论是应用近代概率统计方法研究信息传输、交换、存储和处理的一门学科。本章介绍信息的概念，简述通信系统模型的各组成部分；引入信息的度量的概念，介绍自信息量、条件自信息量、联合自信息量、互信息量、条件互信息量及互信息量的性质；讨论信源的概念，定义平均自信息量（熵）、平均条件自信息量（条件熵）、联合熵、相对熵和平均互信息量，介绍熵函数的性质、平均互信息量的性质、平均互信息量与熵和条件熵的关系，以及熵在决策树中的应用；研究信道的概念与信道的分类，分析离散无记忆信道容量和连续信道容量的计算；研究网络信息安全及密码技术在信息安全中的应用。

9.1 概述

9.1.1 信息论的形成和发展

信息论是从长期通信实践中发展起来的一门学科，是专门研究信息的有效处理和可靠传输的一般规律的科学。现代信息论源于 20 世纪 20 年代奈奎斯特（H.Nyquist）和哈特莱（L.V.R.Hartley）对通信系统传输信息的能力的研究，并且他们试图度量系统的信道容量。

1948 年，美国科学家克劳德·香农（Claude Shannon）发表的 *A Mathematics Theory of Communication*（《通信的数学理论》），标志着信息论的诞生。该论文是世界上首篇对通信过程建立数学模型的论文，这篇论文和香农在 1949 年发表的另一篇论文 *Programming a Computer for Playing Chess*（《编程实现计算机下棋》）一起奠定了现代信息论的基础。

随着现代通信技术的飞速发展和其他学科的交叉渗透，信息论的研究已经从香农当年仅限于通信系统的数学理论的狭义范围扩展开来，很快渗透到其他领域，如信息生物学、医学、心理学、社会学、经济学，并相继取得了新的发展，从而发展为信息科学现在的庞大体系。

对于信息论的研究，一般划分为以下 3 个不同的范畴。

（1）狭义信息论，即通信的数学理论，主要研究狭义信息的度量方法，研究各种信源、信道的描述和信源、信道的编码定理。

（2）实用信息论，研究信息传输和处理问题，也就是狭义信息论方法在调制解调、编码译码及检测理论等领域的应用。

（3）广义信息论，包括信息论在自然和社会中的新应用，如模式识别、机器翻译、自学习自组织系统，以及心理学、生物学、经济学、社会学等领域一切与信息问题有关的应用。

信息时代，人们在各种生产、科学研究和社会活动中，无不涉及信息的交换和利用，迅速获取信息、正确处理信息、充分利用信息，就能促进科学技术和国民经济的飞跃发展。人们对于信息的理解远远超出了狭义信息论的讨论范围，这要求人们进一步地认识和发展信息概念和信息理论。信息科学的很多问题还在探索中，本章只讨论狭义信息论的内容。

9.1.2 信息论对人工智能的影响

美国科学家香农于 1948 年发表的《通信的数学理论》和于 1949 年发表的《编程实现计算机下棋》两篇论文奠定了现代信息论的基础，这是人工智能的先驱工作。

1950 年，香农发明了会自我学习走迷宫的机械老鼠“Theseus”，这是第一台人工智能装置的雏形。

1951 年，香农发表了 *Presentation of a Maze Solving Machine*（《一个走迷宫机器的介绍》），这是一篇计算机学习的先驱论文。

1953 年，香农设计了“Mind Reading”（心灵阅读机），它可通过观察、记忆和分析对方过去所做选择的样本来猜测对方下一次可能的选择。

1956 年的夏天，在美国汉诺斯小镇的达特茅斯学院，麦卡锡、香农等人聚在一起，进行了一场头脑风暴讨论会。在这次讨论会上，人工智能这个词首次被提出，几位年轻的学者讨论的是当时计算机尚未解决，甚至尚未开展研究的问题，包括人工智能（AI）、自然语言处理和神经网络等。

1961 年，香农和同事 Edward Thorp 开发了一台便携式计算机，这台装置可以在转盘小球刚开始转动时，根据小球的运动来发现转盘的偏差，从而计算小球落到哪些格子的概率会更大。

1965 年，香农与国际象棋世界冠军 Mikhail Botvinnik 一起对弈和讨论了计算机编程下棋。1980 年，香农参加了在奥地利举办的国际计算机象棋冠军赛，贝尔实验室的“Belle”获得了冠军，它已接近象棋大师的水平。

1997 年，IBM 制造出的“深蓝”（Deep Blue）计算机战胜了俄罗斯国际象棋大师和世界冠军 Garry Kasparov，这是人类第一次用自己制造的机器在智能上战胜自己。

2015 年 10 月，Google 旗下 DeepMind 公司设计的 AlphaGo 以 5:0 完胜欧洲围棋冠军、职业二段选手樊麾；2016 年 3 月，AlphaGo 以 4:1 的总比分战胜世界围棋冠军、职业九段选手李世石，这一事件将人们对人工智能的关注推向高潮。

回顾人工智能发展的历史，我们不得不说，香农的信息论做出了开拓性的贡献。

9.1.3 信息的基本概念

人们认为，物质、能量和信息是构成客观世界的三大要素。信息是物质和能量在空间与时间上分布的不均匀程度，或者说信息是关于事物运动的状态和规律。物质、能量和信息三者相辅相成，缺一不可。没有物质和能量就不存在事物的运动，也没有运动状态和规律，当然也就没有信息；反过来，事物在运动，运动的状态和规律就成了信息。

香农的《通信的数学理论》对信息进行了科学的定义：信息是对事物运动状态或存

在方式的不确定性的描述。

信息是信息论中最基本、最重要的概念，既抽象又复杂。在日常生活中，人们经常将信息、消息、信号、情报看成同义词，那么，它们之间有何区别与联系呢？

消息指用文字等能够被人们感觉器官所感知的形式来把客观物质运动和主观思维活动的状态表达出来。消息中包含的有效内容部分称为信息，消息是信息的载体。同一信息，可以采用不同的信号形式（如文字、语言、图像等）来运载；同一信息，也可以采用不同的数学表达形式（如离散或连续）来定量描述。

信号是一个物理量，是一个运载信息的实体，可测量、可描述、可显示。信号携带着消息，它是消息的运载工具。同一信号形式，如“0”与“1”，可以表达不同形式的信息，如无与有、断与通、低与高（电平），等等。

情报是人们对于某个特定对象所见、所闻、所理解而产生的知识。它们之间有着密切联系但不等同，信息的含义更深刻、广泛。通信系统形式上传输的是消息，实质上传输的是信息。

9.1.4 通信系统模型

通信的基本问题是在彼时彼地精确地或近似地再现此时此地发出的消息。通信系统的作用是传递信息，将信息从信源传输到一个或多个目的地，信息的传输过程可以用如图 9-1 所示的通信系统模型来概括[1]。

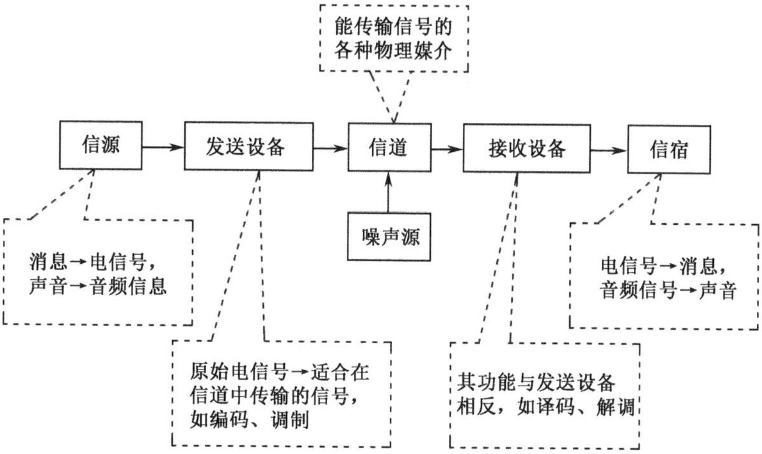

图 9-1 通信系统模型

通信系统模型包括以下 5 个部分。

（1）信源（Source）。信源是产生消息的源，它的作用是把各种消息转换成原始电信号。根据消息种类的不同，信源可分为模拟信源和数字信源。模拟信源输出连续的模拟信号，如话筒（声音→音频信号）、摄像机（图像→视频信号）；数字信源则输出离散的数字信号，如电传机（键盘字符+数字信号）、计算机等各种数字终端。另外，模拟信源输出的信号经数字化处理后也可输出数字信号。

（2）发送设备（Transmitter）。发送设备的作用是产生适合在信道中传输的信号，使发送信号的特性和信道特性相匹配，具有抗信道干扰的能力，且具有足够的功率以满足远距离传输的需要。因此，发送设备涵盖的内容很多，可能涉及变换、放大、滤波、编码调制等过程。对于多路传输系统，发送设备中还包括多路复用器。

（3）信道（Noise）。信道是一种物理媒质，用来将来自发送设备的信号传送到接收端。在无线信道中，信道可以是自由空间；在有线信道中，信道可以是明线、电缆和光纤，无线信道和有线信道均有多种物理媒质。信道既给信号以通路，也会对信号产生各种干扰和噪声。信道的固有特性及引入的干扰与噪声直接关系通信的质量。图 9-1 中的噪声源是信道中的噪声及分散在通信系统其他各处的噪声的集中表示。噪声通常是随机的，其形式多样，它的出现干扰了正常信号的传输。

（4）接收设备（Receiver）。接收设备的功能是将信号放大和反变换（如译码、解调等），其目的是从受到减损的接收信号中正确恢复原始电信号。对于多路复用信号，接收设备还具有解除多路复用、实现正确分路的功能。此外，它还要尽可能地减小在传输过程中噪声与干扰所带来的影响。

（5）信宿（Destination）。信宿是消息传送的目的地，其功能与信源相反，即把原始电信号还原成相应的消息，如扬声器等。

9.2 信息的度量

通信的目的是传输信息，信息是指消息中所包含的有效内容，也可以说是接收者预先不知而待知的内容。如同运输货物的多少用“货运量”来衡量一样，传输信息的多少用“信息量”来衡量，那么如何度量消息中所含的信息量呢？

首先引入随机事件不确定性的概念。由于各事件出现的概率不同，它们所包含的不确定性也不相同，一个事件的自信息量就是对这个事件不确定性的度量，互信息量则表明了两个随机事件的互相约束程度[2]。

对于随机事件集 $X=\{x_1,x_2,\cdots,x_i,\cdots,x_n\}$ 中的随机事件 x_i，其出现的概率记为 $q(x_i)$，称为先验概率，其满足：

$$\begin{cases} q(x_i)\geqslant 0,\ i=1,2,\cdots,n \\ \sum_{i=1}^{n} q(x_i)=1,\ i=1,2,\cdots,n \end{cases}$$

同理，对于随机事件集 $Y=\{y_1,y_2,\cdots,y_i,\cdots,y_n\}$ 中的随机事件 y_i，其出现的概率记为 $\omega(y_i)$，其满足：

$$\begin{cases} \omega(y_j)\geqslant 0,\ j=1,2,\cdots,n \\ \sum_{j=1}^{n} \omega(y_j)=1,\ j=1,2,\cdots,n \end{cases}$$

将两个事件 x_i 和 y_i 同时出现的概率记为 $p(x_i y_j)$，称为联合概率，则 $p(x_i y_j)$ 满足：

$$\begin{cases} p(x_i y_j) \geqslant 0 \\ \sum_{i=1}^{n}\sum_{j=1}^{n} p(x_i y_j) = 1 \end{cases}$$

同时，下面的关系式成立：

$$\begin{cases} \sum_{i=1}^{n} p(x_i y_j) = \omega(y_j) \\ \sum_{j=1}^{n} p(x_i y_j) = q(x_i) \end{cases}$$

将事件 x_i 在另一个事件 y_i 已经发生的条件下发生的概率称为条件概率，记为 $\phi(x_i|y_j)$；将事件 y_i 在另一个事件 x_i 已经发生的条件下发生的概率称为条件概率，记为 $p(y_j|x_i)$，同时，它们满足：

$$\begin{cases} \phi(x_i|y_j) = \dfrac{p(x_i y_j)}{\omega(y_j)} \\ p(y_j|x_i) = \dfrac{p(x_i y_j)}{q(x_i)} \end{cases}$$

此外，还有式（9-1）和式（9-2）两个重要公式，式（9-1）是全概率公式。

$$q(x_i) = \sum_{i=1}^{\infty} \omega(y_j)\phi(x_i|y_j) \tag{9-1}$$

全概率公式的意义在于，当直接计算 $q(x_i)$ 较为困难，而 $\omega(y_i)$、$\phi(x_i|y_j)$，$i, j = 1,2,\cdots$ 的计算较为简单时，可以利用全概率公式计算 $q(x_i)$。

式（9-2）是贝叶斯公式。

$$p(y_j|x) = \frac{\omega(y_j)\phi(x|y_j)}{\sum_{j=1}^{n} \omega(y_j)\phi(x|y_j)} \tag{9-2}$$

贝叶斯公式与全概率公式解决的问题相反，它是在条件概率的基础上寻找事件发生的原因（在大概率事件 x 已经发生的条件下，计算小概率事件 y_i 的概率）。

在机器学习中，可以用朴素贝叶斯方法来构造分类器。朴素贝叶斯分类器是一个以贝叶斯定理为基础的简单概率分类器，对于给出的待分类项，其求解在此项出现的条件下各类别出现的概率，哪个类别概率最大，就认为此待分类项属于哪个类别。

9.2.1　自信息量

根据上述描述，可以得出信息量 $I(x)$ 与概率 $p(x)$ 之间的规律如下：

（1）信息量 $I(x)$ 是 $p(x)$ 的单调递减函数，$I(x) = f\left[q(x)\right]$；

（2）概率小的事件一旦发生，赋予的信息量大，概率大的事件如果发生，则赋予的信息量小；

（3）$p(x)=1$，$I(x)=0$ 表示确定事件发生得不到任何信息；$p(x)=0$，$I(x)=\infty$ 表示

不可能事件一旦发生，信息量将无穷大；

（4）信息量应具有可加性，对于若干个独立事件，其信息量应等于各事件的自信息量之和。

综合上述规律，数学上可以用对数函数来定义信息量：

$$I(x)=\log_a \frac{1}{p(x)}=-\log_a p(x) \tag{9-3}$$

自信息量的单位与 log 函数所选用的底数有关，如底数分别取 2、e、10，则自信息量的单位分别为比特（bit）、奈特（nat）、哈特莱（Hartley），三者之间的关系如下：

$$1\text{ 奈特}=\log_2 e\text{ 比特}\approx 1.443\text{ 比特}$$

$$1\text{ 哈特莱}=\log_2 10\text{ 比特}\approx 3.322\text{ 比特}$$

其中，比特是信息论中常用的单位，本章若不另加说明，则默认底数为 2。通常为了简化，底数 2 略去不写[3]。

自信息量 $I(x_i)$ 代表以下两种含义：

（1）在事件 x_i 发生前，它表示事件发生的先验不确定性；一个不常出现的事件的概率小，当该事件发生时，接收者获得的信息多；

（2）在事件 x_i 发生后，它表示事件 x_i 所能提供的最大信息量（在无噪情况下）。

例 9-1　在一个盒子里放红、绿、蓝 3 种不同颜色的 3 个小球，从盒子中取出任意一个小球的事件记为 x_i，则 x_i 为红色小球的概率 $p(x_i)=1/3$，求这一事件发生所获得的信息量。

解： 使用信息量定义计算。$I(x)=-\log p(x_i)=\log 3\text{ bit}$。具体程序如下：

```
import math
I=(-1)*math.log2(1/3)
result = round(I,3)
print(result,"bit")
```

输出结果如下：

```
1.585 bit
```

例 9-2　在一个盒子里放入 6 个小球，其中 2 个为红色、1 个为绿色、3 个为蓝色，从盒子中取出任意一种颜色小球的事件记为 x_i，则 x_i 为红色、绿色、蓝色的概率分别为 $p(x_{红})=1/3$、$p(x_{绿})=1/6$、$p(x_{蓝})=1/2$，求它们所对应的自信息量。

解： 使用信息量的定义计算。它们对应的自信息量分别为 log3 bit、log6 bit、log2 bit。具体程序如下：

```
import math
i=0
while i<3:
    probability = eval(input("请输入一个随机事件发生的概率:"))
    I = math.log2(1/probability)
    result = round(I,3)
    print("这个随机事件发生的自信息量为:",result,"bit")
    i+=1
```

输出结果如下：

```
请输入一个随机事件发生的概率: 1/3
这个随机事件发生的自信息量为: 1.585 bit
请输入一个随机事件发生的概率: 1/6
这个随机事件发生的自信息量为: 2.585 bit
请输入一个随机事件发生的概率: 1/2
这个随机事件发生的自信息量为: 1.0 bit
```

例 9-3 某一离散信源由 0、1、2、3 四个符号组成，它们出现的概率分别为 3/8、1/4、1/4、1/8，且每个符号的出现都是独立的，试求消息 201020130213001203210100321010023102002010312032100120210 的信息量。

解：此消息共有 57 个符号，其中，“0”出现了 23 次，“1”出现了 14 次，“2”出现了 13 次，“3”出现了 7 次，故该消息总的信息量为

$$I = 23\times\log(8/3)+14\times\log4+13\times\log4+7\times\log8=107\text{ bit}$$

具体程序如下：

```python
import numpy as np
probabilitys=[3/8,1/4,1/4,1/8]
I=-np.log2(probabilitys)   #信息熵
times=[23,14,13,7]
result=int(np.dot(times,I))   #向量点积
print(result,"bit")
```

输出结果如下：

```
107 bit
```

9.2.2 条件自信息量

设 x，y 是两个随机事件，在已知事件 y 的条件下，随机事件 x 发生的概率为条件概率 $\phi(x|y)$，条件自信息量 $I(x|y)$ 定义为

$$I(x|y)\triangleq -\log\phi(x|y) \tag{9-4}$$

条件自信息量可以理解为在事件 y 给定的条件下，关于事件 x 是否发生的平均不确定性，若条件概率 $\phi(x|y)$ 小，则给定 y 时，关于 x 是否发生有着较大的不确定性；反之，有着较小的不确定性。同自信息量一样，$I(x|y)$ 也可以看成在事件 y 给定的条件下，唯一确定事件 x 所必须提供的信息量。

条件自信息量的单位也由对数函数所选用的底数决定，当底数分别为 2、e、10 时，单位分别取比特（bit）、奈特（nat）、哈特莱（Hartley）。

例 9-4 甲在一个 8×8 的方格棋盘上随意放入一个棋子，在乙看来，棋子落入的位置是不确定的。试问：

（1）在乙看来，棋子落入某个方格的不确定性为多少?

（2）若甲告知乙棋子落入方格的行号，这时，在乙看来棋子落入某个方格的不确定性为多少?

解：将棋子方格从第一行开始按顺序编号，得到一个序号集合$\{x_i, i=1,2,\cdots,64\}$，棋

子落入的方格位置可以用取值于序号集合的随机变量 X 来描述，$X=\{x_i, i=1,2,\cdots,64\}$。

（1）由于棋子落入任意一个方格都是等可能的，因此，$p(x_i)=1/64$，棋子落入某个方格的不确定性就是自信息量，$I(x)=-\log p(x_i)=\log 64=6\ \text{bit}$。

具体程序如下：

```
import math
probability = eval(input("请输入棋子落入任意一个方格的概率:"))
I = ((-1)*math.log2(probability))
result = int(I)
print("棋子落入某个方格的自信息量:",result,"bit")
```

输出结果如下：

```
请输入棋子落入任意一个方格的概率：1/64
棋子落入某个方格的自信息量：6 bit
```

（2）棋盘方格为 8 行 8 列，已知行号 y，$j=1,2,\cdots,8$ 后，棋子落入某个方格的不确定性就是条件自信息量 $I(x_i|y_j)$，它与条件概率 $p(x_i|y_j)$ 有关，由于 $p(x_i|y_j)=1/8$，则

$$I(x_i|y_j)\triangleq -\log p(x_i|y_j)=3\ \text{bit}$$

具体程序如下：

```
import math
probability = eval(input("请输入棋子落入某个方格的条件概率:"))
I = ((-1)*math.log2(probability))
result = int(I)
print("棋子落入某个方格的条件自信息量:",result,"bit")
```

输出结果如下：

```
请输入棋子落入某个方格的条件概率：1/8
棋子落入某个方格的条件自信息量：3 bit
```

例 9-5 居住在某地区的女孩中有 25%是大学生，在女大学生中，有 75%是身高 1.6m 以上的，而全部女孩中身高 1.6m 以上的占女生总数的一半。假如我们得知“身高 1.6m 以上的某女孩是大学生”的消息，则获得多少信息量？

解：设 x 表示“大学生”这一事件，y 表示“身高 1.6m 以上”这一事件，则

$$p(x)=0.25;\quad p(y)=0.5;\quad p(y|x)=0.75$$

因此得

$$p(x|y)=p(xy)/p(y)=p(x)P(y|x)/p(y)=0.25\times0.75/0.5=0.375$$

$$I(x|y)=-\log p(x|y)\approx 1.42\ \text{bit}$$

具体程序如下：

```
import math
I = (-1)*math.log2(0.25*0.75/0.5)
result = round(I,2)
print(result,"bit")
```

输出结果如下：

```
1.42 bit
```

9.2.3 联合自信息量

设X、Y是两个随机事件集，则二维联合集XY上元素xy的联合自信息量$I(xy)$为

$$I(xy) \triangleq -\log p(xy) \tag{9-5}$$

联合自信息量是两个事件 x、y 所提供的总的信息量，当 X、Y 相互独立时，有 $p(xy)=p(x)p(y)$，那么就有$I(x,y)=I(x)+I(y)$，即X、Y所包含的不确定度在数值上等于它们的自信息量之和[5]。

9.2.4 互信息量与条件互信息量

下面从通信的角度引入互信息量的概念。信源符号 $X=\{x_1,x_2,\cdots,x_i,\cdots,x_n\}$，$x_i \in \{a_1,a_2,\cdots,a_k\}$，$i=1,2,\cdots,I$ 。经过信道传输，信宿接收到符号$Y=\{y_1,y_2,\cdots,y_i,\cdots,y_n\}$，$y_j \in \{b_1,b_2,\cdots,b_D\}$，$j=1,2,\cdots,J$ 。

信源中事件x_i是否发生具有不确定性，用$I(x_i)$度量。信宿接收到符号y_j后，事件x_i是否发生仍保留有一定的不确定性，用$I(x_i|y_j)$度量。观察事件传输前后，这两者之差就是通信过程中所获得的信息量，用$I(x_i;y_j)$表示：

$$\begin{aligned} I(x_i;y_j) &= I(x_i)-I(x_i|y_j) \\ &= \log\frac{\phi(x_i|y_j)}{q(x_i)} \end{aligned} \tag{9-6}$$

式中，$I(x_i;y_j)$称为事件x_i、y_j之间的互信息量[4]。

根据概率互换公式$p(x_iy_j)=p(y_j|x_i)q(x_i)=\phi(x_i|y_j)\omega(y_j)$，可得互信息量$I(x_i;y_j)$的多种表达形式：

$$I(x_i;y_j)=\log\frac{p(x_iy_j)}{q(x_i)\omega(y_j)}=I(x_i)+I(y_j)-I(x_iy_j) \tag{9-7}$$

$$I(x_i;y_j)=\log\frac{p(y_j|x_i)}{\omega(y_j)}=I(y_j)-I(y_j|x_i) \tag{9-8}$$

同样，互信息量的单位也由对数函数所选用的底数决定，当底数分别为2、e、10时，单位分别取比特（bit）、奈特（nat）、哈特莱（Hartley）。

当事件x_i和y_j互相统计独立时，可得它们之间的互信息量$I(x_i;y_j)$=0，说明当两个事件互相独立时，不能从对一个事件的观察获得另一个事件的任何信息。

三维XYZ联合集中，在给定条件z_k的情况下，x_i、y_j的互信息量$I(x_i;y_j|z_k)$定义为

$$I(x_i;y_j|z_k)=\log\frac{p(x_i|y_jz_k)}{p(x_i|z_k)} \tag{9-9}$$

称为条件互信息量。

9.2.5 互信息量的性质

（1）互易性：

$$I(x_i;y_j)=I(y_j;x_i) \tag{9-10}$$

（2）可加性：

$$I(u_1;u_2u_3\cdots u_N)=I(u_1;u_2)+I(u_1;u_3|u_2)+\cdots+I(u_1;u_i|u_2\cdots u_{i-1})+\cdots+I(u_1;u_N|u_2\cdots u_{N-1})$$

此性质使得计算多个事件之间的互信息量非常方便。

（3）当 x_i、y_j 统计独立时，互信息量 $I(x_i;y_j)=0$，条件互信息量 $I(x_i;y_j|z_k)=0$。

（4）互信息量 $I(x_i;y_j)$ 可以是正值，也可以是负值。

互信息量为正值表示事件 y_j 的出现有助于肯定事件 x_i 的出现，负值则表示事件 y_j 的出现告知的是 x_i 出现的可能性更小，即接收到 y_j 后，使发送是否为 x_i 的不确定性更大，这是由信道干扰引发的。

（5）两个事件的互信息量不大于单个事件的自信息量，即式（9-11）成立[6]。

$$\begin{cases} I(x_i;y_j)\leqslant I(x_i) \\ I(x_i;y_j)\leqslant I(y_j) \end{cases} \tag{9-11}$$

9.3 信源与信息熵

通信系统模型由信源、发送设备、信道、接收设备和信宿 5 部分组成。信源是产生消息的源，消息中含有信息。信息是抽象的，而消息是具体的，可通过消息来研究信源，研究信源各种可能的输出及输出各种可能消息的不确定性。虽然消息是随机的，但其取值服从一定的统计规律，因此，信息论中用随机变量或随机过程来描述消息，或者说，用一个样本空间及其概率测度 $\{x, q(X)\}$ 来描述信源[7]。

根据样本空间 X 取值分布的不同情况，信源可分为以下 3 种类型：

（1）离散信源（又称数字信源）：消息集 X 为离散集合，即时间和幅度取值都离散的信源，如投硬币、掷骰子、书信、计算机代码等；

（2）连续信源：时间离散但幅度取值连续的信源，如温度、压力等；

（3）波形信源（又称模拟信源）：时间连续的信源，如语音信号、电视信号等。

连续信源和波形信源输出的消息可以经过抽样与量化分别处理成时间离散和幅度取值离散的消息，本章主要讨论离散信源的情况。

根据其统计特性，信源又分为以下两种类型：

（1）无记忆信源：不同时刻的消息的取值相互独立；或者说，消息的概率分布与它发生的时刻毫无关联；

（2）有记忆信源：某时刻消息的取值与前面若干时刻消息的取值有关联，如中文句子中前后文字的出现是有依赖性的；为了描述这种关联性，有记忆信源的数学模型通常采用联合概率空间来描述。

9.3.1 平均自信息量（熵）

信源是产生消息的源，自信息量针对信源中的个别消息，表示信源中某个消息发生的先验不确定性，而人们注意的往往是整个系统的统计特性，考虑的是整个信源自信息量的统计平均值。

当信源X中各消息的出现概率$q(x_i)$相互统计独立时，这种信源称为无记忆信源，无记忆信源的平均自信息量定义为各消息自信息量的概率加权平均值（统计平均值），即平均自信息量$H(X)$定义为

$$H(X) \triangleq \sum_i q(x_i)I(x_i) = -\sum_i q(x_i)\log q(x_i) \tag{9-12}$$

式中，$q(x_i)$为信源中消息x_i发生的先验概率；$I(x_i)$为唯一确定消息x_i所需的自信息量，$I(x_i) = -\log_a q(x_i)$；i为信源中消息的个数，i=1, 2, 3⋯。

$H(X)$是唯一确定集合X中任意事件所需的平均信息量，它是信源消息分布$q(x_i)$的函数，反映的是消息x_i出现的平均不确定性。事件的信息熵越大，越不容易被预测。

$H(X)$的表达式与统计物理学中热熵的表达式具有类似的形式，在概念上二者也有相同之处，故借用熵这个词把$H(X)$定义为集合X的信息熵，简称熵（Entropy）。若$q(x_i)$是由数据估计（特别是极大似然估计）得到的，则称$H(X)$为经验熵（Empirical Entropy）。

例 9-6 计算等概率信源$\begin{pmatrix} x \\ q(x) \end{pmatrix} = \begin{pmatrix} x_0 & x_1 \\ 0.5 & 0.5 \end{pmatrix}$的熵。

解：熵$H(X) = -0.5\times\log 0.5 - 0.5\times\log 0.5 = 1\ \text{bit/symbol}$。

具体程序如下：

```
import math
def entropy(*c):    # *c 用来接受任意多个参数，并将其放在一个元组中
    result=-1;
    if(len(c)>0):
        result=0;
    for x in c:
        result+=(-x)*math.log(x,2)
    return result;
if(__name__=="__main__"):  #当模块被直接运行时，以下代码块将被运行；当模块是被导入的时，代码块不被运行
    print(entropy(0.5,0.5),"bit/symbol")
```

输出结果如下：

```
1.0 bit/symbol
```

例 9-7 计算信源$\begin{pmatrix} x \\ q(x) \end{pmatrix} = \begin{pmatrix} x_0 & x_1 \\ 0.99 & 0.01 \end{pmatrix}$的熵。

解：熵$H(X) = -0.99\times\log 0.99 - 0.01\times\log 0.01 = 0.08\ \text{bit/symbol}$。

具体程序如下：

```
import math
def entropy(*c):
```

```
        result=-1;
        if(len(c)>0):
            result=0;
        for x in c:
            result+=(-x)*math.log(x,2)
            result = round(result,2)
        return result;
if (__name__=="__main__"):
    print(entropy(0.99,0.01),"bit/symbol ")
```

输出结果如下：

```
0.08 bit/symbol
```

例 9-8 计算信源$\begin{pmatrix} x \\ q(x) \end{pmatrix}=\begin{pmatrix} x_0 & x_1 \\ \delta & 1-\delta \end{pmatrix}$的熵。

解： 熵 $H(\delta)=-\delta\log\delta-(1-\delta)\log(1-\delta)$ bit/symbol 。

$H(\delta)$ 与 δ 的关系如图 9-2 所示。

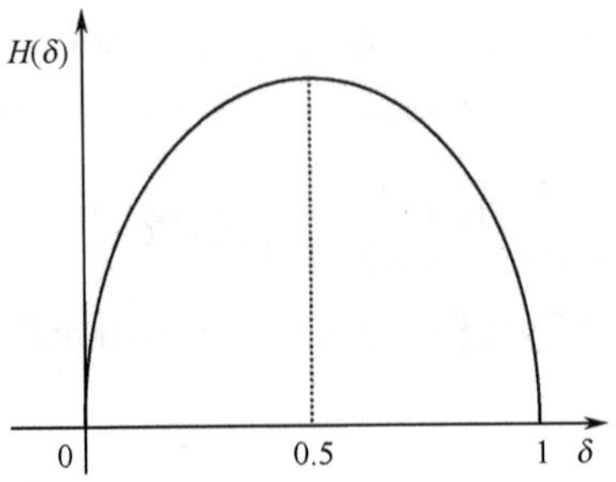

图 9-2　$H(\delta)$ 与 δ 的关系

由图 9-2 可见，$\delta=0$ 或 $\delta=1$ 对应确定事件的分布，因此，熵值 $H(\delta)=0$。$\delta=0.5$ 对应等概率情况，熵值最大。

具体程序如下：

```
import matplotlib.pyplot as plt
from math import log
import numpy

#计算二元信息熵
def entropy(props, base=2):
    sum = 0
    for prop in props:
        sum += prop * log(prop, base)
    return sum * -1

#绘图
δ = numpy.arange(0.001,1,0.001)
```

```
props = []
for i in δ:
    props.append([i, 1-i])
y = [entropy(i) for i in props]

plt.plot(δ,y)
plt.xlabel("δ")
plt.ylabel("H(δ)")
plt.show()
```

输出结果如图 9-3 所示。

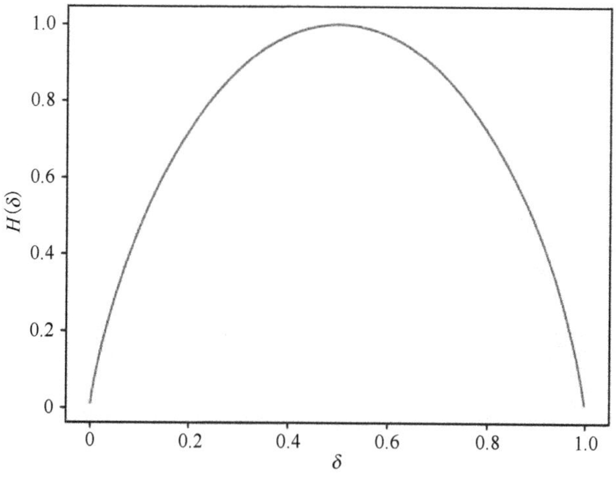

图 9-3　$H(\delta)$ 与 δ 的关系

9.3.2　平均条件自信息量（条件熵）

条件熵（Conditional Entropy）$H(X|Y)$ 是在二维联合空间上对条件自信息量关于 x_i、y_j 取统计平均值得到的计算值。若事件 x_i、y_j 的联合分布概率为 $p(x_iy_j)$，给定 y_j 条件下事件 x_i 的条件自信息量为 $I(x_i|y_j)$，则 $H(X|Y)$ 定义为[8]

$$H(X|Y) \triangleq \sum_i \sum_j p(x_iy_j)I(x_i|y_j) = -\sum_i \sum_j p(x_iy_j)\log\phi(x_i|y_j) \tag{9-13}$$

当 X、Y 统计独立时，有 $p(x_iy_j) = q(x_i)\omega(y_j)$，$\phi(x_i|y_j) = q(x_i)$，则

$$H(X|Y) = -\sum_j \omega(y_j)\sum_i q(x_i)\log q(x_i) = -\sum_i q(x_i)\log q(x_i) = H(X) \tag{9-14}$$

说明当 X、Y 相互统计独立时，已知事件 Y 对确定 X 中的事件没有任何帮助，平均不确定程度 $H(X|Y)$ 仍然是 $H(X)$。

从通信角度来看，若将 $X=\{x_1,x_2,\cdots,x_i,\cdots\}$ 视为信源输出符号，将 $Y=\{y_1,y_2,\cdots,y_j,\cdots\}$ 视为信宿接收符号，则 $I(x_i|y_j)$ 可看作信宿收到 y_j 后，对发送的是否为 x_i 仍然存在的不

确定性（疑义度），

$$H(X|Y)=\sum_i\sum_j p(x_iy_j)I(x_i|y_j) \tag{9-15}$$

反映了经过通信后信宿符号 y_j（$j=1,2,\cdots$）关于信源符号 x_i（$i=1,2,\cdots$）的平均不确定性。

$H(X|Y)$ 称为不确定性（疑义度），它存在以下两种极端情况：

（1）对于无噪信道，$H(X|Y)=0$。此时，信源事件和信宿事件一一对应，信宿收到 Y 中的 y_j 后，关于发送的符号是否为 X 中的 x_i 不再存在不确定性（疑义度）；

（2）在强噪声情况下，收到的 Y 与 X 毫不相干，可视为统计独立，此时，$H(X|Y)=H(X)$。

类似地，若给定 x_i 条件下事件 y_j 的条件自信息量为 $I(y_j|x_i)$，则 $H(Y|X)$ 定义为

$$H(Y|X)\triangleq\sum_i\sum_j p(x_iy_j)I(y_j|x_i)=-\sum_i\sum_j p(x_iy_j)\log p(y_j|x_i) \tag{9-16}$$

当 X、Y 统计独立时，有 $p(x_iy_j)=q(x_i)\omega(y_j)$，$p(y_j|x_i)=\omega(y_j)$，则

$$H(Y|X)=-\sum_i q(x_i)\sum_j\omega(y_j)\log\omega(y_j)=-\sum_j\omega(y_j)\log\omega(y_j)=H(Y) \tag{9-17}$$

说明当 X、Y 相互统计独立时，已知事件 X 对确定 Y 中的事件没有任何帮助，平均不确定程度 $H(Y|X)$ 仍然是 $H(Y)$。

$H(Y|X)$ 称为噪声熵（散布度），它表示发出确定消息 x_i 后，由于信道干扰使 y_j 存在的平均不确定性，即由于噪声干扰使 x_i 错位的一种发散程度。$H(Y|X)$ 也存在以下两种极端情况[9]：

（1）对于无噪信道，信源事件与信宿事件一一对应，不会产生错位，有 $H(Y|X)=0$；

（2）对于强噪信道，由于噪声太强，发送 X 相当于没发送，X、Y 可看作相互统计独立，有 $H(Y|X)=H(Y)$。

若 $q(x_i)$ 是由数据估计（特别是极大似然估计）得到的，则称 $H(Y|X)$ 为经验条件熵（Empirical Conditional Entropy）。

9.3.3 联合熵

联合熵（Combination Entropy）$H(XY)$ 是定义在二维空间 XY 上，对元素 x_iy_j 自信息量的统计平均值。若记事件 x_iy_j 出现的概率为 $p(x_iy_j)$，其自信息量为 $I(x_iy_j)$，则联合熵 $H(XY)$ 定义为

$$H(XY)\triangleq\sum_i\sum_j p(x_iy_j)I(x_iy_j)=-\sum_i\sum_j p(x_iy_j)\log p(x_iy_j) \tag{9-18}$$

熵、条件熵、联合熵之间的关系可以表示为

$$H(XY)=H(X)+H(Y|X)=H(Y)+H(X|Y) \tag{9-19}$$

当 X、Y 统计独立时，有

$$H(XY)=H(X)+H(Y) \tag{9-20}$$

9.3.4 相对熵

相对熵（Relative Entropy），又称互熵、交叉熵、鉴别信息、Kullback 熵、Kullback-Leibler 散度（Kullback-Leibler Divergence）、信息散度（Information Divergence）或信息增益，是两个概率分布间差异的非对称性度量。相对熵等价于两个概率分布的信息熵（Shannon Entropy）的差值，设 $p(x)$ 和 $q(x)$ 是随机变量 X 的两个概率分布，则 p 对 q 的相对熵为

$$D(p\|q)=\sum_x p(x)\log\frac{p(x)}{q(x)}=E_{p(x)}\left[\log\frac{p(x)}{q(x)}\right] \tag{9-21}$$

相对熵可以衡量两个随机分布之间的距离。当两个随机分布相同时，它们的相对熵为零；当两个随机分布的差别增大时，它们的相对熵也会增大。所以，相对熵可以用于比较文本的相似度，即先统计词的频率，然后计算相对熵。另外，在多指标系统评估中，指标权重分配是重点和难点，可以通过相对熵来处理。

决策树学习中的信息增益与训练数据集中类与特征的互信息量等价，通常将特征 A 对训练数据集 D 的信息增益 $g(D,A)$ 定义为，集合 D 的经验熵 $H(D)$ 与特征 A 在给定条件 D 下的经验条件熵 $H(D|A)$ 之差，即

$$g(D,A)=H(D)-H(D|A)$$

可用信息增益大小来判断当前节点应该用什么特征来构建决策树，用信息增益最大的特征来建立决策树的当前节点。

例 9-9　设有 15 个样本 D，输出为 0 或 1。其中，有 9 个输出为 0，6 个输出为 1。样本中有个特征 A，取值为 A_1、A_2 和 A_3。

在取值为 A_1 的样本的输出中，有 3 个输出为 1，2 个输出为 0；在取值为 A_2 的样本输出中，有 2 个输出为 1，3 个输出为 0；在取值为 A_3 的样本中，4 个输出为 1，1 个输出为 0。试计算对应的信息增益。

解：由题意可得表 9-1。

表 9-1　例 9-9 表

特征 A	输出 0	输出 1	D
A_1	3	2	5
A_2	2	3	5
A_3	4	1	5

样本 D 的熵为

$$H(D)=-[(9/15)\times\log(9/15)+(6/15)\times\log(6/15)]=0.971\text{ bit/symbol}$$

样本 D 在特征下的条件熵为

$$\begin{aligned}H(D|A)&=(5/15)\times H(D_1)+(5/15)\times H(D_2)+(5/15)\times H(D_3)\\&=-(5/15)\times[(3/5)\times\log(3/5)+(2/5)\times\log(2/5)]-\\&\quad(5/15)\times[(2/5)\times\log(2/5)+(3/5)\times\log(3/5)]-\\&\quad(5/15)\times[(4/5)\times\log(4/5)+(1/5)\times\log(1/5)]\\&=0.888\text{ bit/symbol}\end{aligned}$$

对应的信息增益为

$$I(D, A)=H(D)-H(D|A)=0.083 \text{ bit/symbol}$$

具体程序如下：

```
import math
def entropy(*c):
    result=-1;
    if(len(c)>0):
        result=0;
    for x in c:
        result+=(-x)*math.log(x,2)
    return result;
if (__name__=="__main__"):
    print("样本 D 的熵 H(D)为:",round(entropy((9/15),(6/15)),3)," bit/symbol ")
    print(" 样 本  D  在 特 征 下 的 条 件 熵  H(D|A) 为 :",round((5/15)*entropy((3/5),(2/5))+(5/15)*
entropy((3/5),(2/5))+(5/15)*entropy((4/5),(1/5)),3)," bit/symbol ")
    print(" 对 应 的 信 息 增 益  I(D,A) 为 :",round(entropy((9/15),(6/15))-((5/15)*entropy((3/5),(2/5))+
(5/15)*entropy((3/5),(2/5))+(5/15)*entropy((4/5),(1/5))),3)," bit/symbol ")
```

输出结果如下：

```
样本 D 的熵 H(D)为: 0.971 bit/symbol
样本 D 在特征下的条件熵 H(D|A)为: 0.888 bit/symbol
对应的信息增益 I(D, A)为: 0.083 bit/symbol
```

9.3.5 熵函数的性质

（1）对称性。集合 $X=\{x_1,x_2,\cdots,x_N\}$ 中的各元素 $x_1,x_2,\cdots,x_N$ 任意改变其顺序，熵不变。熵只与分布（概率）有关，不关心某个具体事件对应哪个概率。

（2）非负性。$H(X)\geqslant 0$。

（3）确定性。在集合 $X=\{x_1,x_2,\cdots,x_N\}$ 中，若有一个事件是必然事件，则其余事件必为不可能事件，即该集合的概率分布为 $\begin{pmatrix} x_1 & x_2 & \cdots & x_i & \cdots & x_N \\ 0 & 0 & \cdots & 1 & \cdots & 0 \end{pmatrix}$，计算可得 $H(X)=0$。

（4）扩展性。对于离散事件集 $\begin{pmatrix} x_1 & x_2 & \cdots & x_i & \cdots & x_N \\ 0 & 0 & \cdots & 1 & \cdots & 0 \end{pmatrix}$，增加一个不可能事件 x_{N+1}，得到集合 $\begin{pmatrix} x_1 & x_2 & \cdots & x_N & x_{N+1} \\ p_1 & p_2 & \cdots & p_N-\delta & \delta \end{pmatrix}$，若 $\delta\to 0$，则两个集合的熵相等。

（5）可加性。若集合 $X=\{x_1,x_2,\cdots,x_i,x_{i+1},\cdots,x_N\}$ 的概率分布为

$$\begin{pmatrix} x_1 & x_2 & \cdots & x_i & x_{i+1} & \cdots & x_N \\ p(x_1) & p(x_2) & \cdots & p(x_i) & p(x_{i+1}) & \cdots & p(x_N) \end{pmatrix}$$

则下式成立：

$$H(X)=H(x_1,x_2,\cdots,x_i,x_{i+1},\cdots,x_N)$$
$$=H(x_1,x_2,\cdots,x_{i-1},x_i,x_{i+1},x_{i+2},\cdots,x_N)+(p_i+p_{i+1})H\left(\frac{p_i}{p_i+p_{i+1}},\frac{p_{i+1}}{p_i+p_{i+1}}\right)$$

（6）条件熵不大于无条件熵，即

$$H(X|Y)\leqslant H(X) \tag{9-22}$$

$$H(Y|X)\leqslant H(Y) \tag{9-23}$$

X、Y 统计独立时，等号成立。

（7）联合熵不小于独立事件的熵，不大于两个独立事件熵之和，即

$$\begin{cases}H(XY)\geqslant H(X)\\H(XY)\geqslant H(Y)\end{cases} \tag{9-24}$$

$$H(XY)\leqslant H(X)+H(Y) \tag{9-25}$$

（8）极大离散熵定理。设信源的消息个数为 M，则 $H(X)\leqslant \log M$，等号当且仅当信源 X 中各消息等概率，即 $q(x_i)=1/M$ 时成立，也即各消息等概率分布时，信源的熵最大[10]。

9.3.6 平均互信息量

如果将发送符号与接收符号看成两个不同的信源，通过信道的转移概率来讨论信息的流通问题，则一次通信从发送到接收究竟能得到多少信息量呢？这就要用到平均互信息量的概念。

平均互信息量 $I(X;Y)$ 定义为互信息量 $I(x_i;y_j)$ 对集合 X、Y 的统计平均[11]：

$$I(X;Y)=\sum_i\sum_j p(x_iy_j)I(x_i;y_j)=\sum_i\sum_j p(x_iy_j)\log\frac{p(x_iy_j)}{q(x_i)\omega(y_j)} \tag{9-26}$$

由式（9-26）可以看出，两个随机变量 X、Y 的互信息量为 X、Y 的联合分布和独立分布乘积的相对熵。

当 X、Y 统计独立时，$I(x_i;y_j)=0$，从而有 $I(X;Y)=0$。

9.3.7 平均互信息量的性质

（1）非负性：

$$I(X;Y)\geqslant 0 \tag{9-27}$$

（2）互易性：

$$I(X;Y)=I(Y;X) \tag{9-28}$$

（3）极值性：

$$\begin{cases}I(X;Y)\leqslant H(X)\\I(X;Y)\leqslant H(Y)\end{cases} \tag{9-29}$$

9.3.8 平均互信息量与熵、条件熵的关系[12]

平均互信息量与熵、条件熵的关系如下：

$$I(X;Y)=H(X)-H(X|Y) \tag{9-30}$$

$$I(X;Y)=H(Y)-H(Y|X) \tag{9-31}$$

$$I(X;Y)=H(X)+H(Y)-H(XY) \tag{9-32}$$

平均互信息量与熵、条件熵之间的关系可以用如图 9-4 所示的维拉图表示。

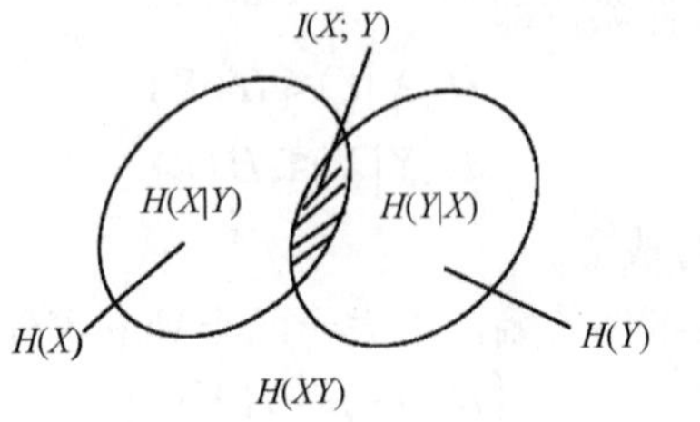

图 9-4　维拉图

1. $I(X;Y)=H(X)-H(X|Y)$ **的物理意义**

设 X 为发送消息符号集，Y 为接收消息符号集，$H(X)$ 表示 X 的平均不确定性，$H(X|Y)$ 表示观察到 Y 后，集合 X 还保留的不确定性，二者之差 $I(X;Y)$ 就是在接收过程中得到的关于 X、Y 的平均互信息量。

对于无噪信道，$I(X;Y)=H(X)$；对于强噪信道，$I(X;Y)=0$。

2. $I(X;Y)=H(Y)-H(Y|X)$ **的物理意义**

$H(Y)$ 表示观察到 Y 所获得的信息量，$H(Y|X)$ 表示发出确定消息 X 后，由于干扰而使 Y 存在的平均不确定性，二者之差 $I(X;Y)$ 就是一次通信所获得的信息量。

对于无噪信道，$I(X;Y)=H(X)=H(Y)$；对于强噪信道，$H(Y|X)=H(Y)$，从而有 $I(X;Y)=0$。

3. $I(X;Y)=H(X)+H(Y)-H(XY)$ **的物理意义**

通信前，随机变量 X 和随机变量 Y 可视为统计独立，其先验不确定性为 $H(X)+H(Y)$；通信后，整个系统的后验不确定性为 $H(XY)$，二者之差 $H(X)+H(Y)-H(XY)$ 就是通信过程中不确定性减少的量，也就是通信过程中获得的平均互信息量 $I(X;Y)$。

9.3.9　关于平均互信息量的两条定理

由前面的讨论可知，信源和信道的统计特性可以分别用消息先验概率 $q(x)$ 及信道转移概率 $p(y|x)$ 来描述，而平均互信息量 $I(X;Y)$ 是经过一次通信后信宿所获得的信息。

由式（9-26）可知：

$$\begin{aligned}I(X;Y)&=\sum_i\sum_j p(x_iy_j)\log\frac{p(x_iy_j)}{q(x_i)\omega(y_j)}\\&=\sum_i\sum_j p(y_j|x_i)q(x_i)\log\frac{p(y_j|x_i)}{\sum_i p(y_j|x_i)q(x_i)}\end{aligned} \tag{9-33}$$

式（9-33）说明 $I(X;Y)$ 是信源分布概率 $q(x)$ 和信道转移概率 $p(y|x)$ 的函数，定理

9-1 和定理 9-2 阐明了 $I(X;Y)$ 与 $q(x)$ 和 $p(y|x)$ 之间的关系[13]。

定理 9-1　当信道给定，即信道转移概率 $p(y|x)$ 固定时，平均互信息量 $I(X;Y)$ 是信源分布概率 $q(x)$ 的 ∩ 形凸函数。

定理 9-1 说明，当信道固定时，对于不同的信源分布，信道输出端获得的信息量是不同的。因此，对于每个固定信道，一定存在一个信源分布概率 $q(x)$，使输出端获得的信息量最大。

定理 9-2　当信源给定，即信源分布概率 $q(x)$ 固定时，平均互信息量 $I(X;Y)$ 是信道转移概率 $p(y|x)$ 的 ∪ 形凸函数。

定理 9-2 说明，信源固定以后，用不同的信道来传输同一信源符号时，在信道输出端获得的信息量是不同的。可见，对每种信源，一定存在一种最差的信道，此信道的干扰最大，可使输出端获得的信息量最小。

9.3.10　熵在决策树中的应用

信息熵表征的是数据集的不纯度，信息熵越小，表明数据集纯度越大。ID3 算法是利用信息增益（相对熵）划分数据集的一种方法。在决策树中，信息增益用来选择特征的指标，信息增益越大，则这个特征的选择性越好。

决策树（Decision Tree）是一类常见的机器学习算法，它可用于解决分类问题，也可用于解决回归问题，它是基于树结构来进行决策的。决策树学习的关键是如何选择最优属性。

决策树是一种基本的分类与回归方法，决策树模型呈树形结构。在分类问题中，决策树可以看作定义在特征空间与类空间上的条件概率分布。决策树分类过程：从根节点开始，对实例的某一特征进行测试，根据测试结果将实例分配到其子节点，每个子节点对应该特征的一个取值，如此递归对实例进行测试并分配，直至到达叶节点。叶节点表示一个类，对应决策结果，其他根节点和内部节点对应一个属性测试。

熵在决策树中起到了绝对的作用。众所周知，决策树最重要的就是最优属性选择，这个最优属性选择的标准就是熵。在常见的决策树中，ID3 算法使用信息增益选择特征；C4.5 算法采用信息增益比（信息增益与训练数据集关于特征的值的熵之比）来选择特征；CART 算法使用基尼指数（表示训练数据集的不确定性）来代替信息增益比选择特征，它们都是基于熵来选择最优属性的。

9.4　信道与信道容量

9.1.4 节中已提到过信道，信道是信息传输的通道，包括空间传输信道和时间传输信道。实际通信中所利用的各种物理通道是空间传输信道最典型的例子，而磁带、光盘等是时间传输信道的例子。有时我们也将为了某种目的而使信息不得不经过的通道看作信道，这里最关键的是信道有一个输入及一个与输入有关的输出。至于信道本身的物理结构，可能是千差万别的。对于信息论研究的信道，其输入点和输出点在一个实际物理通道中所处位置的选择完全取决于研究目的。本节主要介绍信道的建模（信道统计特性的描述)、信道容量的计算、在有噪信道中实现可靠传输等问题。

9.4.1 信道的分类

信道可看作一个变换器，如图 9-5 所示，它将输入消息 x 变换成输出消息 y，可用信道转移概率 $p(y|x)$ 来描述信道的统计特性。

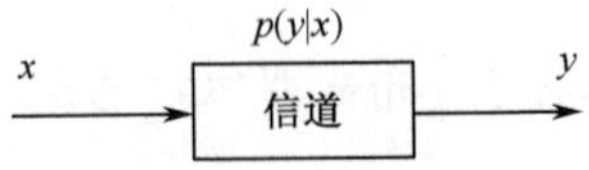

图 9-5 信道模型

信道可以从不同角度加以分类，归纳起来有以下几种 [14]。

（1）根据信道输入和输出信号的特点，可将其分为以下几种：

离散信道（数字信道）：信道的输入和输出都是时间离散、取值离散的随机序列；

波形信道（模拟信道）：信道的输入和输出都是时间连续，且取值也连续的随机信号；

半连续信道：输入序列和输出序列一个是离散的，另一个是连续的；

连续信道：信道的输入和输出都是时间离散、取值连续的随机序列。

（2）根据其统计特性，即转移概率 $p(y|x)$ 的不同，信道又可分为以下几种：

无记忆信道：信道的输出 y 只与当前时刻的输入 x 有关；

有记忆信道：信道的输出 y 不仅与当前时刻的输入有关，还与以前的输入有统计关系。

（3）按照传输媒质的不同，信道可以分为无线信道和有线信道两大类。无线信道利用电磁波在空间中的传播来传输信号，而有线信道则利用人造的传导电信号或光信号的媒介来传输信号，如电线、光纤等。

本节主要介绍离散无记忆信道（Discrete Memoryless Channel，DMC），它的输入和输出消息都是离散无记忆的单个符号，输入符号为 $x_i\{a_1,a_2,\cdots,a_K\}$，$1\leqslant i\leqslant K$，输出符号为 $y_j\{b_1,b_2,\cdots,b_D\}$，$1\leqslant j\leqslant D$，信道的特性可用信道转移概率矩阵表示：

$$
\boldsymbol{P}=\begin{pmatrix} p(y_1|x_1) & p(y_2|x_1) & \cdots & p(y_D|x_1) \\ p(y_1|x_2) & p(y_2|x_2) & \cdots & p(y_D|x_2) \\ \vdots & \vdots & & \vdots \\ p(y_1|x_K) & p(y_2|x_K) & \cdots & p(y_D|x_K) \end{pmatrix}
$$

矩阵第 i 行第 j 列的概率 $p(y_j|x_i)$ 表示已知输入符号为 x_i，而输出符号为 y_j 时的信道转移概率，满足 $0\leqslant p(y_j|x_i)\leqslant 1$，且 $\sum_{j=1}^{D} p(y_j|x_i)=1$。

信道特性也可用如图 9-6 所示的概率转移图表示。

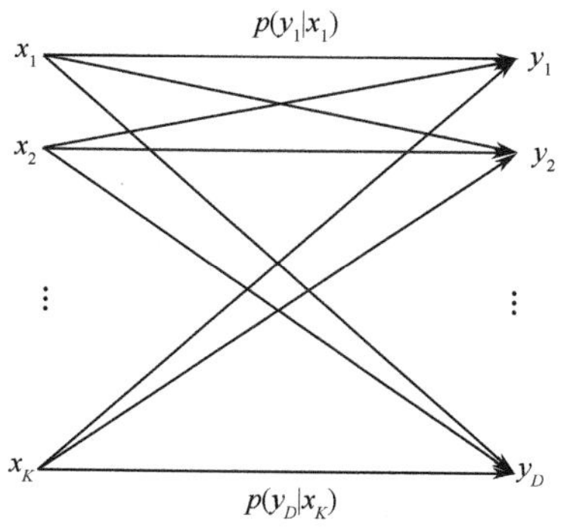

图 9-6 离散无记忆信道的概率转移图

下面介绍几种常见的离散无记忆信道。

1. 二元对称信道（Binary Symmetric Channel，BSC）

这是一种很重要的信道，它的输入符号 $x\in\{0,1\}$，输出符号 $y\in\{0,1\}$，概率转移图如图 9-7 所示，信道转移概率矩阵 $\boldsymbol{P}=\begin{pmatrix}1-p & p\\ p & 1-p\end{pmatrix}$，其中，$p$ 称为信道错误率。

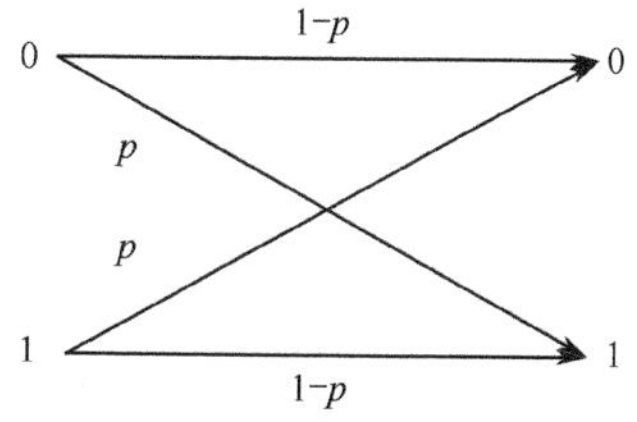

图 9-7 二元对称信道的概率转移图

2. 无干扰信道

这是一种最理想的信道，也称无噪信道，信道的输入和输出符号间有确定的一一对应关系，$p(y|x)=\begin{cases}1, & x=y\\ 0, & x\neq y\end{cases}$。在如图 9-8 所示的三元无干扰信道中，$x,y\in\{0,1,2\}$，对应的信道转移概率矩阵是单位矩阵 $\boldsymbol{P}=\begin{pmatrix}1 & 0 & 0\\ 0 & 1 & 0\\ 0 & 0 & 1\end{pmatrix}$。

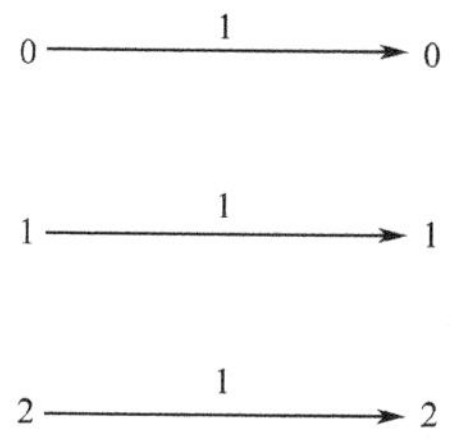

图 9-8 三元无干扰信道

3. 二元删除信道[15]

对接收符号不能做出肯定或否定判决时，引入删除符号，表示对该符号存有疑问，可判为有误或等得到更多信息时再做判决。

二元删除信道如图 9-9 所示，输入符号 $x\in\{0,1\}$，输出符号 $y\in\{0,\mathrm{e},1\}$，信道转移概率矩阵 $\boldsymbol{P}=\begin{pmatrix} p & 1-p & 0 \\ 0 & 1-p & p \end{pmatrix}$。

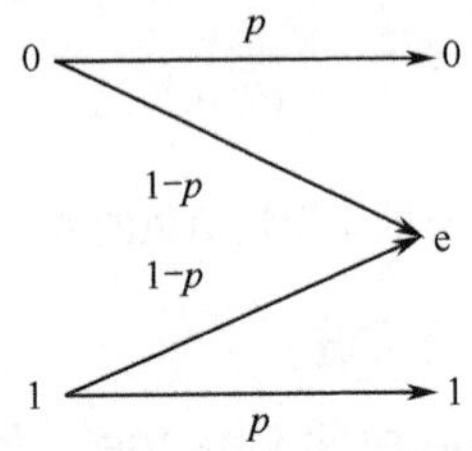

图 9-9　二元删除信道

4. 二元 Z 信道

二元 Z 信道如图 9-10 所示，信道输入符号 $x\in\{0,1\}$，输出符号 $y\in\{0,1\}$，信道转移概率矩阵 $\boldsymbol{P}=\begin{pmatrix} 1 & 0 \\ p & 1-p \end{pmatrix}$。

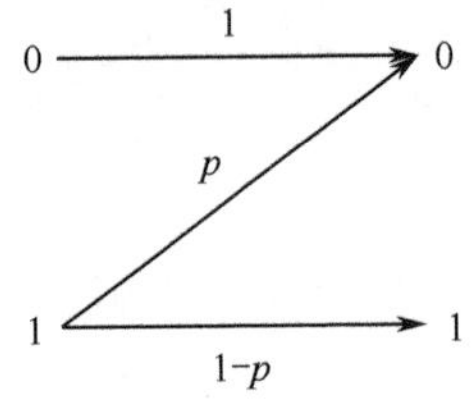

图 9-10　二元 Z 信道

9.4.2　离散无记忆信道容量

信道容量指信道能够传输的最大平均信息速率[16]。离散信道的容量有两种不同的度量单位：一种是用每个符号能够传输的平均信息量的最大值表示信道容量，记作 C；另一种是用单位时间（秒）内能够传输的平均信息量的最大值表示信道容量，记作 C_t，两者之间可以互换。

在图 9-11 所示的信道模型中，

发送符号：$x_1,x_2,x_3,\cdots,x_n$；

接收符号：$y_1,y_2,y_3,\cdots,y_m$；

$p(x_i)$ 为发送符号 x_i 出现的概率，$i=1,2,\cdots,n$；

$p(y_j)$ 为收到 y_j 的概率，$j=1,2,\cdots,m$；

$p(y_j|x_i)$ 为转移概率，即在发送 x_i 的条件下收到 y_j 的条件概率。

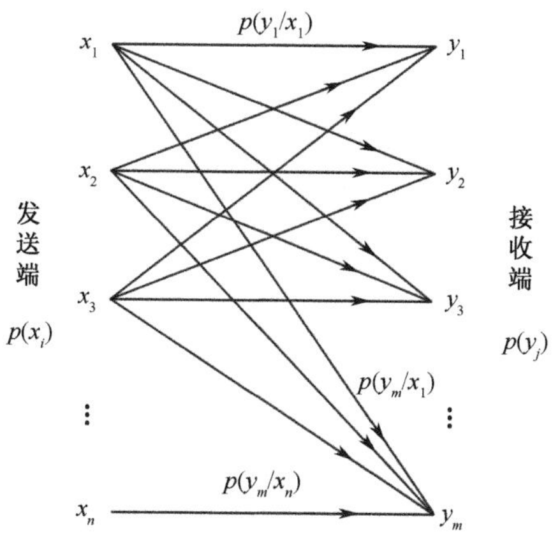

图 9-11 信道模型

从信息量的概念得知：发送 x_i 时收到 y_j 所获得的信息量等于发送 x_i 前接收端对 x_i 的不确定程度（x_i 的信息量）减去收到 y_j 后接收端对 x_i 的不确定程度。

发送 x_i 时收到 y_j 所获得的信息量为 $\log_2 p(x_i) - \left[-\log_2 p(x_i|y_j)\right]$。

对所有的 x_i 和 y_j 取统计平均值，得出收到一个符号时获得的平均信息量：

平均信息量/符号

$$\begin{aligned} &= -\sum_{i=1}^{n} p(x_i)\log_2 p(x_i) - \left[-\sum_{j=1}^{m} p(y_j)\sum_{i=1}^{n} p(x_i|y_j)\log_2 p(x_i|y_j)\right] \\ &= H(x) - H(x|y) \end{aligned} \quad (9\text{-}34)$$

式中，$H(x) = -\sum_{i=1}^{n} p(x_i)\log_2 p(x_i)$ 为每个发送符号 x_i 的平均信息量，称为信源熵；$H(x|y) = -\sum_{j=1}^{m} p(y_j)\sum_{i=1}^{n} p(x_i|y_j)\log_2 p(x_i|y_j)$ 为已知接收 y_j 符号时，发送符号 x_i 的平均信息量。

由上可见，信源发送符号的信息量为 $H(x)$，收到一个符号的平均信息量只有 $H(x) - H(x|y)$，而少了的部分 $H(x|y)$ 就是传输错误率引起的损失。对于无噪信道，发送符号和接收符号一一对应，此时，$p(x_i|y_j) = 0$，$H(x|y) = 0$，接收一个符号获得的平均信息量为 $H(x)$，再次说明，$H(x|y)$ 即因噪声损失的平均信息量。

由上可知，每个符号传输的平均信息量和信源发送符号的概率 $p(x_i)$ 有关，将信道容量 C 定义为每个符号能够传输的平均信息量的最大值[17]，即

$$C = \max_{p(x)}[H(x) - H(x|y)] \text{（bit/symbol）} \quad (9\text{-}35)$$

当信道中的噪声极大时，$H(x|y) = H(x)$，此时 $C = 0$，即信道容量为零。

设单位时间内信道传输的符号数为 r（符号/s），则信道每秒传输的信息量为

$$R = r[H(x) - H(x|y)] \text{（bit/s）} \quad (9\text{-}36)$$

R 的最大值即信道容量：

$$C_t = \max_{p(x)}\{r[H(x) - H(x|y)]\} \text{（bit/s）} \tag{9-37}$$

例 9-10 设信源由两种符号“0”和“1”组成，符号传输速率为 1000 symbol/s，且这两种符号的出现概率相等，均等于 1/2。信道为对称信道，其传输的符号错误率为 1/128。试画出此信道模型，并求此信道的容量 C 和 C_t。

解：此信道模型如图 9-12 所示。

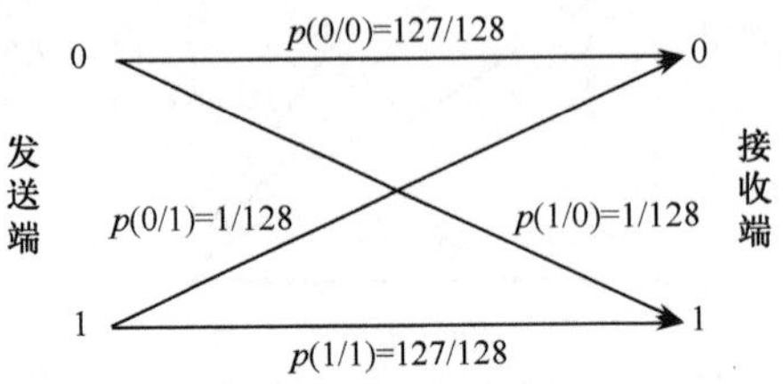

图 9-12 对称信道模型

设 $x_1 = 0$，$x_2 = 1$，$y_1 = 0$，$y_2 = 1$。

由题目给定条件知：$p(y_1|x_1) = 127/128$，$p(y_1|x_2) = 1/128$，$p(y_2|x_1) = 1/128$，$p(y_2|x_2) = 127/128$。

根据贝叶斯公式计算可得：$p(x_1|y_1) = 127/128$，$p(x_1|y_2) = 1/128$，$p(x_2|y_1) = 1/128$，$p(x_2|y_2) = 127/128$。

具体程序如下：

```
import numpy as np
a = np.mat([0.5,0.5])
b = np.mat([[(127/128),(1/128)],[(1/128),(127/128)]])
l = 0.5*b
print("信源概率分布为:",a)
print("信道转移概率分布为:",b)
print("联合概率分布为:",l)
print("p(y1)概率分布为:",sum(l[:,0]))
print("p(y2)概率分布为:",sum(l[:,1]))
```

输出结果如下：

```
信源概率分布为: [[0.5 0.5]]
信道转移概率分布为: [[0.9921875 0.0078125]
[0.0078125 0.9921875]]
联合概率分布为: [[0.49609375 0.00390625]
[0.00390625 0.49609375]]
p(y1)概率分布为: [[0.5]]
p(y2)概率分布为: [[0.5]]
```

接下来进行如下计算。

信源的平均自信息量（熵）：

$$H(x) = -\sum_{i=1}^{n} p(x_i)\log_2 p(x_i) = -\left[\frac{1}{2}\log_2\frac{1}{2} + \frac{1}{2}\log_2\frac{1}{2}\right] = 1 \text{ bit/symbol}$$

条件信息熵：

$$H(x|y) = -\sum_{j=1}^{m} p(y_j)\sum_{i=1}^{n} p(x_i|y_j)\log_2 p(x_i|y_j)$$

$$= -\{p(y_1)[p(x_1|y_1)\log_2 p(x_1|y_1) + p(x_2|y_1)\log_2 p(x_2|y_1)] +$$

$$p(y_2)[p(x_1|y_2)\log_2 p(x_1|y_2) + p(x_2|y_2)\log_2 p(x_2|y_2)]\}$$

$$= 0.045$$

此信道的容量：

$$C = \max_{p(x)}[H(x) - H(x|y)] = 0.955 \text{ bit/symbol}$$

$$C_t = \max_{p(x)}\{r[H(x) - H(x|y)]\} = 1000 \times 0.955 = 955 \text{ bit/s}$$

此部分计算可参考例 9-6、例 9-9 的 Python 程序实现。

9.4.3 连续信道容量

将带宽有限、平均功率有限的高斯白噪声连续信道的信道容量定义为

$$C_t = B\log_2\left(1+\frac{S}{N}\right) \quad (\text{bit/s}) \tag{9-38}$$

式中，S 为信号平均功率（W）；N 为噪声功率（W）；B 为带宽（Hz）。

设噪声单边功率谱密度为 n_0，则 $N = n_0 B$；故式（9-38）可以改写成：

$$C_t = B\log_2\left(1+\frac{S}{n_0 B}\right) \quad (\text{bit/s}) \tag{9-39}$$

由式（9-39）可知，连续信道的信道容量 C_t 和带宽 B、信号平均功率 S 及噪声功率谱密度 n_0 三个因素的关系如下：

（1）增大信号平均功率 S 或减小噪声功率谱密度 n_0，都可以增大信道容量 C_t；

（2）当 $S \to \infty$，或 $n_0 \to 0$ 时，$C_t \to \infty$；

（3）当给定 S/n_0 时，若带宽 B 趋于无穷大，信道容量不会趋于无限大，而只是 S/n_0 的 1.44 倍，这是因为当带宽 B 增大时，噪声功率也随之增大。

例 9-11 设一张黑白数字相片有 400 万个像素，每个像素有 16 个亮度等级，若用 3kHz 带宽的信道传输，且信号噪声功率比等于 20dB，则需要传输多长时间？

解： 因为每个像素有 16 个亮度等级，所以每个像素的信息量为

$$I_p = -\log_2(1/16) = 4 \text{ bit}$$

每帧图像的信息量为

$$I_F = 4000000 \times 4 = 16000000 \text{ bit}$$

信号噪声功率比等于 20dB，即 S/N=100。

由香农公式可得信道的最大信息速率（每秒能够传输的平均信息量的最大值）为

$$R_{max} = C = B\log_2(1+S/N) = 3000\log_2(1+100) \approx 19.97 \text{ kbit/s}$$

因此，传输这张黑白数字相片需要的时间为

$$t = \frac{I_F}{R_{\max}} \approx 800.96\text{s} \approx 13.35\min$$

具体程序如下：

```
import math
IP=(-1)*math.log2(1/16)
IF=4000000*IP
RMAX=3000*math.log2(101)
result = round(IF/RMAX,3)
print("每个像素的信息量为",IP,"bit")
print("每帧图像的信息量为",IF,"bit")
print("信道的最大信息速率为",RMAX,"kbit/s")
print("一张黑白数字相片需要传输的时间为",result,"s")
```

输出结果如下：

```
每个像素的信息量为 4.0 bit
每帧图像的信息量为 16000000.0 bit
信道的最大信息速率为 19974.634448255383 kbit/s
一张黑白数字相片需要传输的时间为 801.016 s
```

9.5 信道编码

在信道中传输信息时，我们总希望传输快捷可靠，但由于信道的信息传输率 R 受信道容量 C 的限制，不可能无穷大。同时，由于信道中不可避免地存在各种噪声干扰，所以传输误差不可能为零。我们要尽可能地提高信息传输率，并控制传输误差。信源编码以提高传输效率作为主要的考虑因素，而信道编码以提高传输可靠性作为主要的考虑因素。下面介绍信道编码的一些基本概念及信道编码定理。

9.5.1 信道编码的基本概念

信道形式多样，如光纤、光缆、电磁波等，可以用如图 9-13 所示的模型来表示。信源输出序列 u，经信道编码器编成码字 $x=f(u)$ 并输入信道，由于干扰，信道输出 y，信道译码器对 y 估值得 $\hat{x}=F(y)$，译码规则 F 是对编码规则 f 的一种逆变换。

衡量信道传输效率的指标是信息传输率，而衡量信息传输可靠性的指标是误码率，误码率与信道的统计特性（用信道转移概率表示）有关。改变信道的统计特性成本太高，所以，可事先对信源编码器输出的符号序列按照某种规则进行编码，一般的方法是给信源序列加上一定的冗余，这种编码称为信道编码，由信道编码器完成。在接收端，信道译码器根据编码规则对信道输出符号进行估值，并尽量使这种估值接近输入码字。

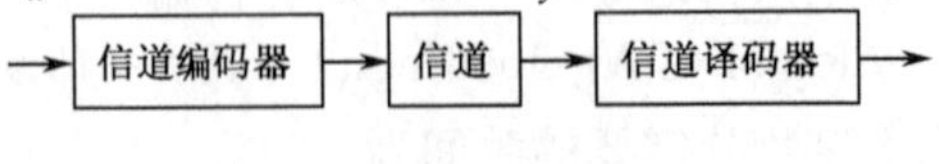

图 9-13　信道模型

下面列举两种简便的编码方法。

例 9-12 发送天气情况，用二级制对称信道传输，设信道固有误码率为 p（$p<0.5$）。

（1）用1位二进制码表示天气情况，数字“1”表示“晴天”，数字“0”表示下雨。

发送数字信息“1”时，接收者收到“1”，译码为“晴天”；发送数字信息“0”时，接收者收到“0”，译码为“下雨”，此为正确译码。如果传输中遇到噪声干扰，将“1”变为“0”或将“0”变为“1”，都会出现误码，此时误码率为 p。

（2）用 2 位二进制码表示天气情况，数字“11”表示“晴天”，数字“00”表示下雨。

发送数字信息“11”时，接收者收到“11”，译码为“晴天”；发送数字信息“00”时，接收者收到“00”，译码为“下雨”，这两种情况为正确译码。如果传输中遇到噪声干扰，会出现一位或两位码字错误，例如，发“11”，可能接收“00”“01”“10”，出一位错时，译码会出错；出两位错时，译码可译为“11”，也可译为“00”。此时误码率为

$$p_e = \frac{1}{2}p(1-p) + p^2 = \frac{1}{2}(p+p^2) < p$$

（3）用 3 位二进制码表示天气情况，数字“111”表示“晴天”，数字“000”表示下雨。

此时发送“111”，译码错误有以下三种情况：

第一种情况：“000”，即三位全错；

第二种情况：“001”“010”“100”，即两位出错；

第三种情况：“011”“101”“110”，即一位出错，可正确译码为“111”。

此时误码率为

$$p_e = C_3^2 p^2(1-p) + C_3^3 p^3 = 3p^2 - 2p^3 < \frac{1}{2}(p+p^2)$$

可见，重复编码可使错误概率下降。

例 9-13 奇偶校验码。

在信息序列后加上一位校验位，使之模 2 和等于 1，这样的编码称为奇校验码；若使模 2 和等于 0，这样的编码就称为偶校验码，即每个码矢中 1 的个数固定为奇数或偶数。奇校验码和偶校验码分别满足下面的式子：

$$\text{奇校验码：} a_{n-1} \oplus a_{n-2} \oplus a_{n-3} \oplus \cdots \oplus a_0 = 1$$

$$\text{偶校验码：} a_{n-1} \oplus a_{n-2} \oplus a_{n-3} \oplus \cdots \oplus a_0 = 0$$

这种编码方式简单，只增加了一位冗余，编码出的奇偶校验码能检测奇数位错误，但无法判断错误码元在码字中的位置，故这种码字只有检错能力，没有纠错能力。这种编码方式可应用于有反馈信道的场合，一旦发现错误，便可利用反馈信道要求发送端重新发送信息。

9.5.2 信道译码规则

信道总不可避免会掺杂噪声，所以在信息的传输过程中，差错不可避免。选择合适的译码规则可以弥补信道的不足。

下面介绍两种典型的译码规则。

1. 最大后验概率译码准则

设信源共有 M 个消息，经过信源编码后输入信道编码器，编码输出为 x_k，其发送概率为 $q(x_k)$，通过信道转移概率为 $p(y|x_k)$ 的信道传输，得到 y，信道译码器输出 $\hat{x}_k$，通信过程如图 9-14 所示。

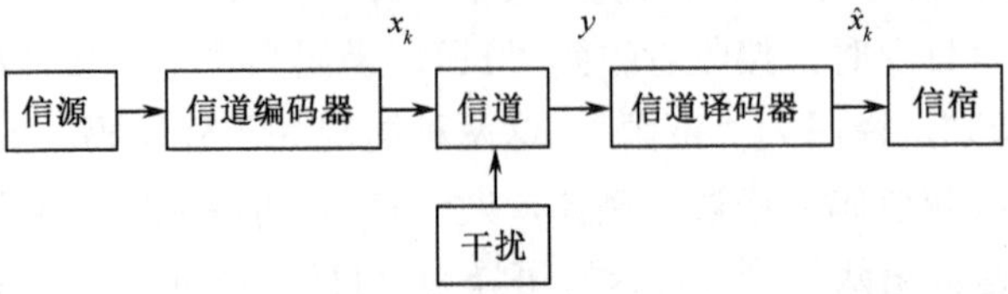

图 9-14　通信过程示意

当估值 $\hat{x}_k \neq x_k$ 时，就产生了误码，用 $\phi(x|y)$ 表示后验概率，则收到 y 的错误概率为

$$p_e(y)=\phi\left(\hat{x}_k \neq x_k \middle| y\right)=\sum_{i\neq k}\phi\left(x_i \middle| y\right)=1-\phi\left(x_k \middle| y\right) \tag{9-40}$$

通信总希望错误概率最小，由式（9-40）可看出，错误概率 $p_e(y)$ 最小等同于后验概率 $\phi(x_k|y)$ 最大，这就是最大后验概率译码准则。

根据概率关系式

$$\phi(x|y)=\frac{p(xy)}{\omega(y)}$$

可得，后验概率 $\phi(x_k|y)$ 最大就意味着联合概率 $p(xy)$ 最大，因此，最大后验概率译码准则也称为最大联合概率译码准则。

2. 极大似然译码准则

最大后验概率译码准则等同于最小传输错误概率准则，所以，从错误概率最小这一角度来说，这一译码准则是最好的。但在实际应用中，一般总是知道信道的统计特性 $p(y|x)$，而不知道信源分布 $q(x)$，因此 $p(xy)$ 无法求得。在这种情况下，我们可按最大信道转移概率来确定估值，即在收到 y 后，在所有的 x_m (m=1, 2, …, M) 中，选一个转移概率 $p(y|x_m)$ 最大的 x_m 值，作为对 y 的估值 $\hat{x}=x_k$，这一译码准则称为极大似然译码准则。

3. 平均错误概率

式（9-40）是信道输出 y 后译码器估错的概率，在式（9-40）两边对 y 求统计平均值得

$$
\begin{aligned}
p_{\mathrm{e}} &= \sum_{j=1}^{M} \omega(y_j) p_{\mathrm{e}}\left(y_j\right) \\
&= \sum_{j=1}^{M} \omega(y_j)\left[1-\phi\left(x_k \middle| y_j\right)\right] \\
&= 1-\sum_{j=1}^{M} \omega(y_j)\phi\left(x_k \middle| y_j\right) \\
&= \sum_{i=1}^{M}\sum_{j=1}^{M} p(x_i y_j) - \sum_{j=1}^{M} p(x_k y_j) \\
&= \sum_{x}\sum_{y} p(xy) - \sum_{y}^{M} p(x_k y) \\
&= \sum_{x-x_k}\sum_{y} p(xy)
\end{aligned}
\tag{9-41}
$$

例 9-14 离散无记忆信道（DMC）的转移概率矩阵为

$$
\boldsymbol{P} = \begin{pmatrix} 1/2 & 1/6 & 1/3 \\ 1/3 & 1/2 & 1/6 \\ 1/6 & 1/3 & 1/2 \end{pmatrix}
$$

（1）$q(x_1)=1/2$，$q(x_2)=1/4$，$q(x_3)=1/4$，求最佳判决译码及平均错误概率；

（2）若信源等概率分布，求最佳判决译码及平均错误概率。

解：（1）根据 $p(xy)=p(y|x)\,q(x)$算出全概率，用矩阵表示为

$$
(p(xy)) = \begin{pmatrix} \underline{1/4} & 1/12 & \underline{1/6} \\ 1/12 & \underline{1/8} & 1/24 \\ 1/24 & 1/12 & 1/8 \end{pmatrix}
$$

按最大联合概率译码准则译码，在全概率矩阵$(p(xy))$中每列选一最大值（上述矩阵中带下画线的值），译出

$$
\begin{cases} y_1 \to x_1 \\ y_2 \to x_2 \\ y_3 \to x_1 \end{cases}
$$

计算平均错误概率：

$$
p_{\mathrm{e}} = \sum_{x-x_k}\sum_{y} p(xy)
$$

$$
p_{\mathrm{e}} = 1/12 + 1/24 + 1/12 + 1/12 + 1/24 + 1/8 = 11/24
$$

（2）当信源等概率分布时，极大似然译码就是最佳判决译码，在信道转移概率矩阵

$$
\boldsymbol{P} = \begin{pmatrix} \underline{1/2} & 1/6 & 1/3 \\ 1/3 & \underline{1/2} & 1/6 \\ 1/6 & 1/3 & \underline{1/2} \end{pmatrix}
$$

中每列选一最大值（上述矩阵中带下画线的值），译出

$$\begin{cases} y_1 \to x_1 \\ y_2 \to x_2 \\ y_3 \to x_3 \end{cases}$$

计算平均错误概率：

$$p_e = \sum_{x-x_k} \sum_{y} p(xy)$$

$$p_e = 1/3(1/3 + 1/6 + 1/6 + 1/3 + 1/3 + 1/6) = 1/2$$

9.5.3 信道编码定理

信号在传输过程中不可避免地会受到各种干扰而产生误码，选择合适的译码准则可使错误概率尽可能小。信道编码定理（又称香农第二定理）指出，信道容量 C 是满足平均错误概率 $p_e \to 0$ 时，信道所能容纳的信息传输率的极限值。

定理 9-3 对于任何离散无记忆信道，存在信息传输率为 R、长为 n 的码，当 $n \to \infty$ 时，平均错误概率 $p_e < \exp[-nE(R)] \to 0$，式中，$E(R)$ 为可靠性函数（也称随机编码指数），$E(R)$ 在 $0<R<C$ 时为正。

可以证明，当 $0<R<C$ 时，$E(R)$ 是下降的、下凹的正值函数。当 $\lim\limits_{n\to\infty} nE(R) \to \infty$ 时，有 $\exp[-nE(R)] \to 0$，从而 $p_e < \exp[-nE(R)] \to 0$。可靠性函数 $E(R)$ 在信道编码中有重要的意义，它表示了在码长 n 一定的条件下，最佳编码平均错误概率的一个上界，同时说明了 p_e 随 $n \to \infty$ 趋于 0 的速率，在规定了 p_e 后，$E(R)$ 可以帮助选择合适的码长 n 和信息传输率 R。

定理 9-3 称为有噪信道编码定理，该定理说明信道容量 C 是保证无差错传输时，信息传输率 R 的极限值。对于固定信道，C 值是一定的，它是衡量信道质量的一个重要的物理量。

9.5.4 信道编码逆定理

定理 9-4 信道容量 C 是可靠通信系统信息传输率的上界，当 $R > C$，不可能存在任何方法使错误概率任意小。

该定理的物理含义是，在任何信道中，信道容量 C 是进行可靠传输的最大信息传输率。要想使信息传输率大于信道容量而又无错误地传输消息是不可能的。

香农第二定理是信息论的基础，虽然它没有提出具体的编码实现方法，但为通信信息的研究指明了方向。它指出，可以找到一种编码方法，使得当数据传输率不大于某个传输的最大速率时，通过它可以以任意小的错误概率传输信号。具体的编码方法很多，如汉明码、BCH 码等，这些都是后人在香农第二定理的理论基础上提出来的。

9.6 网络信息安全及密码

近年来，网络技术得到了飞速发展，为人们提供了极大的便利。然而，人们在享受网络技术带来好处的同时，也遭受到网络安全相关问题的威胁，网络安全事件越来越多，诸如用户账号被窃、数据被删、系统受破坏的案例时常发生，这些安全事件对网络造成了严重的破坏，给用户带来了不可估量的损失。黑客和病毒研发者总能够在网络中找出漏洞并从中得到自身需要的信息，从而对社会安全产生了非常大的影响。为了更好地保护网络信息安全，需要对网络中常出现的问题进行分析，及时采取有关对策加以预防。

密码技术是信息安全交换的基础，通过数据加密、消息摘要、数字签名及密钥交换等技术可实现数据机密性、数据完整性、不可否认性和用户身份真实性等安全机制，从而保证网络环境中信息传输和交换的安全[18]。

9.6.1 网络信息安全概述

一般来讲，信息安全主要包括系统安全及数据安全两方面。系统安全一般采用防火墙、病毒查杀、防范等被动措施；而数据安全则主要采用双向身份认证等现代密码技术对数据进行主动保护。

一般认为，当前网络安全方面的威胁主要体现在以下方面。

（1）非授权访问。没有经过事先同意就使用网络资源的行为即视作非授权访问，包括：故意绕开系统、访问控制系统非正常使用的网络资源，或者擅自扩权，乃至越权访问网络信息[19]。主要表现为以下现象：假冒用户、非法用户进入系统进行操作，或者合法用户在未获得正式授权的情况下擅自操作等。

（2）信息丢失或泄露。其指无意或故意泄露敏感数据，导致相关信息失窃。

（3）破坏数据的完整性。这主要指非法窃得数据的使用权后，故意插入、删除、修改或重发一些重要信息的行为，目的是引发攻击者的大力响应，或者修改数据、恶意添加一些内容的行为，目的是干扰用户，使之无法正常使用。

（4）干扰服务系统。这主要指通过不断干扰网络服务系统，使其改变正常流程，执行一些无关程序，甚至减慢系统响应，直至其最终瘫痪。这样，合法用户就无法进入网络系统及享受相应的服务。

9.6.2 密码技术

密码学是研究编制密码和破译密码的技术科学。其中，研究密码变化的客观规律，应用于编制密码以保守通信秘密的，称为编码学；应用于破译密码以获取通信情报的，称为破译学，总称密码学[21]。

密码学是在编码与破译的斗争实践中逐步发展起来的，并随着先进科学技术的应用，已成为一门综合性的尖端技术科学。它与语言学、数学、电子学、声学、信息论、计算机科学等有着广泛而密切的联系。它的现实研究成果，特别是各国政府现用的密码编制及破译手段具有高度的机密性。

密码技术大致可以分为三类：私钥密码技术、公钥密码技术和单向散列函数。

1. 私钥密码技术

私钥密码技术比较传统，又称为对称密码技术。通信双方共享同一个密钥，用于加密和解密。私钥密码加密和解密均使用一个密钥，一把钥匙只开一把锁，可以简化处理过程。如果私有密钥未泄露，那么就可以保证机密性和完整性。应用广泛的私钥密码体制有 DES、Triple-DES、IDEA、Blowfish、SAFER（K-64 或 K-128）、CAST、RC2、RC4、RC5、RC6 和 AES。

DES（Data Encryption Standard）是一种分组密码算法，是由 IBM 于 1975 年发布的。其使用 56 位密钥将 64 位的明文转换为 64 位的密文，密钥长度为 64 位，其中有 8 位是奇偶校验位。DES 只使用了标准的算术和逻辑运算，加密和解密速度很快，并且易于实现硬件化和芯片化。随着计算机能力的提升，人们开始使用 DES 的变体 3DES（Triple-DES），它使用 3 条 56 位的密钥对数据进行 3 次加密。

AES（Advanced Encryption Standard）的研究始于 1997 年，目的是替代原先的 DES，于 2001 年正式发布。AES 加密数据块和密钥长度可以是 128 比特、192 比特、256 比特中的任意一个。AES 加密有很多轮的重复和变换。

私钥密码技术的优点是计算开销小、算法简单、加密速度快，是目前用于信息加密的主要技术。尽管私钥密码技术有一些很好的特性，但它也存在明显的缺陷：加密和解密使用同一个密钥，容易产生发送者或接收者单方面密钥泄露问题；在网络环境下应用时，必须使用另外的安全信道来传输密钥，否则容易引起密钥泄露和信息失密问题。

2. 公钥密码技术

公钥密码技术，又称为非对称密码技术。使用这种技术时，每位用户都有一对在数学上有相关性的密钥，即公开密钥与私密密钥，虽然它们成对生成，可知道其中一个不能计算出另一个。公钥密码技术既可以保证信息的机密性，又可以保证信息的可靠性。公钥密码技术能让通信双方不需要事先进行密钥交换就能安全通信，它广泛用于数字签名、身份认证等领域[26]。公钥密码技术大多建立在一些数学难题上，最有代表性的公钥密码体制是 RSA。

RSA 是以三个发明人 Rivest、Shamir 和 Adleman 的名字命名的，它是第一个比较完善的公钥密码算法，既可用于加密数据，又可用于数字签名，并且比较容易理解和实现。RSA 经受住了多年密码分析的攻击，具有较高的安全性和可信度。

公钥密码技术的特点是安全性高、密钥易于管理，缺点是计算量大、加密和解密速度慢。因此，公钥密码技术比较适合于加密短信息。

在实际应用中，通常采用由公钥密码技术和私钥密码技术构成的混合密码系统，从而发挥两者各自的优势：使用私钥密码技术来加密数据，加密速度快；使用公钥密码技术来加密私钥密码技术中的密钥，形成高安全性的密钥分发信道，同时可以用来实现数字签名和身份验证机制。

3. 单向散列函数

为了防止数据在传输过程中被篡改，通常使用单向散列函数对所传输的数据进行散列计算，通过验证散列值确认数据在传输过程中是否被篡改。

为了保护数据的完整性，发送者首先计算所发送数据的检查和，并使用 Hash 函数计算该检查和的散列值，然后将原文和散列值同时发送给接收者。接收者使用相同的算法独立地计算所接收数据的检查和及其散列值，然后与所接收的散列值比较。若两者不同，则说明数据被改动。

目前大部分无碰撞单向散列函数均是迭代函数，如 MD2、MD4、MD5 及 SHA-1。其中，MD2、MD4、MD5 的散列值都是 128 比特，SHA-1 的散列值是 160 比特，SHA-1 比 MD5 有更好的抗攻击强度，但 SHA-1 的运算速度比 MD5 慢。RIPEMD 是另一个迭代单向散列函数，是 MD4 的变种，在性能上与 SHA-1 相似。

9.6.3　密码技术在信息安全中的应用

1. 使用公钥、序列及分组密码保证信息安全

公钥密码是一种陷门单向函数，这类密码的安全强度取决于它所依据问题的计算复杂度；现在用得较多的公钥密码体制有两种，第一种是 RSA 公钥密码体制，主要用来分解大整数因子；第二种是 ELGamal 公钥密码体制和椭圆曲线公钥密码体制，主要解决离散对数问题。对比两者发现，公钥密码体制的快速实现等特点对优化算法、程序及实现软件、硬件的安全等有重要的意义。随着 DES 的出现，已经有了大量的分组密码算法，如 IDEA 算法、RC 算法、CAST 系列算法等分组密码算法得到了空前的发展。分组密码算法将明文消息编码表示后的数字序列划分成长度为 n 的组，每组分别在密钥的控制下变换成等长的输出数字，序列迭代的分组密码是那些加密过程有多次循环的密码，从而提高了安全性。

2. 使用 Hash 函数保证信息安全

Hash 函数又称为哈希函数、散列函数，是一种把任意长度的输入串经过散列算法变成固定长度的输出串的函数，简单来说是一种将任意长度的消息映射成某一固定长度消息的函数，固定长度的输出值称为散列值。Hash 函数分为单向 Hash 函数、弱抗碰撞 Hash 函数和强抗碰撞 Hash 函数。Hash 函数在信息安全方面的应用主要体现为 MD5 Hash 算法，其具有数字指纹的特性，能够对传输文件进行校验，防止文件被恶意更改和破坏。

3. 数字签名身份认证技术保障信息安全

认证是网络安全中的一项重要内容。所谓认证是指用于验证所传输的数据（尤其是消息）完整性的过程。一般可以将认证分为消息认证和身份认证两种。消息认证用于保证信息的完整性和抗否认性；身份认证用于鉴别用户身份，包括识别与验证。

数字签名（Digital Signature）是一种认证机制，由公钥密码发展而来，它在网络安全，包括身份认证，以及保证数据的完整性、不可否认性及匿名性等方面有重要应用[28]。数字签名技术通过数字签名算法加密运算生成一系列的符号和代码，可生成一种电子形式的消息签名，可以用来代替手写签名或印章，主要应用于电子商务、电子政务，确保信息的完整性、真实性，确保发送方的不可抵赖性。数字签名算法多样，常用的有椭圆曲线数字签名算法、有限自动机数字签名算法、ELGamal 数字签名算法，以及 RSA 数字签名算法。利用公钥密码体制和私钥密码体制均可获得数字签名。

4. 使用 PKI 和 VPN 技术保证信息安全

PKI（Public Key Infrastructure）作为安全基础设施，能为不同的用户按不同安全需求提供多种安全服务。PKI 是基于公钥加密证书建立的包含撤销、管理、分配的一套硬

件和软件的集合。其建立了大规模网络的信任，解决了大规模网络中的公钥分配问题。PKI 在网络中提供全面的安全服务，包括确认信息发送者和接收者的身份，确保发送方不可抵赖其发送的信息，确保数据在传输过程中不被随意修改，保证数据信息不被非授权用户访问，以及能被授权用户正确访问。

VPN（Virtual Private Network）是利用接入服务器、广域网上的路由器或 VPN 专用设备在公用的无线网上实现虚拟专网的技术。VPN 综合了认证和加密技术，为网络通信提供认证和信息加密服务，可在公共网络中实现通信实体的身份认证，并对通信数据的机密性进行处理等，从而保护数据免受窥探，阻止数据窃贼和其他非授权用户接触这种数据。此外，安全通信协议均可以成为 VPN 协议，VPN 协议可以应用到数据链路层、网络层、传输层、应用层，从而实现网络通信中的信息安全。

密码技术已经成为网络信息安全中必不可少的一门技术，在网络快速发展的今天，其重要性不言而喻。本节只简单介绍了网络信息安全与密码学的基本概念，没有对密码学的算法进行深入的分析，仅供初学者参考。

9.7 实验一：绘制二进制熵函数曲线

9.7.1 实验目的

（1）掌握二进制符号熵的计算。
（2）掌握 Python 的应用。
（3）掌握 Python 的绘图函数。
（4）掌握熵函数的性质。
（5）掌握最大离散熵定理。
（6）运行程序，看到结果。

9.7.2 实验要求

（1）掌握熵函数的计算。
（2）掌握 Python 第三方库的安装。
（3）熟悉 Python 的运行环境。
（4）理解 Python 中相关的源码。
（5）能在此实验基础上灵活变通、扩展。

9.7.3 实验原理

信源是产生消息的源，自信息量是针对信源中的个别消息来说的，表示的是信源中某个消息发生的先验不确定性。但是，人们注意的往往是整个系统的统计特性，考虑的是整个信源自信息量的统计平均值。

当信源 X 中各消息的出现概率相互统计独立时，这种信源称为无记忆信源，无记忆信源的平均自信息量定义为各消息自信息量的概率加权平均值（统计平均值），即平均

自信息量 $H(X)$ 定义为

$$H(X) \triangleq \sum_i q(x_i)I(x_i) = -\sum_i q(x_i)\log q(x_i)$$

式中，$q(x_i)$ 为信源中消息 x_i 发生的先验概率；$I(x_i)$ 为唯一确定消息 x_i 所需的自信息量，$I(x_i) = -\log q(x_i)$；i 为信源中消息的个数，i =1,2,3⋯。

$H(X)$ 是唯一确定集合 X 中任意事件所需的平均信息量，它是信源消息分布 $q(x_i)$ 的函数，反映的是消息 x_i 出现的平均不确定性。

$H(X)$ 的表达式与统计物理学中的热熵具有类似的形式，在概念上二者也有相同之处，故借用熵这个词把 $H(X)$ 称为集合 X 的信息熵，简称熵。

当信源为二进制信源，即 i=2 时，信源模型为 $\begin{pmatrix} x \\ q(x) \end{pmatrix} = \begin{pmatrix} x_0 & x_1 \\ \delta & 1-\delta \end{pmatrix}$，此时熵 $H(\delta) = -\delta\log\delta - (1-\delta)\log(1-\delta)$。

$H(\delta)$ 与 δ 的关系如图 9-15 所示。

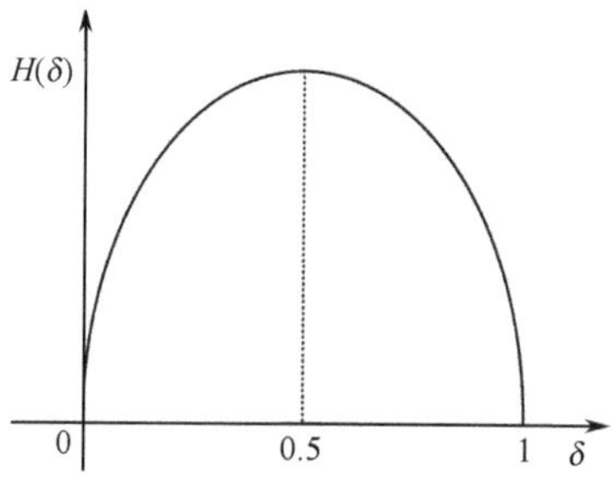

图 9-15 $H(\delta)$ 与 δ 的关系

由图 9-15 可见，$\delta = 0$ 或 $\delta = 1$ 对应确定事件的分布，因此，熵 $H(\delta) = 0$；$\delta = 0.5$ 对应等概率情况，此时熵值最大。

9.7.4 实验步骤

本实验的实验环境为 Python 语言、Windows 系统的环境。

（1）设事件 x_0、x_1 发生的概率为 P_1、P_2，P_1、P_2 随机取 0～1 的任意数值，构成 19 组数据，计算所得的熵，并绘制熵函数的图形。

具体程序如下（代码 1）：

```
from math import log2
import matplotlib.pyplot as mp
for x in range(1, 20):
    p1 = x / 20
    p2 = 1 - p1
    X = [p1, p2]
    H = - sum([p * log2(p) for p in X])
    print('x0 概率：%.2f、x1 概率：%.2f、信息熵：%.2f' % (p1, p2, H))
    mp.bar(p1, H, color='r', width=0.018)
```

```
mp.show()
```

（2）在上述实验基础上进行扩展，P_1、P_2随机取 0～1 的任意数值，绘制二元熵函数的图形。

具体程序如下（代码 2）：

```
from math import log
import matplotlib.pyplot as mp
import numpy as np
#计算二元信息熵
def entropy(props, base=2):
    sum = 0
    for prop in props:
        sum += prop * log(prop, base)
    return sum * -1
#构造数据
x = np.arange(0.01,1,0.01)
props = []
for i in x:
    props.append([i, 1-i])
y = [entropy(i) for i in props]
mp.plot(x,y)
mp.xlabel("p(x)")
mp.ylabel("H(x)")
mp.show()
```

（3）如果有一信源为$\begin{pmatrix} x \\ q(x) \end{pmatrix}=\begin{pmatrix} x_0 & x_1 & x_2 & x_3 \\ 1/8 & 1/8 & 1/4 & 1/2 \end{pmatrix}$，求此信源的熵。

具体程序如下（代码 3）：

```
import math
def entropy(*c):
    result=-1;
    if(len(c)>0):
        result=0;
    for x in c:
        result+=(-x)*math.log(x,2)
    return result;
if (__name__=="__main__"):
    print(entropy(1/8,1/8,1/4,1/2),"bit/symbol")
```

（4）如果有一信源为$\begin{pmatrix} x \\ q(x) \end{pmatrix}=\begin{pmatrix} x_0 & x_1 & x_2 & x_3 \\ 1/4 & 1/4 & 1/4 & 1/4 \end{pmatrix}$，求此信源的熵。

具体程序如下（代码 4）：

```
import math
def entropy(*c):
    result=-1;
```

```
    if(len(c)>0):
        result=0;
    for x in c:
        result+=(-x)*math.log(x,2)
    return result;
if (__name__=="__main__"):
    print(entropy(1/4,1/4,1/4,1/4),"bit/symbol")
```

9.7.5　实验结果

代码 1 的运行结果如图 9-16 所示。其绘制的熵函数如图 9-17 所示。

```
x0概率: 0.05、x1概率: 0.95、信息熵: 0.29
x0概率: 0.10、x1概率: 0.90、信息熵: 0.47
x0概率: 0.15、x1概率: 0.85、信息熵: 0.61
x0概率: 0.20、x1概率: 0.80、信息熵: 0.72
x0概率: 0.25、x1概率: 0.75、信息熵: 0.81
x0概率: 0.30、x1概率: 0.70、信息熵: 0.88
x0概率: 0.35、x1概率: 0.65、信息熵: 0.93
x0概率: 0.40、x1概率: 0.60、信息熵: 0.97
x0概率: 0.45、x1概率: 0.55、信息熵: 0.99
x0概率: 0.50、x1概率: 0.50、信息熵: 1.00
x0概率: 0.55、x1概率: 0.45、信息熵: 0.99
x0概率: 0.60、x1概率: 0.40、信息熵: 0.97
x0概率: 0.65、x1概率: 0.35、信息熵: 0.93
x0概率: 0.70、x1概率: 0.30、信息熵: 0.88
x0概率: 0.75、x1概率: 0.25、信息熵: 0.81
x0概率: 0.80、x1概率: 0.20、信息熵: 0.72
x0概率: 0.85、x1概率: 0.15、信息熵: 0.61
x0概率: 0.90、x1概率: 0.10、信息熵: 0.47
x0概率: 0.95、x1概率: 0.05、信息熵: 0.29
```

图 9-16　代码 1 的运行结果

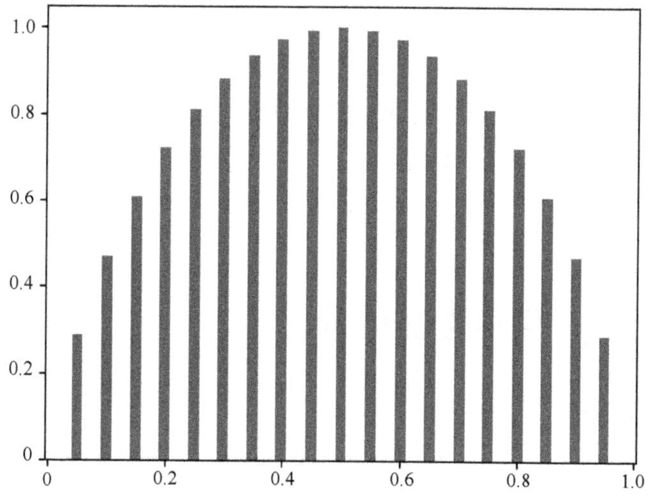

图 9-17　代码 1 绘制的熵函数

代码 2 的运行结果如图 9-18 所示。

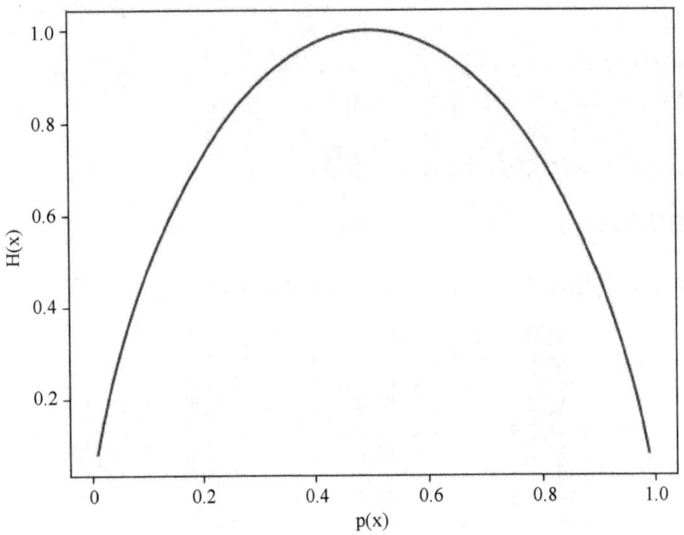

图 9-18　代码 2 的运行结果

代码 3 运行的输出结果为 1.75 bit/symbol。

代码 4 运行的输出结果为 2.0 bit/symbol。

从以上结果可知：

（1）熵函数是一个严格的上凸函数；

（2）当 $p_1=0$ 或 $p_2=1$ 时，二进制符号的熵取值最小，为 0，说明此时样本空间的不确定性最小；

（3）二进制符号的熵在消息等概率，即 $p_1=p_2=0.5$ 时取最大值，且最大值为 log2=1 bit/symbol，说明此时样本空间的不确定性最大；

（4）当 $0.5\leqslant p\leqslant 1$ 时，随着随机变量 x_1 的概率值 p_1 增加，样本空间 X 的香农熵减小，则可以说样本空间的不确定性也减小；

（5）随着离散信源符号个数增加，当且仅当信源 X 中各消息等概率分布时，信源的熵最大。

9.8　实验二：信息增益的计算

9.8.1　实验目的

（1）掌握信息熵的计算。

（2）掌握条件熵的计算。

（3）掌握信息增益的计算。

（4）掌握函数的一般定义。

（5）掌握函数的调用。
（6）了解信息增益在决策树中的作用。
（7）运行程序，看到结果。

9.8.2　实验要求

（1）掌握熵函数的计算。
（2）掌握 Python 第三方库的安装。
（3）掌握函数的定义与调用。
（4）熟悉 Python 的运行环境。
（5）理解 Python 中相关的源码。
（6）能在此实验基础上灵活变通、扩展。

9.8.3　实验原理

1. 信息熵

信息熵 $H(X)$ 的定义为

$$H(X) \triangleq \sum_i q(x_i) I(x_i) = -\sum_i q(x_i) \log q(x_i)$$

式中，$q(x_i)$ 为信源中消息 x_i 发生的先验概率；$I(x_i)$ 为唯一确定消息 x_i 所需的自信息量，$I(x_i) = -\log q(x_i)$；i 为信源中消息的个数，i=1, 2, 3…。

具体可参考 9.3.1 节。

2. 条件熵

条件熵 $H(Y|X)$ 的定义为

$$\begin{aligned} H(Y|X) &\triangleq \sum_i \sum_j p(x_i y_j) I(y_j|x_i) = -\sum_i \sum_j p(x_i y_j) \log p(y_j|x_i) \\ &= \sum_{i=1}^{n} p_i H(Y|X = x_i) \end{aligned}$$

具体可参考 9.3.2 节。

3. 信息增益

信息增益的定义为

$$g(D, A) = H(D) - H(D|A)$$

具体可参考 9.3.4 节。

9.8.4　实验步骤

设申请贷款样本数据集如表 9-2 所示，请根据信息增益准则选择最优特征。

表 9-2　申请贷款样本数据集

D	年龄	有无工作	有无房子	信贷情况	结论
1	青年	无	无	一般	否
2	青年	无	无	好	否
3	青年	有	无	好	是
4	青年	有	有	一般	是
5	青年	无	无	一般	否
6	中年	无	无	一般	否
7	中年	无	无	好	否
8	中年	有	有	好	是
9	中年	无	有	非常好	是
10	中年	无	有	非常好	是
11	老年	无	有	非常好	是
12	老年	无	有	好	是
13	老年	有	无	好	是
14	老年	有	无	非常好	是
15	老年	无	无	一般	否

对数据集进行属性标记，如下：

年龄：0 表示青年，1 表示中年，2 表示老年；

工作：0 表示无工作，1 表示有工作；

房子：0 表示无房子，1 表示有房子；

信贷：0 表示一般，1 表示好，2 表示非常好。

具体程序如下：

```
# -*- coding: UTF-8 -*-
from math import log
"""
函数说明:创建测试数据集
"""
def createDataSet():
    dataSet = [[0, 0, 0, 0, 'no'],
                    [0, 0, 0, 1, 'no'],
                    [0, 1, 0, 1, 'yes'],
                    [0, 1, 1, 0, 'yes'],
                    [0, 0, 0, 0, 'no'],
                    [1, 0, 0, 0, 'no'],
                    [1, 0, 0, 1, 'no'],
                    [1, 1, 1, 1, 'yes'],
                    [1, 0, 1, 2, 'yes'],
                    [1, 0, 1, 2, 'yes'],
                    [2, 0, 1, 2, 'yes'],
                    [2, 0, 1, 1, 'yes'],
```

```
                [2, 1, 0, 1, 'yes'],
                [2, 1, 0, 2, 'yes'],
                [2, 0, 0, 0, 'no']]                            #数据集
    labels = ['年龄','有无工作','有无房子','信贷情况']            #分类属性
    return dataSet,labels                                      #返回数据集和分类属性

"""
函数说明:计算给定数据集的经验熵（香农熵）
Parameters:
    dataSet - 数据集
Returns:
    shannonEnt - 经验熵（香农熵）
"""
def calcShannonEnt(dataSet):                   #计算数据的熵
    numEntires = len(dataSet)                  #返回数据集的行数
    labelCounts = {}                           #保存每个标签出现次数的字典
    for featVec in dataSet:                    #对每组特征向量进行统计
        currentLabel = featVec[-1]             #提取标签信息，即每行数据的最后一个字
        if currentLabel not in labelCounts.keys(): #若标签没有放入统计次数的字典，则加进去
            labelCounts[currentLabel] = 0
        labelCounts[currentLabel] += 1         #统计有多少个类及每个类的数量
    shannonEnt = 0.0                           #经验熵
    for key in labelCounts:                    #计算经验熵
        prob = float(labelCounts[key]) / numEntires    #选择该标签的概率
        shannonEnt -= prob * log(prob,2)               #利用公式计算
    return shannonEnt                                  #返回经验熵

"""
函数说明:按照给定特征划分数据集
Parameters:
    dataSet - 待划分的数据集
    axis - 划分数据集的特征
    value - 需要返回的特征的值
"""
def splitDataSet(dataSet, axis, value):
    retDataSet = []                                    #创建返回的数据集列表
    for featVec in dataSet:                            #遍历数据集
        if featVec[axis] == value:
            reducedFeatVec = featVec[:axis]            #去掉 axis 特征
            reducedFeatVec.extend(featVec[axis+1:])
            retDataSet.append(reducedFeatVec)
    return retDataSet                                  #返回划分后的数据集

"""
```

```
函数说明:选择最优特征
Parameters:
    dataSet - 数据集
Returns:
    bestFeature - 信息增益最大的（最优）特征的索引值
"""
def chooseBestFeatureToSplit(dataSet):
    numFeatures = len(dataSet[0]) - 1            #特征数量
    baseEntropy = calcShannonEnt(dataSet)  #计算数据集的经验熵
    bestInfoGain = 0.0                           #信息增益
    bestFeature = -1                             #最优特征的索引值
    for i in range(numFeatures):                 #遍历所有特征
        featList = [example[i] for example in dataSet]
        uniqueVals = set(featList)               #创建 set 集合{}，元素不可重复
        newEntropy = 0.0                         #经验条件熵
        for value in uniqueVals:                 #计算信息增益
            subDataSet = splitDataSet(dataSet, i, value)   #subDataSet 划分后的子集
            prob = len(subDataSet) / float(len(dataSet))            #计算子集的概率
            newEntropy += prob * calcShannonEnt(subDataSet)   #计算经验条件熵
        infoGain = baseEntropy - newEntropy                         #信息增益
        print("第%d 个特征的信息增益为%.3f" % (i, infoGain))  #打印信息增益
        if (infoGain > bestInfoGain):
            bestInfoGain = infoGain              #更新信息增益，找到最大的信息增益
            bestFeature = i                      #记录信息增益最大的特征的索引值
    return bestFeature                           #返回信息增益最大的特征的索引值

if __name__ == '__main__':
    dataSet, features = createDataSet()
    entropy=calcShannonEnt(dataSet)
    bestfeature=chooseBestFeatureToSplit(dataSet)
    print("训练集的熵为:%f"%(entropy))
    print("最优特征索引值为:" + str(bestfeature))
```

9.8.5 实验结果

输出结果如下：

```
第 0 个特征的信息增益为 0.083
第 1 个特征的信息增益为 0.324
第 2 个特征的信息增益为 0.420
第 3 个特征的信息增益为 0.363
训练集的熵为:0.970951
最优特征索引值为:2
```

实验结果显示，第 2 个特征的信息增益为 0.420，是 4 个信息增益中最大的一个，所

以第 2 个特征（有无工作）对应的是最优特征，可用此特征来建立决策树的当前节点。

习题

1. 信息论研究的范畴是什么？
2. 消息、信息与信号的概念有何区别？
3. 简述数字通信系统五个组成部分的作用。
4. 信源在何种分布时熵值最大？
5. 什么是离散无记忆信源？什么是离散无记忆信道？
6. 熵是对信源什么物理量的度量？
7. 平均互信息量 $I(X;Y)$ 与信源分布 $q(x)$ 有何关系，与 $p(y|x)$ 又有何关系？
8. 对于离散无记忆信源 $\begin{pmatrix} X \\ q(X) \end{pmatrix} = \begin{pmatrix} x_1 & x_2 \\ p & 1-p \end{pmatrix}$，试证明 $H(x) = H_2(p) = -p\log p - (1-p)\log(1-p)$，当 $p=1/2$ 时，$H(X)$ 达到最大值。
9. 同时掷一对均匀的骰子，要得知面朝上点数之和，描述这一信源的数学模型。
10. 掷一个无偏骰子，掷骰子的熵为多少？如果骰子被改造，使得某点出现的概率与其点数成正比，则掷骰子的熵为多少？掷一对无偏骰子，各掷一次，得到的总点数为 7，则得到多少信息量？
11. 信源消息集 $X=\{0,1\}$，信宿消息集 $Y=\{0,1\}$，信源等概率分布，通过二进制信道传输，则求：

（1）该系统的平均互信息量；

（2）接收到 $y=0$ 后，所提供的关于 x 的平均互信息量 $I\{X;0\}$。

12. 一个传输系统的输入符号集 $X=\{x_0, x_1, x_2, x_3\}$，输出符号集 $Y=\{y_0, y_1, y_2\}$，输出符号与输入符号的联合概率 $P(xy)$用下述矩阵表示：

$$\left(P(xy)\right) = \begin{pmatrix} 0.1 & 0 & 0 \\ 0.2 & 0.1 & 0 \\ 0 & 0.3 & 0.2 \\ 0 & 0 & 0.1 \end{pmatrix}$$

试计算 $H(X)$、$H(Y)$、$H(Y|X)$、$H(XY)$、$I(X;Y)$，并与维拉图对照。

13. 最大后验概率译码准则就是最小错误译码准则，对吗？
14. 极大似然译码准则就是最小错误译码准则，对吗？
15. 在信源等概率分布时，极大似然译码准则就是最小错误译码准则，对吗？
16. 什么是信息增益？什么是信息增益比？
17. 离散无记忆信道的信源分布为

$$\begin{pmatrix} X \\ q(X) \end{pmatrix} = \begin{pmatrix} x_1 & x_2 & x_3 \\ 0.5 & 0.1 & 0.4 \end{pmatrix}$$

转移概率矩阵为

$$P=\begin{pmatrix}0.5 & 0.3 & 0.2\\0.1 & 0.7 & 0.2\\0.3 & 0.3 & 0.4\end{pmatrix}$$

信道输出符号集 $Y=\{y_1,y_2,y_3\}$，求最佳判决译码及错误概率；若信源等概率分布，求最佳判决译码及错误概率。

18. 设信道输入符号集 $X=\{x_1,x_2,\cdots,x_k\}$，输出符号集 $Y=\{y_1,y_2,\cdots,y_s\}$，如果信道是无噪无损信道，那么其信道容量为多少？如果信道是无噪确定信道，那么其信道容量又是多少？

19. R 为信息传输率，根据香农第二定理，当码长 $n\to\infty$ 时，满足什么关系式可使平均错误概率 $p_e\to 0$。

20. 已知黑白电视图像信号每帧有 30 万个像素，每个像素有 8 个亮度电平，各电平独立地以等概率出现，每秒可发送 25 帧图像。若要求接收图像的信噪比达到 30dB，试求所需的传输带宽。

21. 简述熵在决策树中的应用。

22. 如表 9-3 所示为判断是否属于鱼类的样本数据集，请根据信息增益准则选择最优特征。

表 9-3　判断是否属于鱼类的样本数据集

D	浮出水面是否可以生存	是否有脚蹼	是否属于鱼类
1	是	是	是
2	是	是	是
3	是	否	否
4	否	是	否
5	否	是	否

23. 密码技术大致可以分为哪几类？

24. 分析密码技术在信息安全中的应用。

参考文献

[1] 樊昌信，曹丽娜. 通信原理[M]. 7 版. 北京：国防工业出版社，2015.

[2] 王新梅，肖国镇. 纠错码——原理与方法[M]. 西安：西安电子科技大学出版社，2001.

[3] 傅祖芸. 信息论——基础理论与应用[M]. 北京：电子工业出版社，2001.

[4] 孙丽华，陈荣伶. 信息论与编码[M]. 北京：电子工业出版社，2012.

[5] 方军，俞槐铨. 信息论与编码[M]. 北京：电子工业出版社，1994.

[6] 曹雪虹，张宗橙. 信息论与编码[M]. 北京：北京邮电大学出版社，2001.

[7] GUIASU S. Information Theory with Aplication[M]. NY: McGraw-Hill, 1997.
[8] 张宗橙. 纠错编码原理和应用[M]. 北京：电子工业出版社，2000.
[9] 周荫清. 信息理论基础[M]. 北京：北京航空航天大学出版社，2002.
[10] 周航慈，孙丽华. 信息技术基础[M]. 北京：北京航空航天大学出版社，2002.
[11] 仇佩亮. 信息论与编码[M]. 北京：高等教育出版社，2003.
[12] 傅祖芸. 信息理论与编码学习辅导及精选题解[M]. 北京：电子工业出版社，2004.
[13] 宋鹏. 信息论与编码理论[M]. 北京：电子工业出版社，2011.
[14] SIMON H. Communicaion Systems[M]. Fourth Edition. Beijing：Publising House of Eetronicis Industry, 2003.
[15] 王育民. 信息论与编码理论[M]. 北京：高等教育出版社，2005.
[16] 周炯架，庞沁华. 通信原理[M]. 北京：北京邮电大学出版社，2005.
[17] 吕峰. 信息理论与编码[M]. 北京：人民邮电出版社，2004.
[18] 曾凡平. 网络信息安全[M]. 北京：机械工业出版社，2015.
[19] 蔡皖东. 网络信息安全技术[M]. 北京：清华大学出版社，2015.
[20] 周明全，吕林涛，李军怀. 网络信息安全技术[M]. 2 版. 西安：西安电子科技大学出版社，2010.
[21] 王静文，吴晓艺. 密码编码与信息安全——C++实践[M]. 北京：清华大学出版社，2015.
[22] [美]斯坦普. 信息安全原理与实践[M]. 2 版. 张戈，译. 北京：清华大学出版社，2015.
[23] 徐茂智，游林. 信息安全与密码学[M]. 北京：清华大学出版社，2010.
[24] 田丽华. 信息论、编码与密码学[M]. 西安：西安电子科技大学出版社，2008.
[25] MIN S R，BYOUNGCHEON L, et al. Information Security and Cryptology ICISC 2006[C]. 9th Inteynational Conference, Busan, Korea, 2006.
[26] 罗守山. 密码学与信息安全技术[M]. 北京：北京邮电大学出版社，2009.
[27] TRAPPE W，WAHINGTON L C. 密码学与编码理论[M]. 王金龙，等，译. 北京：人民邮电出版社，2008.
[28] 谷利泽，郑世慧，杨义先. 现代密码学教程[M]. 北京：北京邮电大学出版社，2009.
[29] Asia-Lee 的博客. 决策树算法——熵与信息增益（Python3 实现）[EB/OL]. 2018-07-17. https://blog.csdn.net/asialee_bird/article/details/81084783.

第10章　图　　论

图（Graph）是人工智能的重要基础，是数据结构和算法学最强大的框架之一[1]。图可以用来表现很多类型的系统和结构，包括交通网络、通信网络等，图论也可以解决很多实际问题，从下棋游戏到最优流程，从任务分配到人际交互网络，都是图的广阔用武之地。在人工智能领域，图常用于表示神经网络、贝叶斯网络、流形学习等内容。进入图论的世界，我们能够清晰、准确地把握图的相关理论，包括图的基本概述和表示方法、欧拉图和哈密顿图，以及树的相关知识、理论与应用等。在掌握基本理论框架[2]的前提和基础上，我们应重点掌握图的基本理论、图的存储方法、图的连通性、树的应用、欧拉图和哈密顿图的判断等相关知识，并达到在人工智能领域灵活运用图论相关知识的程度[3]。

10.1　图的认识

10.1.1　图的基本概念

在现实世界中，很多状态可以用图形来描述，这种由一些点和一些连接点的连线组成的整体构成了图形。图形一般表示的是一种形状和状态，图中点的位置及连线的长度无关紧要。

例如，构建一个由4个点构成的网络，用 a、b、c、d 表示网络的点，为了描述4个点之间的连接情况，可用图10-1、图10-2来表示。在图中，用圆圈表示这些点，称之为结点；如果两点之间有网络连接，则把这两个结点用一条线连接起来，称之为边。这样利用图形表示的网络连接状况一目了然。

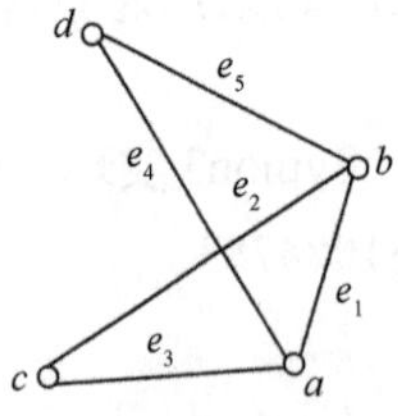

图10-1　网络连接图1

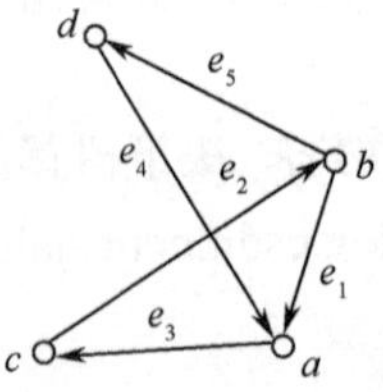

图10-2　网络连接图2

为了给出图的相关定义，先介绍无序偶集合与有序偶集合等相关概念。

设 A、B 为任意的两个集合，若存在 $\{(a, b)\}|a\in A\wedge b\in B\}$，称其为 A 和 B 的无序偶集合。同理，称 $\{<a, b>\}|a\in A\wedge b\in B\}$ 为 A 和 B 的有序偶集合。

定义 10-1　一个图 G 是一个三元组 $G=<V(G), E(G), \Phi_G>$，其中，$V(G)$是一个非空的结点集合，$E(G)$是边的集合，Φ_G 是从边集合 E 到结点无序偶集合或有序偶集合对应的函数。

一般情况下，$G=<V(G), E(G), \Phi_G>$简写为 $G=<V(G), E(G)>$或 $G=<V, E>$，也可表示为 $G=(V, E)$。

对于图的集合定义来说，可用图形表示它们，即用圆圈（或实心点）表示结点，用结点之间的无方向的连线表示无向边（见图 10-1），用有方向的连线表示有向边（见图 10-2）。

例 10-1　针对图 10-1 完成如下题目：

（1）写出图 10-1 对应的 $V(G)$、$E(G)$和 Φ_G;

（2）用 Python 的类实现对该图的表示[4]。

解：（1）对于给定的图，其点集合、边集合、对应关系集合分别如下。

$V(G)=\{a, b, c, d\}$；$E(G)=\{e_1, e_2, e_3, e_4, e_5\}$；$\Phi_G(e_1) = (a, b)$，$\Phi_G(e_2) = (c, b)$，$\Phi_G(e_3) = (a, c)$，$\Phi_G(e_4) = (a, d)$，$\Phi_G(e_5) = (b, d)$。

（2）利用 Python 实现对无向图的表示和描述，具体程序如下：

```
Class  Graph:
  #属性
  spot=set{ 'a', 'b', 'c', 'd' }
  edge=set{ 'e1', 'e2', 'e3', 'e4', 'e5'}
  #方法 undigraph
  def  undigraph（spot,edge）:
    undigraph={e1:('a', 'b'), e2:('c', 'b'), e3:('a', 'c'), e4:('a', 'd'), e5:('b', 'd'),
              e6:('c', 'd')}
    return  undigraph
```

思考：如何根据例 10-1 的方法对有向图图 10-2 进行描述呢？

结点偶对可以是有序的，也可以是无序的。若边 e 所对应的偶对是有序的（用$<a, b>$表示），则称 e 为有向边，简称弧，a 叫作弧 e 的始点，b 叫作弧 e 的终点，统称为 e 的端点。若 e 关联于结点 a 和 b，则称结点 a 和结点 b 是邻接的。若边 e 所对应的偶对(a, b)是无序的，则称 e 为无向边，简称棱。如果存在一条边 $e = (a, a)$，既从某个点 a 出发，又到这个点 a 结束，则称边 e 为自回路。除了无始点和终点的术语，无向边中的其他术语与有向边相同。

每条边都是无向边的图称为无向图，如图 10-1 所示；每条边都是有向边的图称为有向图，如图 10-2 所示；如果图中有一些边是有向边，另一些边是无向边，则称这个图是混合图。

定义 10-2　如果两个结点之间有多条边（对于有向图，则有多条同方向的边），则称这些边为平行边，两个结点 a、b 间平行边的条数称为边的重数。含有平行边的图称为多重图，不含平行边和自回路的图称为简单图。

10.1.2 图中结点的度数

对于图的结点和边来说，往往需要了解图中有多少条边与某一结点关联，这就是结点的度数。

定义 10-3 设图 G 是无向图，v 是图 G 中的结点，所有与 v 关联的边的条数（若有自回路时计算两次）称为点 v 的度数，记作 $\deg(v)$。

图 10-1 中，$\deg(a)=3$，$\deg(b)=3$，$\deg(c)=2$，$\deg(d)=2$。

定理 10-1 设图 $G=(V, E)$是具有 n 个结点、m 条边的无向图，其中，结点的集合为 $V=\{v_1,v_2,\cdots,v_n\}$，则 $\sum_{i=1}^{n}\deg(v_i)=2m$。

证明： 因为 G 中每条边都与两个结点关联，每条边均提供 2 度，所以在计算 G 所有结点的度数之和时，m 条边共提供了 $2m$ 度，由此可得结论成立。

定义 10-4 若图 G 是有向图，v 是图 G 中的结点，所有与 v 关联的有向边的条数（若有自回路时计算两次）称为点 v 的度数，记作 $\deg(v)$。将从 v 出发的有向边的条数称为该点的出度，用 $\deg^+(v)$表示；同理，将所有到 v 结束的有向边的条数称为该点的入度，用 $\deg^-(v)$表示。

定理 10-2 设图 $G=<V(G), E(G), \varPhi_G>$是具有 n 个结点、m 条边的有向图，其中，结点集合为$V=\{v_1,v_2,\cdots,v_n\}$，则

$$\sum_{i=1}^{n}\deg(v_i)=2m,\quad \sum_{i=1}^{n}\deg^+(v_i)=\sum_{i=1}^{n}\deg^-(v_i)=m$$

图 10-2 中，$\deg^+(a)=1$，$\deg^-(a)=2$；$\deg^+(b)=2$，$\deg^-(b)=1$；$\deg^+(c)=1$，$\deg^-(c)=1$；$\deg^+(d)=1$，$\deg^-(d)=1$。

在图中，度数为 0 的结点称为孤立点。

10.1.3 常见的图

定义 10-5 具有 n 个结点和 m 条边的图称为（n, m）图。一个（n, 0）图称为零图（该图只有 n 个孤立点）。只有一个结点的图，即（1, 0）图称为平凡图。

定义 10-6 若任意两个不同的结点都是邻接的，则这样的简单图称为完全图。n 个结点的无向完全图记为 K_n，其边的条数为 $n(n-1)/2$。

如图 10-3（a）所示为结点数是 3 的无向完全图，K_3 有 3 条边；如图 10-3（b）所示为结点数是 4 的无向完全图，K_4 有 6 条边。

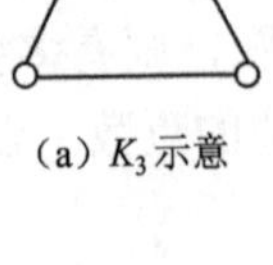

（a）K_3 示意

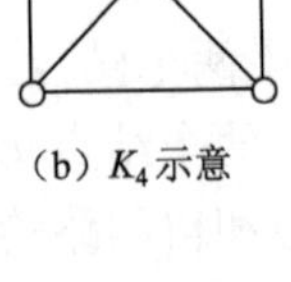

（b）K_4 示意

图 10-3 无向完全图示意

定义 10-7 设 $G=(V, E)$是一个具有 n 个结点的简单图。以 V 为结点集合，从完全图

K_n 中删去 G 的所有边后得到的图称为 G 的补图（或称为 G 的补），记为 $\overline{G}$ 。

如图 10-4（a）所示为一个由 4 个结点构成的图 G；如图 10-4（b）所示为图 G 对应的补图 $\overline{G}$ ［其完全图见图 10-3（b）］。

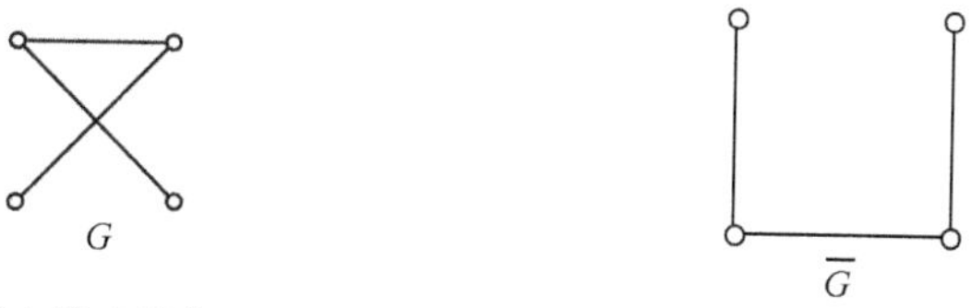

（a）图 G 示意　　（b）图 G 的补图 $\overline{G}$ 示意

图 10-4　补图示意

定义 10-8　给每条边赋以一个实际的数值，这样的图称为加权图，所赋的数值称为该边的权值（简称权）。对于有权图 G，其边 e 的权值记作 $\mathrm{WG}(e)$。有权图 $G=<V(G), E(G)>$ 中所有边的权值之和称作图 G 的权，记作 $\mathrm{WG}(G)$。

10.1.4　子图

在描述和研究图的性质时，经常涉及一个重要概念——子图。

定义 10-9　设图 $G=(V,E)$ 和图 $G'=(V',E')$ ，若 V' 是 V 的子集（ $V'\subseteq V$ ）， E' 是 E 的子集（ $E'\subseteq E$ ），则称 G' 是 G 的子图。

例如，图 10-4（a）、图 10-4（b）为图 10-3（b）的子图。

定义 10-10　设图 $G=(V,E)$ 和图 $G'=(V',E')$ ，若 G' 是 G 的子图，且 $E'\neq E$ ，则称 G' 是 G 的真子图。

定义 10-11　设图 $G=(V,E)$ 和图 $G'=(V',E')$ ，若 G' 是 G 的子图，且 $V'=V$ ， $E'\subseteq E$ ，则称 G' 是 G 的生成子图。

如图 10-5 所示的图 G 的真子图 G_1 如图 10-6 所示，它的生成子图 G_2 如图 10-7 所示。

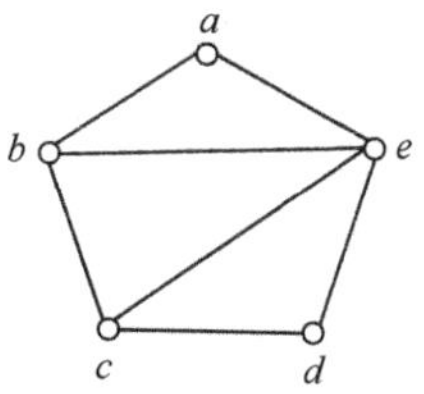

图 10-5　图 G

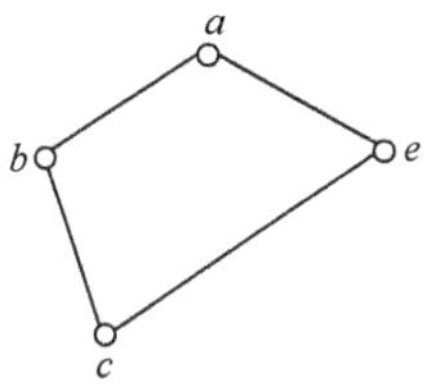

图 10-6　图 G 的真子图 G_1

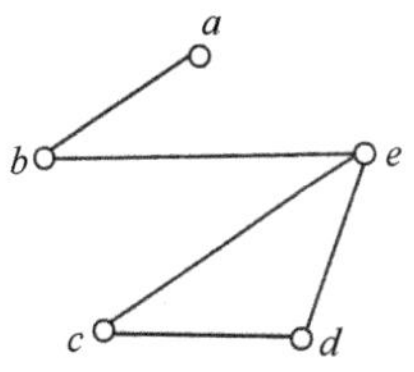

图 10-7　图 G 的生成子图 G_2

10.1.5　图的同构

从图的定义可以看出，图最本质的关系是结点与结点之间，以及连接结点之间的连线之间的关系。除了子图、补图，还有一种关系能够很好地描述图之间的关系，就是同构。

定义 10-12　设图 $G=(V,E)$ 和图 $G'=(V',E')$ ，若存在双射 g：$V\to V'$ ，使得 $e=(u,v)\in E$ ， $e'=(g(u),g(v))\in E'$ ，且 (u,v) 与 $(g(u),g(v))$ 有相同的重数，则称 G 与 G'

同构，记作 $G \cong G'$。

例 10-2 如图 10-8 中的两个图，很容易看出，它们有对应的结点，边数也相同，定义映射 g：$V \to V'$，$g(e_i) = f_i$，则可以验证 g 满足双射，所以 $G \cong G'$。

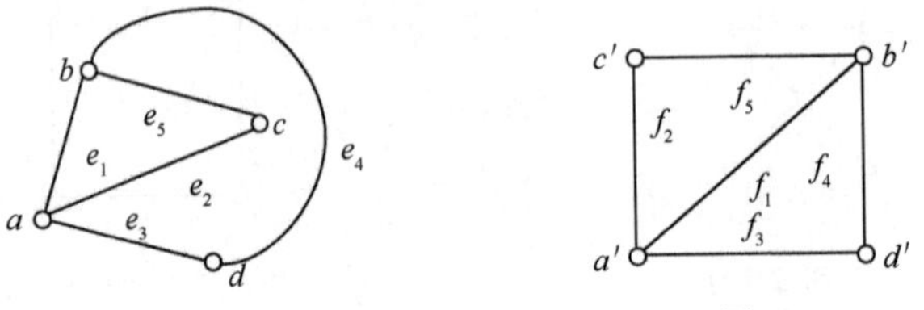

（a）图 G　　（b）图 G'

图 10-8　图同构示意

10.2　路与回路

10.2.1　路与回路简介

定义 10-13 给定图 $G=(V,E)$，设 $v_0,v_1,\cdots,v_k \in V$，$e_1,e_2,\cdots,e_k \in E$，其中，e_i 是关联于结点 v_{i-1} 和 v_i 的边，称交替序列 $v_0e_1v_1e_2\cdots e_kv_k$ 为从 v_0 到 v_k 的路，路中边的数目 k 称为路的长度。

定义 10-14 设 $\mu = v_0e_1v_1e_2\cdots e_kv_k$ 是图 G 中从 v_0 到 v_k 的路。

特殊地，若 $v_0 = v_k$，则称路 μ 为回路。

例 10-3 如图 10-9 所示，从 v_3 到 v_2 的路有 $v_3e_2v_1e_6v_4e_4v_2$，$v_3e_3v_4e_6v_1e_1v_2,\cdots$。路 $v_1e_1v_2e_4v_4e_3v_3e_2v_1$ 是一条路，也是一条回路。

在简单图中，一条路 $v_0e_1v_1e_2\cdots e_kv_k$ 完全由它的结点序列 $v_0v_1\cdots v_k$ 确定，所以，简单图的路可由结点序列表示。

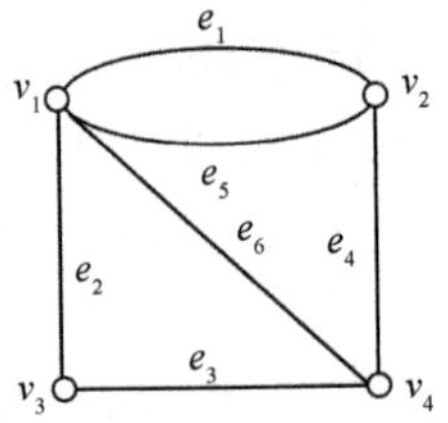

图 10-9　路示例

10.2.2　连通性

定义 10-15 在图 G 中，若结点 v_i 到 v_j 有路连接，这时称 v_i 和 v_j 是连通的，其中长度最短的路称为从 v_i 到 v_j 的最短路径。最短路径的长度称为从 v_i 到 v_j 的距离，用符号 $d(v_i,v_j)$ 来表示。

在如图 10-9 所示的图中，从 v_1 到 v_4 有多条路连接，这说明 v_1 和 v_4 之间是连通的，同时连接这两个点的最短路径为 $v_1e_2v_3e_3v_4$、$v_1e_5v_2e_4v_4$ 等，因此 $d(v_1,v_4)=2$。

结论： 设 G 是具有 n 个结点的图，若从结点 v_i 到另一个结点 v_j 存在一条路，则其最短路径是一条长度不大于 $n-1$ 的路。

定义 10-16 如果一个图的任何两个结点之间都有一条路，那么称这个图是连通的，否则是不连通的。

定义 10-17 图 G 的一个连通的子图，称为连通子图；若它不包含在 G 的任何更大的连通子图中，则称它为 G 的连通分支，常把图 G 的连通分支数记作 $W(G)$。

在图 10-10 中，G 是不连通的，$W(G)=2$，而在图 10-11 中，G' 是连通的，$W(G')=1$。

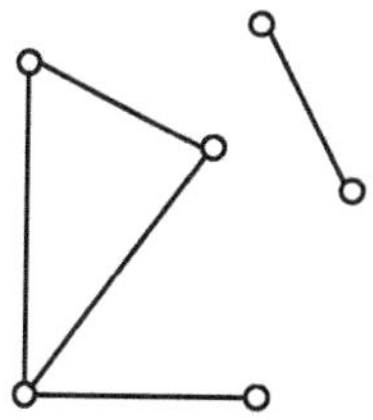

图 10-10　图 G 连通分支示意

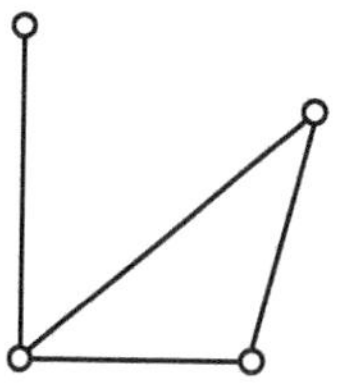

图 10-11　图 G' 连通分支示意

任何一个图都可划分为若干个连通分支。显然，仅当图 G 的连通分支数 $W(G)=1$ 时，图 G 是连通的。

在描述动态状态时（如计算机的流程系统），有向图常常比无向图更有应用价值。因此，了解有向图的相关概念和性质是非常必要的。

定义 10-18　在有向图中，若有一条从结点 v_i 到结点 v_j 的路，则称 v_i 到 v_j 是可达的。

例 10-4　在图 10-12（a）中，从结点 c 到结点 a 有 e_2e_1 和 $e_2e_5e_4$ 等多条路，故 c 到 a 是可达的。在图 10-12（b）中，结点 v_2 到 v_4 是可达的。

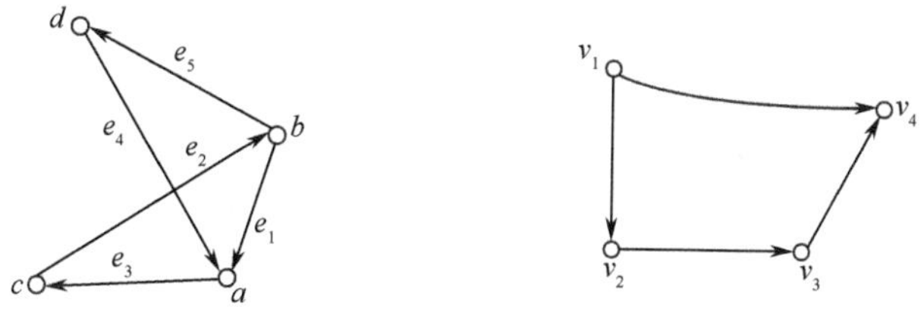

（a）有向图 1　　（b）有向图 2

图 10-12　结点可达示意

定义 10-19　设有有向图 G。

（1）若略去弧的方向后，G 成为连通的无向图，则称 G 是弱连通图。

（2）若 G 中任意两个结点之间至少有一个结点到另一个结点是可达的，则称 G 是单向连通图。

（3）若 G 中任意两个结点之间是相互可达的，则称 G 是强连通图。

若图 G 是单向连通的，则必是弱连通的；若图 G 是强连通的，则必是单向连通的，且是弱连通的。反之，则不一定成立。

如图 10-12（a）所示，该图是弱连通的，是单向连通的，也是强连通的。

如图 10-12（b）所示，该图是弱连通的，是单向连通的，不是强连通的。

定理 10-3　一个有向图 G 是强连通的，当且仅当 G 中有一个（有向）回路至少包含每个结点一次。

定义 10-20　在有向图 $G=\langle V,E\rangle$ 中，设 G' 是 G 的子图。若 G' 是强连通的，且 G 中

没有包含 G' 更大的具有强连通性质的子图，则称 G' 是 G 的强连通分图。

推论 10-1

（1）若 G' 是单向连通的，且 G 中没有包含 G' 更大的具有单向连通性质的子图，则称 G' 是 G 的单向连通分图。

（2）若 G' 是弱连通的，且 G 中没有包含 G' 更大的具有弱连通性质的子图，则称 G' 是 G 的弱连通分图。

在图 10-12（a）对应的有向图中，因为该图是强连通的（单向连通的、弱连通的），因此，该图的强连通分图（单向连通分图、弱连通分图）都是其本身。

在图 10-12（b）对应的有向图中，因为该图单向连通的、弱连通的，因此，该图的单向连通分图、弱连通分图都是其本身；其强连通分图为 $\{\{v_1\},\{v_2\},\{v_3\},\{v_4\}\}$。

定理 10-4 在有向图 $G=(V,E)$ 中，G 的每个结点都在也只在一个强（弱）连通分图中。

10.2.3 最短路径

有权图经常出现在图的应用中。例如，在交通图中，权可以表示两地的距离；在通信图中，权可以表示各种通信线路的建造或维修费用等。

定义 10-21 有向图 G 中，在连接两个结点 v_i 和 v_j 的边上，有时会用具体的数值来表示其含义，将该数值称为该边的权值，简称权。每条边都有权值的有向图称为有向加权图。

定义 10-22 有向加权图 G 中，连接两个结点 v_i 和 v_j 的路 μ 的权是 μ 中各边的权之和，记为 $\mathrm{WG}(\mu)$。

对于图 10-12（a），将每个边赋予一定的数值（权），即 e_1=3，e_2=4，e_3=1，e_4=2，e_5=5，则该图变为有向加权图，如图 10-13 所示。

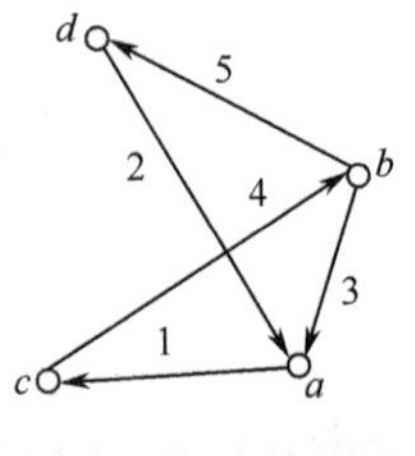

图 10-13 有向加权图

10.2.4 关键路径

1. AOE 网

定义 10-23 AOE（Activity On Edge）网是一个带权的有向无环图（有向加权图，并且该图中无环存在），其中，结点表示事件，有向边（弧）表示活动，弧上的权值表示活动的权值（如可表示该活动持续的时间、活动的开销等）。

AOE 网在工程方面的应用是非常广泛的。例如，可利用 AOE 网来估算项目工程的完成时间，找出影响工程进度的“关键活动”，从而为决策者提供修改各活动预定进度的依据。

AOE 网具有如下性质：

（1）只有在某结点所代表的事件发生后，从该结点出发的各有向边所代表的活动才能开始；

（2）只有在进入某一结点的各有向边所代表的活动都已经结束后，该结点所代表的事件才能发生；

（3）表示实际工程计划的 AOE 网应该是无环的，并且存在唯一入度为 0 的开始结点和唯一出度为 0 的完成结点。

图 10-14 所示为一个 AOE 网，其中有 9 个事件 $v_1,v_2,\cdots,v_9$ 和 11 项活动 $a_1,a_2,\cdots,a_{11}$。对于 AOE 网中的每个事件，v_1 表示整个工程项目的开始，v_9 表示整个工程项目的结束，在工程项目活动中，只有在某个活动之前的所有活动都完成后，其后的活动才能开始执行。例如，事件 v_5 能够执行的前提是活动 a_2、a_3、a_5 和 a_6 都已经完成，且只有事件 v_5 执行后，活动 a_7 和 a_8 才可以开始。与每个活动相关联的权值表示完成该活动所需的代价（如时间、损耗等）。例如，活动 a_1 需要 5 天时间（或者需要完成 5 个单位的损耗）才可以完成。

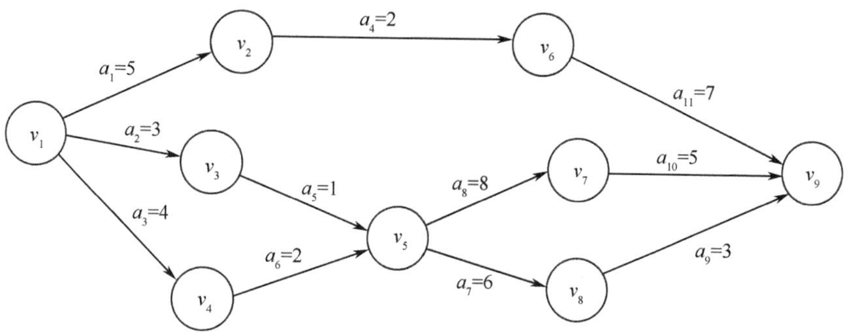

图 10-14　AOE 网

2. 关键路径

AOE 网中的某些活动能够同时进行，但影响工程的活动和事件一定是路径最长的那个。

定义 10-24　对于 AOE 网中的活动和事件，完成整个工程所必须花费的时间应为开始结点到完成结点之间的最大路径长度，具有最大路径长度的路径称为关键路径（Critical Path）。

在 AOE 网中，路径长度是指该路径上的各活动所需的权值（一般指时间）之和。最大路径长度的路径就是关键路径。关键路径上的活动称为关键活动。

根据定义可知，只要找出 AOE 网中的关键活动，也就找到了关键路径。关键路径长度是整个工程所需的最短工期。也就是说，要缩短整个工期，必须加快关键活动的进度。需要注意的是，在一个 AOE 网中，可以有不止一条关键路径。

3. 关键路径的求解方法

例 10-5　计算如图 10-14 所示的 AOE 网的关键路径。

假设开始节点是 v_1，结束结点是 v_9，而在执行 v_9 之前，v_6、v_7、v_8 必须全部执行完毕，并且所有活动 a_i $(i=1,2,3,\cdots,9)$全部结束。通过分析发现，如果要执行 v_9，则前面所有内容必须执行完毕，因此，关键路径实际上是找一条从 v_1 到 v_9 的最长路径。

计算过程如下：

（1）从事件 v_1 开始执行，若每个活动表示执行的天数，则分别要经过 5 天、3 天、

4 天才可以执行 v_2、v_3、v_4；

（2）从事件 v_2 开始，执行 2 天后，可以执行 v_6；

（3）从事件 v_3 开始，执行 1 天后，该线路活动结束，但是否能够执行 v_5，还要看另一个条件是否完成，此时 $v_1a_2\,v_3a_5v_5$ 已经持续了 4 天；

（4）从事件 v_4 开始，执行 2 天后，该线路活动结束，此时 $v_1a_3v_4a_5v_6$ 已经持续了 6 天；与（3）进行比较，此时执行 v_5 的前提是两条线路必须都完成，因此，从 v_1 开始持续 6 天后，才可以开始执行 v_5；

（5）从事件 v_6 开始，执行 7 天后，该线路方向具备了执行 v_9 的条件，此时该线路方向执行的天数为 14 天；

（6）从事件 v_5 开始，分别执行 8 天和 6 天后，可以执行 v_7、v_8；

（7）从事件 v_7 开始，执行 5 天后，该线路方向具备了执行 v_9 的条件，此时该线路方向执行的天数为 19 天；

（8）从事件 v_8 开始，执行 3 天后，该线路方向具备了执行 v_9 的条件，此时该线路方向执行的天数为 15 天；

（9）由于 v_9 执行的条件是要同时满足（5）、（7）、（8）三个方面，因此综合（5）、（7）、（8）得出，该项工作的关键路径长度为 19，关键路径为 $v_1a_3v_4a_6v_5a_8v_7a_{10}v_9$。

具体如图 10-15 所示。

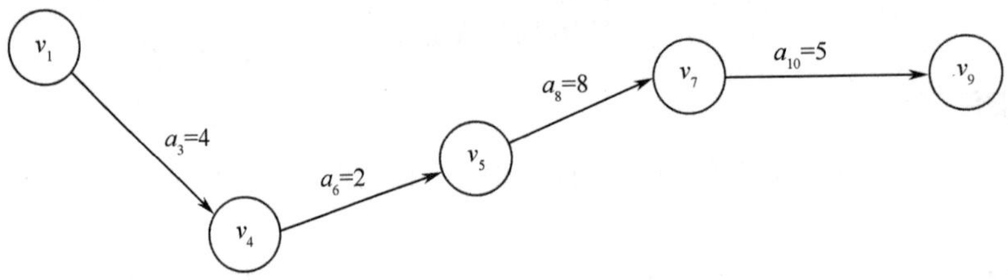

图 10-15　图 10-14 所示的 AOE 网的关键路径

从图 10-15 可以看出，a_3、a_6、a_8、a_{10} 是关键活动。因此，关键路径为（v_1,v_4,v_5,v_7,v_9）。

需要注意的是，并不是加快任何一个关键活动都可以缩短整个工程的完成时间，只有在不改变 AOE 网关键路径的前提下，加快包含在关键路径上的关键活动才可能缩短整个工程的完成时间。

10.2.5　综合案例及应用

针对如图 10-13 所示的有向加权图，将图中的距离全部扩大 10 倍，用迪克斯特拉算法分别求结点 a、b、c、d 到其余各点的最短路径。

利用迪克斯特拉算法，以从 a 点出发为例，实现过程如下：

（1）设置初值，$M=\{a\}$，$N=\{b, c, d\}$，$D(b)=\infty$，$D(c)=1$，$D(d)=\infty$；

（2）在 N 中选择有最小 D 值的结点 c，置 M 为 $M\cup\{c\}=\{a, c\}$；

（3）置 N 为 $N-\{c\}=\{b, d\}$；

（4）在 M 中添加元素 b 及在 N 中减少 b 后，修改 N 中诸元素的距离 D 值的原则为，当初值集合增加元素 b 后，判断 a 到其他点的最短距离是否有变化，若有变化，则用这个变化值替换原来的距离值。

（5）上述过程迭代进行，直至 N 的元素为空集。

用 Python 程序实现如下：

```
m = 10000                #根据题目的数据，设置最大值为 10000
                         #最大值的设定要根据具体题目而定
Graph_A = [
        [0,m,10,m],
        [30,0,m,50],
        [m,40,0,m],
        [20,m,m,0],
    ]
lujing_A = [0] * len(Graph_A)
juli_A = [0] * len(Graph_A)
start_pot=[0,1,2,3]
for k in start_pot:
    num = len(Graph_A)
    v = [0] * num
    for i in range(num) :
        if   i = = start_pot :
            v[start_pot] = 1
        else:
            juli_A[i] = Graph_A[start_pot[k]][i]
            if    (juli_A[i]<m) :
                lujing_A[i] = start_pot
            else:
                lujing_A[i] = -1
    for i in range(1,num):
        minjuli = m
        curNode = -1
        for w in range(num):
            if v[w] == 0 and juli_A[w] < minjuli:
                minjuli = juli_A[w]
                curNode = w
        if curNode == -1:
            break
        v[curNode] = 1
        for w in range(num):
            if v[w] == 0 and (Graph_A[curNode][w] + juli_A[curNode] < juli_A[w]):
                juli_A[w] = Graph_A[curNode][w] + juli_A[curNode]
                lujing_A[w] = curNode
print(juli_A)
```

输出结果如下：

```
[0, 50, 10, 100]
[30, 0, 40, 50]
[70, 40, 0, 90]
[20, 70, 30, 0]
```

10.3 图的矩阵表示

图 G 的图形表示方法体现了形象直观的特点，但该表示方法在结点与边的数目很多时不太方便。下面介绍图的另一种表示方法——矩阵表示方法。这种方法也可以将图用矩阵形式存储在计算机中，利用矩阵的运算来体现图的一些具体性质。

10.3.1 邻接矩阵表示

定义 10-25 设 $G=(V,E)$ 是有 n 个结点的图，则 n 阶方阵 $\boldsymbol{A}=(a_{ij})$ 称为 G 的邻接矩阵。其中

$$a_{ij}=\begin{cases}1,\ (v_i,v_j)\in E\\0,\ (v_i,v_j)\notin E\end{cases}$$

如图 10-16 所示的图 G，其邻接矩阵 $\boldsymbol{A}$ 为

$$\boldsymbol{A}=\begin{pmatrix}0&1&0&0&0\\1&0&0&1&1\\0&0&0&0&1\\0&1&0&0&0\\0&1&1&0&0\end{pmatrix}$$

显然，无向图的邻接矩阵一定是对称的。

设 G 是具有 n 个结点集 $\{v_1, v_2, \cdots, v_n\}$ 的图，其邻接矩阵为 $\boldsymbol{A}$，则 $\boldsymbol{A}^l$（$l=1, 2, \cdots$）的 (i,j) 项元素 $a^{(l)}_{ij}$ 是从 v_i 到 v_j 长度等于 l 的路的总数。

特别说明：当 $l=1$ 时，此时的 $\boldsymbol{A}$ 就是邻接矩阵；当 $l=2$ 时，此时矩阵 $\boldsymbol{A}^2$ 中对应 (i,j) 位置的元素 $a_{ij}^{(2)}$ 是从 v_i 到 v_j 长度等于 2 的路的总数。

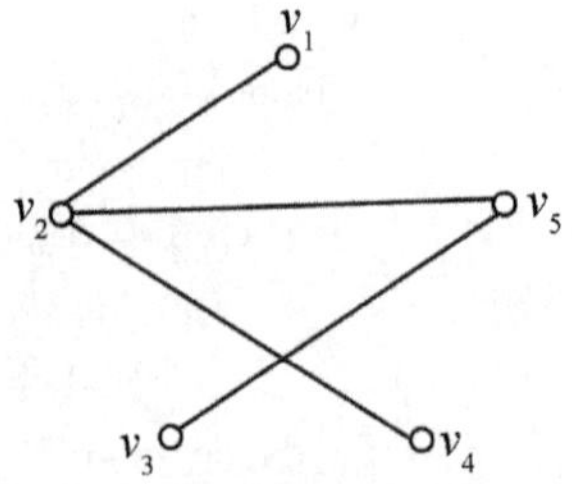

图 10-16 无向图 G

例 10-6 针对图 10-16 所示的无向图 G，其对应的矩阵如 $\boldsymbol{A}$ 所示，求邻接矩阵 $\boldsymbol{A}^2$，并分析矩阵 $\boldsymbol{A}^2$ 中元素 $a_{ij}^{(2)}$ 的含义。

解：

$$\boldsymbol{A}=\begin{pmatrix}0&1&0&0&0\\1&0&0&1&1\\0&0&0&0&1\\0&1&0&0&0\\0&1&1&0&0\end{pmatrix}$$

$$
A^2 = \begin{pmatrix} 0 & 1 & 0 & 0 & 0 \\ 1 & 0 & 0 & 1 & 1 \\ 0 & 0 & 0 & 0 & 1 \\ 0 & 1 & 0 & 0 & 0 \\ 0 & 1 & 1 & 0 & 0 \end{pmatrix} \times \begin{pmatrix} 0 & 1 & 0 & 0 & 0 \\ 1 & 0 & 0 & 1 & 1 \\ 0 & 0 & 0 & 0 & 1 \\ 0 & 1 & 0 & 0 & 0 \\ 0 & 1 & 1 & 0 & 0 \end{pmatrix}
$$

$$
= \begin{pmatrix} 1 & 0 & 0 & 1 & 1 \\ 0 & 3 & 1 & 0 & 0 \\ 0 & 1 & 1 & 0 & 0 \\ 1 & 0 & 0 & 1 & 1 \\ 1 & 0 & 0 & 1 & 2 \end{pmatrix}
$$

A^2 矩阵中的 $a_{ij}^{(2)}$ 是指从 v_i 到 v_j 长度等于 2 的路的总数。例如，$a_{22}^{(2)}=3$ 表示从 v_2 到 v_2 长度等于 2 的路的总数为 3，即 $v_2v_1v_2$、$v_2v_5v_2$、$v_2v_4v_2$；$a_{32}^{(2)}=1$，表示从 v_3 到 v_2 长度等于 2 的路的总数为 1，即 $v_3v_5v_2$。

10.3.2　关联矩阵表示

邻接矩阵中对应的行和列都表示图中结点和结点之间的关系，如果要表示图中结点和边之间的关系，就要用到关联矩阵。

关联矩阵经常应用于多目标、多系统方案中，用于从多个方面进行优劣评判。

1. 无向图的关联矩阵

定义 10-26　对于无向图 $G(V,E)$ 来说，若 p 为图中顶点 v 的数量，q 为图中边 e 的数量，则用 $B(b_{ij})$ 表示在关联矩阵中点 v_i 和边 e_j 之间的关系。若点 v_i 和边 e_j 之间是相连的，则 b_{ij} 的值为 1，否则值为 0。

例 10-7　对于图 10-17 所示的无向图，其顶点集合为 $V=\{v_1, v_2, v_3, v_4, v_5\}$，边的集合为 $E=\{e_1, e_2, e_3, e_4, e_5\}$，其对应的关联矩阵 $\boldsymbol{B}$ 如下：

$$
\boldsymbol{B} = \begin{pmatrix} 1 & 0 & 0 & 0 & 1 \\ 1 & 1 & 0 & 1 & 0 \\ 0 & 1 & 1 & 0 & 0 \\ 0 & 0 & 0 & 1 & 1 \\ 0 & 0 & 1 & 0 & 0 \end{pmatrix}
$$

从图 10-17 对应的关联矩阵可以看出，关联矩阵中的 1 的数量为无向图中的边数量的 2 倍，其中，关联矩阵中每行 1 的数量为该点所对应边的数量；每列中若有 1 存在，则必然有两个 1 同时存在，表示该边所对应的两个节点。若某列对应的值全部为 0，表示该点为图中的孤立点。

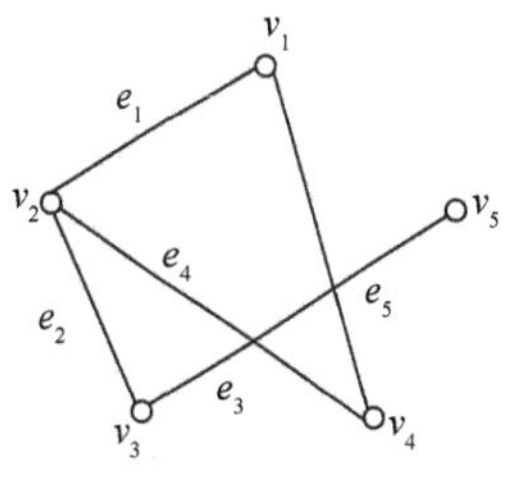

图 10-17　无向图 G

2. 有向图的关联矩阵

定义 10-27　对于有向图 $G(V,E)$ 来说，若 p 为图中顶点 v 的数量，q 为图中边 e 的数量，用 $B(b_{ij})$ 表示在关联矩阵中点 v_i 和边 e_j 之间的关系，若 b_{ij} 的值为 1，则表示边 e_j 离开点 v_i；若 b_{ij} 的值为-1，则表示边 e_j 指向点 v_i；若 b_{ij} 的值不为 0，则表示边与边之间是相连的，否则其值为 0。

对于图 10-18 所示的无向图，其顶点集合为 $V=\{ v_1, v_2, v_3, v_4, v_5\}$，边的集合为 $E=\{ e_1, e_2, e_3, e_4, e_5\}$，方向如图所示，则其对应的关联矩阵 $\boldsymbol{B}$ 如下所示：

$$\boldsymbol{B}=\begin{pmatrix} -1 & 0 & 0 & 0 & 1 \\ 1 & 1 & 0 & -1 & 0 \\ 0 & -1 & 1 & 0 & 0 \\ 0 & 0 & 0 & 1 & -1 \\ 0 & 0 & -1 & 0 & 0 \end{pmatrix}$$

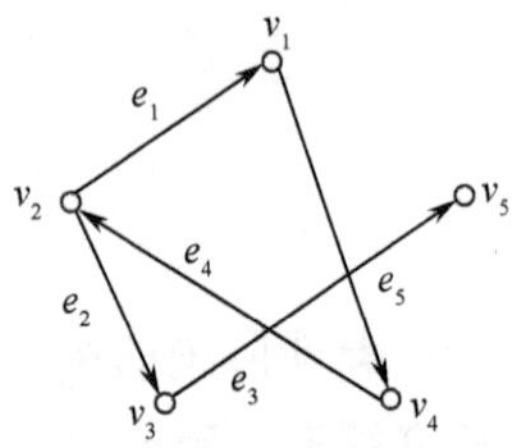

图 10-18　有向图 G

从图 10-18 对应的关联矩阵可以看出，关联矩阵中的 1（或者-1）的数量为有向图中的边数，其中，关联矩阵中每行 1 的数量表示从该点发出的边数，-1 的数量表示到该点结束的边数；每列中若有 1 存在，必然有-1 同时存在，表示该边从 1 所对应的点出发，到-1 对应的点结束。若某列对应的值全部为 0，则表示该点为图中的孤立点。

10.3.3　综合案例及应用

下面针对图 10-16，利用 Python 程序实现求解长度为 2 的路的条数。

根据邻接矩阵的概念，针对图 10-16，其对应的矩阵为 $\boldsymbol{A}$，通过矩阵乘法可以求出 $\boldsymbol{A}^2$，在矩阵 $\boldsymbol{A}^2$ 中，元素 $a_{ij}^{(2)}$ 的含义就是从 i 点出发、到 j 点结束的长度为 2 的路的总数，因此该问题转化为求矩阵乘法的问题[4]。

实现的具体程序如下：

```
a = [[0,1,0,0,0], [1,0,0,1,1], [0,0,0,0,1], [0,1,0,0,0],[0,1,1,0,0]]
b = [[0,1,0,0,0], [1,0,0,1,1], [0,0,0,0,1], [0,1,0,0,0],[0,1,1,0,0]]
c = [[0,0,0,0,0], [0,0,0,0,0], [0,0,0,0,0], [0,0,0,0,0],[0,0,0,0,0]]
print("-"*30)
print("输出矩阵 A")
for i in range(len(a)):
        for j in range(len(a[0])):
            print(a[i][j],end=" ")
        print('\n')
print("-"*30)
print("输出矩阵 B")
for i in range(len(b)):
        for j in range(len(b[0])):
            print(b[i][j],end=" ")
        print('\n')
print("-"*30)
print("输出矩阵 C=A*B")
```

```
for i in range(len(a)):
        for j in range(len(b[0])):
            for k in range(len(b)):
                c[i][j] = c[i][j]+a[i][k] * b[k][j]
            print(c[i][j],end=" ")
        print('\n')
```

输出结果如下：

```
-----------------------------
输出矩阵 A
0 1 0 0 0
1 0 0 1 1
0 0 0 0 1
0 1 0 0 0
0 1 1 0 0
-----------------------------
输出矩阵 B
0 1 0 0 0
1 0 0 1 1
0 0 0 0 1
0 1 0 0 0
0 1 1 0 0
-----------------------------
输出矩阵 C=A*B
1 0 0 1 1
0 3 1 0 0
0 1 1 0 0
1 0 0 1 1
1 0 0 1 2
```

10.4 欧拉图与哈密顿图

10.4.1 欧拉图

哥尼斯堡七桥问题是历史上著名的图论问题。问题是这样的：在 18 世纪东普鲁士的哥尼斯堡城市，有条横贯全城的普雷格尔河和两个岛屿，在河的两岸与岛屿之间架设了 7 座桥，把它们连接起来，如图 10-19 所示，那么，如何才能不重复、不遗漏地走完 7 座桥，最后回到出发点？

类似这样的问题很多，经典的旅游路线规划问题就是这样的问题，如到 *A* 城市进行旅游，该城市有 7 条旅游线路，我们的目的是经过所有的旅游线路，且希望旅游线路不重复，如图 10-20 所示。

这些问题都可以归结成在某图中从某一结点出发，找到一条路线，通过它的每条边一次且仅一次，并回到出发的结点。

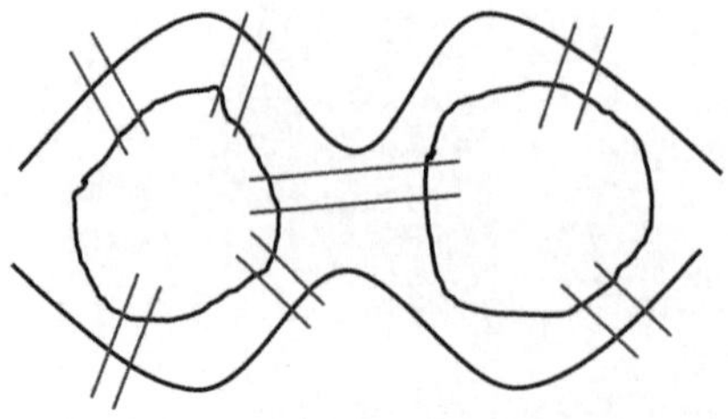

图 10-19　哥尼斯堡七桥问题示意

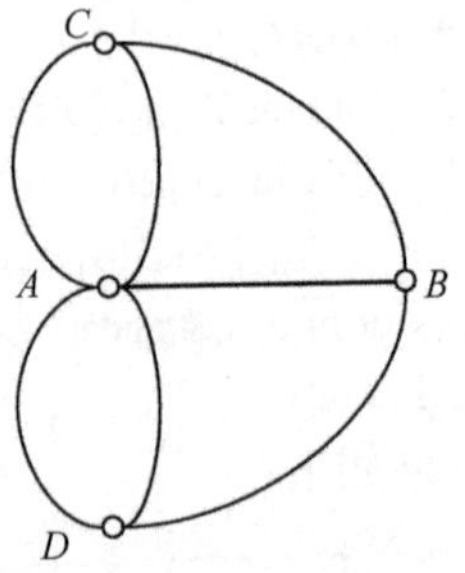

图 10-20　某城市旅游线路示意

定义 10-28　给定无孤立结点的图 G，若存在一条经过 G 中每边一次且仅一次的回路，则该回路为欧拉回路，具有欧拉回路的图称为欧拉图。

例 10-8　给出如图 10-21 所示的两个图，图 10-21（a）是欧拉图，而图 10-21（b）不是欧拉图。

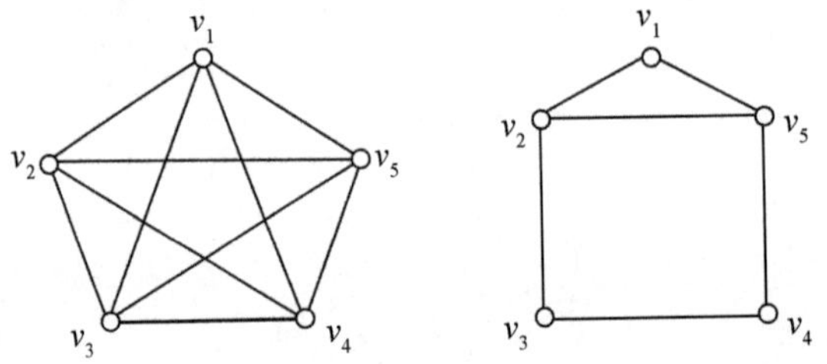

（a）　（b）

图 10-21　无向图

连通图 G 是欧拉图的充要条件是 G 的所有结点的度数都是偶数（这样的结点称为偶度结点）。

通过图 G 的每条边一次且仅一次的路称为图 G 的欧拉路。

一个图中是否存在欧拉路，可以采用如下方法判定：连通图 G 具有一条连接结点 v_i 和 v_j 的欧拉路，当且仅当 v_i 和 v_j 是 G 中仅有的奇度结点。

“一笔画”游戏与哥尼斯堡七桥问题类似，要判定一个图 G 是否可一笔画出，其实和判断欧拉图类似，一般在以下两种情况下可以完成一笔画：

（1）若图中所有结点是偶度结点，则可以任选一点作为始点一笔画完；

（2）若图中只有两个奇度结点，则可以选择其中一个奇度结点作为始点一笔画完。

类似于无向图的结论，对有向图有以下结论。

一个连通有向图具有（有向）欧拉回路的充要条件是图中每个结点的入度等于出度。

一个连通有向图具有有向欧拉路的充要条件是，最多除两个结点外，每个结点的入度等于出度，但在这两个结点中，一个结点的入度比出度大 1，另一个结点的入度比出度少 1。

10.4.2　哈密顿图

欧拉图是针对图中的“边”进行研究的，那么图中的“点”是不是也有类似的属性呢？与欧拉回路（研究“边”）类似的是哈密顿回路（研究“点”）。1859 年，哈密顿首先提出一个关于 12 面体的数学游戏，即能否在图 10-22 中找到一个回路，使它含有图中所有的结点且仅包含一次。

若把图 10-22 中的每个结点看成一座城市的若干网络的连接点，把连接两个结点的边看成网络通路，那么这个问题就变成能否找到一条通路，使得该通路经过每个网络结点恰好一次，再回到原来的出发地。为了解决该问题，给出如下定义。

定义 10-29　设在图 G 中，若有一条路通过 G 中每个结点恰好一次，则这样的路称为哈密顿路；若有一个回路，通过 G 中每个结点一次，且恰好一次，则该回路称为哈密顿回路。具有哈密顿回路的图称为哈密顿图。

为了解决哈密顿回路的问题，下面给出一个简单且有用的必要条件。

设图 $G=(V,E)$ 是哈密顿图，则对于 V 的每个非空子集 S，均有

$$W(G\text{-}S)\leqslant|S|$$

成立，其中，$W(G\text{-}S)$ 是图 $G\text{-}S$ 的连通分支数，$|S|$为集合 S 中的元素个数。

利用上述条件可判别某些图是否为哈密顿图。

例 10-9　在图 10-23 中，若取 $S=\{v_1, v_4\}$，则 $G\text{-}S$ 有 3 个连通分支$\{v_2\}$、$\{v_7\}$、$\{v_3, v_5, v_6, v_8\}$。由于$|S|=2$，因此不满足上面的条件，故该图不是哈密顿图。

但是，通过图能够很简单地观察到，图 10-23 中存在一条哈密顿路（$v_2\,v_1\,v_7\,v_4\,v_3\,v_8\,v_6\,v_5$），但不存在哈密顿回路，因此其不是哈密顿图。

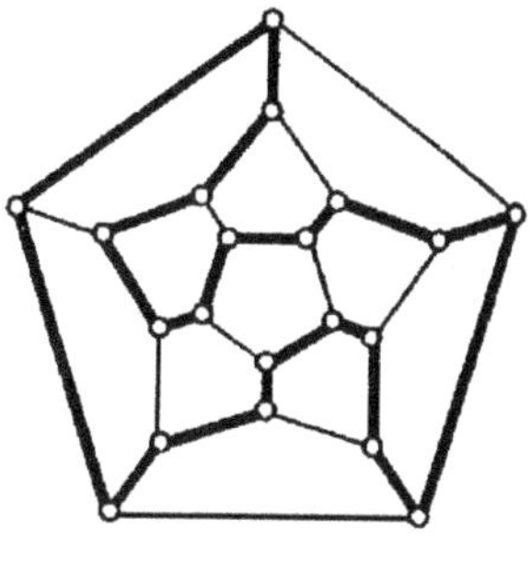

图 10-22　12 面体游戏示意

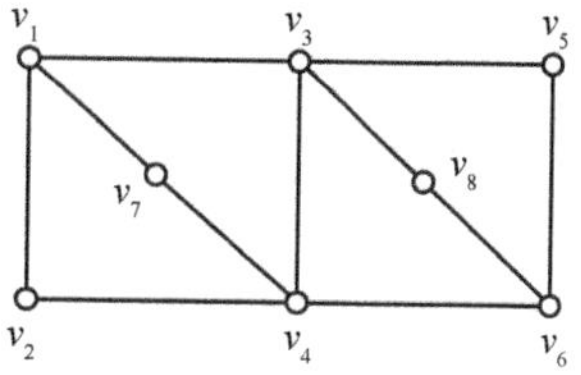

图 10-23　无向图示例

设 $G=(V,E)$ 是有 n 个结点的简单图，如果任两结点 $u,v\in V$，均有 $\deg(u)+\deg(v)\geqslant n-1$，则在 G 中存在一条哈密顿路；如果对任意两个结点 $u,v\in V$，均有 $\deg(u)+\deg(v)\geqslant n$，则 G 是哈密顿图。

例 10-10　某单位在进行局域网连接时，有 5 个区域需要网络互连。若每个区域均有两种连接线路与其他区域相连，问是否能设计一条连接线路，使其经过每个区域恰好一次且能全部连接这 5 个区域。

解： 将区域作为图的结点，将连接线路作为图的边，则得到一个由 5 个结点构成的

无向图。

由题意知，对每个结点 v_i，有 $\deg(v_i)=2$（$i\in N_5$），则对任意两点 v_i, v_j（$i,j\in N_5$），均有 $\deg(v_i)+\deg(v_j)=2+2=4=5-1$。

因此，存在一条哈密顿路，但不存在哈密顿回路。

10.4.3 综合案例及应用

1. 问题引入

在人们日常工作、生活中，经常会遇到一类问题，就是如何策划销售线路，该问题与哈密顿回路有着密切的联系。

例 10-11 某销售公司要制定某商品在某城市的销售策划，通过前期的调研和分析，该公司在该城市确定了 4 个区域作为销售重点区域，某销售人员要策划一条销售线路，确保能够对每个区域进行销售宣传，并且效率最高。

分析：该销售问题其实可以归结为线路规划问题，即从 A 区域出发，为了营销宣传，要走遍 B、C、D 区域后返回 A 地区，这 4 个区域的分布、距离如图 10-24 所示，需要求出营销的最佳策略。

2. 最邻近算法

为了解决类似的问题，介绍“最邻近算法”，其步骤如下。

（1）由任意选择的结点 v_1 开始，找与该点最靠近（权最小）的点，形成有一条边的初始路径$\{v_1\}$。

（2）选择一个新结点（如 v_2），设 v_2 表示最新加到这条路上的结点，从不在路上的所有结点中选一个与 v_2 最靠近的结点，把连接 v_2 与这一结点的边加到这条路上。重复这一步，直到 G 中所有结点包含在路上。

（3）将连接初始点与最后加入的结点之间的边加到这条路上，就得到了一个回路，即问题的近似解。

3. 算法实现

针对如图 10-24 所示的无向图，设计一条从 A 出发，到达每个点后再回到 A 点的最短路线。

第一步：从 A 点出发，建立初始集合$\{A\}$。

第二步：从 A 点开始，在未到达的地区选取距离最近的点 C，使 C 点进入集合，并形成路径$\{AC\}$。

第三步：从 C 点出发，在未到达的地区选取距离最近的点 B，使 B 点进入集合，并形成路径$\{ACB\}$。

第四步：从 B 点出发，在未到达的地区选取距离最近的点 D，使 D 点进入集合，并形成路径$\{ACBD\}$。

最终得到的线路为 A、C、B、D，路程为 6+10+11+8=35。

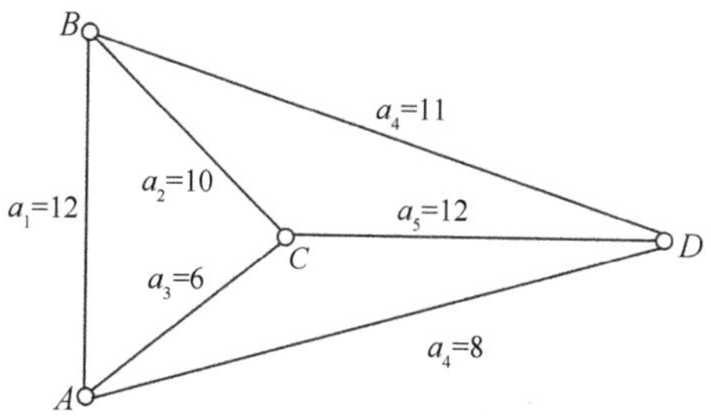

图 10-24　销售问题示意

10.5　树

树是图论中的一个重要的概念，也是人工智能的重要基础内容，如决策树的理论和相关内容都是支持人工智能的重要方面，还可以通过树的理论来研究电网等。树在计算机科学中的应用更加广泛。为了更好地介绍树的基本知识，我们约定，本节涉及的图都设定为简单图[5]。

10.5.1　树的概念

定义 10-30　一个连通无回路的图称为树。树中度数为 1 的结点称为树叶（或终端结点），度数大于 1 的结点称为分枝点（或内点，或非终端结点）。一个无回路图称为森林。

显然，若图 G 是森林，则 G 的每个连通分支是树。

如图 10-25 所示的无向图是联通的，并且没有回路，满足树的定义，因此该图表示的图形是一棵树。

如图 10-26 所示的无向图没有回路，因此该图是森林；由于该图不是联通的，具有三个联通分支，因此，该图的每个联通分支为树。

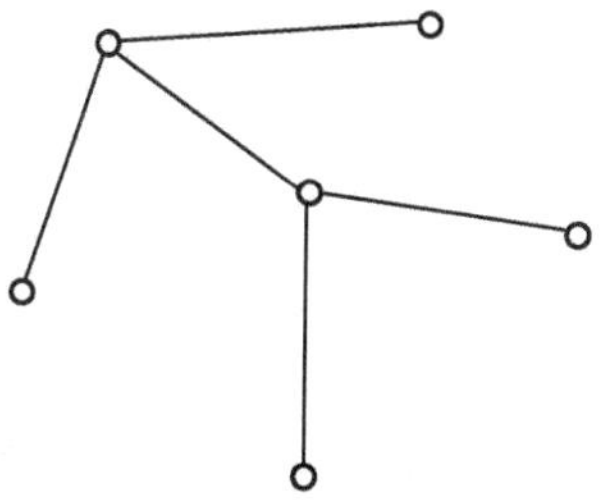

图 10-25　树的示意

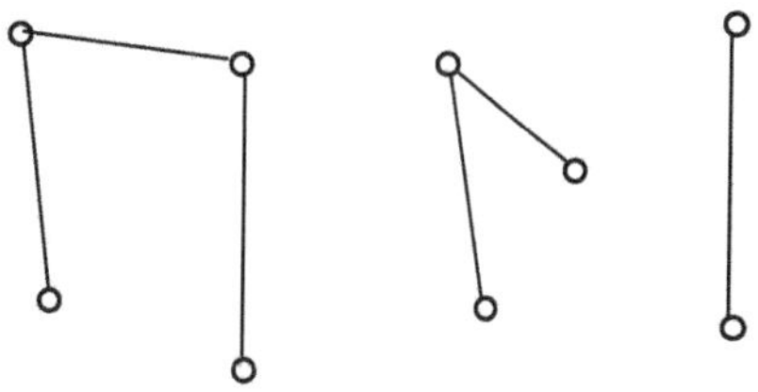

图 10-26　森林的示意

根据树的定义和特征可以得出：在结点数给定的所有图中，树是边数最少的连通图，是边数最多的无回路图。同时树满足如下性质。

推论 10-2　设 G 是一棵树，根据条件可以得出如下性质。

（1）去掉 G 中任意一条边后，所得的图 G 是不连通的。

（2）G 中每对结点间有且仅有一条通路相连。

（3）在 G 中不相邻接的任意两结点间添加一条边后形成的图有且仅有一个回路。

（4）若树 G 的结点数 $n \geqslant 2$，则 G 至少有两片树叶（度数为 1 的结点）。

10.5.2 生成树

1. 生成树

定义 10-31 若连通图 G 的生成子图是一棵树，则称该树是图 G 的生成树，记为 TG。生成树 TG 中的边称为树枝，图中其他边称为 TG 的弦，所有这些弦的集合称为 TG 的补图。

如图 10-27（b）所示的树是如图 10-27（a）所示的图的生成树（一般地，图的生成树不一定唯一），而如图 10-27（c）所示的树 T_3 不是如图 10-27（a）所示的图的生成树。

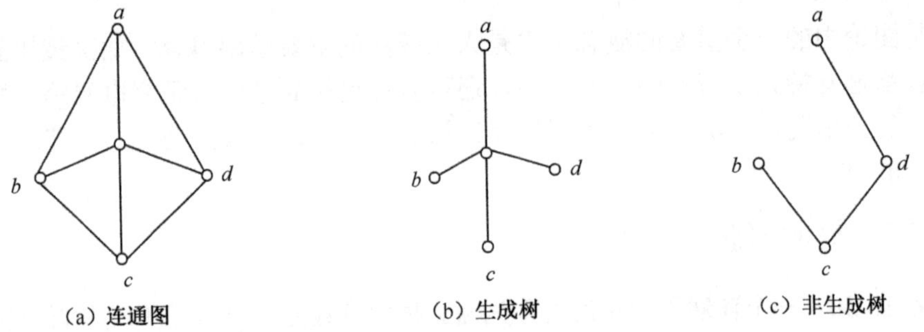

图 10-27　连通图及生成树示例

2. 最小生成树

定义 10-32 设 $G=(V,E)$ 是一连通的有权图，则 G 中具有最小权的生成树 TG 称为 G 的最小生成树。

图的最小生成树问题在很多应用中都有实际意义。比如，某单位要建造一个连接若干区域的网络，已知区域 v_i 和 v_j 之间的网络连接时需要的费用，则设计一个总费用最低的网络的问题就可以转化为最小生成树问题。

接下来介绍求最小生成树的算法（克鲁斯克尔算法），此算法的基本思想是在与已选取的边不构成回路的边中选取最小者。其具体步骤如下。

（1）在 G 中选取最小权边，置边数的初值 $i=1$，同时确定图中结点的数值 n。

（2）判断 i 与 n 的关系：当 $i=n-1$ 时，结束；否则，转到第（3）步，继续操作。

（3）设已按照由小到大的顺序选择了边的顺序，为 $e_1, e_2,\cdots, e_i$；继续在边的集合 G 中选取不同于 $e_1, e_2,\cdots, e_i$ 的边 e_{i+1}，确保边 e_{i+1} 的权值是目前未选取边中的最小权值，并且保证 $\{e_1, e_2,\cdots, e_i, e_{i+1}\}$ 构成的图无回路。

（4）置 i 为 $i+1$，转到第（2）步继续判断，直到结束为止。

例 10-12 求如图 10-28 所示的加权图的最小生成树。

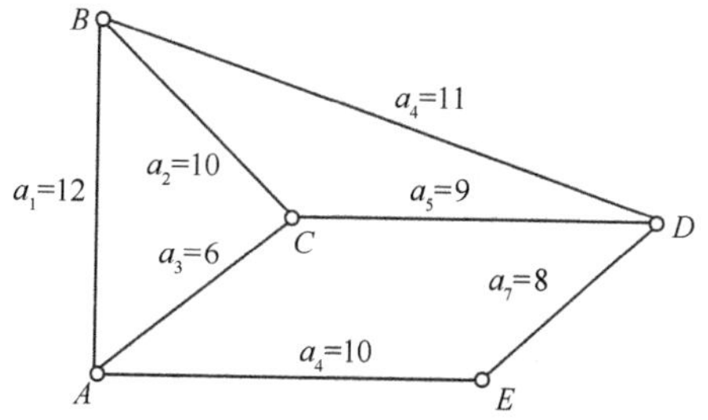

图 10-28　加权图

解： 因为图中 n=5，所以按算法要执行 4（n−1）次操作，具体如下。

（1）在所有 a_i 中选择权值最小的边 a_3=6，对应的点为 A、C，此时 i 的值为 1。

（2）由于(i=1)<(5−1=4)，选择没有结束，继续执行。

（3）继续在没有选到的边集合中，选取权值最小的边 a_7=8，对应的点为 D、E，此时 i 的值增加为 2。

（4）由于(i=2)<(5−1=4)，选择没有结束，继续执行。

（5）继续在没有选到的边集合中，选取权值最小的边 a_5=9，对应的点为 C、D，选择该边以后，要判断添加该边后，是否出现回路，经过判断没有出现回路，此时 i 的值为 3。

（6）由于(i=3)<(5−1=4)，选择没有结束，继续执行。

（7）继续在没有选到的边的集合中，选取权值最小的边 a_2=10 和 a_4=10，对应的点为 B、C 和 A、E，首先选择 a_4，经过判断可知，添加该边后出现回路，因此不能选择 a_4，继续选择 a_2，经过判断知没有出现回路，此时 i 的值为 4。

（8）由于(i=4)<(5−1=4)，满足条件，结束操作。

最终构成的最小生成树的边集合为{a_3, a_7, a_5, a_2}，权值为 6+8+9+10=33。

10.5.3　二叉树

1. 根树、有序树、m 叉树

定义 10-33　对一个有向图，若不考虑边的方向，它是一棵树，则这个有向图称为有向树。一棵有向树，若其仅有一个结点的入度为 0，其余所有结点的入度都为 1，则称为根树，其中入度为 0 的结点称为根结点，出度为 0 的结点称为叶子结点，出度不为 0 的结点称为分枝结点（内点），如图 10-29 所示。

定义 10-34　在根树中，若从上层 v_i 可以到达下层 v_j，则称 v_i 是 v_j 的祖先，v_j 是 v_i 的后代；若<v_i, v_j>是根树中的有向边，则称 v_i 是 v_j 的父亲，v_j 是 v_i 的孩子；若两个结点是同一结点的孩子，则称这两个结点是兄弟。

定义 10-35　在根树中，任意一个结点 v 有孩子结点存在，那么以 v 的所有孩子结点出发构成的子图称为以 v 为根的子树。这样的过程可以递归进行，直到叶子结点为止。

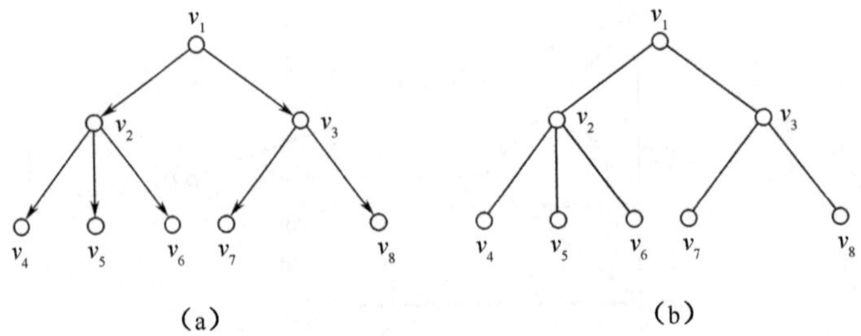

图 10-29　根树示例

定义 10-36　如果在根树中规定了每一层次上结点的次序，这样的根树称为有序树。在有序树中，规定同一层次结点的次序是从左至右。

定义 10-37　在根树中，若每个结点的出度都不大于 m，则称这棵树为 m 叉树。若每个结点的出度恰好等于 0 或 m，则称这棵树为完全 m 叉树。

如图 10-30 所示为三叉树，如图 10-31 所示为二叉树。

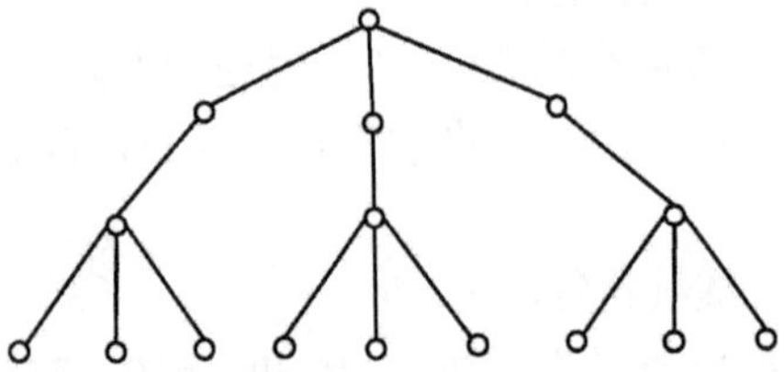

图 10-30　三叉树示意

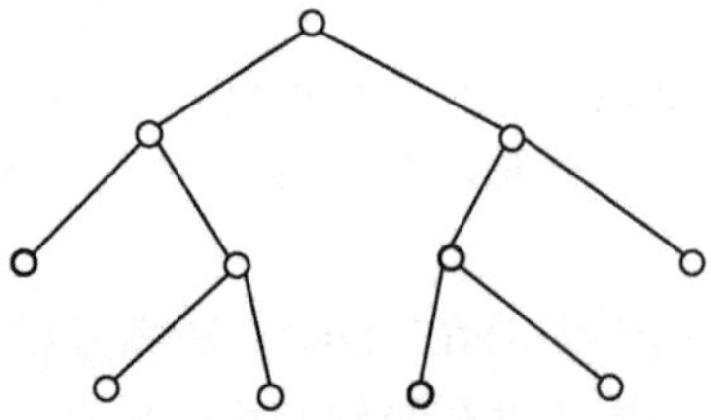

图 10-31　二叉树示意

在完全 m 叉树中，若叶子数为 t，分枝数为 i，则$(m-1)i = t-1$。

证明：假设该树有 $i+t$ 个结点，该树边数为 $i+t-1$。

因为所有结点出度之和等于边数，所以根据完全 m 叉树的定义知，$mi = i+t-1$，即$(m-1)i = t-1$。

2. 二叉树

在 m 叉树中，二叉树在人工智能中的应用最为广泛。

二叉树的性质如下：

（1）二叉树的每个分支最多有 2 个结点；

（2）如果把根结点看成第一层，二叉树的第 i 层上的结点个数最多为 2^{i-1}；

（3）如果把根结点看成第一层，共 n 层的二叉树的结点总数最多为 2^n-1。

说明：根结点为第一层：i=1，结点个数最多为 $2^{1-1}=1$；

第二层：i=2，结点个数最多为 $2^{2-1}=2$；

第三层：i=3，结点个数最多为 $2^{3-1}=4$；

⋮

第 n 层：i=n，结点个数最多为 2^{n-1}；

因此，总结点数最多为 $2^{1-1}+2^{2-1}+2^{3-1}+\cdots+2^{n-1}=2^n-1$。

研究二叉树有一个十分重要的问题，就是要通过某种算法得到该二叉树的所有结点，并且使每个结点恰好被访问一次，这称为二叉树的遍历。由于根结点对于二叉树非常重要，因此，按照根结点遍历的先后顺序，有三种遍历方法，分别称为先根遍历法、中根遍历法、后根遍历法，具体方法如下。

（1）先根遍历法，分三步：① 先访问根结点；② 按先根次序遍历根的左子树；③ 按先根次序遍历根的右子树。

（2）中根遍历法，分三步：① 按中根次序遍历根的左子树；② 中跟访问根结点；③ 按中根次序遍历根的右子树。

（3）后根遍历法，分三步：① 按后根次序遍历根的左子树；② 按后根次序遍历根的右子树；③ 后根遍历访问根结点。

说明：上述每种遍历方法都是一个递归的过程，如“先根遍历法”中的“按先根次序遍历根的左子树”，切记不是先根遍历左子树的根结点，而是要遍历整个左子树；“右子树”的遍历过程也是一样的。

例 10-13　如图 10-32 所示为一棵二叉树，该树共有 5 层，试用三种遍历方法分别得到该二叉树的结点顺序。

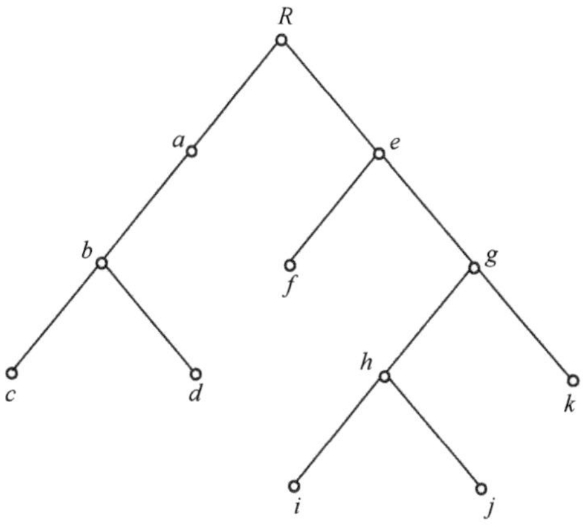

图 10-32　二叉树示意

解：先根遍历法的结点顺序为 $R\,a\,b\,c\,d\,e\,f\,g\,h\,i\,j\,k$；

中根遍历法的结点顺序为 $c\,b\,d\,a\,R\,f\,e\,i\,h\,j\,g\,k$；

后根遍历法的结点顺序为 $c\,d\,b\,a\,f\,i\,j\,h\,k\,g\,e\,R$。

定义 10-38　在根树中，一个结点的通路长度就是从树根到此结点通路的边数。把分枝点的通路长度称为内部通路长度；把树叶的通路长度称为外部通路长度。树中最长通路长度称为树的高度。

内部通路长度和外部通路长度有如下关系。

若完全二叉树有 n 个分枝结点，且内部通路长度总和为 I，外部通路长度总和为 E，则 $E=I+2n$。

10.5.4 综合案例及应用

下面以图 10-32 所示的二叉树为例，利用 Python 程序对该二叉树进行先根遍历、中根遍历、后根遍历，并给出相应的结点顺序。

分析：根据二叉树的遍历方法，首先要创建一棵二叉树，其次根据二叉树的结点，按照三种遍历方式进行操作。

注意，在每种遍历方法的实现过程中，其遍历过程中对于子树的操作都是按照“先左子树、后右子树”的顺序进行的。

用 Python 实现的具体程序如下：

```
class BT_Node(object):
    def __init__(node,value='0',Lchild='0',Rchild='0'):        #'0'作为每个叶子结点的判断标志
        node.value = value
        node.Lchild = Lchild
        node.Rchild = Rchild

    def __value__(node):
        return str(node.value)

def QXBL_BT_Node(node):
        if node == '0':
            return
        print(node.value, end=' ')
        QXBL_BT_Node(node.Lchild)
        QXBL_BT_Node(node.Rchild)

def ZXBL_BT_Node(node):
        if node == '0':
            return
        ZXBL_BT_Node(node.Lchild)
        print(node.value, end=' ')
        ZXBL_BT_Node(node.Rchild)

def HXBL_BT_Node(node):
        if node == '0':
            return
        HXBL_BT_Node(node.Lchild)
        HXBL_BT_Node(node.Rchild)
        print(node.value, end=' ')


#建立二叉树各结点
list_node="Rabcdefghijk"
list_tree=['R','a','b','c','d','e','f','g','h','i','j','k']
R,a,b,c,d,e,f,g,h,i,j,k=[BT_Node(i) for i in list_node]
```

```
# 按照层次建立各结点之间的关系
R.Lchild=a;R.Rchild=e                              #第一层结点关系建立
a.Lchild=b;e.Lchild=f;e.Rchild=g                   #第二层结点关系建立
b.Lchild=c;b.Rchild=d;g.Lchild=h;g.Rchild=k        #第三层结点关系建立
h.Lchild=i;h.Rchild=j                              #第四层结点关系建立


print("构成该二叉树的结点信息:",list_node)
print("\n 二叉树的先根遍历结果:")
QXBL_BT_Node(R)
print("\n 二叉树的中根遍历结果:")
ZXBL_BT_Node(R)
print("\n 二叉树的后根遍历结果:")
HXBL_BT_Node(R)
```

输出结果如下：

```
构成该二叉树的结点信息: Rabcdefghijk
二叉树的先根遍历结果:
R a b c d e f g h i j k
二叉树的中根遍历结果:
c b d a R f e i h j g k
二叉树的后根遍历结果:
c d b a f i j h k g e R
```

10.6 实验：最优树理论和应用

10.6.1 实验目的

（1）了解最优树的相关概念。
（2）了解最优树的算法实现。
（3）了解 Python 实现最优树的过程。

10.6.2 实验要求

（1）掌握最优树的概念。
（2）了解最优树的实现算法。
（3）理解最优树的实现过程。
（4）了解最优树的实际应用。

10.6.3 实验原理

1. 最优树的相关概念

带权二叉树 假设一棵二叉树有 n 个叶子结点，同时该二叉树的每个叶子结点分别具有相应的权值 $w_1, w_2, \cdots, w_n$，这样的二叉树称为带权二叉树。

最优二叉树 设有一棵带权 $w_1, w_2, \cdots, w_t$ 的二叉树。对于权值为 w_i 的叶子结点，从根结点到该节点的通路长度为 $L(w_i)$，则有下面的定义。

（1）该带权二叉树的权重 $W(T)$ 定义为

$$W(T) = \sum_{i=1}^{t} w_i L(w_i)$$

（2）在所有带权 $w_1, w_2, \cdots, w_t$ 的二叉树中，$W(T)$ 最小的二叉树称为最优二叉树。

2. 最优树的相关结论

结论 1 设 T 是带权 $w_1, w_2, \cdots, w_t$（$w_1 \leqslant w_2 \leqslant \cdots \leqslant w_t$）的最优树，则

（1）带权 w_1、w_2 的叶子结点 v_{w_1} 和 v_{w_2} 是兄弟；

（2）结点 v_{w_1} 和 v_{w_2} 的通路长度等于树高。

结论 2 设 T' 是带权 $w_1+w_2, w_3, \cdots, w_t$（$w_1 \leqslant w_2 \leqslant \cdots \leqslant w_t$）的二叉树，则 T' 是最优树的充要条件：将 T' 中权值为 w_1+w_2 的叶子结点用子树代替，得到的新树 T 为带权 $w_1, w_2, \cdots, w_t$ 的最优树。

3. 最优树的实现过程

根据结论 1 和结论 2，可以构造具有 n 个叶子结点的最优树，实现过程如下。

首先，将权值最小的两个结点构成一棵子树，将该子树看成一个叶子结点，其权值等于两个结点权值之和；这样 n 个叶子结点就变成了 $n-1$ 个结点。

其次，同理构造具有 $n-1$ 个叶子结点的最优树，该问题又可以归结为构造具有 $n-2$ 个叶子结点的最优树问题。

依次类推，最后归结为构造具有 2 个叶子结点的最优树问题。

4. 实现案例

例如，构造权值分别为 6、7、4、9、12 的最优树，其全部过程如图 10-33 所示。

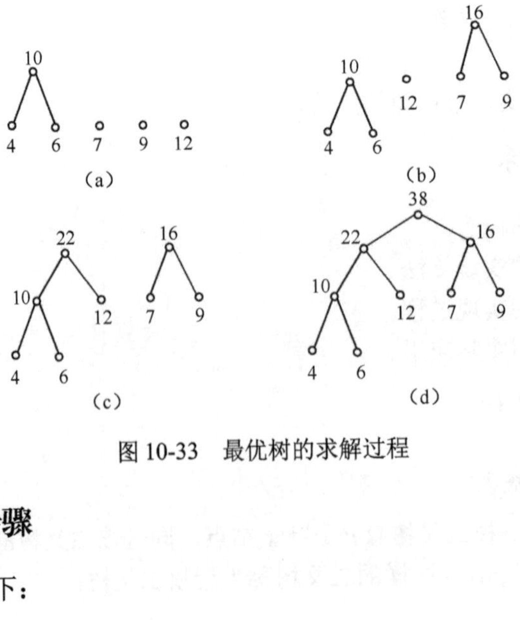

图 10-33 最优树的求解过程

10.6.4 实验步骤

具体实现代码如下：

```
class   BT_Node():
    def __init__(self,data):
        self.data=data
        self.sign=0
        self.Lchild=0
        self.Rchild=0

Yuan_list=[6,7,4,9,12]
print("数据",Yuan_list,"构成的最优树")
You_list=[]
for x in range(0,len(Yuan_list)):
    You_list.append(BT_Node(Yuan_list[x]))

#通过结点元素之和确定最大结点数值，用于判断结束条件
SUM_Node=0
for i in range(len(Yuan_list)):
    SUM_Node+=Yuan_list[i]
MAX=BT_Node(SUM_Node*100)

num=0
while num<(len(Yuan_list)-1):
    Lchild=Rchild=MAX
    for a in range(0,len(You_list)):
        if Lchild.data>You_list[a].data and (You_list[a].sign==0):
            Rchild=Lchild
            Lchild=You_list[a]
        elif Rchild.data>You_list[a].data and (You_list[a].sign==0):
            Rchild=You_list[a]

    Child_Root=BT_Node(Lchild.data+Rchild.data)
    Child_Root.Rchild=Lchild
    Child_Root.Lchild=Rchild
    You_list.append(Child_Root)
    Lchild.sign=Rchild.sign=1
    print("  第 %d 轮最优树生成："%(num+1))
    print('  Lchild=%d     Rchild=%d     NewNode%d=%d'
                                    % (Lchild.data,Rchild.data,num,Child_Root.data))
    num=num+1
```

10.6.5　实验结果

运行结果如下：

```
数据 [6, 7, 4, 9, 12] 构成的最优树
  第 1 轮最优树生成：
```

Lchild=4　Rchild=6　NewNode0=10
第 2 轮最优树生成：
Lchild=7　Rchild=9　NewNode1=16
第 3 轮最优树生成：
Lchild=10　Rchild=12　NewNode2=22
第 4 轮最优树生成：
Lchild=16　Rchild=22　NewNode3=38

习题

1. 根据图 G（见图 10-34）回答下列问题：
（1）根据图的定义，写出该图的边集 $E(G)$、点集 $V(G)$，以及它们的对应关系；
（2）写出该图中所有点的度数；
（3）根据该无向图，画出点数和边数都相同的一个有向图。

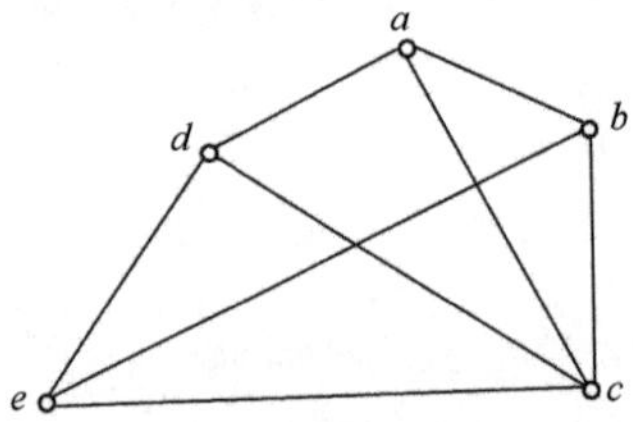

图 10-34　图 G

2. 试找出图 10-34 中的一个真子图和一个生成子图，并找出它们的补图。
3. 给定图 G（见图 10-34），求：
（1）写出从 a 到其他点的一条长度大于 2 的通路；
（2）写出 a 和 e 之间的最短距离（每条边的距离都按照相同距离 m 计算）；
（3）指出图 G 中所有的回路。
4. 已知图 G 的邻接矩阵如下：

$$\boldsymbol{A}=\begin{pmatrix}0&1&0&1&0\\1&0&0&1&1\\0&0&0&1&1\\1&1&1&0&1\\0&1&1&1&0\end{pmatrix}$$

画出 G 的图形（分为有向图和无向图两种情况）。
5. 画一个图：
（1）使它有一条欧拉回路和一条哈密顿回路；
（2）使它有一条欧拉回路但没有哈密顿回路。
6. 通过一个图实现“一笔画”，并简述满足“一笔画”的条件。
7. 一棵树有两个结点的度数为 2，1 个结点的度数为 3，3 个结点的度数为 4，其余结点的度数均为1，则该树有几个度数为1的结点？

8. 如果有8个人进行象棋比赛，利用二叉树编制比赛的赛程，用二叉树画出比赛过程及结果。

9. 根据给出的一组数据[3,8,6,2,10,12,5,9]，完成如下题目：

（1）构造最优树；

（2）按照构造的最优树，求其先根遍历、中根遍历、后根遍历的结果；

（3）利用Python编程实现最优树的构造过程，并验证（1）结果；

（4）利用Python编程实现三种遍历结果，并验证（2）结果。

参考文献

[1] 王学军. 计算机应用数学基础[M]. 北京：机械工业出版社，2006.

[2] 同济大学数学系. 高等数学[M]. 7版. 北京：高等教育出版社，2014.

[3] 贾振华. 离散数学[M]. 北京：中国水利水电出版社，2004.

[4] 张健，张良均. Python编程基础[M]. 北京：人民邮电出版社，2018.

[5] 王学军. 数据结构（Java语言版）[M]. 北京：人民邮电出版社，2008.

附录 A　人工智能实验环境

在国家政策支持及人工智能发展新环境下，全国各大高校纷纷发力，设立人工智能专业，成立人工智能学院。然而，大部分院校仍处于起步阶段，需要探索的问题还有很多。例如，实验教学未成体系，实验环境难以让学生开展并行实验，同时存在实验内容仍待充实，以及实验数据缺乏等难题。在此背景下，AIRack 人工智能实验平台（以下简称平台）提供了基于 Docker 容器集群技术开发的多人在线实验环境。该平台基于深度学习计算集群，支持主流深度学习框架，可快速部署训练环境，支持多人同时在线实验，并配套实验手册、实验代码、实验数据，同步解决人工智能实验配置难度大、实验入门难、缺乏实验数据等难题，可用于深度学习模型训练等教学、实践应用。

1. 平台简介

AIRack 人工智能实验平台采用 Docker 容器技术，可以通过虚拟化技术合理地分配 CPU 的资源。不仅每个学生的实验环境相互隔离，使其可以高效地完成实验，而且实验彼此不干扰，即使某个学生的实验环境出现问题，对其他人也没有影响，只需要重启就可以重新拥有一个新的环境，从而大幅度节省了硬件和人员管理成本。其部署规划如图 A-1 所示。

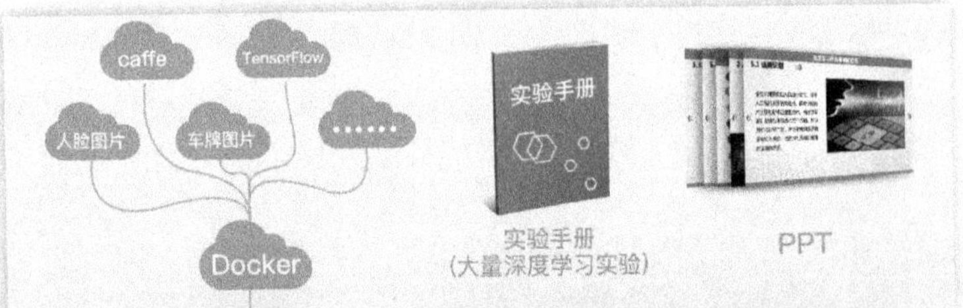

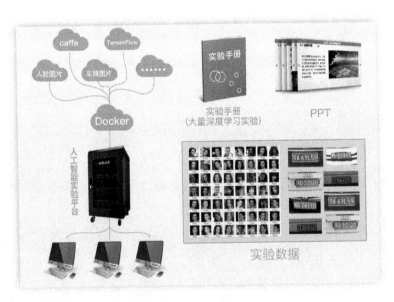

图 A-1　AIRack 人工智能实验平台的部署规划

平台提供了目前最主流的 4 种深度学习框架——Caffe、TensorFlow、Keras 和 PyTorch 的镜像，镜像中安装了使用 GPU 版本框架必要的依赖，包括 GPU 开发的底层驱动、加速库和深度学习框架本身，可以通过 Docker 一键创建环境。若用户想要使用平台提供的这 4 种框架以外的深度学习框架，可在已生成环境的基础上自行安装使用。

2. 平台实验环境可靠

（1）平台采用 CPU+GPU 的混合架构，基于 Docker 容器技术，用户可一键创建运行的实验环境，仅需几秒。

（2）平台同时支持多个人工智能实验在线训练，满足实验室规模的使用需求。

（3）平台为每个账户默认分配 1 个 GPU，可以配置不同数量的 CPU 和不同大小的内存，满足人工智能算法模型在训练时对高性能计算的需求。

（4）平台采用 Kubernetes 容器编排架构管理集群，用户实验集群隔离、互不干扰。

3. 平台实验内容丰富

当前大多数高校对人工智能实验的实验内容、实验流程等并不熟悉，实验经验不足。因此，高校需要一整套的软硬件一体化方案，集实验机器、实验手册、实验数据及实验培训于一体，解决怎么开设人工智能实验课程、需要做什么实验、怎么完成实验等一系列根本问题。针对上述问题，平台给出了完整的人工智能实验体系及配套资源。

目前，平台的实验内容主要涵盖基础实验、机器学习实验、深度学习基础实验、深度学习算法实验 4 个模块，每个模块的具体内容如下。

（1）基础实验：深度学习 Linux 基础实验、Python 基础实验、基本工具使用实验。

（2）机器学习实验：Python 库实验、机器学习算法实验。

（3）深度学习基础实验：图像处理实验、Caffe 框架实验、TensorFlow 框架实验、Keras 框架实验、PyTorch 框架实验。

（4）深度学习算法实验：基础实验、进阶实验。

目前，平台实验总数达到了 117 个，并且还在持续更新中。每个实验呈现了详细的实验目的、实验内容、实验原理和实验步骤。其中，原理部分涉及数据集、模型原理、代码参数等内容，可以帮助用户了解实验需要的基础知识；步骤部分包括详细的实验操作，用户参照手册，执行步骤中的命令，即可快速完成实验。实验所涉及的代码和数据集均可在平台上获取。AIRack 人工智能实验平台的实验列表如表 A-1 所示。

表 A-1 AIRack 人工智能实验平台的实验列表

板块分类	实验名称
基础实验/深度学习 Linux 基础	Linux 基础——基本命令
	Linux 基础——文件操作
	Linux 基础——压缩与解压
	Linux 基础——软件安装与环境变量设置
	Linux 基础——训练模型常用命令
	Linux 基础——sed 命令

续表

板块分类	实验名称
基础实验/Python 基础	Python 基础——运算符
	Python 基础——Number
	Python 基础——字符串
	Python 基础——列表
	Python 基础——元组
	Python 基础——字典
	Python 基础——集合
	Python 基础——流程控制
	Python 基础——文件操作
	Python 基础——异常
	Python 基础——迭代器、生成器和装饰器
基础实验/基本工具使用	Jupyter 的基础使用
机器学习实验/Python 库	Python 库——OpenCV(Python)
	Python 库——Numpy(一)
	Python 库——Numpy(二)
	Python 库——Matplotlib(一)
	Python 库——Matplotlib(二)
	Python 库——Pandas(一)
	Python 库——Pandas(二)
	Python 库——Scipy
机器学习实验/机器学习算法	人工智能——A*算法实验
	人工智能——家用洗衣机模糊推理系统实验
	机器学习——线性回归
	机器学习——决策树(一)
	机器学习——决策树(二)
	机器学习——梯度下降法求最小值实验
	机器学习——手工打造神经网络
	机器学习——神经网络调优(一)
	机器学习——神经网络调优(二)
	机器学习——支持向量机 SVM
	机器学习——基于 SVM 和鸢尾花数据集的分类
	机器学习——PCA 降维
	机器学习——朴素贝叶斯分类
	机器学习——随机森林分类
	机器学习——DBSCAN 聚类
	机器学习——K-means 聚类算法
	机器学习——KNN 分类算法
	机器学习——基于 KNN 算法的房价预测(TensorFlow)
	机器学习——Apriori 关联规则
	机器学习——基于强化学习的“走迷宫”游戏

续表

板块分类	实验名称
深度学习基础实验/图像处理	图像处理——OCR 文字识别
	图像处理——人脸定位
	图像处理——人脸检测
	图像处理——数字化妆
	图像处理——人脸比对
	图像处理——人脸聚类
	图像处理——微信头像戴帽子
	图像处理——图像去噪
	图像处理——图像修复
深度学习基础实验/Caffe 框架	Caffe——基础介绍
	Caffe——基于 LeNet 模型和 MNIST 数据集的手写数字识别
	Caffe——Python 调用训练好的模型实现分类
	Caffe——基于 AlexNet 模型的图像分类
深度学习基础实验/TensorFlow 框架	TensorFlow——基础介绍
	TensorFlow——基于 BP 模型和 MNIST 数据集的手写数字识别
	TensorFlow——单层感知机和多层感知机的实现
	TensorFlow——基于 CNN 模型和 MNIST 数据集的手写数字识别
	TensorFlow——基于 AlexNet 模型和 CIFAR-10 数据集的图像分类
	TensorFlow——基于 DNN 模型和 Iris 数据集的鸢尾花品种识别
	TensorFlow——基于 Time Series 的时间序列预测
深度学习基础实验/Keras 框架	Keras——Dropout
	Keras——学习率衰减
	Keras——模型增量更新
	Keras——模型评估
	Keras——模型训练可视化
	Keras——图像增强
	Keras——基于 CNN 模型和 MNIST 数据集的手写数字识别
	Keras——基于 CNN 模型和 CIFAR-10 数据集的分类
	Keras——基于 CNN 模型和鸢尾花数据集的分类
	Keras——基于 JSON 和 YAML 的模型序列化
	Keras——基于多层感知器的印第安人糖尿病诊断
	Keras——基于多变量时间序列的 PM2.5 预测
深度学习基础实验/PyTorch 框架	PyTorch——基础介绍
	PyTorch——回归模型
	PyTorch——世界人口线性回归
	PyTorch——神经网络实现自动编码器
	PyTorch——基于 CNN 模型和 MNIST 数据集的手写数字识别
	PyTorch——基于 RNN 模型和 MNIST 数据集的手写数字识别
	PyTorch——基于 CNN 模型和 CIFAR 10 数据集的分类

续表

板块分类	实验名称
深度学习算法实验/基础	基于 LeNet 模型的验证码识别
	基于 GoogLeNet 模型和 ImageNet 数据集的图像分类
	基于 VGGNet 模型和 CASIA WebFace 数据集的人脸识别
	基于 DeepID 模型和 CASIA WebFace 数据集的人脸验证
	基于 Faster R-CNN 模型和 Pascal VOC 数据集的目标检测
	基于 FCN 模型和 Sift Flow 数据集的图像语义分割
	基于 R-FCN 模型的物体检测
	基于 SSD 模型和 Pascal VOC 数据集的目标检测
	基于 YOLO2 模型和 Pascal VOC 数据集的目标检测
	基于 LSTM 模型的股票预测
	基于 Word2Vec 模型和 Text8 语料集的实现词的向量表示
	基于 RNN 模型和 sherlock 语料集的语言模型
	基于 GAN 的手写数字生成
深度学习算法实验/进阶	基于 RNN 模型和 MNIST 数据集的手写数字识别
	基于 CapsNet 模型和 Fashion-MNIST 数据集的图像分类
	基于 Bi-LSTM 和涂鸦数据集的图像分类
	基于 CNN 模型的绘画风格迁移
	基于 Pix2Pix 模型和 Facades 数据集的图像翻译
	基于改进版 Encoder-Decode 结构的图像描述
	基于 CycleGAN 模型的风格变换
	基于 U-Net 模型的细胞图像分割
	基于 Pix2Pix 模型和 MS COCO 数据集实现图像超分辨率重建
	基于 SRGAN 模型和 RAISE 数据集实现图像超分辨率重建
	基于 ESPCN 模型实现图像超分辨率重建
	基于 FSRCNN 模型实现图像超分辨率重建
	基于 DCGAN 模型和 Celeb A 数据集的男女人脸转换
	基于 FaceNet 模型和 IMBD-WIKI 数据集的年龄性别识别
	基于自编码器模型的换脸
	基于 ResNet 模型和 CASIA WebFace 数据集的人脸识别
	基于玻尔兹曼机的编解码
	基于 C3D 模型和 UCF101 数据集的视频动作识别
	基于 CNN 模型和 TREC06C 邮件数据集的垃圾邮件识别
	基于 RNN 模型和康奈尔语料库的机器对话
	基于 LSTM 模型的相似文本生成
	基于 NMT 模型和 NiuTrans 语料库的中英文翻译

4．平台可促进教学相长

（1）平台可实时监控与掌握教师角色和学生角色对人工智能环境资源的使用情况及运行状态，帮助管理者实现信息管理和资源监控。

（2）学生在平台上实验并提交实验报告，教师可在线查看每个学生的实验进度，并对具体实验报告进行批阅。

（3）平台增加了试题库与试卷库，提供在线考试功能。学生可通过试题库自查与巩固所学知识；教师可通过平台在线试卷库考查学生对知识点的掌握情况（其中，客观题可实现机器评分），从而使教师实现备课+上课+自我学习，使学生实现上课+考试+自我学习。

5. 平台提供一站式应用

（1）平台提供实验代码及 MNIST、CIFAR-10、ImageNet、CASIA WebFace、Pascal VOC、Sift Flow、COCO 等训练数据集，实验数据做打包处理，可为用户提供便捷、可靠的人工智能和深度学习应用。

（2）平台可以为《人工智能导论》《TensorFlow 程序设计》《机器学习与深度学习》《模式识别》《知识表示与处理》《自然语言处理》《智能系统》等教材提供实验环境，内容涉及人工智能主流模型、框架及其在图像、语音、文本中的应用等。

（3）平台提供 OpenVPN、Chrome、Xshell 5、WinSCP 等配套资源下载服务。

6. 平台的软硬件规格

在硬件方面，平台采用了 GPU+CPU 的混合架构，可实现对数据的高性能并行处理，最大可提供每秒 176 万亿次的单精度计算能力。在软件方面，平台预装了 CentOS 操作系统，集成了 TensorFlow、Caffe、Keras、PyTorch 4 个行业主流的深度学习框架。AIRack 人工智能实验平台的配置参数如表 A-2~表 A-4 所示。

表 A-2 管理服务器配置参数

产品型号	详细配置	单 位	数 量
CPU	Intel Xeon Scalable Processor 4114 或以上处理器	颗	2
内存	32GB 内存	根	8
硬盘	240GB 固态硬盘	块	1
	480GB SSD 固态硬盘	块	2
	6TB 7.2K RPM 企业硬盘	块	2

表 A-3 处理服务器配置参数

产品型号	详细配置	单 位	数 量
CPU	Intel Xeon Scalable Processor 5120 或以上处理器	颗	2
内存	32GB 内存	根	8
硬盘	240GB 固态硬盘	块	1
	480GB SSD 固态硬盘	块	2
GPU	Geforce RTX 2080	块	8

表 A-4 支持同时上机人数与服务器数量

上机人数	服务器数量
16 人	1（管理服务器）+2（处理服务器）
24 人	1（管理服务器）+5（处理服务器）
48 人	1（管理服务器）+10（处理服务器）

附录 B　人工智能云平台

人工智能作为一个复合型、交叉型学科，内容涵盖广，学科跨度大，实战要求高，学习难度大。在学好理论知识的同时，如何将课堂所学知识应用于实践，对不少学生来说是个挑战。尤其是对一些还未完全入门或缺乏实战经验的学生，实践难度可想而知。例如，一些学生急需体验人脸识别、人体识别或图像识别等人工智能效果，或者想开发人工智能应用，但还没有能力设计相关模型。为了让学生体验和研发人工智能应用，云创人工智能云平台应运而生。

人工智能云平台（见图 B-1）是云创大数据自主研发的人工智能部署云平台，其依托人工智能服务器和 cVideo 视频监控平台，面向深度学习场景，整合计算资源及 AI 部署环境，可实现计算资源统一分配调度、模型流程化快速部署，从而为 AI 部署构建敏捷高效的一体化云平台。通过平台定义的标准化输入/输出接口，用户仅需几行代码就可以轻松完成 AI 模型部署，并通过标准化输入获取输出结果，从而大大减少因异构模型带来的部署和管理困难。

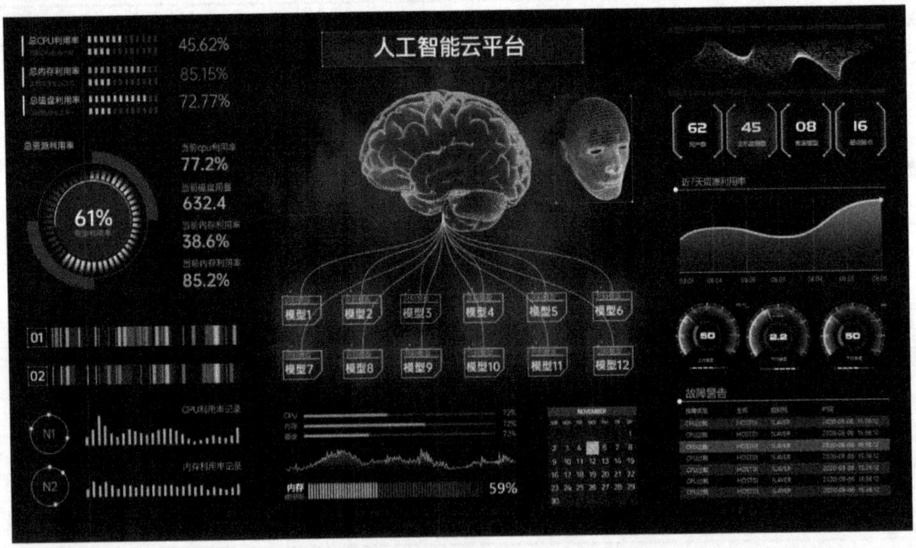

图 B-1　人工智能云平台示意

人工智能云平台支持 TensorFlow1.x 及 2.x、Caffe 1、PyTorch 等主流框架的模型推理，同时内嵌了多种已经训练好的模型以供调用。

人工智能云平台能够构建物理分散、逻辑集中的 GPU 资源池，实现资源池统一管理，通过自动化、可视化、动态化的方式，以资源即服务的交付模式向用户提供服务，并实现平台智能化运维。该平台采用分布式架构设计，部署在“云创大数据”自主研发的人工智能服务器上，形成一体机集群共同对外提供服务，每个节点都可以提供相应的管理服务，任何单一节点故障都不会引起整个平台的管理中断，平台具备开放性的标准化接口。

1. 总体架构

人工智能云平台主要包括统一接入服务、TensorFlow 推理服务、PyTorch 推理服务、Caffe 推理服务等模块（见图 B-2）。

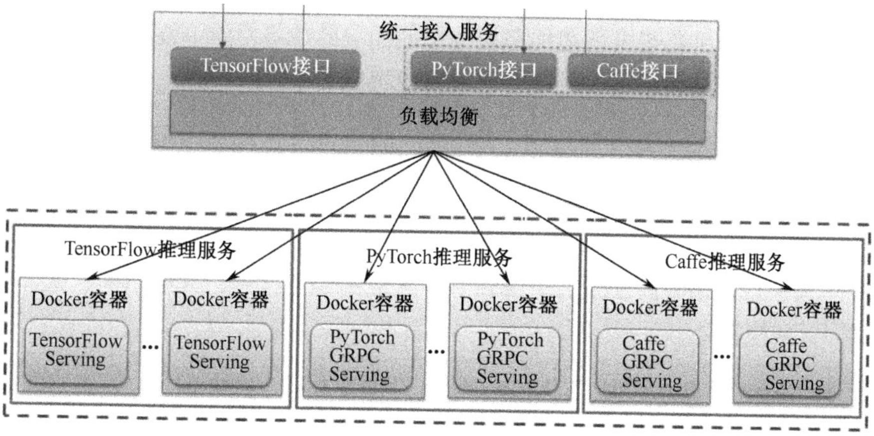

图 B-2 人工智能云平台架构

2. 技术优势

人工智能云平台具有以下技术优势。

1）模型快速部署上线

人工智能云平台可实现模型从开发环境到生产部署的快捷操作，省去繁杂的部署过程，从而使模型部署时间从几天缩短到几分钟。

2）支持多种输入源

人工智能云平台内嵌 cVideo 视频监控云平台，支持 GB/T28181 协议、Onvif 协议、RTSP 及各大摄像头厂商的 SDK 等多种视频源。

3）分布式架构，服务资源统一，分配高效

分布式架构统一分配 GPU 资源，可根据模型的不同来调整资源的配给，支持突发业务对资源快速扩展的需求，从而实现资源的弹性伸缩。

3. 平台功能

人工智能云平台具有以下功能。

1）模型部署

（1）模型弹性部署。可从网页直接上传模型文件，一键发布模型。同一模型下有不同版本的模型文件，可实现推理服务的在线升级、弹性 QPS 扩容。

（2）加速执行推理任务。人工智能云平台采用“云创大数据”自研的 cDeep-Serving，不仅同时支持 PyTorch、Caffe，推理性能更可达 TF Serving 的 2 倍以上。

2）可视化运维

（1）模型管理。每个用户都有专属的模型空间，同一模型可以有不同的版本，用户可以随意升级、切换，根据 QPS 的需求弹性增加推理节点，且调用方便。

（2）设备管理。人工智能云平台提供丰富的 Web 可视化图形界面，可直观展示服务器（GPU、CPU、内存、硬盘、网络等）的实时状态。

（3）智能预警。人工智能云平台在设备运行中密切关注设备运行状态的各种数据，智能分析设备的运行趋势，及时发现并预警设备可能出现的故障问题，提醒管理人员及时排查维护，从而将故障排除在发生之前，避免突然出现故障导致的宕机，保证系统能够连续、稳定地提供服务。

3）人工智能学习软件

人工智能云平台内置多种已训练好的模型文件，并提供REST 接口调用，可满足用户直接实时推理的需求。

人工智能云平台提供人脸识别、车牌识别、人脸关键点检测、火焰识别、人体检测等多种深度学习算法模型。

以上软件资源可一键启动，并通过网页或REST 接口调用，助力用户轻松进行深度学习的推理工作。

反侵权盗版声明